中国鸟类图志

The Encyclopedia of Birds in China

黄腹角雉（中国特有种） \摄影：冯江

"十二五"国家重点图书出版规划项目

郑光美 主审　　谢建国 总策划

THE ENCYCLOPEDIA OF BIRDS IN CHINA

中国鸟类图志

上卷（非雀形目）

段文科　张正旺　主编

中国林业出版社

图书在版编目(CIP)数据

中国鸟类图志.上卷,非雀形目/段文科,张正旺主编.——北京:中国林业出版社,2015.12
"十二五"国家重点图书出版规划项目
ISBN 978-7-5038-8364-4

Ⅰ.①中… Ⅱ.①段…②张… Ⅲ.①鸟类-中国-图集 Ⅳ.① Q959.7-64

中国版本图书馆 CIP 数据核字 (2015) 第 312727 号

审图号: GS(2016)1992 号

出 版 人: 金 旻
责任编辑: 刘开运　严　丽　李春艳　谷玉春
编　　务: 李春艳　谷玉春　王　叶
分布制图: 肖　宏

装帧设计: 关　克

欢迎登录: 鸟网 www.birdnet.cn

中国鸟类图志 上卷(非雀形目)

出版发行:　中国林业出版社
E-mail:　lucky70021@sina.com
电　　话:　(010)83143520　13901070021
地　　址:　北京市西城区德胜门内大街刘海胡同 7 号
邮　　编:　100009
印　　刷:　北京雅昌艺术印刷有限公司
开　　本:　880mm×1230mm　1/16
印　　张:　39.5
字　　数:　1100 千字
版　　次:　2017 年 3 月第 1 版
印　　次:　2017 年 3 月第 1 次
本卷定价:　930.00 元
全套定价:　1860.00 元

国家出版基金项目

"十二五"国家重点图书出版规划项目

中国野生动物保护协会支持项目

展示中国已知 1409 种鸟种珍贵图片

国内外 819 位自然摄影师倾情呈献

中国鸟类学会知名专家联手打造

中国野生鸟类最大摄影门户网站——鸟网荣誉出品

《中国鸟类图志》编委会

主　审　　郑光美

总策划　　谢建国

主　编　　段文科　　张正旺

副主编　　王尧天　　郭冬生　　关　克　　孙晓明

编　委　（按姓氏拼音排序）

陈　龙	陈　林	陈承光	陈建伟	程　军	程建军
程晓敏	段文举	段文科	付义强	高　武	
关　克	郭宝华	郭冬生	郭立新	胡　斌	简廷谋
杰　夫	金　旻	雷维蟠	李俊彦	李青文	
李全民	梁长久	刘东伟	马　林	聂延秋	阙品甲
桑新华	孙晓明	田穗兴	王　楠	王安青	
王晓婷	王兴娥	王尧天	谢建国	邢　睿	徐克阳
许传辉	杨　丹	尹　峰	臧春林	张　新	
张雪峰	张正旺	赵　亮	赵胜利	周展星	朱　英

摄　影　（按姓氏和网名拼音排序，括弧内为该会员在鸟网的网名）

安绍冀（安老师）	陈锋（秋风鸟）	程东（老摄）	独荣国（天兔行空）
巴特尔（巴特尔）	陈冯晓（耳东）	程建军（重庆老程）	杜崇杰（礁石）
白涛（鸣秋）	陈建国（顽主北京）	程军（fenmo527）	杜靖华（ADU牙医）
白文胜（小白2003）	陈洁（大白鲨）	程威信（云吞面）	杜雄（高僖）
白忠生（琴醉醒云）	陈久桐（自由人）	储静兰（俏江兰）	杜英（被海吸引）
包热（包热）	陈林（军长）	褚玉鹏（心语2008）	段文举（江上清风）
包振惠（泉城宛兵）	陈林峰（陈林峰）	崔明浩（云间部落）	段文科（文科）
薄顺奇（薄顺奇）	陈龙（大庆陈龙）	大漠老头（大漠老头）	段学春（雨中飞翔）
北京大卢（北京大卢）	陈鲁（众木成林）	戴波（戴波）	鄂万威（蓝天下的云）
边秀南（珍惜）	陈世明（Pitta）	戴锦超（大潭山人）	范怀良（夏都椋鸟）
捕凤捉影（捕凤捉影）	陈树森（林城树）	邓嗣光（ckt1234）	范玉燕（北来的燕子）
蔡大为（刀光剑影）	陈腾逸（东滩鸟哨）	邓宇（色影无界）	方剑雄（马达）
蔡琼（秦岭阿琼）	陈天祺（智仁山水）	丁彩霞（丁丁）	非阳（非阳）
蔡卫和（福州斑马）	陈添平（8341）	丁进清（昆仑隐者）	冯江（二马兵）
蔡新海（蔡新海）	陈锡昌（chen1）	丁夏明（好风光）	冯立国（吃饱了不饿）
蔡永和（成都老蔡）	陈小平（水木清华）	丁玉祥（毛翔）	冯利萍（萍水相逢）
曹爱国（津沽秦人）	陈小强（sz_小强）	东曼伟（艺无止境）	冯启文（香港号角）
曹德（北京老飞）	陈孝齐（成都齐齐）	东木（东木）	冯运光（fungsir48）
曹敏（雨花石）	陈新（4517d）	东游天下（东游天下）	冯振中（中华大地）
曹新华（土疙瘩）	陈修扬（阳江光影无痕）	董江天（麦茬）	凤鸣康平（凤鸣康平）
长须鲸（长须鲸）	陈学敏（重庆小陈）	董磊（Dong lei）	伏建亚（霓霓福娃）
陈宝彬（梦幻海西）	陈燕冰（icebing）	董伦凤（刺玫瑰）	福建老庄（福建老庄）
陈斌（现代布衣）	陈永江（江南）	董栓柱（智奋蹄）	付杰（法雨）
陈承光（joinus）	陈勇（白眉大侠）	董文晓（董文晓）	傅聪（傅聪）
陈德智（CJIAD）	陈玉平（宇宙平和）	董宪法（轻风扶柳）	岗岗的（岗岗的）
陈东明（Tony1611）	陈云江（一僧）	董孝（野趣）	高飞（高飞）
陈峰（西瞧瞧）	陈占方（占方）	董雍敏（怡水）	高洪英（樱子）

高宏颖（秦皇鸟）	胡健一（古月雪音）	李彬斌（东阳小李）	林泽超（双木永泽）
高庆和（大禾）	胡敬林（古月双木）	李超海（彩羽精灵）	刘爱华（鸟林细语）
高守东（高守东）	胡维春（松江阿唯）	李定平（重庆老李）	刘滨（北戴河海边）
高文玲（甜甜溪水）	胡伟宁（福州老兵）	李奋清（混青）	刘贺军（上古卷轴）
高稀有（驰风）	胡晓坤（碧海翔鸥）	李丰晓（李丰晓）	刘宏俊（刘大炮）
高秀（秀眼0577）	花山鹰（花山鹰）	李光（北戴河光哥）	刘鸿（鸿雁）
高延钧（长安猎人）	画一（画一）	李国军（糊涂虫）	刘江涛（松声）
高友兴（庄子）	皇舰（皇弟）	李洪涛（瑞士军刀）	刘劲波（小锦）
高云江（大漠拾荒）	黄邦华（黄邦华）	李继仁（火狐狸）	刘立才（大连山海）
高正华（老高兄）	黄成林（辞凝弦封）	李建东（一壶）	刘璐（山晋大鹦鹉）
宫希良（青山里人）	黄渡萌（吧浪鱼）	李剑云（单双杠李剑云）	刘马力（路遥）
龚本亮（蓝天翔）	黄艮宝（雁荡山）	李剑志（洞庭湖李剑志）	刘琪（铁鸟 photocouple）
苟军（河狸）	黄光旭（两个烧包谷）	李金亮（雪豹）	刘书民（秋叶）
孤独的老树（孤独的老树）	黄国珍（皇冠）	李军（xglj0307）	刘思沪（宜昌老刘）
谷国强（大连红隼）	黄俊贤（黄俊贤）	李军（李军）	刘素桃（月亮湾）
顾宁（漠石A）	黄伟（温哥华）	李俊海（止水）	刘涛生（滔声依旧）
顾晓军（倚天剑）	黄文华（阿温）	李俊彦（焦作老李）	刘文华（南岳后山人）
顾晓勤（千年猫）	黄小安（紫陌遥看）	李蕾（鹰眼看天下）	刘晓东（子龙出山）
顾莹（黄昏）	黄亚惠（丫丫）	李燎原（见人就跑）	刘延江（水工）
顾云芳（鸟语者）	黄云超（灰太狼）	李枚（木纹）	刘怡（果怡）
关克（秦巴子）	吉普赛男人（吉普赛男人）	李敏（青花收藏）	刘月良（黄河口湿地）
关伟纲（tango）	纪卫国（大卫bj）	李明本（本哥浮云）	刘哲青（沙驼）
关学丽（关学丽）	贾少勇（船长）	李强（老老牛）	刘宗新（张掖文刀）
管思杰（司徒爱初）	贾云国（老贾）	李秋禾（无锡勃力）	流泉（流泉）
贵阳老李（依尘居士）	简廷谋（竹间小六）	李全江（唐海全江）	柳勇（无名小卒）
郭宏（河边胡杨）	江边鸟（江边鸟）	李全民（蓝天白云）	龙尼智（青海海西行者龙）
郭建华（安徽老郭）	姜浩（纵横66）	李书（全空）	卢刚（猿源不绝）
郭克疾（菜菜鸟）	姜君（大漠绿洲）	李涛（边走边看）	卢海（跨越四海）
郭连福（学步）	姜效敏（闻鸟起舞）	李涛（涛哥）	卢立群（立群）
郭伟修（古驰）	姜子仁（修身养心）	李维东（黎戈）	卢馨有（射手座）
郭益民（山林道人）	蒋一方（苏粤）	李伟（连长）	卢玉辉（大草原）
郭元清（踏遍青山）	蒋振立（烟雨朦龙）	李慰曾（知青老李）	罗伟（色光2009）
郭志军（相思林主）	焦庆利（雨燕）	李小栋（木子李）	罗永川（成都自由人）
海伦（艾伦）	杰西（杰西）	李新维（乡土牵情）	罗永辉（56L）
韩传华（大象无形韩）	金辉（金辉）	李杨（人在旅途）	吕荣华（黑冰）
韩东方（认真老鼠）	金显利（岗民）	李玉良（牧人）	吕万才（浣花一痴）
韩庆双（远方）	金炎平（一坤）	李宗丰（一梨青雨）	吕小闽（风雨人生）
韩文达（赏心阅鸟）	金子成（心远）	梁家登（广西180）	吕忠信（兴凯湖）
郝敬民（红耳朵）	晋之良田（晋之良田）	梁佩卿（志在必得）	吕自捷（吕自捷）
郝夏宁（hao）	康小兵（重庆老兵哥）	梁启慧（梁山石）	马海（马海）
何巨涛（冰峪）	孔祥林（菜侬）	梁锵（展翅飞翔）	马海生（海影）
何楠（秋风粗糙）	邝英洲（老苹果－苹果）	梁少波（烧包）	马林（龙马人）
何平（北京紫檀）	赖健豪（纬轩居士）	梁伟（老男孩儿）	马明元（漫不经心）
何晓滨（前山河）	乐遥（乐遥）	梁长久（潮来轩）	马鸣（马鸣）
贺喜（贺喜）	雷大勇（雷子）	梁征（资深菜鸟）	马群（马群）
贺跃进（肖河）	雷洪（leihong0133）	梁志坚（画眉）	马为民（长角马）
洪春风（洪董）	雷魁（若鸣）	廖玉基（kl888）	猫猫猫（猫猫猫）
侯志刚（希望）	雷小勇（独羊）	林刚文（飞翔动力）	毛建国（海鹰视角）
呼晓宏（瑞丽哥）	雷志明（雨田110）	林涛（丹东风影）	莫建平（忧郁的白鹭）
胡斌（水云天）	黎忠（孤独剑）	林维农（林维农）	牟安祥（老木头）

乌朦胧（乌朦胧）	宋绍斌（宋绍斌）	王次初（短笛代歌）	吴宗凯（演音W）
宁博（宁博）	宋天福（天福）	王大庆（心灵之翼）	伍孝崇（成都老伍）
宁于新（马板长）	宋晔（令狐兔妖）	王大为（瞬间）	武刚（gangw）
牛蜀军（绿水青山）	宋迎涛（独行虾）	王福顺（石页）	习靖（Anton_Ego）
潘宏权（忧郁的白鹭）	苏大伟（永衡）	王贵华（山居）	虾将军（虾将军）
潘明桥（樵夫mdj）	苏鹏（车轮滚滚）	王好诚（wanghc）	夏咏（黑百灵）
庞琛荣（jeep）	苏仲镛（双刀剑客）	王慧敏（平常人平常心）	夏志英（第一户外）
炮（炮）	隋春治（海市蜃楼）	王建森(qdwis)	向军（北窗清风）
裴晋军（本然）	孙超（休闲的一天）	王健（林间）	向文军（山魂）
彭沪生（山上老者）	孙公三（老土枪）	王进（乱摄天下）	肖怀民（驿动的心）
彭建生（三江主人）	孙华金（光影我心）	王景胜（翠微山下）	肖克坚（重庆咔嚓）
彭银星（北方鸿雁）	孙栗源（老毛）	王巨土（王巨土）	肖显志（肖显志）
漂移（漂移）	孙晓明（M）	王军（JunRen-66188）	萧慕荆（萧洒）
戚盛培（小兔兔）	孙志强（风影客）	王军（襄阳鸟人）	谢菲（大猪）
戚晓云（燕处超然）	谭代平（谭大哥）	王平（站着睡觉的人）	谢功福（功夫小子）
齐学工（秦皇渔夫）	谭永群（二少）	王强（东北老乡）	谢基建（广梅白雪）
秦显礼（汉水老秦）	唐成贵（GY老唐哥）	王秋蕊（杨柳春风）	谢建国（顺其自然）
秦玉萍（日照观察）	唐寒飞（唐古拉）	王文娟（Summer Wong）	谢金平（fjkk）
邱小宁（我是老农）	唐军（唐军）	王武（真如世界）	谢文治（海不扬波）
邱小平（小平）	唐黎明（沉默是金）	王先良（富春山人）	谢志兵（西门也吹水）
裘崇伟（古浪鱼）	唐万玲（奥迪）	王新民（天山印象）	解磊（火知了）
曲大勇（老牛5588）	唐伟（老T）	王兴娥（关注宝儿）	邢睿（西瑞）
曲意兴（曲颈向天歌）	唐文明（知己者明）	王学艮（候鸟老土）	邢涛（山水行）
鹊鸰（鹊鸰）	唐宜顺（老山界）	王雪峰（拉丁）	邢新国（行色火山856）
阙洪军（郎峰）	唐英（老年人）	王尧天（北方老狼）	熊林春（青冈栎）
冉亨军（冉冉129）	唐远均（蜀佬）	王跃江（马头山）	熊书林（洞庭春晓）
任仕君（五七战士）	逃亡（逃亡）	王长德（王老汉）	徐东海（火线入网）
容榕（容榕）	陶春荣（陶陶浪世界）	王长国（又一鸟）	徐海洋（深深海洋）
三石（三石）	陶文祥（陶俑）	王振国（感受自然）	徐晓东（英雄hero）
桑新华（叶子青青）	陶秀忠（鱼梁渔民）	王振秀（阿秀）	徐新林（徐新林）
山海（山海）	陶轩（成都老陶）	王志芳（丁香花）	徐燕冰（雷蒙多）
山河花鸟（山河花鸟）	陶轩（成都鹭痴）	王中强（强中王）	徐阳（徐阳）
山之灵（山之灵）	田稼（好玩儿）	卫伟（感动）	徐逸新（一新）
射手（射手）	田穗兴（天涯游侠）	蔚蓝天空（蔚蓝天空）	徐勇（凤凰动力）
申望平（北京老顽童）	童光琦（童叔叔）	魏东（义胆雄丰）	徐勇（驼峰）
沈俊杰（7977）	童晓燕（童老师）	魏占红（老渔民）	许波（吉祥摄影）
沈黎忠（上海乡下人）	万斌（万斌）	温跃东（右眼长焦）	许崇山（laohekou老河口）
沈强（dongdong）	万邵平（黑鹳）	文超凡（bbken）	许传辉（焦翔辉影）
狮子山下（狮子山下）	汪光武（徽州山人）	文翠华（穗穗红）	许德文（厦门阿文）
施文斌（黑龙京）	汪汉东（东方红）	文志敏（丫鱼）	许雷（清流白石）
石瑞德（石头）	王安（独行摄）	翁第亮（亮羽）	许明（成都许明）
时间（时间）	王安青（山水）	翁发祥（中易水寒）	许益源（开元农场）
史立新（快乐海豚）	王斌（京狮双城）	吴波（苍渺一粟）	许勇（勇者不惧）
史仲乾（老兔）	王秉瑞（王工）	吴成富（上镜老吴）	薛玲（平遥抒雪）
舒仁庆（完美好难）	王彩连（一土）	吴建晖（大侠一刀）	薛敏（美文兄）
帅良璧（吹影镂尘）	王昌军（老茧）	吴荣平（老斑马）	闫东　（欢天喜地）
双水马（双水马）	王常松（福州好鸟）	吴榕郊（数毛鸟）	闫军（唐山老枪）
宋爱军（瀚海潮）	王昶（黑镜头）	吴涛（WT游隼）	闫志敏（志敏）
宋建跃（自然之美）	王成江（时光feeling）	吴永和（wuyonghe）	严建平（风光无限）
宋立田（宋立田）	王传兵（心清）	吴振诃（猎犬）	阎旭光（阎旭光）

颜晓勤（千年猫）	曾源（云雾云）	赵明静（璀璨星空）	Bird Photography India
杨阿群（深蓝09）	翟金标（康健园）	赵钦（悍马086）	Boilingpics
杨晨（三乐）	翟铁民（牛姥爷）	赵少勇（柳叶刀zsy）	Brian E. Kushner
杨春仲（清风扬）	战玉森（今朝阳）	赵顺（持之以恒）	Cameron Rutt
杨东良（枯木的春天）	战之神（战之神）	赵夏明（zxm588）	Can079
杨浩（南京老鹰）	张宝平（b.p.zhang）	赵振杰（冰雪消融）	Cangoose
杨惠东（老兵新传xayhd）	张波（张三疯）	郑光国（神鹰）	Chewang R. Bonpo
杨惠光（惠光普照）	张代富（雨后青山）	郑树人（点点滴滴）	Chey Koulang
杨吉龙（青橄榄）	张德江（冷面杀手）	郑小明（黑猫鱼）	Chien C.Lee
杨峻（老兵不油）	张德亮（zdl0111nxi）	郑晓羽（残阳）	Chihjung Chen
杨列（yanglie）	张福龙（湿地雄鹰）	郑永胜（纵横四海）	Chris Schenk
杨曙光（阳光不锈）	张刚邖（探路者）	周棣（驾哥）	Christoph Moning
杨廷松（大山猫）	张和平（老年痴呆）	周贵平（周游视界）	Christopher Milensky
杨维宁（bornet）	张继昌（怪兽）	周家珍（雅诗）	Con Foley
杨武（武十郎）	张建国（户外活动）	周建华（周彬康）	Craig Brelsford（大山雀）
杨晓峰（海之风）	张建军（脚印无痕）	周剑飞（泡沫光影）	Craig P. Jewell
杨晓光（杨晓光）	张建军（落日熔金）	周奇志（一路顺风）	Cranelover
杨旭东（鸟友老杨）	张凯鹏（真可怕）	周树（周树）	Danie Pettersson
杨玉和（愚石）	张立群（搜妙摄真）	周树森（三木）	Dave Irving
杨振达（广州正达）	张泸生（山.歌）	周新桐（温暖的春天）	David Tipling
杨志军（流水记忆）	张明（大力水手）	周雄（八闽浪子）	Ddeborshee Gogoi
姚峰（龙之子）	张明强（开心鼠）	周永胜（左岸大山）	Debapratim Saha
姚国强（强少）	张铭（张铭）	周展星（niwa）	Deepak Dewan
姚闻斌（曼皇巴）	张平（龙之吟）	朱春虎（朱老虎）	Demord Dupont
叶昌云（叶昌云）	张前（汉溪沙）	朱国威（无锡浪子）	Dethan Punalur
叶宏（学无止镜）	张师鹏（爵士鼓手）	朱晖（成都素椒）	Devashish Deb
叶建华（羽翼缤纷）	张守玉（9991）	朱敬恩（厦门山鹰）	Dhritiman Mukherjee
叶守仁（陆上雄鹰）	张伟良（福建摄狼）	朱军（陶然逍客）	Dluitman Mukherjee
叶思伦（快乐）	张锡贤（羽衣甘蓝）	朱莉（zyy0608）	Doug Cheeseman
葉仁和（一拍再拍）	张新（小北的夏天）	朱新峰（zxf）	Eduardo de Juana
易斌（一方山水）	张雪峰（黑嘴鸥）	朱英（文明）	Enrique Agairre
尹志毅（大连原野）	张岩（张老头）	祝钧衡（凡人阿衡）	Everster
隐形金翰（隐形金翰）	张永（张果老）	卓伟明（乔峰）	Fabien Pekus
雍严格（山仔）	张永镔（慌里慌张）	宗宪顺（蓝天一方）	Fran Trabalon
游超智（三峡之子）	张永文（华阳土著）	602061	Frank Lambert
游洲（youzhou）	张勇（汆海张勇）	Adesh Shivkar	Geoff Welch
于春蕾（鱼and虾）	张跃进（波塞冬）	Al Abraq	Georges Olioso
于富海（大发）	张占福（阿福FU）	Al Khabari	Gerard De Hoog
于广中（余国定）	张振昌（中和）	Alex Vargas	Getty Images
余伯全（点心）	张正旺（张正旺）	Alexander Viduetsky	Glenn Bartley
俞春江（老愚公）	张中瑜（摄心不改）	Alexhuang61	Gobind Sagar Bhardwaj
愚人（愚人）	张燕伶（张燕伶）	Andrew Howe	Goetz Eichhorn
袁庆德（龙泉老农）	赵斌（赵斌）	Aoh（家宅）	Grant Glendinning
原巍（武汉雷鸟）	赵崇芳（大连太平鸟夫妇）	Arka Sarkar	Gunjan Arora
岳东训（青空山岳）	赵光辉（哈伦）	Arthur Morris	Howie Wu (真正的水手)
岳长利（同行）	赵国君（老照）	Ashok Mashru	Ian Davies
臧宏转（板儿砖）	赵建英（花木深）	Auscape UIG	Ignacio Yufera
臧晓博（平静）	赵军（赵军）	Ayuwat Jearwattanakanok	J.Cordee
曾建伟（曾建伟）	赵俊清（飞羽冲霄）	Bamloya	Jainy Kuriakose
曾思南（羊城老曾）	赵亮（星之光）	Bernad Dupont	James Eaton

James Hager	Phukan Nov	Yeshey Dorji
Jason Edwards	Pied Triller	Yparagraphj-911
Jeek sarv	Prasanna V.Parab	Yuji
Jim Zipp	Pvf59	Yves Adams
Jiri Bohdal	Raj Kamal Phukan	Yvonne Stevens
Joerg Hauke	Ramesh Anantharaman	Zoltan Kovacs
John Cancalosi	Ramki Sreenivasan	Zul Ya
John Holmes	Rey Sta.Ana	
John Willsher	Rich Reid	
John Wright	Roberta Olenick	
John Zhou (乐佛)	Rohit Charpe	
Jorge de Leon Cardozo	Rosy Minivet	
Kalyan Singh Sajwan	Russell Burden	
Kanit Khanikul	Sasidhar Akkiraju	
Ken Havard kenn	Shabu Anower	
Kaufman	Shashank Dalvi	
Kevin Schater	Shiva Shankar	
Koji Tagi	Siegfried Klaus	
Krishna Mohan	Slr	
Lan Davies	SOMCHAI	
Lancy Cheng	Srinivasa Raju	
Laohao	Stan Osolinski	
Lee Fong-Sheau	Stefan Krause	
Lee Gregory	Stephen Dalton	
Lee Hunter	Steue Round	
Leo Leo	Steugor	
Lesley van Loo	Steven Kazlowski	
M Schaef	Subharanjan Sen	
Manfred Pfefferle	Sunil Singhal	
Manoj Sharma	Suopajrvi mattisj	
Marcel Gil Velasco	Surpriyo Samanta	
Margaret leggoe	Tanmoy Ghosh	
Mark Andrews	Tarique Sani	
Mark Hamblin	Thanarot Ngoenwilai	
Martin Lofgren	Theo Allofs	
Mathias Schäf	Thomas Calame	
Matti Suopajrvi	Tim Zurowski	
Mayur Shinde	Tobias Hayashi	
Mike Barth	Tom Tarrant	
Mike Danzenbaker	Tom Vezo	
Mike Pope	Tony Morris	
Mike Powles	Tpejim	
Mki SreenivasanRa	Vasanthan.p.j	
Norbert Rosing	Vinaydarbal	
Novaden	Visual Message	
Panest	Wattana Choaree	
Pankaj Kumar	Wayne Lynch	
Pasha ho	Winfried Wisniewski	
Peiwen chang	Yael Shiff	
Philiprs Quentin	Yann Muzika	

CONTENTS

Volume A (Non-Passeriformes)

Preface 4

Introduction 22

How to Use This Book 36

Contents of Volume A 39

Index of English Names of Non-Passeriformes 612

Index of Latin Names of Non-Passeriformes 616

Volume B (Passeriformes)

Contents of Volume B 621

Index of English Names of Passeriformes 1301

Index of Latin Names of Passeriformes 1305

Index of Chinese Names 1309

References 1321

Postscript 1326

总目录

上卷（非雀形目）

前　言 1

概　论 7

本书使用说明 36

上卷目录 39

非雀形目英文名索引 612

非雀形目拉丁名索引 616

下卷（雀形目）

下卷目录 621

雀形目英文名索引 1301

雀形目拉丁名索引 1305

中文名索引 1309

参考文献 1321

后记 1325

中华攀雀
Remiz consobrinus
Chinese Penduline Tit
摄影：段文科

前 言

千百年来，鸟类与人类比邻而居。从长江流域出土文物中发现，早在距今约5000年前的新石器时期就出现了鸡型陶器。在后来出土的殷商时代的甲骨文里，发现了鸟、雉、雀、燕、凤等与鸟类有关的文字雏形。

中华文明发展与鸟类有着深厚渊源，上古时代神话传说中的图腾朱雀，其原型应该是锦鸡、孔雀、鹰鹫、鹄、玄鸟（燕子）等。中国最早的诗歌总集《诗经》中，先后77次提到野生鸟类，如鸠、鸱鸮、鸡、鹭、鹤、鹳、鸳鸯、䴗（伯劳）、黄鸟（黄鹂）等，甚至还涉及一年中不同农时与鸟类活动之间的关系。《山海经》中对鸟类的记述则大多离奇，缺乏实物和实践依据。在此后的古籍和文学作品中，虽也不乏对鸟类的观察描述，但通常只是寥寥数语。直到明朝李时珍的《本草纲目》，才首次对鸟类做了较为科学的总结，共收录76种鸟，分水禽、原禽、林禽、山禽4大类。其中水禽23种、原禽23种、林禽17种、山禽13种。

自17~18世纪，启蒙运动在欧洲兴起，西方国家掀起崇尚博物学热潮，人类探索自然的热情空前高涨，极大地推动了自然科学研究领域的发展，现代鸟类分类学体系开始成形。

鸦片战争之后，一些欧洲博物学爱好者开始进入到中国这块未经开垦的处女地，英国人施温霍（R.Swinhoe）以驻华领事身份在中国长江流域及沿海地区从事鸟类标本采集和研究，1863年发表了最早的《中国鸟类名录》，共收集鸟类454种，1871年增加到675种。此后陆续又有许多国外的博物学家来到中国开展鸟类学调查研究，美国人祁天锡（N.G.Gee）在1931年发表《中国鸟类目录试编》修订本，编录中国鸟类1093种另575亚种。1947年，中国著名鸟类学家郑作新对其做了大幅度种类增删和学名更改，从而完成了第一部由中国人编撰的较系统的《中国鸟类名录》，书中列有中国鸟类1087种另388亚种，为中国鸟类学发展奠定了基础。

近年来，随着分子生物学技术在鸟类分类学研究中被越来越广泛地运用，世界鸟类系统分类和种属关系的研究逐渐发生了一些变化。中国著名鸟类学家郑光美院士在参考和吸收国际鸟类分类学最新研究成果的同时，沿用传统宏观分类学的主流观点，编撰出版了《中国鸟类分类与分布名录》(2005)。之后又有一些新种、隐存种和新亚种陆续被发现，在此基础上，该书在2011年再版。

《中国鸟类图志》在编撰过程中，主要依照郑光美院士的鸟类分类体系，审慎吸纳最新研究成果。同时与采用新分类系统的《中国鸟类野外手册》(马敬能等编著)和中国观鸟年报的《中国鸟类名录》进行比照，不同之处以"别名"等方式做了标注。

本书共收录中国鸟类1409种另603亚种，是迄今为止涵盖国内鸟种最全面的鸟类图典。目前全世界已知鸟类超过10,000种，而鸟类分类学研究还处于不断发展之中，今后仍会有一些新鸟种或鸟类分布新记录不断被发现，本书作为一个历史节点，为今后的鸟类研究、保护工作提供可靠的依据。

本书中所收录的图片主要来源于鸟网会员的原创作品。创立于2005年的鸟网，目前注册会员超过20万人，常年浏览和关注鸟网的人数更是达到了34,500万人次。在鸟网开设的地方版块也已经涵盖了中国包括台湾、香港、澳门在内的所有34个行政区域。鸟网，已成为中国最大的以野生鸟类摄影为主的自然生态类门户网站。

随着数码影像技术日新月异飞速发展，拍摄野生动物所需的专业器材得到大范围普及，激发起国人探索自然和拍摄野生鸟类的极大热情。鸟网作为深受鸟类摄影爱好者喜爱的学习交流平台，会员人数迅猛增长的同时，还涌现出了一大批具有职业精神的自然摄影师。他们常年跋涉在人迹罕至的荒山野岭，寻找发现和观察记录一些罕见的野生鸟类，并拍摄了大量珍贵照片，如白尾梢虹雉、勺嘴鹬、黑鹇、中华凤头燕鸥等，填补了国内许多鸟种长期缺乏原生态图片的空白，也为我们编撰《中国鸟类图志》创造了必要条件。

截至2016年10月，鸟网会员共发表野生鸟类图片510万张，几乎涵盖了中国已知的所有鸟种，以及全球1/2以上鸟类。鸟网会员先后发现了白颈鹳、褐喉食蜜鸟、棕薮鸲、小嘴鸻、印度池鹭、鹃头蜂鹰、褐背伯劳、蓝颊蜂虎等44种中国鸟类分布新纪录。这些令人瞩目的成就，在本书中均有展现。

此前，国内也曾先后出版过一些彩绘的鸟类图鉴或以摄影为

主的鸟类图鉴类的图书，若要完整地呈现出国内目前已知鸟类的全部图片，仍然是一项非常艰巨的任务。为此，我们耗费巨大人力物力，历时10载，终于完成了这项宏大工程。《中国鸟类图志》不仅收集齐了国内目前已知的全部1409种鸟类图片，书中的许多图片还是第一次以印刷品方式出现。

亚洲是全球鸟类演化热点地区之一，中国以其特殊的地理位置和丰富多样的气候以及自然环境特征，成为现代鸟类分类学研究的重点关注区域。随着研究工作的逐步深入，许多鸟类亚种被提升为独立的物种，这也是中国鸟类物种数在最近几年间得以迅速增长的主要原因。基于这种考虑，《中国鸟类图志》以大量篇幅尽可能多地展现出不同鸟种及其亚种的图片和文字资料。

由于篇幅所限，许多精美而珍贵的鸟类摄影图片未能在书中采用，留待再版时弥补。

《中国鸟类图志》由鸟网策划并组织实施。在编撰过程中，得到了中国野生动物保护协会、中国动物学会鸟类分会等有关方面大力支持，一些知名的鸟类学者与鸟网的专家团队共同合作，完成了本书文字编撰工作。在摄影图片提供者当中，既有国内知名野生动物专业摄影师，也有教师、科学家、医务工作者、政府及企事业单位工作人员，还有许多自由职业者、海外华人华侨以及离退休人员。从某种程度上说，这部图志也可以视作中国当代鸟类摄影专业团队和民间力量的一次集中亮相。

一番辛劳终于换来今天的收获。《中国鸟类图志》已被列为"十二五"国家重点图书出版规划项目，2015年列为国家出版基金资助出版项目。我们将再接再厉，为推动中国鸟类科学普及和野生动物保护事业作出更大贡献。

鸟网创始人、总版主

Preface

For thousands of years, the bird has always been the neighbor of mankind. Potteries of chicken shape made during the Neolithic Period, i.e., about 5,000 years ago, were unearthed in the Yangtze River Basin. In Shang Dynasty, characters related to birds like bird, pheasant, finch, swallow, phoenix, etc. had appeared in inscriptions on bones or tortoise shells.

The development of the Chinese civilization is closely related to birds. The prototype of rosefinch totem in myths and legends of the ancient times could be golden pheasant, peafowl, eagle, swan or swallow. In the *Book of Songs*, the earliest poetry collection of China, wild birds, such as turtledove, owl, owlet, chicken, heron, crane, stork, mandarin duck, shrike and oriole, are mentioned for 77 times. The relationship between different seasons and bird activities are also described in it. Most description of birds in the *Shan Hai Jing* is bizarre, without physical or practical evidences. The ancient books and literature after that also have description about birds, but just in a few of words. It was not until the Ming Dynasty that a scientific summary about birds was made for the first time, with *Compendium of Materia Medica* written by Li Shizhen. This book totally records 76 species of birds, including 4 major classifications, i.e., waterbirds, pheasants, forest birds and mountain birds. The 76 species of birds consist of 23 species of waterbirds, 23 species of pheasants, 17 species of forest birds and 13 species of mountain birds.

Since the rise of Enlightenment from 17th century to 18th century in Europe, the enthusiasm of mankind to explore natural history had risen to an unprecedented extent in West, which had driven the development of natural science research. Afterwards, the taxonomic system of birds started to take shape.

After the Opium War, some European natural history enthusiasts started to come to China, the virgin place. R. Swinhoe, a British consul in China, collected and researched on bird specimens in the Yangtze River Basin and coastal areas, and published the earliest *Catalogue of Birds of China* in 1863. The book collected 454 species of birds in total. The number of collected species rose to 675 in 1871. Later on, many more foreign naturalists came to China to carry out ornithological investigation and research. In the revised edition of *A Tentative List of Birds in China* compiled by N. G. Gee of the U.S., 1,093 species as well as 575 subspecies of birds in China were recorded. In 1947, Academician Cheng Tso-hsin, a famous ornithologist in China, carried out additions and deletions of species, as well as revisions of scientific names to a large extent based on *A Tentative List of Birds in China*, completing the first catalogue of the birds in China systemically. The book recorded 1,087 species and 388 subspecies, thus laying a foundation for the development of Chinese ornithology.

With more and more extensive application of molecular biological technologies in the ornithological taxonomy research in recent years, researches on phyletic classification and species relation of birds across the world have changed gradually. While referring to and making use of the latest research achievements of international ornithological taxonomy, Academician Zheng Guangmei, a famous ornithologist in China, followed the mainstream opinions of traditional macro taxonomy to compile and publish *A Checklist on the Classification and Distribution of the Birds of China*. After this book was published, more species, cryptic species and subspecies were published one by one.

During the compiling process of *The Encyclopedia of Birds in China*, the taxonomy system of Academician Zheng Guangmei was followed to modestly absorb the latest research achievements. Meanwhile, a comparison was done between *The Encyclopedia of Birds in China* and *A Field Guide to the Birds of China* (compiled by Mackinnon et al.), which employed the new taxonomy system, and between the former and *The CBR Checklist of Birds of China*, and the differences were marked by means of "alias", etc.

This book totally recorded 1,409 species and 603 subspecies. It has been the most comprehensive encyclopedia of Chinese birds up to now. At present, the number of bird species across the world is more than 10,000. Ornithological taxonomy research is still developing constantly. From now on, there will still be more species of birds or more bird distribution records to be discovered constantly.

Pictures included in the book are mainly from indigenous works of members of birdnet.cn. Established in 2005, birdnet.cn currently owns more than 200,000 registered members. Its annual page views reaches tens of millions of person-times. Regional columns on birdnet.cn cover 34 administrative regions of China, including Taiwan,

Hong Kong and Macau. Birdnet.cn is now the largest gateway of natural ecology class in China, which mainly focuses on photography of wild birds.

With the rapid development of digital photography technologies, professional equipment required by shooting wild animals has been popularized to a large extent. Enthusiasm of the Chinese to explore the nature and to photograph wild birds therefore has been inspired. Birdnet.cn is a platform for learning and communication of bird photography enthusiasts. The number of its members has increased rapidly. Meanwhile, a large number of nature photographers with professionalism have sprung up from it. They trudge over untraversed barren mountains and wild fields all year round to seek, discover, watch and record rare wild birds. They also take plenty of precious pictures for these birds, such as *Lophophorus sclateri*, *Eurynorhynchus pygmeus*, *Lophura leucomelanos*, *Sterna bernsteini*, etc., to address the lack of original images of many bird species in China in a long term, creating necessary conditions for compiling *The Encyclopedia of Birds in China*.

Till October, 2016, members of birdnet.cn have published 5.1 million pictures of wild birds, covering almost all known bird species in China and over one third bird species across the world. Members of birdnet.cn successively discovered new distribution records of 44 species of birds in China, such as *Ciconia episcopus*, *Anthreptes malacensis*, *Cercotrichas galactotes*, *Charadrius morinellus*, *Ardeola grayii*, *Pernis apivorus*, *Lanius vittatus*, *Merops persicus*, etc. All of these remarkable achievements will be displayed in this book.

Previously, collections of bird paintings or bird photographs were published in China. But it is still a very difficult task to present all pictures of currently-known bird species in China completely. For this purpose, we have paid a lot of human and material resources and finally completed this vast project for 10 years. *The Encyclopedia of Birds in China* collects pictures of 1,409 currently-known bird species, and some are even published for the first time.

Asia is one of the hot spots across the world for evolution of birds. Due to the special geographic position, various climate patterns, as well as the natural environment characteristic, China has become a focus area for modern ornithological taxonomy research. With the deepening of investigation, many subspecies of birds have been promoted to be independent species. This is also the main reason why the number of China's bird species has risen rapidly in the recent years. Taking into account of this, *The Encyclopedia of Birds in China* presents pictures and texts about different subspecies of birds as many as possible.

Unfortunately, due to the limit of space, many beautiful and precious pictures of birds cannot be presented in this encyclopedia.

As the key publishing project of "the 12th Five-Year Plan" and supported by National Publishing Fund in 2015, the publication of *The Encyclopedia of Birds in China* was planned and conducted by birdnet.cn. During the compiling process, substantial support was received from relevant parties, such as China Wildlife Conservation Association, Ornithology Division of China Zoological Society, etc. Some famous ornithologists and the expert team of birdnet.cn worked together to complete text compilation of this book. Among the picture providers, there are not only famous wildlife professional photographers in China, but also teachers, scientists, medical workers, government staff, enterprise and public institution employees, as well as many freelancers, overseas Chinese and the retired people... To some extent, this encyclopedia can be regarded as a showcase of professional teams and civil forces for contemporary bird photography in China.

The hard work finally resulted in today's fruitful results. But we will make persistent efforts to make greater contribution to promoting popularization of ornithology and bird conservation in China.

Duan Wenke

Founder and General Moderator of birdnet.cn

棕草鹛(中国特有种)
Babax koslowi
Tibetan Babax
摄影:张永

概 论

一、中国鸟类资源及其特点

鸟类是脊椎动物的一个类群，是身体上具有羽毛、适合飞行的恒温动物。目前世界上的鸟类已经记录到1万多种，其中许多种类具有鲜艳的羽色、婉转的叫声和复杂的行为。鸟类起源历史悠久，分布广泛，与人类关系十分密切。

中国领土辽阔广大，南北相距5500 km，东西相距5200 km，陆地总面积约960万 km²，仅次于俄罗斯、加拿大，居世界第三位。中国的领海由渤海、黄海、东海、南海组成，海岸线1.8万 km，海域面积约470万 km²。中国是世界上野生鸟类资源最丰富的国家之一。广阔的国土面积、多种多样的生境以及复杂多变的气候条件，为中国野生鸟类的生存提供了优越的栖息条件。根据郑光美院士2011年出版的专著《中国鸟类分类与分布名录》（第二版）统计，中国有鸟类81科1371种，约占世界鸟类总数的14%，是世界各国中拥有鸟类物种最多的国家之一。总体来看，中国的鸟类具有分布广泛、多样性丰富、特有化程度高等特点。

中国的鸟类分布广，从热带到寒带，从森林到草原，从海平面到青藏高原，鸟类踪迹遍布全国各地。根据地理位置、地形和气候特征，中国可以分为东部季风区、西北干旱区和青藏高寒区三大自然区，各个区域都有一些适应当地自然条件的典型鸟类。

东部季风区涵盖中国东部大多数省份，土地约占全国陆地总面积的45%，该区域夏季受季风的影响显著，降雨比较集中，湿润程度较高，植被类型以森林为主。由于人为活动频繁，大多数区域已被开垦为农田、草地或居民区。该区域鸟类生态类型多样，尤其是由于地处东亚—澳大利西亚候鸟迁徙路线上，候鸟资源十分丰富。该区域的热带雨林在中国特殊而珍贵，主要分布在海南、云南南部、广东、广西、西藏东南部、台湾南部，在南海岛屿上也有少量分布。在热带雨林中，生活着犀鸟科 Bucerotidae、原鸡 *Gallus gallus*、绿孔雀 *Pavo muticus*、海南孔雀雉 *Polyplectron katsumatae* 等许多特色鸟种。亚热带森林是中国东部季风区最富有特色的一片区域，鸟类资源集中分布在一些山地，比如武夷山、神农架、大别山、秦岭、大巴山等地，朱鹮 *Nipponia nippon*、仙八色鸫 *Pitta nympha*、黄腹角雉 *Tragopan caboti*、白冠长尾雉 *Syrmaticus reevesii* 是该区域的明星鸟种。

西北干旱区也称为蒙新高原区，占全国土地面积的30%，包括内蒙古、新疆、宁夏、甘肃西北部、山西和陕西的北部。该地区降水量少，蒸发强，昼夜温差大，植被以草原、半荒漠和荒漠植物为主。典型的自然景观是戈壁、沙漠、雪山、草原和一部分绿洲，栖息的鸟类以耐旱的种类为主，代表性的种类有蒙古百灵 *Melanocorypha mongolica*、大石鸡 *Alectoris magna* 等。

青藏高寒区北起昆仑山—阿尔金—祁连山地，南至喜马拉雅山脉，土地占全国总面积的25%，平均海拔4500 m 以上。海拔高，气温低，风力强，空气稀薄，植被矮小、稀疏，是这个区域的主要特点。该区域的鸟类以适应寒冷的种类为主，除了一部分留鸟之外，大多数为夏候鸟，夏季在高原繁殖，秋冬季节迁飞到其他地方越冬。代表性鸟类有西藏毛腿沙鸡 Syrrhaptes tibetanus、藏雪鸡 Tetraogallus tibetanus、白马鸡 Crossoptilon crossoptilon、高原山鹑 Perdix hodgsoniae、黑颈鹤 Grus nigricollis、地山雀 Pseudopodoces humilis、胡兀鹫 Gypaetus barbatus、高山兀鹫 Gyps himalayensis 等。

  中国的鸟类千姿百态，丰富多彩。根据栖息习性和生活方式，一般把鸟类分为游禽、涉禽、陆禽、猛禽、攀禽、鸣禽等六大生态类群。其中游禽是趾间具蹼、善于游泳和潜水的鸟类的统称，其尾脂腺发达，常分泌大量油脂涂于全身羽毛，使之不被水浸湿，多数种类喙呈扁形或尖形，适于在水中滤食和啄鱼，主要包括潜鸟目 GAVIIFORMES、雁形目 ANSERIFORMES、䴙䴘目 PODICIPEDIFORMES、鹈形目 PELECANIFORMES 等鸟类。涉禽类的外形特点比较突出，具有喙长、颈长、后肢（腿和脚）长的特点，其腿长可在较深的水里捕食和活动，因此适于涉水生活，大多由于蹼多退化而不适于游泳，主要包括鹤形目 GRUIFORMES、鹳形目 CICONIIFORMES、鸻形目 CHARADRIIFORMES 等种类。游禽和涉禽统称为水鸟，它们均是"生态学上依靠湿地而生存的鸟类"。中国的湿地类型多，面积大，因此水鸟成为中国鸟类多样性的重要组成部分。中国现有各种水鸟270多种，约占全国鸟类总种数的1/5，占亚太地区水鸟总种数的62%。陆禽类一般后肢健壮，翅短圆，不善于飞翔，但适于在地面行走，喙强壮，多为弓形，适于在地面啄食，主要包括鸡形目 GALLIFORMES、鸽形目 COLUMBIFORMES 等种类。猛禽类多以捕食动物为生，其喙与爪锐利，带钩，视觉器官发达，飞行能力强，适合抓捕猎物，主要包括隼形目 FALCONIFORMES 和鸮形目 STRIGIFORMES 两大类。攀禽类适于在岩壁、土壁、树干等处攀缘生活，为适应这种生活方式，其趾足发生了多种变化；

金额雀鹛 *Alcippe variegaticeps*   摄影：陈锋
（中国人发现命名的第一个新鸟种）

白尾地鸦 *Podoces biddulphi*   摄影：王尧天
（中国特有种）

台湾蓝鹊 *Urocissa caerulea*   摄影：简廷谋
（中国特有种）

红腹锦鸡 *Chrysolophus pictus* 摄影：关克
（中国特有种）

弄岗穗鹛 *Stachyris nonggangensis* 摄影：徐勇
（2008年中国鸟类学家发表的鸟类新种）

灰冠鸦雀 *Paradoxornis przewalskii* 摄影：解磊
（消失100多年后被重新发现）

主要有鹦形目 PSITTACIFORMES、雨燕目 APODIFORMES、佛法僧目 CORACIIFORMES、夜鹰目 CAPRIMULGIFORMES 等种类。鸣禽类的主要特点是其鸣叫器官(鸣肌和鸣管)发达，善于鸣叫，也巧于营巢，有复杂多变的繁殖行为，如占区、求偶、营巢、孵卵、育雏等，雏鸟大多晚成性，需在巢中由亲鸟哺育才能正常发育，部分鸟类还有巢寄生、合作繁殖等行为，雀形目 PASSERIFORMES 中大多数鸟类均属鸣禽，其中著名的有画眉 *Garrulax canorus*、寿带 *Terpsiphone paradisi*、白头鹎 *Pycnonotus sinensis*、蒙古百灵、黑枕黄鹂 *Oriolus chinensis*、红喉歌鸲 *Luscinia calliope*、红嘴相思鸟 *Leiothrix lutea* 等种类。

在中国现有鸟类中，体型大小变化很大。体型较大的种类有大天鹅 *Cygnus cygnus*、丹顶鹤 *Grus japonensis*、东方白鹳 *Ciconia boyciana*、绿孔雀、高山兀鹫等；体型最重的是大鸨 *Otis tarda*，雄鸟体长可达 1 m，体重 10 kg 以上；体型较小的鸟类有莺科 Sylviidae、绣眼鸟科 Zosteropidae、啄花鸟科 Dicaeidae、花蜜鸟科 Nectariniidae 等鸟类；体型最小的为纯色啄花鸟 *Dicaeum concolor*，体长 8 cm，体重 5.3 g。白冠长尾雉是中国的特产鸟类，其中央尾羽最长达 2 m，已被列入吉尼斯世界纪录(尾羽最长的鸟类)。不同鸟类的羽色差别很大，仅马鸡属 *Crossoptilon* 内就有体羽浓褐色的褐马鸡 *Crossoptilon mantchuricum*，体呈灰蓝色的蓝马鸡 *Crossoptilon auritum* 和藏马鸡 *Crossoptilon harmani*，全身雪白的白马鸡 *Crossoptilon crossoptilon* 几种。在阳光下棕尾虹雉 *Lophophorus impejanus* 闪耀着金属的虹彩，红腹锦鸡 *Chrysolophus pictus* 展露出华丽的羽衣。一些鸟类还具有漂亮的装饰，例如军舰鸟具有鲜艳的喉囊，在繁殖期可以充气膨胀；红腹角雉 *Tragopan temminckii* 具有钴蓝色的肉角和五彩斑斓的肉裙，平常埋入羽毛之中，在繁殖期则展示

表1 中国鸟类特有种名录

目名	科名	鸟种名
鸡形目 GALLIFORMES	松鸡科 Tetraonidae	斑尾榛鸡 *Bonasa sewerzowi*
	雉科 Phasianidae	红喉雉鹑 *Tetraophasis obscurus* 黄喉雉鹑 *Tetraophasis szechenyii* 大石鸡 *Alectoris magna* 四川山鹧鸪 *Arborophila rufipectus* 白眉山鹧鸪 *Arborophila gingica* 台湾山鹧鸪 *Arborophila crudigularis* 海南山鹧鸪 *Arborophila ardens* 灰胸竹鸡 *Bambusicola thoracicus* 黄腹角雉 *Tragopan caboti* 绿尾虹雉 *Lophophorus lhuysii* 蓝腹鹇 *Lophura swinhoii* 白马鸡 *Crossoptilon crossoptilon* 藏马鸡 *Crossoptilon harmani* 蓝马鸡 *Crossoptilon auritum* 褐马鸡 *Crossoptilon mantchuricum* 白颈长尾雉 *Syrmaticus ellioti* 黑长尾雉 *Syrmaticus mikado* 白冠长尾雉 *Syrmaticus reevesii* 红腹锦鸡 *Chrysolophus pictus* 海南孔雀雉 *Polyplectron katsumatae*
鸮形目 STRIGIFORMES	鸱鸮科 Strigidae	四川林鸮 *Strix davidi*
鴷形目 PICIFORMES	拟鴷科 Capitonidae	台湾拟啄木鸟 *Megalaima nuchalis*
雀形目 PASSERIFORMES	鹎科 Pycnonotidae	台湾鹎 *Pycnonotus taivanus*
	鸦科 Corvidae	黑头噪鸦 *Perisoreus internigrans* 台湾蓝鹊 *Urocissa caerulea* 白尾地鸦 *Podoces biddulphi*
	鸫科 Turdidae	台湾林鸲 *Tarsiger johnstoniae* 贺兰山红尾鸲 *Phoenicurus alaschanicus* 台湾紫啸鸫 *Myophonus insularis* 宝兴歌鸫 *Turdus mupinensis*
	画眉科 Timaliidae	山噪鹛 *Garrulax davidi* 黑额山噪鹛 *Garrulax sukatschewi* 斑背噪鹛 *Garrulax lunulatus* 白点噪鹛 *Garrulax bieti* 大噪鹛 *Garrulax maximus* 棕噪鹛 *Garrulax poecilorhynchus* 台湾画眉 *Garrulax taewanus* 橙翅噪鹛 *Garrulax elliotii* 灰腹噪鹛 *Garrulax henrici*

（续）

目名	科名	鸟种名
雀形目 PASSERIFORMES	画眉科 Timaliidae	台湾噪鹛 *Garrulax morrisonianus* 灰胸薮鹛 *Liocichla omeiensis* 黄痣薮鹛 *Liocichla steerii* 弄岗穗鹛 *Stachyris nonggangensis* 宝兴鹛雀 *Moupinia poecilotis* 棕草鹛 *Babax koslowi* 台湾斑翅鹛 *Actinodura morrisoniana* 金额雀鹛 *Alcippe variegaticeps* 中华雀鹛 *Alcippe striaticollis* 褐顶雀鹛 *Alcippe brunnea* 白耳奇鹛 *Heterophasia auricularis* 褐头凤鹛 *Yuhina brunneiceps*
	鸦雀科 Paradoxornithidae	三趾鸦雀 *Paradoxornis paradoxus* 白眶鸦雀 *Paradoxornis conspicillatus* 暗色鸦雀 *Paradoxornis zappeyi* 灰冠鸦雀 *Paradoxornis przewalskii*
	莺科 Sylviidae	台湾短翅莺 *Bradypterus alishanensis* 甘肃柳莺 *Phylloscopus kansuensis* 海南柳莺 *Phylloscopus hainanus* 峨眉柳莺 *Phylloscopus emeiensis* 凤头雀莺 *Leptopoecile elegans*
	戴菊科 Regulidae	台湾戴菊 *Regulus goodfellowi*
	长尾山雀科 Aegithalidae	银脸长尾山雀 *Aegithalos fuliginosus*
	山雀科 Paridae	白眉山雀 *Parus superciliosus* 红腹山雀 *Parus davidi* 黄腹山雀 *Parus venustulus* 台湾黄山雀 *Parus holsti* 地山雀 *Pseudopodoces humilis*
	䴓科 Sittidae	滇䴓 *Sitta yunnanensis*
	旋木雀科 Certhiidae	四川旋木雀 *Certhia tianquanensis*
	雀科 Passeridae	藏雪雀 *Montifringilla henrici*
	燕雀科 Fringillidae	褐头岭雀 *Leucosticte sillemi* 藏雀 *Kozlowia roborowskii*
	鹀科 Emberizidae	朱鹀 *Urocynchramus pylzowi* 藏鹀 *Emberiza koslowi* 蓝鹀 *Latoucheornis siemsseni*

用于吸引配偶。

特有化程度高、特有种多是中国鸟类资源的一个突出特点。特有种是指在地理分布上只局限于某个特定地区而不见于其他地区的物种。在中国特有种鸟类的界定上，一些学者采用比较宽泛的标准，将主要分布区或主要繁殖区位于中国的鸟类均定为中国特有种（谭耀匡，1985；雷富民等，2002），另外一些学者则主张采用更加严格的标准（张雁云，2004）。根据郑光美（2011）的《中国鸟类分类与分布名录》，按照严格的标准（仅在中国分布，其他国家没有野生种群），确认中国鸟类特有种共76种，隶属于5目19科48属（表1）。其中雉科 Phasianidae 和画眉科 Timaliidae 的特有种最多，分别为20种和21种，占中国特有种总数的50%以上。雷富民等（2002）对中国鸟类特有种丰富度统计分析的结果显示，特有种分布最多、最集中的地区主要为横断山区、川北、秦岭及陇南山地以及台湾岛。

二、中国鸟类的地理分区

根据郑作新和张荣祖等人的研究成果，中国鸟类生活在古北界和东洋界两大动物地理界，两者的分界线在喜马拉雅山—岷山—秦岭—淮河一带，这条线以南为东洋界，以北则为古北界。其中古北界可分为东北区、华北区、蒙新区、青藏区，东洋界可分为华中区、西南区、华南区，各个地理区中都有典型的代表性鸟类生存。

1. 东北区

包括中国黑龙江、吉林、辽宁三省以及内蒙古的东北部，可细分为大兴安岭、长白山地和松辽平原3个亚区。

(1) 大兴安岭亚区

包括大兴安岭和小兴安岭的大部分，是西伯利亚寒温带针叶林带（泰加林）的南延部分。鸟类以松鸡科的黑嘴松鸡 *Tetrao parvirostris*、黑琴鸡 *Lyrurus tetrix*、花尾榛鸡 *Bonasa bonasia* 为典型代表。常见种类有星鸦 *Nucifraga caryocatactes*、松雀 *Pinicola enucleator*、红交嘴雀 *Loxia curvirostra*、黑啄木鸟 *Dryocopus martius*、雪鸮 *Bubo scandiacus*、普通鸻 *Sitta europaea*、白头鹀 *Emberiza leucocephalos* 等。

(2) 长白山亚区

包括小兴安岭主峰以南至长白山的所有山地，气候属中温带，植被为典型的针阔混交林。鸟类代表种以北方类型为主，如花尾榛鸡、三趾啄木鸟 *Picoides tridactylus*、白眉姬鹟 *Ficedula zanthopygia* 等，常见种类有日本松雀鹰 *Accipiter gularis*、领角鸮 *Otus lettia*、松鸦 *Garrulus glandarius*、黑枕黄鹂 *Oriolus chinensis*、黑头鸻 *Sitta villosa*、云雀 *Alauda arvensis* 等。

(3) 松辽平原亚区

包括东北平原及其外围的山麓地带。鸟类代表种有丹顶鹤 *Grus japonensis*、灰头麦鸡 *Vanellus cinereus*、红脚隼 *Falco amurensis*、云雀 *Alauda arvensis*、北椋鸟 *Sturnia sturnina*、灰椋鸟 *Sturnus cineraceus*、虎纹伯劳 *Lanius tigrinus*、金翅雀 *Carduelis sinica*、黄喉鹀 *Emberiza elegans* 等。

2. 华北区

包括中国西部的黄土高原、北部的冀热山地及东部的黄淮平原，属暖温带。可分为黄淮平原、黄土高原两个亚区。

(1) 黄淮平原亚区

包括淮河以北、伏牛山与太行山以东、燕山山脉以南的广大地区，大部分为开阔的农田景观。鸟类大部分是旅鸟，占全部鸟类的一半以上，也有一部分冬候鸟和夏候鸟。鸟类代表种有大杜鹃 *Cuculus canorus*、四声杜鹃 *Cuculus micropterus*、大斑啄木鸟 *Dendrocopos major*、麻雀 *Passer montanus*、红尾伯劳 *Lanius cristatus*、喜鹊 *Pica pica*、灰喜鹊 *Cyanopica cyanus*、家燕 *Hirundo rustica*、黑卷尾 *Dicrurus macrocercus*、黑枕黄鹂 *Oriolus chinensis*、大山雀 *Parus major* 等。本亚区的东部沿海一带是中国候鸟迁徙的重要通道。

(2) 黄土高原亚区

包括山西、陕西和甘肃南部的黄土高原及冀热山地。鸟类中代表种有岩鸽 *Columba rupestris*、

石鸡 *Alectoris chukar*、斑翅山鹑 *Perdix dauurica*、红嘴山鸦 *Pyrrhocorax pyrrhocorax*、凤头百灵 *Galerida cristata*、灰鹡鸰 *Motacilla cinerea*、领岩鹨 *Prunella collaris*、灰眉岩鹀 *Emberiza cia* 等。

3. 蒙新区

包括东北地区西部及内蒙古、宁夏、甘肃西北部和新疆等地。大部分为荒漠和草原地带，一部分山地出现森林。本区可分为东部草原亚区、西部荒漠亚区和天山山地亚区。

(1) 东部草原亚区

自大兴安岭南端至内蒙古高原东部边缘为东界，以草原与半荒漠的分界线为西界。鸟类代表种类有云雀、角百灵 *Eremophila alpestris*、蒙古百灵 *Melanocorypha mongolica*、荒漠伯劳 *Lanius isabellinus*、大鸨 *Otis tarda*、毛腿沙鸡 *Syrrhaptes paradoxus*、草原雕 *Aquila nipalensis* 等。

(2) 西部荒漠亚区

包括阴山北部的戈壁、鄂尔多斯西部、阿拉善、塔里木、柴达木及准噶尔等盆地。境内为大片沙丘、砾漠和盐碱滩，生长荒漠植被，只在沿河及山麓有高山冰雪融水的地段才有绿洲。鸟类十分稀少，常见的有凤头百灵 *Galerida cristata*、角百灵、短趾百灵 *Calandrella cheleensis*、荒漠伯劳、黑顶麻雀 *Passer ammodendri*、白尾地鸦 *Podoces biddulphi* 等。

(3) 天山山地亚区

主要为新疆的天山，向北至塔尔巴哈台山地，还包括阿尔泰山即北疆山地。代表种有暗腹雪鸡 *Tetraogallus himalayensis*、红背伯劳 *Lanius collurio*、星鸦、灰蓝山雀 *Parus cyanus*、旋木雀 *Certhia familiaris*、花彩雀莺 *Leptopoecile sophiae*、红交嘴雀、金额丝雀 *Serinus pusillus*、白头鹀 *Emberiza leucocephalos* 等。

4. 青藏区

包括青海、西藏和四川西部，东起横断山脉的北端，南自喜马拉雅山脉，北至昆仑山、阿尔金山和祁连山等山脉，海拔平均在4500 m以上。可分为羌塘高原亚区和青海藏南亚区。

(1) 羌塘高原亚区

为包围在西藏高原上的冈底斯山、念青唐古拉山、昆仑山和可可西里之间的羌塘高原，也包括西喜马拉雅及其北麓高原。鸟类代表种有地山雀 *Pseudopodoces humilis*、棕背雪雀 *Pyrgilauda blanfordi*、白腰雪雀 *Onychostruthus taczanowskii*、藏雪鸡 *Tetraogallus tibetanus*、棕头鸥 *Larus brunnicephalus*、斑头雁 *Anser indicus*、赤麻鸭 *Tadorna ferruginea*、黑颈鹤 *Grus nigricollis* 等。

(2) 青海藏南亚区

由青海东部的祁连山向南到西藏的昌都地区，包括喜马拉雅山的中段、东段的高山带以及喜马拉雅山北麓雅鲁藏布江谷地。代表性鸟类有红喉雉鹑 *Tetraophasis obscurus*、白马鸡 *Crossoptilon crossoptilon*、血雉 *Ithaginis cruentus*、藏雀 *Kozlowia roborowskii*、藏鹀 *Emberiza koslowi*、朱鹀 *Urocynchramus pylzowi*、灰腹噪鹛 *Garrulax henrici*、黑头金翅雀 *Carduelis ambigua* 等。

5. 西南区

包括四川西部、西藏昌都地区东部，北接青海和甘肃南缘，南抵云南北部横断山地区，向西包括喜马拉雅南坡针叶林带以下的山地。分为西南山地亚区和喜马拉雅亚区。

(1) 西南山地亚区

指横断山脉部分。植被垂直分布极为明显。代表性鸟类有灰胸薮鹛 *Liocichla omeiensis*、斑背噪鹛 *Garrulax lunulatus*、绿翅短脚鹎 *Hypsipetes mcclellandii*、红腹角雉 *Tragopan temminckii*、绿尾虹雉 *Lophophorus lhuysii*、白腹锦鸡 *Chrysolophus amherstiae* 等。

(2) 喜马拉雅亚区

包括喜马拉雅南坡针叶林以下的山区，自然景观的变化明显，包括热带雨林、季雨林、亚热带常绿阔叶林、针阔混交林、暗针叶林、高山草甸、灌丛、寒漠冰雪带。代表性鸟类有火尾太阳鸟 *Aethopyga ignicauda*、绿背山雀 *Parus monticolus*、杂色噪鹛 *Garrulax variegatus*、红眉朱雀 *Carpodacus pulcherrimus*、红胸角雉 *Tragopan satyra* 等。

6. 华中区

指四川盆地与贵州高原及其以东的长江流域，西半部北起秦岭，南至西江上游，东半部为长江中下游流域以及东南沿海丘陵的北部。包括东部丘陵平原亚区和西部山地高原亚区。

(1) 东部丘陵平原亚区

指三峡以东的长江中下游区域，包括沿江冲积平原和下游的长江三角洲，散布在境内的大别山、黄山、武夷山和福建以及广东和广西北部的丘陵。代表性鸟类有乌鸫 *Turdus merula*、画眉 *Garrulax canorus*、黄臀鹎 *Pycnonotus xanthorrhous*、领雀嘴鹎 *Spizixos semitorques*、发冠卷尾 *Dicrurus hottentottus*、强脚树莺 *Cettia fortipes*、灰胸竹鸡 *Bambusicola thoracicus*、红头长尾山雀 *Aegithalos concinnus*、白颈长尾雉 *Syrmaticus ellioti*、黄腹角雉 *Tragopan caboti* 等。

(2) 西部山地高原亚区

包括秦岭、淮阳山地西部、四川盆地、云贵高原东部和西江上游的南岭山地。代表种类有灰卷尾 *Dicrurus leucophaeus*、灰背伯劳 *Lanius tephronotus*、噪鹃 *Eudynamys scolopacea*、灰头鸦雀 *Paradoxornis gularis*、红腹锦鸡 *Chrysolophus pictus*、灰胸竹鸡、白领凤鹛 *Yuhina diademata*、白颊噪鹛 *Garrulax sannio* 等。

7. 华南区

包括云南、广东和广西的南部、福建东南沿海一带、台湾、海南以及南海各群岛。可分为闽广沿海亚区、滇南山地亚区、海南岛亚区、台湾亚区、南海诸岛亚区。

(1) 闽广沿海亚区

包括广东与广西的南部和福建东南的沿海地带。代表性鸟类有白眉山鹧鸪 *Arborophila gingica*、棕背伯劳 *Lanius schach*、褐翅鸦鹃 *Centropus sinensis*、小鸦鹃 *Centropus bengalensis*、叉尾太阳鸟 *Aethopyga christinae*、灰喉山椒鸟 *Pericrocotus solaris* 等。

(2) 滇南山地亚区

包括云南西部和南部，即怒江、澜沧江、红河等中游地区。为常绿阔叶季雨林，有些低谷为稀疏草原。代表性鸟类有长尾阔嘴鸟 *Psarisomus dalhousiae*、蓝八色鸫 *Pitta cyanea*、绿胸八色鸫 *Pitta sordida*、厚嘴啄花鸟 *Dicaeum agile*、黄腰太阳鸟 *Aethopyga siparaja*、双角犀鸟 *Buceros bicornis*、原鸡 *Gallus gallus*、绿孔雀 *Pavo muticus*、黄胸织雀 *Ploceus philippinus* 等。

(3) 海南岛亚区

海南岛是中国第二大岛。岛内东南部山地为热带季雨林，西南部山地气候垂直变化明显，局部地方存在热带稀树草原。动物资源非常丰富，代表性种类有海南孔雀雉 *Polyplectron katsumatae*、海南山鹧鸪 *Arborophila ardens*、海南柳莺 *Phylloscopus hainanus*、原鸡、橙腹叶鹎 *Chloropsis hardwickii* 等。

(4) 台湾亚区

包括台湾及附近岛屿。岛上植被类型变化很大。北部和东部主要为亚热带雨林，南部为热带雨林。动物资源丰富，代表性种类有蓝腹鹇 *Lophura swinhoii*、黑长尾雉 *Syrmaticus mikado*、台湾蓝鹊 *Urocissa caerulea*、台湾噪鹛 *Garrulax morrisonianus*、白耳奇鹛 *Heterophasia auricularis*、褐头凤鹛 *Yuhina brunneiceps*、台湾黄山雀 *Parus holsti* 等。

(5) 南海诸岛亚区

包括东沙群岛、西沙群岛、中沙群岛、南沙群岛。在各海岛上多为热带雨林，灌木、草本植物丛生，是鸟类栖息的重要场所。代表性种类有红脚鲣鸟 *Sula sula*、褐鲣鸟 *Sula leucogaster*、乌燕鸥 *Sterna fuscata*、红嘴鹲 *Phaethon aethereus*、白斑军舰鸟 *Fregata ariel* 等。

三、中国鸟类研究历史与现状

中国现代鸟类学研究是在19世纪中期以后逐步发展起来的。最初是以英国的施温霍（R.

Swinhoe)、法国大卫（A. David）神父、俄国的普热瓦尔斯基、日本的黑田长礼等为代表的国外博物学家和传教士在中国境内采集大量鸟类标本，陆续发表了一批新鸟种，并编写出版了中国鸟类名录。

20世纪20年代之后，随着寿振黄、任国荣、常麟定、傅桐生、郑作新等一批动物学家自西方留学归来，开启了中国人研究鸟类的新时代，由此奠定了中国鸟类学自主研究的基础。例如，寿振黄曾对福建(1927)、山东(1930)、四川(1931~1932)、浙江(1934)、河北(1936)、青岛(1938)鸟类进行过考察。任国荣在广东、广西、贵州(1928~1937)、云南(1941)等地研究过鸟类。郑作新在福建(1934~1947)不仅调查鸟类区系，还对鸟类的生态习性开展了研究。总体来看，该时期的鸟类学研究主要是以标本采集和区系分类为主，最具标志性的一项成果是1932年任国荣从广西大瑶山采到一个鸟类新种，命名为金额雀鹛 *Alcippe variegaticeps*。另一项重要成果是1947年郑作新编著出版的《中国鸟类名录》，共列出中国鸟类1087种912亚种，是第一个由中国鸟类学家编写的全国性鸟类名录。

1950~1966年，中国鸟类学进入一个蓬勃发展的阶段。首先是在中国科学院动物研究所及昆明动物研究所、各大专院校和自然博物馆等单位建立鸟类学研究队伍；其次是组织开展了大规模的鸟类科学考察和标本采集工作，例如自1955年起中国科学院组织鸟类学者与苏联专家联合开展了云南鸟类考察，1958年开展了横断山脉鸟类考察，1959~1977开展了西藏鸟类考察等。在此基础上，出版了一系列中国鸟类的研究专著，如《中国鸟类分布名录》(1955~1958)、《中国动物图谱·鸟类》(1959)、《中国经济动物志·鸟类》(1963)等。1962年，中国科学院设置动物志编辑委员会，由郑作新教授主持《中国动物志》鸟类卷的编写工作。

"文化大革命"的10年(1966~1976)，中国鸟类学研究基本处于停滞状态。20世纪80年代以后，中国的鸟类学研究得以快速发展。1980年10月，由郑作新院士牵头筹划，在辽宁大连成立了"中国动物学会鸟类学分会"。这是当时中国唯一从事鸟类学研究和鸟类保护的专业组织，其基本宗旨是发展中国鸟类学的学术研究，普及鸟类知识，建立全国性网络，促进有关濒危物种研究和保护的国际间合作。1982年，中国林业科学研究院成立了"全国鸟类环志中心"，负责组织和推动中国的候鸟环志工作。

1983年，郑作新院士提出要重视中国特有种和濒危物种的研究，获得了国家自然科学基金的支持。在郑作新院士的主持下，以郑光美、王香亭、李桂垣、诸葛阳、许维枢、高玮、卢汰春、李福来等为代表的19位鸟类学家组成了"中国珍稀濒危雉类生态和生物学研究专题组"，对中国11种珍稀濒危雉类的繁殖生态、生活史、习性等进行了多年的深入研究，出版了多部专著。1989年在北京召开的"第四届国际雉类学术研讨会"，极大地促进了中国鸟类学的国际合作与交流工作。与此同时，中国学者加强了对丹顶鹤、白头鹤等珍稀物种的基础生态学的研究工作。通过与国际鹤类基金会、世界雉类协会等国际组织的合作，中国在珍稀濒危雉类和鹤类研究领域率先获得了一系列优秀的成果。尤其是郑光美院士带领的北京师范大学团队，对黄腹角雉、红腹角雉、血雉、褐马鸡、藏马鸡等珍稀鸟类进行了长期系统的生态生物学及驯养繁殖研究，获得了2000年度国家自然科学二等奖，这是中国鸟类学家在自然科学领域获得的最高奖项。

进入21世纪之后，中国鸟类学研究继续保持强劲的发展势头。2002年8月，"第22届国际鸟类学大会"在北京成功举办，来自世界50多个国家的1000多位鸟类学家参加了大会。这是国际鸟类大会诞生100多年以后，首次在亚洲地区举办。这次大会是中国鸟类学发展历史上的一个重要里程碑，为21世纪中国鸟类学的发展提供了新的动力。自此以后，中国的鸟类学研究从区系到生态，从宏观到微观，研究领域日趋多元化，学术水平不断提高，逐渐接近并开始融合到了世界鸟类学的大格局中。2008年，广西大学周放教授在美国鸟类学期刊《Auk》上发表了中国鸟类的新种——弄岗穗鹛 Stachyris nonggangensis，这是中国鸟类学家命名的第二个鸟类物种。2015年，Per Alström 等人以整合分析方法再次发现中国鸟类一新种——四川短翅莺 Locustella chengi，并以中国已故的鸟类学家郑作新（Cheng Tso-hsin）院士的姓氏命名了这一鸟类（Alström et al.，2015）。中国鸟类学家在以珍稀濒危雉类和鹤类为代表的濒危鸟类方面开展了长期的研究，为黄腹角雉、褐马鸡、斑尾雉鸡、丹顶鹤、朱鹮等鸟类的保护提供了科学依据。此外，针对兰屿角鸮、中华凤头燕鸥、黑脸琵鹭、东方白鹳、大鸨、遗鸥、黑嘴鸥、栗斑腹鹀等珍稀濒危鸟类的保护生物学研究工作也先后在各地开展。

中国动物学会鸟类学分会目前拥有900多名会员，设有系统发育与演化专业组、鸟类多样性与保护专业组、迁徙与环志专业组、行为与生活史进化专业组、动物地理与分布格局专业组、水鸟与湿地生态专业组、饲养繁殖专业组、鸟撞专业组、青年工作组和观鸟工作组等10个专业（工作）组。学会的最高决策机构为理事会，具体工作由秘书处负责。学会每2年组织召开一次全国鸟类学大会、海峡两岸鸟类学术研讨会等学术会议，出版《Avian Research》、《中国鸟类研究简讯》等刊物，并建立了学会网站（www.chinabird.org）。学会还设立了郑作新鸟类科学青年奖励基金、中国鸟类基础研究奖、中国鸟类研究生学术新人奖，每年举办以培养鸟类学后备人才为主要目标的全国研究生的学术交流平台——翠鸟论坛。近年来，鸟类学分会不断加强与国内观鸟组织的联系，并与鸟网、中国野生动物保护协会一起，积极推动中国鸟类摄影活动的健康发展。

中国鸟类学研究的内容不断拓展和深化，目前有特色的研究方向主要有：鸟类的谱系地理与起源研究、鸟类基因组与分子进化、鸟类的鸣声与个体识别、鸟类的合作繁殖行为研究、杜鹃科鸟类巢寄生行为研究、卫星追踪与鸟类迁徙策略研究、濒危物种的保护生物学研究等。随着鸟类学的发展，国内培养鸟类学人才的单位不断增加。据不完全统计，目前国内招收鸟类学博士生的单位有：安徽大学、北京林业大学、北京师范大学、东北林业大学、东北师范大学、复旦大学、海南师范大学、华东师范大学、兰州大学、南京林业大学、四川大学、武汉大学、厦门大学、浙江大学、中国科学院动物研究所、中国科学院昆明动物研究所、中国科学院生态环境中心、华南濒危动物研究所等单位。2013年10月，参加杭州全国鸟类学大会的代表超过500人，其中研究生达到了120多人，反映了中国鸟类学事业后继有人的喜人形势。今后，中国鸟类学家不仅需要继续与国内外的同行加强合作，也需要与喜爱观鸟和拍摄鸟的朋友加强沟通和交流。大家共同努力，为进一步提高中国鸟类科学研究、繁荣鸟类生态文化、保护鸟类的多样性作出贡献。

四、中国鸟类资源的保护

鸟类是自然界的重要成员，在维持生态系统平衡方面发挥着不可替代的作用。公民对待鸟类的态度以及国家对鸟类资源的保护状况，已经成为衡量一个国家和地区文明程度的重要指标。中国是一个鸟类资源丰富的国家，现有鸟类1409种，物种数占全球鸟类总数的14%，在世界各国的排名中位居前十名。加强鸟类资源保护不仅有利于中国生态环境保护、可持续发展以及生态文明的建设，而且对全球生物多样性的持续发展和濒危物种保护也具有积极意义。

在中国鸟类中，生存受到威胁的珍稀濒危物种所占比例很高。在世界15种鹤类中，有9种分布于中国，其中多数属于珍稀濒危物种。例如，丹顶鹤的越冬种群数量已经从原来的1200多只下降到目前的不足600只，白鹤 Grus leucogeranus 的越冬种群受到了计划建设的鄱阳湖水利枢纽工程的威胁，白头鹤 Grus monacha、白枕鹤 Grus vipio、蓑羽鹤 Anthropoides virgo、黑颈鹤 Grus nigricollis 等种类也面临着栖息地丧失和人类活动干扰的困境。世界51种雉类中，有27种分布在中国，其中海

南孔雀雉 *Polyplectron katsumatae* 在中国的数量已经不足500只，四川山鹧鸪 *Arborophila rufipectus* 少于1000只，绿孔雀 *Pavo muticus*、白冠长尾雉 *Syrmaticus reevesii* 等物种的野生种群数量下降也十分显著。中国鸟类中，有4个物种已经数十年没有踪迹，分别是冠麻鸭 *Tadorna cristata*、镰翅鸡 *Dendragapus falcipennis*、赤颈鹤 *Grus antigone*、白鹳 *Ciconia ciconia*，估计已经在中国境内灭绝。中国有多种鸟类的数量十分稀少，例如中华凤头燕鸥 *Thalasseus bernsteini*、卷羽鹈鹕 *Pelecanus crispus* 的种群数量不足100只，蓝冠噪鹛 *Garrulax courtoisi* 只有200多只。还有许多鸟类以往分布广泛、数量庞大，近年来数量则急剧下降。一个突出的例子是黄胸鹀 *Emberiza aureola*，由于大量捕捉和食用，导致野生种群自1980年以来下降了90%，因此国际鸟盟（BirdLife International）已经将其保护等级提升为"濒危"物种（EN）。

在世界自然保护联盟（IUCN）的全球受胁物种红色名录中，涉及中国的种类有78种，其中处于极危的是白腹军舰鸟 *Fregata andrewsi*、白肩黑鹮 *Pseudibis davisoni*、青头潜鸭 *Aythya baeri*、白背兀鹫 *Gyps bengalensis*、黑兀鹫 *Sarcogyps calvus*、白鹤、中华凤头燕鸥、蓝冠噪鹛、勺嘴鹬等9种鸟类；濒危的种类为海南鳽 *Gorsachius magnificus*、栗头鳽 *Gorsachius goisagi*、东方白鹳、朱鹮 *Nipponia nippon*、黑脸琵鹭 *Platalea minor*、白头硬尾鸭 *Oxyura leucocephala*、中华秋沙鸭 *Mergus squamatus*、长嘴兀鹫 *Gyps indicus*、猎隼 *Falco cherrug*、四川山鹧鸪、海南孔雀雉、绿孔雀、丹顶鹤、小青脚鹬 *Tringa guttifer*、毛腿渔鸮 *Ketupa blakistoni*、鹊鹂 *Oriolus mellianus*、棕头歌鸲 *Luscinia ruficeps*、细纹苇莺 *Acrocephalus sorghophilus*、巨䴓 *Sitta magna*、栗斑腹鹀 *Emberiza jankowskii*、黄胸鹀 *Emberiza aureola* 等21种；易危的有短尾信天翁 *Diomedea albatrus*、卷羽鹈鹕 *Pelecanus crispus*、黄嘴白鹭 *Egretta eulophotes*、秃鹳 *Leptoptilos javanicus*、鸿雁 *Anser cygnoides*、小白额雁 *Anser erythropus*、长尾鸭 *Clangula hyemalis*、玉带海雕 *Haliaeetus leucoryphus*、虎头海雕 *Haliaeetus pelagicus*、乌雕 *Aquila clanga*、白肩雕 *Aquila heliaca*、海南山鹧鸪 *Arborophila ardens*、红胸山鹧鸪 *Arborophila mandellii*、黑头角雉 *Tragopan melanocephalus*、灰腹角雉 *Tragopan blythii*、黄腹角雉 *Tragopan caboti*、白尾梢红雉 *Lophophorus sclateri*、绿尾虹雉 *Lophophorus lhuysii*、褐马鸡、白冠长尾雉、黑颈鹤、白头鹤、白枕鹤、赤颈鹤、花田鸡 *Coturnicops exquisitus*、大鸨、波斑鸨 *Chlamydotis macqueenii*、大杓鹬 *Numenius madagascariensis*、大滨鹬 *Calidris tenuirostris*、遗鸥 *Larus relictus*、黑嘴鸥 *Larus saundersi*、白喉林鹟 *Rhinomyias brunneatus*、紫林鸽 *Columba punicea*、中亚鸽 *Columba eversmanni*、棕颈犀鸟 *Aceros nipalensis*、仙八色鸫 *Pitta nympha*、黑头噪鸦 *Perisoreus internigrans*、褐头鸫 *Turdus feae*、黑喉歌鸲 *Luscinia obscura*、白喉石䳭 *Saxicola insignis*、黑额山噪鹛 *Garrulax sukatschewi*、灰胸薮鹛 *Liocichla omeiensis*、白点噪鹛 *Garrulax bieti*、金额雀鹛 *Alcippe variegaticeps*、弄岗穗鹛 *Stachyris nonggangensis*、灰冠鸦雀 *Paradoxornis przewalskii*、暗色鸦雀 *Paradoxornis zappeyi*、丽䴓 *Sitta formosa* 等48种鸟类。

威胁鸟类生存的因素有很多，其中既有物种自身繁殖率低、适应性弱等原因，也有人为活动导致的栖息地丧失、过度捕杀等因素。栖息地是鸟类赖以生存的场所，其质量的高低直接影响鸟类的分布、数量和存活。随着中国社会经济的迅速发展和人类活动范围的日益扩大，对鸟类栖息地的影响在不断加剧。例如大规模的森林砍伐和树种改造，使许多珍稀雉类典型栖息地的面积逐渐减少，片断化现象日趋严重。沿海地区的不断开发已经导致天然滩涂的快速消失，对东亚—澳大利西亚迁徙路线上鸻鹬类的生存构成了严重威胁。过度捕猎曾经是导致中国鸟类资源遭到破坏的另一个重要原因。自20世纪80年代以后，随着《中华人民共和国野生动物保护法》的颁布和实施，这种状况有了明显改善，但是非法猎捕鸟类的现象仍时有发生，尤其是在候鸟的迁徙季节。此外，环境污染、外来物种入侵、城市化以及人为干扰等都可能影响鸟类的生存，应引起我们的关注。

改革开放以来，中国在鸟类资源保护方面开展了大量工作，并取得了显著效果。例如，中国的朱鹮从1981年发现时的7只个体，发展到现在超过2000只的种群，不仅成为中国野生动物保护的成功范例，而且也获得了国际社会的高度评价。在就地保护方面，自1980年中国加入了濒危野生动植物种国际贸易公约（CITES）后，开始对包括珍稀濒危鸟类在内的野生动植物的国际贸易进行严格的控制。1988年，全国人大颁布了《中华人民共和国野生动物保护法》，将大量珍稀鸟类列入《国家重点保护动物名录》，使中国珍稀濒危鸟类获得了有效保护。与此同时，中国加大了自然保护区的建设力度。从1956年建立第一个自然保护区开始，到2014年底，全国共建立自然保护区2729个，总面积147万 km^2，占国土面积的14.84%。在这些自然保护区中，有许多是以保护珍稀濒危鸟类为主的自然保护区，比较著名的有陕西洋县（朱鹮）、山西庞泉沟（褐马鸡）、山东荣成（大天鹅）、浙江乌岩岭（黄腹角雉）、河南董寨（白冠长尾雉）、江苏盐城（丹顶鹤）、江西鄱阳湖（白鹤）、甘肃莲花山（斑尾榛鸡）等自然保护区。这些保护区在中国鸟类资源的保护方面发挥了重要作用。在易地保护方面，中国动物园及饲养中心饲养过的珍稀鹤类、雉类、猛禽有上百种，白鹤、丹顶鹤、褐马鸡、黄腹角雉、白冠长尾雉等珍稀濒危鸟类已经成功地建立了易地保护种群。在此基础上，对朱鹮、黄腹角雉、褐马鸡等鸟类实施了再引入工程，扩大了这些鸟类的分布范围，壮大了野生种群。在肯定成绩的同时，我们也应看到，中国鸟类资源保护依然面临着十分严峻的形势。在2015年，我国环境保护部和中国科学院联合发布的《中国生物多样性红色名录——脊椎动物卷》中，有146种鸟类被列为受胁物种，其中极度濒危15种、濒危51种、易危80种。大量的物种濒临灭绝，意味着保护工作任重而道远，今后中国鸟类的保护工作还需要继续得到国家和各级地方政府及社会大众的广泛支持和参与，尤其是民间保护力量的发展壮大，将对中国珍稀濒危鸟类保护产生积极影响。

五、中国公众爱鸟护鸟活动的发展

20世纪80年代以后，随着群众性爱鸟护鸟活动的不断开展，中国公众的爱鸟护鸟意识不断增强。1981年9月14日，林业部等8部门向国务院提出了《关于加强鸟类保护 执行中日候鸟保护协定的请示》，其中"建议在每年的4月至5月初（具体时间由省、自治区、直辖市规定），确定一个星期为"爱鸟周"。当年的9月25日，国务院批转了林业部等8个部门的报告，要求各省、自治区、直辖市都要认真执行，并确定在每年的4月至5月的某一个星期为"爱鸟周"，在此期间开展各种宣传教育活动。自1982年开始，全国各地开始启动"爱鸟周"的宣传活动。1983年12月，中国最大的自然保护组织——中国野生动物保护协会在北京成立。该协会是中国科协所属的全国性社会团体，行政上受国家林业局领导，到2010年底，全国已拥有省、地（市）、县级协会773个，会员34.5万多人。自成立以来，中国野生动物保护协会通过"爱鸟周""野生动物宣传月"等多种形式的宣传教育、科技交流活动，在普遍提高全民自然保护意识，普及科学知识，增强法制观念及促进科技、文化交流方面发挥了重要作用。协会每年组织开展全国性"爱鸟周"的宣传活动，并开创了"网络爱鸟周"的新形式，在全国范围内打击非法盗猎，倡导拒食野生动物，进一步促进了爱护鸟类新风尚的形成。近年来中国野生动物保护协会还组织开展了"中国鸟类之乡"的评选，通过自由申报、专家评审的方式，在全国范围内评选出了一批鸟类资源丰富而有特色、保护管理工作取得明显成效的区（县），以所拥有的特色鸟类资源命名，授予"中国鸟类之乡"的荣誉

表2 中国鸟类之乡名录

序号	物种	授予地区	授予时间(年份)
1	黑鹳	北京市房山区	2014
2	黑翅长脚鹬	河北省沧州市	2005
3	鸻鹬	河北省海兴县	2005
4	黑鹳	山西省灵丘县	2010
5	大天鹅	山西省平陆县	2012
6	大鸨	内蒙古自治区扎赉特旗	2009
7	疣鼻天鹅	内蒙古自治区乌拉特前旗	2011
8	天鹅	内蒙古自治区赤峰市	2014
9	蒙古百灵	内蒙古自治区西乌珠穆沁旗	2014
10	黑嘴鸥	辽宁省盘锦市	2006
11	白鹤	辽宁省法库县	2013
12	白鹤	吉林省镇赉县	2010
13	丹顶鹤	吉林省通榆县	2014
14	中华秋沙鸭	黑龙江省伊春市带岭区	2009
15	白头鹤	黑龙江省伊春市新青区	2009
16	东方白鹳	黑龙江省农垦建三江	2009
17	白枕鹤	黑龙江省富锦市	2010
18	白琵鹭	黑龙江省宝清县	2011
19	白头鹤	黑龙江省沾河林业局	2012
20	鸳鸯	福建省屏南县	2005
21	中华凤头燕鸥	福建省长乐市	2012
22	黄腹角雉	福建省明溪县	2012
23	白颈长尾雉	江西省宜丰县	2009
24	黄腹角雉	江西省铅山县	2009
25	中华秋沙鸭	江西省鹰潭市	2010
26	小天鹅	江西省都昌县	2012
27	白头鹤	上海市崇明县	2005
28	黄腹角雉	浙江省泰顺县	2010
29	红嘴相思鸟	浙江省淳安县	2009
30	白颈长尾雉	浙江省开化县	2011
31	喜鹊	山东省东阿县	2005
32	大天鹅	山东省荣成市	2010
33	黑尾鸥	山东省荣成市	2011
34	东方白鹳	山东省东营市	2010

(续)

序号	物种	授予地区	授予时间(年份)
35	大天鹅	河南省三门峡市	2010
36	白冠长尾雉	河南省罗山县	2011
37	白头鹤	湖北省黄梅县	2005
38	红嘴相思鸟	湖北省襄阳市	2010
39	鸳鸯	湖北省南漳县	2014
40	喜鹊	湖北省郧西县	2014
41	水鸟	广东省海丰县	2005
42	白鹭	广西壮族自治区防城港市	2011
43	红嘴鸥	云南省昆明市	2005
44	黑颈鹤	云南省昭通市昭阳区	2005
45	布谷鸟	贵州省绥阳县	2010
46	黑颈鹤	贵州省威宁县	2015
47	鸳鸯	贵州省石阡县	2015
48	四川山鹧鸪	四川省沐川县	2005
49	黑颈鹤	四川省若尔盖县	2005
50	绿尾虹雉	四川省宝兴县	2010
51	白马鸡	四川省稻城县	2010
52	四川山鹧鸪	四川省屏山县	2015
53	朱鹮	陕西省洋县	2005
54	喜鹊	宁夏回族自治区银川市	2011

称号。到2014年底，全国已经有54个地区被命名为"中国鸟类之乡"（表2）。

自20世纪80年代开始，我国出现民间观鸟活动。观鸟又称赏鸟，是一种特殊形式的户外活动，是指在自然环境中利用望远镜等设备，参照鸟类工具书，在不影响野生鸟类正常生活的前提下，观察和欣赏鸟类的一种娱乐活动。世界上观鸟活动兴起于18世纪晚期的英国和北美洲。早期是一项纯粹的贵族消遣活动，到今天，已经发展成世界上最流行的户外运动项目之一。英国皇家鸟类保护协会（RSPB）拥有超过100万会员，占英国人口的1.7%，也就是说，在英国，每30个成年人里就有一个人经常观察鸟类。美国的观鸟者有4600万人，超过其人口总数的1/5。中国的观鸟活动最早开始于香港、台湾，两地的观鸟会先后成立于1957年和1973年。中国大陆的观鸟活动发源于20世纪80年代的北戴河，英国鸟类学家马丁博士和中国著名鸟类学家许维枢先生是主要发起人。90年代之后，观鸟活动在广州、北京、上海、厦门、深圳、成都、杭州、昆明、武汉等地不断发展。在香港观鸟大赛的影响下，内地的一系列观鸟比赛也相继举办。1998年3月22日，由高育仁策划、组织的首届广州市"爱鸟周"群众观鸟活动在风景秀美的白云山举行，从而拉开了广东民间野外观鸟活动的序幕。1999年5月8~16日，秦皇岛市举办了首届北戴河"海天杯"国际观鸟大赛。2002年12月6~8日，岳阳东洞庭湖自然保护区举办了"首届岳阳东洞庭湖观鸟大赛"。此后，北京野鸭湖、甘肃莲花山、丹东鸭绿江口、贵州草海、陕西洋县、四川瓦屋山、云南莱阳河等地也举办了观鸟比赛。2001年，世界自然基金会（WWF）中国环保网站观鸟论坛正式开通，有力地推动了各地观鸟爱好者的交流。2002年12月底，"中国观鸟记录中心"网站诞生，2003~2008年出版了《中国观鸟年报》。以后每年在该网站更新发布。目前中国内地观鸟组织已有40多个，会员人数超过5000人，每年接受观鸟组织开展的宣教活动的公众总人数超过10万人次。各地观鸟会都开展了富有特色的活动，例如北京观鸟会的"周三课堂""北京百望山猛禽观测"、上海观鸟会的"自然导赏员培训"、厦门观鸟会的"沿海水鸟调查"等。2014年，由钟嘉等人发起，全国观鸟组织联合行动平台（http://www.rosefinchcenter.net）——朱雀会宣告成立。观鸟活动在中国的发展，不仅吸引了大批市民到自然界观鸟，而且也为中国的鸟类学研究和鸟类资源保护作出了重要贡献。钳嘴鹳 *Anastomus oscitans*、大长嘴地鸫 *Zoothera monticola* 等多个中国鸟类的新纪录就是由观鸟者发现的。

进入21世纪以来，鸟类摄影在中国快速发展。在自然界所有野生动物中，鸟类为人类最常见。鸟类摄影作为一种独立的艺术的表现形式，用它精彩的影像作品拉近了人类与大自然的关系。中国相继涌现出了一大批优秀的鸟类摄影师，如张词祖、奚志农、周海翔、宫正、段文科、曲利明、金俊等。2004年，在河南董寨国家级鸟类自然保护区成功地举办了全国鸟类摄影节。2005年，由著名鸟类摄影家段文科创办了中国最大的、以野生鸟类摄影为主的生态类门户网站——鸟网（www.birdnet.cn）。创办10年来，鸟网汇集了130多个国家和地区的生态摄影师、鸟类专家学者、环保人士和生态爱好者约20万人，常年浏览和关注鸟网的有3.4亿人次，并建立了鸟网观鸟基地、中国鸟类保护联盟、生态摄影师野生动物保护联盟等社团组织，形成了一支规模宏大的拍鸟、观鸟、护鸟、爱鸟的队伍。在鸟网论坛中，已收录野生鸟类、野生动植物、自然地理和人文及其他生态类图片510万张，覆盖了中国的1400多种鸟类及世界10000种鸟类的1/2以上。鸟网的宗旨是：在倡导生态文明、建设美丽中国精神指引下，通过生态摄影的实践活动，努力实现爱鸟、爱自然、爱生活的美好愿景，全面普及鸟类知识，营造"绿色鸟网、和谐家园、健康共融"的绿色空间，用影像的力量唤起公众对野生鸟类的关注。2015年，中国鸟类摄影师的作品入围了BBC野生动物摄影年赛。鸟类摄影不仅满足、升华了的猎奇欲望，还需要传达自然环境的真实，与人分享多姿多彩鸟类及其栖息状态的现实状况。在人口膨胀、栖息地的破碎与掠夺、污染无处不在的工业社会，需要更多的摄影人在艺术的陶冶和现实的鞭策下，通过镜头再现，呼吁全社会来爱护野生动物，珍视我们共同的家园。在中国鸟类摄影蓬勃发展之际，我们更应该提醒中国的摄鸟人，一定要尊重大自然，树立环保意识，要设法多给野生动物创造点儿安全距离和安全心理，让鸟儿自由自在地觅食，平平安安地筑巢育雏，在保护好鸟类的前提下再按下快门。

中国动物学会副理事长

Introduction

I. Bird Resources and Their Features in China

The bird, a taxon of vertebrates, is a homothermal animal, with feathers on its body for flying. At present, more than ten thousand species of birds have been recorded across the world, many species of which have bright feathers and complex behaviors and can make melodious songs. The origin of birds dates back to a very long time ago. Distribution of birds is extensive and the relation between birds and mankind is very close.

China has a vast territory, the distance from south to north is 5,500 km, and that from east to west is 5,200 km. Its total land area is about 9.60 million km², ranking the third across the world, only second to Russia and Canada. Territorial waters of China consist of the Bohai Sea, the Yellow Sea, the East China Sea and the South China Sea. The length of the coastline is 18,000 km, and the sea area is about 4.70 million km². China is a country with the most abundant wild bird resources across the world. The vast territory, a wide variety of habitats and the complex and changeable weather conditions result in excellent habitat conditions for the survival of the wild birds in China. According to the statistics in the monograph published by Academician Zheng Guangmei in 2011, i.e., *A Checklist on the Classification and Distribution of the Birds of China* (Second Edition), China has 1,371 species and 81 families of birds, approximately accounting for 14% among all birds across the world, making China one of the countries owning the most species of birds across the world. Overall, features of birds in China can be concluded as extensive distribution, rich diversity, high level of uniqueness, etc.

The birds in China are widely distributed, ranging from tropics to the frigid zone, from forests to prairies, and from the sea level to the Pamirs. Traces of birds exist all over the country. According to geographic, terrain and climatic characteristics, China can be divided into three major natural regions, i.e., the eastern monsoon region, the arid region in northwest China and the Qinghai–Tibet paramos region. Each region has its own typical birds adaptive to local natural conditions.

The eastern monsoon region covers a majority of provinces, municipalities and autonomous regions, approximately accounting for 45% of total land area of the whole country. This region is impacted by monsoon remarkably in summer, so it has intensive rainfall and high humidity level. The main vegetation form is forest. Due to frequent human activities, most areas have been reclaimed to be farmland, meadow or residential areas. The region has diverse bird ecological types. In particular, it has abundant migratory bird resources, because it is covered by the East Asian–Australasian Flyway. The tropical rain forests within this region is special and precious in China, mainly distributed in Hainan, Southern Yunnan, Guangdong, Guangxi, Southeast Tibet, and Southern Taiwan, as well as the South China Sea islands. Many characteristic bird species, including Bucerotidae, *Gallus gallus*, *Pavo muticus* and *Polyplectron katsumatae*, live in the tropical rain forests. The subtropical forests are the most characteristic areas in the eastern monsoon region of China. The mountains with intensive bird resource distribution include Wuyi Mountains, Shennongjia, Dabie Mountains, Qinling Mountains, Daba Mountains, etc. *Nipponia nippon*, *Pitta nympha*, *Tragopan caboti* and *Syrmaticus reevesii* are famous bird species in this region.

The arid region in northwest China is also known as the Inner Mongolia–Xinjiang plateau, accounting for 30% land area of the whole country, including Inner Mongolia, Xinjiang, Ningxia, Northwest Gansu, Northern Shanxi and Northern Shaanxi. This region has less rainfall, strong evaporation and large temperature variations. The vegetation there mainly includes prairie plants, semi-desert plants and desert plants. Its typical natural landscapes include Gobi, desert, snow mountain, prairie and oases. Birds inhabiting in this region mainly are drought-resistant species. The representative species include *Melanocorypha mongolica*, *Alectoris magna*, etc.

The Qinghai-Tibet paramos region starts from Kunlun Mountains–Altun Mountains–Chilien Mountains to its north and stretches to Himalayas to its south, accounting for 25% land area of the whole country, with an average altitude 4,500 meters. Main features of this region are high altitude, low temperature, strong wind, thin air, as well as short and sparse vegetation. Birds in this region are mainly species adaptive to cold climate. Except partial resident birds, the majority of birds are summer-resident birds, breeding in plateau in summer and migrating to other places to spend winter. Representative birds of this region include *Syrrhaptes tibetanus*, *Tetraogallus tibetanus*, *Crossoptilon crossoptilon*, *Perdix hodgsoniae*, *Grus nigricollis*, *Pseudopodoces humilis*, *Gypaetus barbatus*, *Gyps himalayensis*, etc.

According to inhabiting behaviors and life style, birds are usually categorized into 6 major ecological groups, i.e., swimming birds, wading birds, terrestrial birds, raptorial birds, scansorial birds and songbirds. The birds which have webbed feet and are good at swimming and diving are collectively called as swimming birds. Their uropygial glands are well developed and usually secrete plenty of grease onto their feather which can avoid the feather getting wet. Most species have flat or sharp beaks, suitable for carrying out filter feeding and fishing. These species mainly include Gaviiformes, Anseriformes, Podicipediformes, Pelecaniformes, etc. Wading birds have unique appearance features, including a long beak, a long neck and long hind legs. With long legs, they can carry out predations and activities in deep water. Thus they are suitable for wading but not for swimming due to degeneration of webbed feet. These species mainly include Gruiformes, Ciconiiformes, Charadriiformes, etc. Swimming birds and wading birds are collectively called waterbirds, because they both rely on wet lands to survive in ecology. China has many wetland types and a large wetland area, so waterbirds are an important constituent of birds in China. China currently has more than 270 different species of waterbirds, approximately accounting for 20% of all bird species in China and 62% of all water bird species in the Asian-Pacific region. Terrestrial birds usually have robust hind legs, as well as short and round wings. They are not good at flying but good at walking on the ground. Their beaks are strong and usually are arc, so they are suitable to peck on the ground. These species mainly include Galliformes, Columbiformes, etc. Most raptorial birds are predators. They have sharp and hooked beaks and claws, as well as well developed ocular organs and strong flying ability, so they are suitable to capture prey. These species mainly include two major species, i.e., Falconiformes and Strigiformes. Scansorial birds are suitable for climbing on rocks, soil, trees, etc. In order to adapt themselves to this life style, their toes and feet have changed. These species mainly include Psittaciformes, Apodiformes, Coraciiformes, Caprimulgiformes, etc. Songbirds are mainly characterized by their well developed singing organs (singing muscle and syrinx) and are good at singing and nest-building. They have complex and diversified reproductive behaviors, such as territory occupying, courtship, nest-building, incubation, brooding, etc. Most nestlings of these species are altricial. They need to be fostered by parent birds in the nest for some time before development. Some birds also have behaviors like brood parasitism, cooperative breeding, etc. All bird species of Passeriformes belong to songbirds, and the famous species among them are *Garrulax canorus*, *Terpsiphone paradisi*, *Pycnonotus sinensis*, *Melanocorypha mongolica*, *Oriolus chinensis*, *Luscinia calliope*, *Leiothrix lutea*, etc.

Among the existing bird species in China, the size of birds varies a lot. The species with a large body size include *Cygnus cygnus*, *Grus japonensis*, *Ciconia boyciana*, *Pavo muticus*, *Gyps himalayensis*, etc. The heaviest bird species is *Otis tarda*, with its male body length up to 1 m, and the body weight 10 kg above. The species with a small body size include Sylviidae, Zosteropidae, Dicaeidae, Nectariniidae, etc. The smallest one is *Dicaeum concolor*, with its body length 8 cm, and body weight 5.3 g. *Syrmaticus reevesii* is unique in China, with the longest central rectrix up to 2 m, listed in the Guinness World Records (the bird species with the longest rectrix). The feather color of different bird species varies very much. Among *Crossoptilon*, for example, the feather color of *Crossoptilon mantchuricum* is dark brown, that of *Crossoptilon auritum* and *Crossoptilon harmani* is grey blue, and that of *Crossoptilon crossoptilon* is snow white. *Lophophorus impejanus*, with metallic feather and *Chrysolophus pictus*, with gorgeous feather, look stunning under the sunshine. Some bird species also have beautiful ornaments. For example, frigate birds have bright-colored laryngeal pouches, which can become inflated in the breeding season. The *Tragopan temminckii* has cobalt blue fleshy horns and a particolored fleshy skirt, which are usually covered by feather, but are used to attract mates in the breeding season.

High level of uniqueness and a large number of endemic species are outstanding features of bird resources in China. The endemic species refer to the species of which geographical distribution is only limited to a certain specific region. With regard to the definition of endemic bird species in China, some scholars employ quite a wide range of standards to define birds mainly distributed in China and bred in China as the endemic species in China (Tan Yaokuang, 1985; Lei Fumin, et al., 2002), but others employ stricter standards (Zhang Yanyun, 2004). According to *A Checklist on the Classification and Distribution of the Birds in China* by Zheng Guangmei (2011), it is confirmed that there are totally 78 endemic bird species in China in line with the strict standards (wild populations only distributed in China, but not existing in other countries). These species belong to 5 orders 19 families 48 genuses (Table 1). The number of the endemic species of Phasianidae and Timaliidae is the largest, accounting for more than 50% among all the endemic species of China, with 20 and 21 species respectively. According to the result of statistic analysis toward the abundance level of endemic bird species of China carried out by Lei Fumin et al. (2002), the areas where endemic species distribute the most and the most intensively are Hengduan Mountainous Region, Northern Sichuan, Qinling Mountains, southern mountains of Gansu, and Taiwan Island.

Table 1　The list of endemic bird species in China

Order	Family	Species
GALLIFORMES	Tetraonidae	*Bonasa sewerzowi*
	Phasianidae	*Tetraophasis obscurus* *Tetraophasis szechenyii* *Alectoris magna* *Arborophila rufipectus* *Arborophila gingica* *Arborophila crudigularis* *Arborophila ardens* *Bambusicola thoracicus* *Tragopan caboti* *Lophophorus lhuysii* *Lophura swinhoii* *Crossoptilon crossoptilon* *Crossoptilon harmani* *Crossoptilon auritum* *Crossoptilon mantchuricum* *Syrmaticus ellioti* *Syrmaticus mikado* *Syrmaticus reevesii* *Chrysolophus pictus* *Polyplectron katsumatae*
STRIGIFORMES	Strigidae	*Strix davidi*
PICIFORMES	Capitonidae	*Megalima nuchalis*
PASSERIFORMES	Pycnonotidae	*Pycnonotus taivanus*
	Corvidae	*Perisoreus internigrans* *Urocissa caerulea* *Podoces biddulphi*

(Continued)

Order	Family	Species
PASSERIFORMES	Turdidae	*Tarsiger johnstoniae* *Phoenicurus alaschanicus* *Myophonus insularis* *Turdus mupinensis*
	Timaliidae	*Garrulax davidi* *Garrulax sukatschewi* *Garrulax lunulatus* *Garrulax bieti* *Garrulax maximus* *Garrulax poecilorhynchus* *Garrulax taewanus* *Garrulax elliotii* *Garrulax henrici* *Garrulax morrisonianus* *Liocichla omeiensis* *Liocichla steerii* *Stachyris nonggangensis* *Moupinia poecilotis* *Babax koslowi* *Actinodura morrisoniana* *Alcippe variegaticeps* *Alcippe striaticollis* *Alcippe brunnea* *Heterophasia auricularis* *Yuhina brunneiceps*
	Paradoxornithidae	*Paradoxornis paradoxus* *Paradoxornis conspicillatus* *Paradoxornis zappeyi* *Paradoxornis przewalskii*
	Sylviidae	*Bradypterus alishanensis* *Phylloscopus kansuensis* *Phylloscopus hainanus* *Phylloscopus emeiensis* *Leptopoecile elegans*
	Regulidae	*Regulus goodfellowi*
	Aegithalidae	*Aegithalos fuliginosus*
	Paridae	*Parus superciliosus* *Parus davidi* *Parus venustulus* *Parus holsti* *Pseudopodoces humilis*
	Sittidae	*Sitta yunnanensis*
	Certhiidae	*Certhia tianquanensis*
	Passeridae	*Montifringilla henrici*
	Fringillidae	*Leucosticte sillemi* *Kozlowia roborowskii*
	Emberizidae	*Urocynchramus pylzowi* *Emberiza koslowi* *Latoucheornis siemsseni*

II. Geographical Zoning of Birds in China

According to research achievements of Cheng Tso-hsin and Zhang Rongzu et al., birds in China live in two major realms, i.e., the Palearctic realm and the Oriental realm. The boundary of the two realms is along the belt of the Himalayas-Minshan Mountains-Qinling Mountains-the Huai River, and north of the boundary belongs to the Palearctic realm and south to the Oriental realm. The Palearctic realm can be further divided into the northeast region, the northern China region, the Inner Mongolia-Xinjiang region and the Qinghai-Tibet region. The Oriental realm can be further divided into the southwest region, the central China region and the southern China region. There are typical representative birds living in all geographic regions.

1. The northeast region

It includes three provinces in northeast China and the northeast part of Inner Mongolia. Specifically, it consists of three subregions, i.e., the Great Khingan subregion, the Changbai Mountains subregion, and the Songliao Plain subregion.

(1) The Great Khingan subregion

It includes the most part of the Great Khingan and the Lesser Khingan and is the south widening part of the coniferous forest zones (taiga) of Siberian cold temperate zone. The typical representative bird species are Tetraonidae birds, including *Tetrao parvirostris*, *Lyrurux tetrix* and *Bonasa bonasia*. The common bird species include *Nucifraga caryocatactes*, *Pinicola enucleator*, *Loxia curvirostra*, *Dryocopus martius*, *Bubo scandiacus*, *Sitta europaea*, *Emberiza leucocephalos*, etc.

(2) The Changbai Mountains subregion

It includes all the mountainous regions ranging from the area to the south of the main peak of Lesser Khingan to the Changbai Mountains. Located in the mid temperate zone climate, its vegetation is the typical coniferous and broad-leaved mixed forest. The representative bird species are mostly northern species, such as *Bonasa bonasa*, *Picoides tridactylus*, *Ficedula zanthopygia*, etc. The common bird species include *Accipiter gularis*, *Otus lettia*, *Garrulus glandarius*, *Oriolus chinensis*, *Sitta villosa*, *Alauda arvensis*, etc.

(3) The Songliao Plain subregion

This subregion includes the Northeast China Plain and the ambient mountains. The representative bird species are *Grus japonensis*, *Vanellus cinereus*, *Falco amurensis*, *Alauda arvensis*, *Sturnia sturnina*, *Sturnus cineraceus*, *Lanius tigrinus*, *Carduelis sinica*, *Emberiza elegans*, etc.

2. The northern China region

It includes the Loess Plateau of Western China, the Jire Mountains of Northern China, and the Huanghuai Plain of Eastern China and belongs to the warm temperate zone. It can be divided into two subregions, the Huanghuai Plain subregion and the Loess Plateau subregion.

(1) The Huanghuai Plain subregion

It includes the vast areas to the north of the Huaihe River, to the east of the Funiu Mountains and Taihang Mountains, and to the south of the Yanshan Mountains. Most parts in this subregion are open farmland landscapes. Most birds in this subregion are migrant birds, accounting for more than one half of all birds. There are also winter residents and summer residents. The representative bird species are *Cuculus canorus*, *Cuculus micropterus*, *Dendrocopos major*, *Passer montanus*, *Lanius cristatus*, *Pica pica*, *Cyanopica cyanus*, *Hirundo rustica*, *Dicrurus macrocercus*, *Oriolus chinensis*, *Parus major*, etc. The eastern coastal area is an important migration channel for migrant birds in China.

(2) The Loess Plateau subregion

It includes the Loess Plateau and the Jire Mountains to the south of Shanxi, Shaanxi and Gansu. The representative bird species include *Columba rupestris*, *Alectoris chukar*, *Perdix dauurica*, *Pyrrhocorax pyrrhocorax*, *Galerida cristata*, *Motacilla cinerea*, *Prunella collaris*, *Emberiza cia*, etc.

3. The Inner Mongolia-Xinjiang region

It includes the west part of Northeast China, Inner Mongolia, Ningxia, the northwest part of Gansu, Xinjiang, etc. Most of this region is desert and prairie areas, and there are forests in partial mountain areas. This region can be divided into the eastern prairie subregion, the western desert subregion and the Tianshan Mountains subregion.

(1) The eastern prairie subregion

The subregion's east boundary extends from the southern end of the Great Khingan to the eastern edge of the Inner Mongolian Plateau, and its western boundary is the same with that of the prairie and the semi-desert. The representative bird species are *Alauda arvensis*, *Eremophila alpestris*, *Melanocorypha mongolica*, *Lanius isabellinus*, *Otis tarda*, *Syrrhaptes paradoxus*, *Aquila nipalensis*, etc.

(2) The western desert subregion

It includes the Gobi Desert at the north of the Yinshan

Mountains, the western Erdos, Alxa, Tarim, Qaidam, Dzungaria and other basins. This subregion is covered by a large plot of sand dune, gravel desert, salt marsh and deserta. Oases can only be seen along the river and the areas with ice and snow melt water melting from foothills and high mountains. Rare birds exist in this subregion, with the common ones including *Galerida cristata*, *Eremophila alpestris*, *Calandrella cheleensis*, *Lanius isabellinus*, *Passer ammodendri*, *Podoces biddulphi*, etc.

(3) The Tianshan Mountains subregion

It mainly includes the Tianshan Mountains of Xinjiang and stretches to the Tarbagatai Mountains toward the north, and also includes the Altai Mountains, i.e., the mountains of northern Xinjiang. The representative bird species include *Tetraogallus himalayensis*, *Lanius collurio*, *Nucifraga caryocatactes*, *Parus cyanus*, *Certhia familiaris*, *Leptopoecile sophiae*, *Loxia curvirostra*, *Serinus pusillus*, *Emberiza leucocephala*, etc.

4. The Qinghai-Tibet region

This region includes Qinghai, Tibet and western Sichuan. Its east end starts from the north end of the Hengduan Mountains. From south to north, it starts from the Himalayas and stretches to the Kunlun Mountains, the Altun Mountains and the Qilian Mountains, etc., with an average altitude above 4,500 m. It can be divided into the Chang Tang Plateau subregion and the Qinghai-Southern Tibet subregion.

(1) The Chang Tang Plateau subregion

This subregion is the Chang Tang Plateau surrounded by the Gangdisê Mountains, the Nyenchen Tanglha Mountains, the Kunlun Mountains and Hoh Xil in the Tibet Plateau. It also includes the western Himalayas and the highland at its northern foot. The representative bird species include *Pseudopodoces humilis*, *Pyrgilauda blanfordi*, *Onychostruthus taczanowskii*, *Tetraogallus tibetanus*, *Larus brunnicephalus*, *Anser indicus*, *Tadorna ferruginea*, *Grus nigricollis*, etc.

(2) The Qinghai-Southern Tibet subregion

It includes the area stretching from the Qilian Mountains of eastern Qinghai to Qamdo, Tibet toward the south, the middle and eastern alpine zone of the Himalayas, as well as the Yarlung Zangbo River valley at the northern foot of the Himalayas. The representative bird species include *Tetraophasis obscurus*, *Crossoptilon crossoptilon*, *Ithaginis cruentus*, *Kozlowia roborowskii*, *Emberiza koslowi*, *Urocynchramus pylzowi*, *Garrulax henrici*, *Carduelis ambigua*, etc.

5. The southwest region

It includes western Sichuan and eastern Qamdo of Tibet, next to Qinghai and the southern end of Gansu to the north. It stretches to the Hengduan Mountains of northern Yunnan to the south, and covers the mountains below coniferous forest zones in southern slope of the Himalayas to the west. It is divided into the southwest mountain subregion and the Himalayas subregion.

(1) The southwest mountain subregion

It refers to the part of the Hengduan Mountains. The vertical distribution of vegetation is very obvious. The representative bird species include *Liocichla omeiensis*, *Garrulax lunulatus*, *Hypsipetes mcclellandii*, *Tragopan temminckii*, *Lophophorus lhuysii*, *Chrysolophus amherstiae*, etc.

(2) The Himalayas subregion

It includes the mountains below coniferous forest zones in southern slope of the Himalayas and has very different natural landscapes, including the tropical rain forest, the monsoon forest, the subtropical evergreen broad-leaved forest, the coniferous and broad-leaved mixed forest, the dark coniferous forest, the alpine meadow, bush fallow, as well as fell-field ice and snow zone. The representative bird species include *Aethopyga ignicauda*, *Parus monticolus*, *Garrulax variegatus*, *Carpodacus pulcherrimus*, *Tragopan satyra*, etc.

6. The central China region

It refers to Sichuan Basin and Guizhou Plateau, as well as the Yangtze River basin to the east of them. Its west part starts from the Qinling Mountains to the north and stretches to the upstream of Xijiang River to the south. Its east part covers the middle and lower Yangtze River basin and the north part of coastal hills of Southeast China. It includes the plain subregion of hills of eastern China and the plateau subregion of mountains of western China.

(1) The plain subregion of hills of eastern China

It refers to the middle and lower reaches of Yangtze River to the east of the Three Gorges, including the alluvial plain along the river and the lower Yangtze River Delta, as well as the Dabie Mountains, the Huangshan Mountains, the Wuyi Mountains and the hills to the north of Fujian, Guangdong and Guangxi. The representative bird species include *Turdus merula*, *Garrulax canorus*, *Pycnonotus xanthorrhous*, *Spizixos semitorques*, *Dicrurus hottentottus*, *Cettia fortipes*, *Bambusicola thoracicus*, *Aegithalos concinnus*, *Syrmaticus ellioti*, *Tragopan caboti*, etc.

(2) The plateau subregion of mountains of western China

It includes the Qinling Mountains, west part of the Huaiyang Mountains, Sichuan Basin, east part of the

Yunnan–Guizhou Plateau, and the Nanling Mountains at upstream of the Xijiang River. The representative species include *Dicrurus leucophaeus*, *Lanius tephronotus*, *Eudynamys scolopacea*, *Paradoxornis gularis*, *Chrysolophus pictus*, *Bambusicola thoracica*, *Yuhina diademata*, *Garrulax sannio*, etc.

7. The Southern China region

It includes the south parts of Yunnan, Guangdong and Guangxi, the southeast coastal area of Fujian, Taiwan, Hainan, and all archipelagoes of the South China Sea. It can be divided into the Fujian–Guangdong coastal area subregion, the Southern Yunnan mountain land subregion, the Hainan Island subregion, the Taiwan subregion, and the South China Sea islands subregion.

(1) The Fujian–Guangdong coastal area subregion

It includes southern Guangdong–Guangxi and the southeast coastal area of Fujian. The representative bird species include *Arborophila gingica*, *Lanius schach*, *Centropus sinensis*, *Centropus bengalensis*, *Aethopyga christinae*, *Pericrocotus solaris*, etc.

(2) The Southern Yunnan mountain land subregion

It includes western and southern Yunnan, i.e., the middle reaches like the Nujiang River, the Lancang River, the Red River, etc. Its vegetation is the evergreen broad-leaved rainforest, and some lower areas are savannahs. The representative bird species include *Psarisomus dalhousiae*, *Pitta cyanea*, *Pitta sordida*, *Dicaeum agile*, *Aethopyga siparaja*, *Buceros bicornis*, *Gallus gallus*, *Pavo muticus*, *Ploceus philippinus*, etc.

(3) The Hainan Island subregion

Hainan Island is the second largest island of China. The southeast mountain land of the island is covered by tropical monsoon forest, the climate of its southwest part has obvious vertical changes, and there are tropical savannas in local areas of the island. There are very abundant animal resources in this subregion, and the representative bird species include *Polyplectron katsumatae*, *Arborophila ardens*, *Phylloscopus hainanus*, *Gallus gallus*, *Chloropsis hardwickii*, etc.

(4) The Taiwan subregion

It includes Taiwan and the nearby islands. The vegetational form of the island varies very much, the north part and east part are mainly covered by subtropical rain forests, and the south part is covered by tropical rain forests. There are abundant animal resources in this subregion, and the representative bird species include *Lophura swinhoii*, *Syrmaticus mikado*, *Urocissa caerulea*, *Garrulax morrisonianus*, *Heterophasia auricularis*, *Yuhina brunneiceps*, *Parus holsti*, etc.

(5) The South China Sea islands subregion

It includes the Dongsha Islands, the the Xisha Islands, the Zhongsha Islands and the Nansha Islands. Tropical forests, shrubs and herbaceous plants grow thickly on all of these islands, so these islands are important habitats for birds. The representative bird species include *Sula sula*, *Sula leucogaster*, *Sterna fuscata*, *Phaethon aethereus*, *Fregata ariel*, etc.

III. The Past and Present of the Ornithological Studies in China

The modern ornithology research in China started to develop after the mid–19th century. At first, the Western naturalists and foreign missionaries, represented by R. Swinhoe from the U.K., A. David, a French priest, Nikolai Przevalski from Russia, Nagamichi Kuroda from Japan, etc., collected plenty of bird specimens in China and published new bird species. They also compiled the Catalogue of the Birds in China.

After the 1920s, as the older generation of zoologists studying in the West came back to China, the new era for the Chinese people to research on birds began, thus laying a foundation for the independent research of ornithology of China. For example, Shou Zhenhuang investigated the birds in Fujian (1927), Shandong (1930), Sichuan (1931–1932), Zhejiang (1934), Hebei (1936), and Qingdao (1938). Ren Guorong studied the birds in Guangdong, Guangxi, Guizhou (1928–1937) and Yunnan (1941). Cheng Tso-hsin not only investigated the distribution zones of birds, but also studied the ecological habit of birds in Fujian (1934–1947). Overall, the ornithology research of that period mainly focused on collection of specimens and classification of faunas. The most representative achievement of that period is that Ren Guorong collected a new bird species from the Dayao Mountains of Guangxi in 1932 and named it *Alcippe variegaticeps*. Another important achievement is the *Catalogue of the Birds in China*, compiled and published by Cheng Tso-hsin in 1947. This Catalogue totally lists 1,087 species of birds and 912 subspecies and is the first national catalogue of birds compiled by a Chinese ornithologist.

From 1950 to 1966, Chinese ornithology entered into a flourishing stage. Firstly, Institute of Zoology, Chinese Academy of Sciences, Kunming Institute of Zoology,

Chinese Academy of Sciences, various universities and colleges, various natural history museums, and other organizations established ornithology research teams. Secondly, large scale ornithological investigations and specimen collections were conducted. For example, Chinese Academy of Sciences organized ornithologists and experts from the Soviet Union to investigate the birds of Yunnan together after 1955. The investigation toward the birds of the Hengduan Mountains was carried out in 1958, and that toward the birds of Tibet was carried out during 1959 to 1977. On this basis, a series of research monographs on the birds in China were published, including *Distribution List of Chinese Birds*, *Animal Atlas of China: Birds*, *China's Economic Fauna: Birds*, etc. In 1962, Chinese Academy of Sciences set up the editorial board of Fauna Sinica, in which Professor Cheng Tso-hsin was assigned to preside over the compiling of *Fauna Sinica: Birds*.

During the ten years of the "Cultural Revolution" (1966-1976), the ornithology research of China was stagnant. After the 1980s, research of the ornithology of China started to develop rapidly once again. In October, 1980, Professor Cheng Tso-hsin led to plan and prepare for the establishment of China Ornithological Society in Dalian, Liaoning Province. This is the only professional organization specializing in ornithology research and protection of birds. Its basic tenet is to develop the academic research of Chinese ornithology, popularize ornithological knowledge, establish a national network, and promote international cooperation on research and protection of endangered species. In 1982, the Chinese Academy of Forestry set up "National Bird Banding Center" to organize and promote migrant bird ringing of China.

In 1983, Academician Cheng Tso-hsin presented that importance should be attached to the research of endemic species and endangered species of China. He therefore obtained support from National Natural Science Foundation of China. Under the leadership of Academician Cheng Tso-hsin, 19 ornithologists, represented by Zheng Guangmei, Wang Xiangting, Li Guiyuan, Zhuge Yang, Xu Weishu, Gao Wei, Lu Taichun, Li Fulai, etc., constituted the specific group for "ecological and biological research of rare and endangered species of pheasants in China". This group carried out in-depth research toward the breeding ecology, life history, habit, etc. of 11 rare and endangered species of pheasants for many years and published several monographs. "The Fourth International Galliformes Symposium", held in Beijing in 1989, greatly promoted international cooperation and communication of Chinese ornithology research. Meanwhile, Chinese scholars strengthened basic ecology research of rare species, such as *Grus japonensis*, *Grus monacha*, etc. Through cooperation with international organizations, such as International Crane Foundation, World Pheasant Association, etc., China became the first to make a series of excellent achievements in research of rare and endangered species of pheasants and cranes. In particular, the team of Beijing Normal University, led by Academician Zheng Guangmei, carried out a long-term and systematic ecological and biological research as well as captive breeding research toward rare birds, such as *Tragopan caboti*, *Tragopan temminckii*, *Ithaginis cruentus*, *Crossoptilon mantchuricum*, *Crossoptilon harmani*, etc. Zheng Guangmei's team was therefore awarded the second National Prize for Natural Sciences in 2000. This is the highest award for Chinese ornithologists in the field of natural sciences.

Entering into the 21st century, the development trend of Chinese ornithology has been strong. In August, 2002, "the 22th International Ornithological Congress", considered as "the Olympic Games" of the ornithological circle, was held in Beijing successfully. More than 1,000 ornithologists from over 50 countries across the world attended this congress. For more than 100 years after the birth of International Ornithological Congress, it was the first time for the congress to hold in Asia. This congress is an important milestone in the development history of Chinese ornithology, providing new stimulus for the development of Chinese ornithology in the 21st century. Henceforth, the research of Chinese ornithology has developed from fauna to ecology, and from macro to micro. The research fields have become diversified, and the academic level has been promoted constantly. Gradually, the research of Chinese ornithology caught up with the world level and then keeps in line with the international ornithology research. In 2008, Professor Zhou Fang from Guangxi University published a new bird species in China – *Stachyris nonggangensis* on *Auk*, a journal of ornithology of the U.S. It is the second bird species named by a Chinese ornithologist. In 2015, Per Alström et al. discovered another new bird species in China–*Locustella chengi* through confluence analysis and named this bird species with the family name of the deceased Chinese ornithologist, Cheng Tso-hsin (Alström et al., 2015). Chinese ornithologists carried out long-term research in terms of endangered bird species represented by rare and endangered pheasant and cranes, thereby providing scientific bases for the protection of such bird species as *Tragopan caboti*, *Crossoptilon mantchuricum*, *Syrmaticus humaie*, *Grus japonensis*, *Nipponia nippon*, etc. In addition, the biological research targeting the protection of rare and endangered birds, such as *Otus elegans*, *Sterna bernsteini*, *Platalea minor*, *Ciconia boyciana*, *Otis tarda*, *Larus relictus*, *Larus saundersi*, *Emberiza jankowskii*, etc., are also carried out in various regions successively.

China Ornithological Society has over 900 members and more than 10 specialist (work) groups, including the systematic and evolution specialist group, the bird diversity and protection specialist group, the bird migration and ringing specialist group, the behavior and life history evolution specialist group, the animal geography and distribution pattern specialist group, the waterbirds and wetland ecosystem specialist group, the feeding and reproduction specialist group, the bird strike specialist group, the youth work group, the birdwatching work group, etc. The supreme decision-making body of the society is the council. The secretariat takes charge of the detailed work. The society organizes and convokes academic conferences, such as the National Ornithology Conference of China, Ornithology Symposium of Mainland and Taiwan, etc. every two years. It published *Avian Research*, *Newsletter of China Ornithological Society* and others and established the website www.chinabird.org. The society also set up the Cheng Tso-hsin Ornithology Award Foundation for the Youth, the Award for Fundamental Research of the Birds of China, and the Award for New Academic Man among Chinese Postgraduates Majoring in Ornithology, and annually holds Kingfisher Forum-an academic exchange platform for postgraduates all over the country mainly targeting cultivating reserve talents of ornithology. In recent years, China Ornithological Society has strengthened relationship with domestic bird watching organizations constantly and has been actively driving the sound development of bird photography activities of China together with birdnet.cn and China Wildlife Conservation Association.

The main contents of the research of Chinese ornithology have been expanded and deepened constantly.

At present, the characteristic research directions mainly include: the research of phylogeography and origin of birds, genome and molecular evolution of birds, song and individual identification of birds, research of cooperative breeding behavior of birds, research of brood parasitism behavior of Cuculidae birds, satellite tracking and bird migration strategy research, research of conservation biology for endangered species, etc. With the development of ornithology, there have been more and more domestic organizations to cultivate ornithological talents. According to available statistics, the domestic organizations which can admit doctoral students of ornithology include: Anhui University, Beijing Forestry University, Beijing Normal University, Northeast Forestry University, Northeast Normal University, Fudan University, Hainan Normal University, East China Normal University, Lanzhou University, Nanjing Forestry University, Sichuan University, Wuhan University, Xiamen University, Zhejiang University, Institute of Zoology, Chinese Academy of Sciences(CAS), Kunming Institute of Zoology, CAS, Research Center for Eco-Environmental Sciences, Chinese Academy of Sciences, South China Institute of Endangered Animals, etc. In October, 2013, more than 500 representatives, including over 120 postgraduates, participated in the National Ornithology Conference of China held in Hangzhou. It reflected that the ornithological cause of China had qualified successors, which is gratifying. In the future, ornithologists in China not only need to continue strengthening the cooperation with the peers at home and abroad, but also need to strengthen communication with bird watching and photographing enthusiasts. With the joint efforts of all involved, we can make contribution to the further development of avian science of China, the prosperity of avian ecological culture, and the protection of avian diversity.

IV. The Protection of Bird Resources in China

The bird is an important member of the nature and plays an irreplaceable role in terms of maintaining the balance of ecological system. The attitude of the public toward birds and the conservation status of a country's bird resources have become an important index to measure the civilization level of a country or an area. As a country with abundant bird resources, China has 1,409 bird species in total, accounting for 14% of all bird species across the world, ranking the tenth in the world. To strengthen the conservation of bird resources is conducive to the ecological environmental protection and sustainable development of China, as well as the construction of ecological civilization of China. It also has positive significance toward the sustainable development of global biodiversity and the protection of endangered species.

Among bird species in China, the proportion of the rare and endangered species is very high. Among 15 species of cranes, there are 9 distributed in China, most of which are rare and endangered. For example, the wintering population of *Grus japonensis* reduces to less than 600 from more than 1200. The wintering population of *Grus leucogeranus* is under the threat of the Poyang Lake key water-control project under planning. The species, such as *Grus monacha*, *Grus vipio*, *Anthropoides virgo*, *Grus nigricollis*, etc., are confronted with the loss of habitat and the disturbance from human activities. Among 51 species of pheasants across the world, 27 are distributed in China. The number of *Polyplectron katsumatae* in China is less than 500, and that of *Arborophila rufipectus* less than 1,000. The wild population of such species as *Pavo muticus* and *Syrmaticus reevesii* also reduces remarkably. Among birds in China, four species disappeared for several dozens of years, including *Tadorna cristata*, *Dendragapus falcipennis*, *Grus antigone* and *Ciconia ciconia*. It is estimated that they become extinct in China. There are several bird species with very small population. For example, the population of *Thalasseus bernsteini* and *Pelecanus crispus* is less than 100 respectively, and that of *Garrulax courtoisi* only more than 200. There are many other bird species distributed extensively with huge population in the past, but have reduced sharply in recent years. An outstanding example of that is the *Emberiza aureola*. Plenty of these birds were caught and eaten. As a result, the wild population of this species has reduced by 90% since 1980. Thus BirdLife International promoted it to an endangered species.

On the IUCN list, there are 78 species related to China, including 9 critically endangered bird species, i.e., *Fregata andrewsi*, *Pseudibis davisoni*, *Aythya baeri*, *Gyps bengalensis*, *Sarcogyps calvus*, *Grus leucogeranus*, *Sterna bernsteini*, *Garrulax courtoisi*, and *Eurynorhynchus pygmeus*, 21 endangered bird species, i.e., *Gorsachius magnificus*, *Gorsachius goisagi*, *Ciconia boyciana*, *Nipponia nippon*, *Platalea minor*, *Oxyura leucocephala*, *Mergus squamatus*, *Gyps indicus*, *Falco cherrug*, *Arborophila rufipectus*, *Polyplectron katsumatae*, *Pavo muticus*, *Grus japonensis*, *Tringa guttifer*, *Ketupa blakistoni*, *Oriolus mellianus*, *Luscinia ruficeps*, *Acrocephalus sorghophilus*, *Sitta magna*, *Emberiza jankowskii*, and *Emberiza aureola* and 48 vulnerable bird species, i.e., *Diomedea albatrus*, *Pelecanus crispus*, *Egretta eulophotes*, *Leptoptilos javanicus*, *Anser cygnoides*, *Anser erythropus*, *Clangula hyemalis*, *Haliaeetus leucoryphus*, *Haliaeetus pelagicus*, *Aquila clanga*, *Aquila heliaca*, *Arborophila ardens*, *Arborophila mandellii*, *Tragopan melanocephalus*, *Tragopan blythii*, *Tragopan caboti*, *Lophophorus sclateri*, *Lophophorus lhuysii*, *Crossoptilon mantchuricum*, *Syrmaticus reevesii*, *Grus nigricollis*, *Grus monacha*, *Grus vipio*, *Grus antigone*, *Coturnicops exquisitus*, *Otis tarda*, *Chlamydotis macqueenii*, *Numenius madagascariensis*, *Calidris tenuirostris*, *Larus relictus*, *Larus saundersi*, *Rhinomyias brunneatus*, *Columba punicea*, *Columba eversmanni*, *Aceros nipalensis*, *Pitta nympha*, *Perisoreus internigrans*, *Turdus feae*, *Luscinia obscura*, *Saxicola insignis*, *Garrulax sukatschewi*, *Liocichla omeiensis*, *Garrulax bieti*, *Alcippe variegaticeps*, *Stachyris nonggangensis*, *Paradoxornis przewalskii*, *Paradoxornis zappeyi*, and *Sitta formosa*.

There are many factors threatening the survival of birds. These factors include the low reproduction rate, weak adaptability, and those caused by human activities, such as the loss of habitats, excessive catching and killing, etc. The habitats are places for survival of birds, and their quality will directly exert impact on distribution, population and survival of birds. With the rapid development of the society and economy in China and the gradual expansion of human activities, the impact exerted on habitats of birds has been rising constantly. For example, the large scale deforestation and tree species transformation reduce the area of typical habitats for many rare pheasants gradually. The habitat fragmentation is becoming severe day by day. The constant development of the coastal areas results in rapid disappearance of natural mud flats and therefore severely threatens the survival of shorebirds on the East Asian-Australasian flyway. Excessive hunting was another important cause for destruction of the bird resources of China once. After the 1980s, with the issuing and implementation of *Law of the People's Republic of China on the Protection of Wildlife*, this condition has been changed obviously. But the illegal hunting of birds still occurs from time to time, especially during the migratory seasons. In addition, environmental pollution, invasion of alien species, urbanization, human disturbance, etc. are all possible influential factors on survival of birds. So we should pay attention to such factors.

Since the reform and opening-up, China has carried out plenty of measures in terms of protection of bird resources and achieved remarkable results. For example, the population quantity of the *Nipponia nippon* of China has developed to be more than 2,000 up to now from 7 when they were discovered in 1981. This has not only become a successful example of protection of wildlife in China, but also received high reputation from the international community. With regard to in situ conservation, China has started to strictly control international trade of wild animals and plants since 1980 when it became a country member of CITES. In 1988, National People's Congress issued *Law of the People's Republic of China on the Protection of Wildlife* to list plenty of rare birds as national important protection animals, thus effectively having protected the rare and endangered birds of China. At the same time, China has also strengthened the construction of nature reserves. From the establishment of the first nature reserve in 1956 till the end of 2014, China has totally established 2,729 nature reserves, covering an area of 1.47 million km^2 in total and accounting for 14.84% among the national territorial area. Among these nature reserves, there are many nature reserves mainly targeting on protection of rare and endangered birds, and the quite well known nature reserves include Shaanxi Yang County Nature Reserve (*Nipponia nippon*), Shanxi Pangquangou Nature Reserve (*Crossoptilon mantchuricum*), Shandong Rongcheng Nature Reserve (*Cygnus cygnus*), Zhejiang Wuyanling Nature Reserve (*Tragopan caboti*), Henan Dongzhai Nature Reserve (*Syrmaticus reevesii*), Jiangsu Yancheng Nature Reserve (*Grus japonensis*), Jiangxi Poyang Lake Nature Reserve (*Grus leucogeranus*), Gansu Lianhua Mountains Nature Reserve (*Bonasa sewerzowi*), etc.

These nature reserves have played important roles in the protection of bird resources of China. In terms of ex situ conservation, zoos and feeding centers of China have fed hundreds of rare cranes, pheasants and raptorial birds, and the ex situ conservation populations of such rare and endangered birds as *Grus leucogeranus*, *Grus japonensis*, *Crossoptilon mantchuricum*, *Tragopan caboti*, *Syrmaticus reevesii*, etc. have been successfully established. On this basis, reintroduction projects for *Nipponia nippon*, *Tragopan caboti*, *Crossoptilon mantchuricum*, etc. have been carried out to enlarge distribution scope of these birds and to expand the wild populations. While giving an affirmative appraisal toward the achievements, we should also know that the protection of bird resources of China is still confronted with very severe situation. In the *China Biodiversity Red List—Vertebrate Volume* jointly released by Ministry of Environmental Protection of the PRC and Chinese Academy of Sciences in 2015, there are 146 bird species rated as threatened species, including 15 critically endangered species, 51 endangered species, and 80 vulnerable species. Plenty of species are threatened with extinction. It means the conservation work has a long way to go. The future conservation work for the birds of China still needs extensive support and participation from the central government, local governments and the public. Especially, the growth of the civil conservation forces will exert positive impact on the protection of rare and endangered birds of China.

V. The Development of Bird-loving Activities of the Public in China

Since the 1980s, as the public have carried out bird-loving and bird-protecting activities constantly, the bird-loving consciousness of the public in China has been strengthened constantly. On September 14, 1981, 8 ministries, including the Ministry of Forestry, presented *Request to Strengthen Protection of Birds and to Implement the China-Japan Migratory Bird Agreement*(hereinafter referred to as the *Request*), suggesting to decide a week during April to early May of each year (the concrete time is specified by the provincial governments, or the municipal governments, or the autonomous district governments) as the "bird-loving week". On September 25 of that year, the State Council approved and forwarded the *Request* presented by the 8 ministries and demanded all provinces, cities, autonomous regions and municipalities directly under the central government to implement the *China-Japan Migratory Bird Agreement* seriously, and determined a certain week during April to early May of each year as the "bird-loving week" to carry out various kinds of publicity and education activities. Starting from 1982, all parts of the country started publicity activities for the bird - loving week. In December, 1983, the largest nature conservation organization of China—China Wildlife Conservation Association was founded in Beijing. This association is a national social organization under China Association for Science and Technology, administered by the State Forestry Administration. Till the end of 2010, the whole country has 773 associations of provincial level, prefecture level, municipal level and county level, including more than 345,000 members. Since the establishment, China Wildlife Conservation Association has played an important role in generally promoting nature preservation consciousness of the whole people, popularizing scientific knowledge, enhancing legal sense, and promoting scientific and cultural communication through various forms of publicity and education activities, as well as scientific communication activities, such as the "bird-loving week" activity, "wildlife conservation publicity month", etc. The association organizes and carries out the national bird-loving publicity activities in each year. It initiated the new form of "on-line bird-loving week" to strike illegal hunting all over the country and to advocate refusing to eat wild animals, thereby further promoting the new bird loving trend. In recent years, China Wildlife Conservation Association has also carried out the voting for "The Bird Hometown in China". By means of free declaration and expert review, a series of districts and counties all over the country with abundant and characteristic bird resources and remarkable achievements in protection management have been elected and named based on their characteristic bird resources, and the honorary title of "China Bird Hometown" has been awarded to them. Till the end of 2014, there have been 54 areas named as "China's Bird Hometown" (Table 2).

Starting from the 1980s, folk bird watching has started to appear in China Mainland. Bird watching is also

Table 2 A checklist of China's bird hometowns

No.	Species	Areas receiving the title	Time to receive
1	*Ciconia nigra*	Fangshan District, Beijing Municipality	2014
2	*Himantopus himantopus*	Cangzhou City, Hebei Province	2005
3	*Charadra Haixing*	Haixing County, Hebei Province	2005
4	*Ciconia nigra*	Lingqiu County, Shanxi Province	2010
5	*Cygnus cygnus*	Pinglu County, Shanxi Province	2012
6	*Otis tarda Jalaid*	Jalaid Banner, Inner Mongolia	2009
7	*Cygnus olor*	Urad Front Banner, Inner Mongolia	2011
8	*Cygnus Chifeng*	Chifeng City, Inner Mongolia	2014
9	*Melanocorypha mongolica*	West Ujimqin Banner, Inner Mongolia	2014
10	*Larus saundersi*	Panjin City, Liaoning Province	2006
11	*Grus leucogeranus*	Faku County, Liaoning Province	2013
12	*Grus leucogeranus*	Zhenlai County, Jilin Province	2010
13	*Grus japonensis*	Tongyu County, Jilin Province	2014
14	*Mergus squamatus*	Dailing District, Yichun City, Heilongjiang Province	2009
15	*Grus monacha*	Xinqing District, Yichun City, Heilongjiang Province	2009
16	*Ciconia boyciana*	Jiansanjiang Bureau, Nongken Headquarter, Heilongjiang Province	2009
17	*Grus vipio*	Fujin City, Heilongjiang Province	2010
18	*Platalea leucorodia*	Baoqing County, Heilongjiang Province	2011
19	*Grus monacha*	Zhanhe Forestry Bureau, Heilongjiang Province	2012
20	*Aix galericulata*	Pingnan County, Fujian Province	2005
21	*Sterna bernsteini*	Changle City, Fujian Province	2012
22	*Tragopan caboti*	Mingxi County, Fujian Province	2012
23	*Syrmaticus ellioti*	Yifeng County, Jiangxi Province	2009
24	*Tragopan caboti*	Qianshan County, Jiangxi Province	2009
25	*Mergus squamatus*	Yingtan City, Jiangxi Province	2010
26	*Cygnus columbianus*	Duchang County, Jiangxi Province	2012
27	*Grus monacha*	Chongming County, Shanghai City	2005
28	*Tragopan caboti*	Taishun County, Zhejiang Province	2010
29	*Leiothrix lutea*	Chun'an County, Zhejiang Province	2009
30	*Syrmaticus ellioti*	Kaihua County, Zhejiang Province	2011
31	*Pica pica*	Dong'e County, Shandong Province	2005
32	*Cygnus cygnus*	Rongcheng City, Shandong Province	2010

(Continued)

No.	Species	Areas receiving the title	Time to receive
33	*Larus crassirostris*	Rongcheng City, Shandong Province	2011
34	*Ciconia boyciana*	Dongying City, Shandong Province	2010
35	*Cygnus cygnus*	Sanmenxia City, Henan Province	2010
36	*Syrmaticus reevesii*	Luoshan County, Henan Province	2011
37	*Grus monacha*	Huangmei County, Hubei Province	2005
38	*Leiothrix lutea*	Xiangyang City, Hubei Province	2010
39	*Aix galericulata*	Nanzhang County, Hubei Province	2014
40	*Pica pica*	Yunxi County, Hubei Province	2014
41	Water bird	Haifeng County, Guangdong Province	2005
42	*Egretta garzetta*	Fangchenggang City, Guangxi Zhuang Autonomous Region	2011
43	*Larus ridibundus*	Kunming City, Yunnan Province	2005
44	*Grus nigricollis*	Zhaoyang District, Zhaotong City, Yunnan Province	2005
45	Cuculidae	Suiyang County, Guizhou Province	2010
46	*Grus nigricollis*	Weining County, Guizhou Province	2015
47	*Aix galericulata*	Shiqian County, Guizhou Province	2015
48	*Arborophila rufipectus*	Muchuan County, Sichuan Province	2005
49	*Grus nigricollis*	Ruoergai County, Sichuan Province	2005
50	*Lophophorus lhuysii*	Baoxing County, Sichuan Province	2010
51	*Crossoptilon crossoptilon*	Daocheng County, Sichuan Province	2010
52	*Arborophila rufipectus*	Pingshan County, Sichuan Province	2015
53	*Nipponia nippon*	Yang County, Shaanxi Province	2005
54	*Pica pica*	Yinchuan City, Ningxia Hui Autonomous Region	2011

called bird appreciating. It is a kind of outdoor activity of a special form, referring to a kind of entertainment activity using telescope, bird mapping and others in natural environment to watch and appreciate birds on the premise of not impacting on the life of wild birds. The bird watching activity sprang up in the U.K. and North America in the late 18th century. In the early stage, it was a kind of pure pastime activity for the noble. Up to now, it has developed to one of the most popular outdoor sport events across the world. The Royal Society for the Protection of Birds (RSPB) owns more than 1 million members, accounting for 1.7% of U.K.'s total population. That is to say, one of every 30 adults in the U.K. is a bird watcher. There are 46 million birdwatchers in the U.S., more than 1/5 of its population. The earliest bird watching activities in China started from Hong Kong and Taiwan. Bird watching societies in these two places were respectively founded in 1957 and 1973, but bird watching activities of China Mainland originated from the Beidaihe during the 1980s. Dr. Martin Willams, an ornithologist from the U.K., and Xu Weishu, a famous ornithologist in China, are main initiators. After the 1990s, bird watching activities have developed constantly in Guangzhou, Beijing, Shanghai, Xiamen, Shenzhen, Chengdu, Hangzhou, Kunming, Wuhan, etc. Under the influence of Hong Kong Big Bird Race, a series of bird watching contests have been held successively in China Mainland. On March 22, 1998, the first bird-loving week & the public bird watching activity of Guangzhou City, planned and organized by Gao Yuren. It was held at the Baiyun Mountains, a place with beautiful landscape. The folk field bird watching activities of Guangdong thereby sprang up. During 8 to 16, May, 1999, the first Beidaihe River "Haitian Cup" International Bird Watching Contest was held in Qinhuangdao City. During 6 to 8, December, 2002, the first "Nationwide · Yueyang East Dongting Lake Bird Wactching Contest" was held at East Dongting Lake Nature Reserve, Yueyang City, Hunan Province. Next, bird watching contests were also held at Beijing Yeya Lake, Gansu Lianhua Mountains, Dandong Yalujiang Estuary, Guizhou Caohai Lake, Shaanxi Yang County, Sichuan Wawu Mountains, Yunnan Laiyang River, etc. The official opening of the Birdwatching BBS on the environmental protection website of World Wide Fund for Nature in 2001 has effectively promoted the communication among bird watching enthusiasts from various places. At the end of December, 2002, the website "China Bird Report" was founded. It published China Bird Reports during 2003-2008. At present, there are more than 40 bird watching organizations, including over 5,000 members in China's Mainland. The total number of the public receiving publicity and education activities carried out by bird watching organizations in each year is more than 100,000 person-times. Bird watching societies of various places have carried out characteristic activities, such as the "Wednesday Classroom" and "Beijing Baiwang Mountain Raptorial Bird Watching" held by Beijing Bird Watching Society, the "Training of Nature Appreciation Guiders" held by Shanghai Bird Watching Society, the "Coastal Water Bird Investigation" held by Xiamen Bird Watching Society, etc. In 2014, Chinese Bird Watching Societies Network—The Rosefinch Center (http://www.rosefinchcenter.net) initiated by Zhong Jia et al. was officially founded. The development of bird watching activities in China has not only attracted a multitude of citizens to watch birds of the natural world, but also made important contribution to ornithology research and bird resource protection of China. Several new bird species of China, such as *Anastomus oscitans*, *Zoothera monticola*, etc., were discovered by birdwatchers.

Since the new century, bird photography has developed rapidly in China. Among all wild animals of the natural world, birds are the most common for us. As a kind of independent form of artistic presentation, bird photography has shortened the distance between mankind and nature through wonderful photographic works. A multitude of excellent bird photographers, such as Zhang Cizu, Xi Zhinong, Zhou Haixiang, Gong Zheng, Duan Wenke, Qu Liming, Jin Jun, Chen Zhiwei, etc., have successive sprang up in China. In 2004, China Bird Photographing Festival was successfully held at Dongzhai National Nature Reserve for Birds, Henan Province. In 2005, Duan Wenke, a famous bird photographer, founded the largest ecological portal of China, mainly focusing on bird photography, i.e. the birdnet.cn (www.birdnet.cn). For 10 years, the birdnet.cn has gathered 150,000 persons, including ecological photographers, ornithological experts and scholars, environmentalists and ecological enthusiasts from China and the rest places of the world. The annual page views are 345 million person-times. In addition, the birdnet.cn has also established Birdnet.cn Bird Watching Bases, China Bird Protection Alliance, Ecological Photographer Alliance for Wildlife Protection, and other social organizations, having built a bird-loving team with grand scale for bird photographing, bird watching, and bird protecting. On the forum of birdnet.cn, there are 3.62 million pictures referring to wild birds, wild animals and plants, physical geography, humanity and other zoology and covering more than 1,400 species of all bird species in China and above one third of the 10,000 bird species across the world. The tenet of birdnet.cn is: under the direction of the spirit to advocate ecological civilization and to construct beautiful China, trying to realize the good vision of loving birds, loving nature and loving life, to comprehensively popularize bird knowledge, to promote the beautiful vision of members to love birds, love nature and love life, to comprehensively build the green space of "green bird net, harmonious homeland and healthy integration", and to arouse the attention of the public to wild birds through the power of photography. In 2015, the works of Chinese bird photographers were selected for BBC Wildlife Photographer of the Year. The bird photography has satisfied the sublimated desire to hunt for novelty and still needs to convey the true situation of natural environment, and that is to share the diversified world of birds and the realistic inhabiting conditions of birds with the others. In the industrial society with population expansion as well as ubiquitous destruction and pillage of habitats, and pollution, it needs more photographers under the cultivation of art and the spur of reality to reappear the circumstances and call on the whole society to protect wildlife and cherish our common homeland through their cameras. While celebrating the flourish development of bird photography of China, we should call on and remind bird photographers of China more to be sure to respect the nature and set up environmental awareness. We should try to create more safe distance and safe psychology for the wildlife, so as to make birds find food at ease and carry out nesting and brooding in safety, so we should carry out photographing on the premise of protecting birds properly.

Zhang Zhengwang

Vice President of China Zoological Society

本书使用说明
How to Use This Book

全书共分为上、下两卷，上卷《非雀形目》，下卷《雀形目》。每卷除分类索引及正文介绍外，后面还附有英文名索引、拉丁名索引。在下卷的最后部分，还附有全部鸟种的中文名索引，以方便使用者进行快速查找。

书中共收录有中国鸟类1409种另604亚种，是迄今为止涵盖国内鸟种数量最全的鸟类图书。我们将绝大部分物种独立成页，也有少部分为每页2种，或两页1种。

在页眉部位标注有所属目、科的中文名和学名，每个物种分别标有中文名、英文名、拉丁名、体长数据、保护级别、IUCN红色名录等级，以及该物种在国内的分布图等。同时，还附有该物种的形态特征、生态习性、地理分布、种群状况等文字信息。

导览参见下图。

IUCN 红色名录等级   IUCN Red List Categories

EX 灭绝   Extinct
EW 野外灭绝   Extinct in the Wild
CR 极危   Critically Endangered
EN 濒危   Endangered
VU 易危   Vulnerable
NT 近危   Near Threatened
LC 低度关注   Least Concern
DD 资料缺乏   Data Deficient
NE 未评估   Not Evaluated

鸟类分布图示例   Examples of Bird Distribution Maps

上卷目录

Contents of Volume A

潜鸟目 47
潜鸟科 47
　　红喉潜鸟（48）　　黑喉潜鸟（49）　　太平洋潜鸟（50）　　黄嘴潜鸟（50）

䴙䴘目 51
䴙䴘科 51
　　小䴙䴘（52）　　赤颈䴙䴘（53）　　凤头䴙䴘（54）　　角䴙䴘（55）
　　黑颈䴙䴘（56）

鹱形目 57
信天翁科 57
　　黑背信天翁（57）　　黑脚信天翁（58）　　短尾信天翁（58）

鹱科 59
　　暴风鹱（59）　　钩嘴圆尾鹱（60）　　白额圆尾鹱（60）　　褐燕鹱（61）
　　白额鹱（62）　　淡足鹱（63）　　楔尾鹱（63）　　短尾鹱（64）
　　灰鹱（64）

海燕科 65
　　白腰叉尾海燕（65）　　黑叉尾海燕（66）　　褐翅叉尾海燕（67）　　日本叉尾海燕（67）

鹈形目 68
鹲科 68
　　红嘴鹲（68）　　红尾鹲（69）　　白尾鹲（69）

鹈鹕科 70
　　白鹈鹕（71）　　斑嘴鹈鹕（72）　　卷羽鹈鹕（73）

鲣鸟科 74
　　蓝脸鲣鸟（74）　　红脚鲣鸟（75）　　褐鲣鸟（75）

鸬鹚科 76
　　普通鸬鹚（76）　　绿背鸬鹚（77）　　海鸬鹚（77）　　红脸鸬鹚（78）
　　黑颈鸬鹚（78）

蛇鹈科 79
　　黑腹蛇鹈(79)

军舰鸟科 80
　　白腹军舰鸟(80)　　黑腹军舰鸟(81)　　白斑军舰鸟(81)

鹳形目 82
鹭科 82
　　苍鹭(83)　　　　白腹鹭(83)　　　　草鹭(84)　　　　大白鹭(85)
　　斑鹭(86)　　　　白脸鹭(86)　　　　中白鹭(87)　　　白鹭(88)
　　黄嘴白鹭(89)　　岩鹭(90)　　　　　牛背鹭(91)　　　池鹭(92)
　　绿鹭(93)　　　　夜鹭(94)　　　　　棕夜鹭(95)　　　海南鸭(95)
　　栗头鸭(96)　　　黑冠鸭(97)　　　　小苇鳽(98)　　　黄斑苇鳽(99)
　　紫背苇鳽(100)　　栗苇鳽(101)　　　黑苇鳽(102)　　大麻鳽(103)
　　爪哇池鹭(104)　　印度池鹭(105)

鹳科 106
　　彩鹳(106)　　　　钳嘴鹳(107)　　　黑鹳(108)　　　东方白鹳(109)
　　白鹳(110)　　　　秃鹳(111)　　　　白颈鹳(112)

鹮科 113
　　圣鹮(113)　　　　黑头白鹮(114)　　白肩黑鹮(115)　　朱鹮(116)
　　彩鹮(117)　　　　白琵鹭(118)　　　黑脸琵鹭(119)

红鹳目 120
红鹳科 120
　　大红鹳(121)

雁形目 122
鸭科 122
　　栗树鸭(123)　　　大天鹅(124)　　　小天鹅(125)　　　疣鼻天鹅(126)
　　鸿雁(127)　　　　豆雁(128)　　　　灰雁(129)　　　　白额雁(130)
　　小白额雁(131)　　斑头雁(132)　　　雪雁(133)　　　　加拿大雁(133)
　　黑雁(134)　　　　白颊黑雁(135)　　红胸黑雁(135)　　赤麻鸭(136)
　　翘鼻麻鸭(137)　　瘤鸭(138)　　　　棉凫(139)　　　　鸳鸯(140)
　　赤颈鸭(141)　　　绿眉鸭(141)　　　罗纹鸭(142)　　　赤膀鸭(143)
　　花脸鸭(144)　　　绿翅鸭(145)　　　绿头鸭(146)　　　斑嘴鸭(147)
　　棕颈鸭(148)　　　针尾鸭(148)　　　白眉鸭(149)　　　琵嘴鸭(150)
　　云石斑鸭(150)　　赤嘴潜鸭(151)　　帆背潜鸭(152)　　红头潜鸭(153)
　　青头潜鸭(154)　　白眼潜鸭(155)　　凤头潜鸭(156)　　斑背潜鸭(157)
　　小绒鸭(158)　　　丑鸭(158)　　　　长尾鸭(159)　　　黑海番鸭(160)

斑脸海番鸭（161）　　鹊鸭（162）　　斑头秋沙鸭（163）　　红胸秋沙鸭（164）

普通秋沙鸭（165）　　中华秋沙鸭（166）　　白头硬尾鸭（167）

隼形目 168
鹗科 168
鹗（169）

鹰科 170
褐冠鹃隼（170）　　黑冠鹃隼（171）　　凤头蜂鹰（172）　　鹃头蜂鹰（172）

黑翅鸢（173）　　黑鸢（174）　　栗鸢（175）　　白腹海雕（176）

玉带海雕（177）　　白尾海雕（178）　　虎头海雕（179）　　渔雕（180）

胡兀鹫（181）　　白兀鹫（181）　　白背兀鹫（182）　　长嘴兀鹫（182）

高山兀鹫（183）　　兀鹫（184）　　秃鹫（185）　　黑兀鹫（186）

短趾雕（186）　　蛇雕（187）　　白头鹞（188）　　白腹鹞（189）

白尾鹞（190）　　草原鹞（191）　　鹊鹞（192）　　乌灰鹞（193）

凤头鹰（194）　　褐耳鹰（195）　　赤腹鹰（196）　　日本松雀鹰（197）

松雀鹰（198）　　雀鹰（199）　　苍鹰（200）　　白眼鵟鹰（201）

棕翅鵟鹰（201）　　灰脸鵟鹰（202）　　普通鵟（203）　　棕尾鵟（204）

大鵟（205）　　毛脚鵟（206）　　林雕（207）　　乌雕（208）

草原雕（209）　　白肩雕（210）　　金雕（211）　　白腹隼雕（212）

靴隼雕（213）　　棕腹隼雕（214）　　鹰雕（214）　　凤头鹰雕（216）

隼科 217
红腿小隼（218）　　白腿小隼（219）　　黄爪隼（220）　　红隼（221）

西红脚隼（222）　　红脚隼（223）　　灰背隼（224）　　燕隼（225）

猎隼（226）　　猛隼（227）　　矛隼（227）　　拟游隼（228）

游隼（229）

鸡形目 230
松鸡科 230
镰翅鸡（230）　　柳雷鸟（231）　　岩雷鸟（232）　　黑琴鸡（233）

松鸡（234）　　黑嘴松鸡（235）　　花尾榛鸡（236）　　斑尾榛鸡（237）

雉科 238
雪鹑（238）　　红喉雉鹑（239）　　黄喉雉鹑（240）　　藏雪鸡（241）

阿尔泰雪鸡（242）　　暗腹雪鸡（243）　　大石鸡（244）　　石鸡（245）

中华鹧鸪（246）　　灰山鹑（247）　　斑翅山鹑（248）　　高原山鹑（249）

鹌鹑（250）　　西鹌鹑（251）　　蓝胸鹑（252）　　环颈山鹧鸪（253）

四川山鹧鸪（253）　　红胸山鹧鸪（254）　　白眉山鹧鸪（254）　　红喉山鹧鸪（255）

白颊山鹧鸪（256）　　海南山鹧鸪（256）　　台湾山鹧鸪（257）　　褐胸山鹧鸪（258）

绿脚树鹧鸪（259）　　棕胸竹鸡（260）　　灰胸竹鸡（261）

血雉（262） 黑头角雉（264） 灰腹角雉（264） 红胸角雉（265）
红腹角雉（266） 黄腹角雉（267） 勺鸡（268） 棕尾虹雉（269）
白尾梢虹雉（270） 绿尾虹雉（271） 原鸡（272） 黑鹇（273）
白鹇（274） 蓝腹鹇（275） 白马鸡（276） 藏马鸡（277）
蓝马鸡（278） 褐马鸡（279） 白颈长尾雉（280） 黑颈长尾雉（281）
黑长尾雉（282） 白冠长尾雉（283） 环颈雉（284） 红腹锦鸡（286）
白腹锦鸡（287） 灰孔雀雉（288） 海南孔雀雉（288） 绿孔雀（289）

鹤形目 290
三趾鹑科 290
棕三趾鹑（290） 林三趾鹑（291） 黄脚三趾鹑（291）

鹤科 292
蓑羽鹤（293） 白鹤（294） 沙丘鹤（295） 赤颈鹤（296）
白枕鹤（297） 灰鹤（298） 白头鹤（299） 黑颈鹤（300）
丹顶鹤（301）

秧鸡科 302
花田鸡（302） 红脚斑秧鸡（303） 白喉斑秧鸡（303） 灰胸秧鸡（304）
普通秧鸡（305） 长脚秧鸡（306） 红脚苦恶鸟（306） 白胸苦恶鸟（307）
姬田鸡（308） 小田鸡（309） 斑胸田鸡（310） 斑胁田鸡（310）
红胸田鸡（311） 棕背田鸡（312） 白眉田鸡（313） 董鸡（314）
紫水鸡（315） 黑水鸡（316） 白骨顶（317）

鸨科 318
大鸨（319） 波斑鸨（320） 小鸨（321）

鸻形目 322
水雉科 322
水雉（323） 铜翅水雉（324）

彩鹬科 325
彩鹬（325）

蛎鹬科 326
蛎鹬（327）

鹮嘴鹬科 328
鹮嘴鹬（329）

反嘴鹬科 330
黑翅长脚鹬（331） 反嘴鹬（332）

石鸻科 333
石鸻（333） 大石鸻（334）

燕鸻科 ... 335
领燕鸻（335） 普通燕鸻（336） 黑翅燕鸻（337） 灰燕鸻（337）

鸻科 ... 338
凤头麦鸡（339） 距翅麦鸡（340） 灰头麦鸡（341） 肉垂麦鸡（342）
黄颊麦鸡（343） 白尾麦鸡（343） 金鸻（344） 欧金鸻（345）
美洲金鸻（345） 灰鸻（346） 剑鸻（346） 长嘴剑鸻（347）
金眶鸻（348） 环颈鸻（349） 蒙古沙鸻（350） 铁嘴沙鸻（351）
红胸鸻（351） 东方鸻（352） 小嘴鸻（353）

鹬科 ... 354
丘鹬（355） 姬鹬（356） 孤沙锥（356） 拉氏沙锥（357）
林沙锥（357） 针尾沙锥（358） 大沙锥（359） 扇尾沙锥（360）
半蹼鹬（361） 长嘴半蹼鹬（362） 黑尾塍鹬（363） 斑尾塍鹬（364）
小杓鹬（365） 中杓鹬（366） 白腰杓鹬（367） 大杓鹬（368）
鹤鹬（369） 红脚鹬（370） 泽鹬（371） 青脚鹬（372）
小青脚鹬（373） 小黄脚鹬（373） 白腰草鹬（374） 林鹬（374）
翘嘴鹬（375） 矶鹬（375） 灰尾漂鹬（376） 漂鹬（376）
翻石鹬（377） 大滨鹬（378） 红腹滨鹬（379） 三趾滨鹬（380）
西滨鹬（381） 红颈滨鹬（381） 小滨鹬（382） 青脚滨鹬（383）
长趾滨鹬（384） 斑胸滨鹬（385） 尖尾滨鹬（385） 弯嘴滨鹬（386）
岩滨鹬（387） 黑腹滨鹬（387） 勺嘴鹬（388） 阔嘴鹬（389）
高跷鹬（390） 黄胸鹬（390） 流苏鹬（391） 红颈瓣蹼鹬（392）
灰瓣蹼鹬（393）

贼鸥科 ... 394
南极贼鸥（395） 中贼鸥（396） 长尾贼鸥（396） 短尾贼鸥（397）

鸥科 ... 398
黑尾鸥（399） 普通海鸥（400） 灰翅鸥（400） 北极鸥（401）
银鸥（401） 西伯利亚银鸥（402） 小黑背银鸥（402） 黄腿银鸥（403）
灰林银鸥（403） 渔鸥（404） 棕头鸥（405） 红嘴鸥（406）
澳洲红嘴鸥（407） 细嘴鸥（407） 黑嘴鸥（408） 遗鸥（409）
小鸥（410） 楔尾鸥（411） 叉尾鸥（411） 三趾鸥（412）
灰背鸥（412） 弗氏鸥（413） 笑鸥（413）

燕鸥科 ... 414
鸥嘴噪鸥（415） 红嘴巨燕鸥（416） 小凤头燕鸥（417） 黄嘴凤头燕鸥（417）
中华凤头燕鸥（418） 大凤头燕鸥（419） 河燕鸥（420） 粉红燕鸥（421）
黑枕燕鸥（421） 普通燕鸥（422） 白额燕鸥（423） 黑腹燕鸥（424）

白腰燕鸥（424） 褐翅燕鸥（425） 乌燕鸥（425） 灰翅浮鸥（426）
白翅浮鸥（427） 黑浮鸥（428） 白顶玄燕鸥（429） 白燕鸥（429）

剪嘴鸥科 ... 430
剪嘴鸥（430）

海雀科 ... 431
崖海鸦（431） 斑海雀（432） 扁嘴海雀（432） 冠海雀（433）
角嘴海雀（433）

沙鸡目 ... 434
沙鸡科 ... 434
西藏毛腿沙鸡（435） 毛腿沙鸡（436） 黑腹沙鸡（437）

鸽形目 ... 438
鸠鸽科 ... 438
原鸽（439） 岩鸽（440） 雪鸽（441） 欧鸽（442）
中亚鸽（442） 斑尾林鸽（443） 斑林鸽（443） 灰林鸽（444）
紫林鸽（444） 黑林鸽（445） 欧斑鸠（445） 山斑鸠（446）
灰斑鸠（447） 火斑鸠（448） 珠颈斑鸠（449） 棕斑鸠（450）
斑尾鹃鸠（451） 栗褐鹃鸠（451） 菲律宾鹃鸠（452） 小鹃鸠（452）
绿翅金鸠（453） 橙胸绿鸠（454） 灰头绿鸠（455） 厚嘴绿鸠（456）
黄脚绿鸠（457） 针尾绿鸠（458） 楔尾绿鸠（459） 红翅绿鸠（460）
红顶绿鸠（461） 黑颏果鸠（461） 绿皇鸠（462） 山皇鸠（463）

鹦形目 ... 464
鹦鹉科 ... 464
短尾鹦鹉（465） 小葵花鹦鹉（465） 蓝腰鹦鹉（466） 亚历山大鹦鹉（466）
红领绿鹦鹉（467） 灰头鹦鹉（468） 花头鹦鹉（469） 大紫胸鹦鹉（469）
绯胸鹦鹉（470） 青头鹦鹉（471） 长尾鹦鹉（471）

鹃形目 ... 472
杜鹃科 ... 472
斑翅凤头鹃（473） 红翅凤头鹃（474） 大鹰鹃（475） 普通鹰鹃（476）
棕腹杜鹃（477） 北棕腹杜鹃（477） 四声杜鹃（478） 大杜鹃（478）
中杜鹃（480） 东方中杜鹃（481） 小杜鹃（482） 栗斑杜鹃（483）
八声杜鹃（483） 翠金鹃（484） 紫金鹃（485） 乌鹃（485）
噪鹃（486） 绿嘴地鹃（487） 褐翅鸦鹃（488） 小鸦鹃（489）

鸮形目 ... 490
草鸮科 ... 490
仓鸮（491） 东方草鸮（492） 栗鸮（493）

鸱鸮科 ... 494

黄嘴角鸮（495） 领角鸮（496） 纵纹角鸮（497） 西红角鸮（497）
红角鸮（498） 兰屿角鸮（499） 雕鸮（500） 林雕鸮（501）
雪鸮（502） 毛腿渔鸮（503） 褐渔鸮（503） 黄腿渔鸮（504）
褐林鸮（505） 灰林鸮（506） 长尾林鸮（507） 四川林鸮（508）
乌林鸮（508） 猛鸮（510） 花头鸺鹠（511） 领鸺鹠（511）
斑头鸺鹠（512） 纵纹腹小鸮（513） 横斑腹小鸮（514） 鬼鸮（515）
鹰鸮（516） 日本鹰鸮（517） 长耳鸮（518） 短耳鸮（519）

夜鹰目 ... 520

蛙口夜鹰科 ... 520

黑顶蛙口夜鹰（521）

夜鹰科 ... 522

毛腿夜鹰（522） 普通夜鹰（523） 欧夜鹰（524） 埃及夜鹰（525）
长尾夜鹰（526） 林夜鹰（527）

雨燕目 ... 528

雨燕科 ... 528

爪哇金丝燕（528） 短嘴金丝燕（529） 大金丝燕（530） 白喉针尾雨燕（530）
灰喉针尾雨燕（531） 棕雨燕（531） 普通雨燕（532） 暗背雨燕（533）
白腰雨燕（533） 小白腰雨燕（534） 高山雨燕（534） 褐背针尾雨燕（535）
紫针尾雨燕（535）

凤头雨燕科 ... 536

凤头雨燕（537）

咬鹃目 ... 538

咬鹃科 ... 538

红头咬鹃（539） 橙胸咬鹃（540） 红腹咬鹃（541）

佛法僧目 ... 542

翠鸟科 ... 542

斑头大翠鸟（543） 普通翠鸟（544） 蓝耳翠鸟（545） 三趾翠鸟（546）
鹳嘴翡翠（547） 赤翡翠（547） 白胸翡翠（548） 蓝翡翠（549）
白领翡翠（550） 冠鱼狗（551） 斑鱼狗（552）

蜂虎科 ... 553

蓝须夜蜂虎（553） 绿喉蜂虎（554） 蓝喉蜂虎（555） 栗喉蜂虎（556）
彩虹蜂虎（557） 黄喉蜂虎（558） 栗头蜂虎（559） 蓝颊蜂虎（559）

佛法僧科 560
蓝胸佛法僧(561)　棕胸佛法僧(562)　三宝鸟(563)

戴胜目 564
戴胜科 564
戴胜(565)

犀鸟目 566
犀鸟科 566
冠斑犀鸟(567)　双角犀鸟(568)　白喉犀鸟(569)　棕颈犀鸟(570)
花冠皱盔犀鸟(571)

鴷形目 572
拟鴷科 572
大拟啄木鸟(573)　绿拟啄木鸟(574)　黄纹拟啄木鸟(575)　金喉拟啄木鸟(576)
台湾拟啄木鸟(577)　黑眉拟啄木鸟(578)　蓝喉拟啄木鸟(579)　蓝耳拟啄木鸟(579)
赤胸拟啄木鸟(580)

响蜜鴷科 581
黄腰响蜜鴷(581)

啄木鸟科 582
蚁鴷(583)　斑姬啄木鸟(584)　白眉棕啄木鸟(585)　星头啄木鸟(586)
小星头啄木鸟(587)　小斑啄木鸟(588)　纹腹啄木鸟(589)　纹胸啄木鸟(590)
棕腹啄木鸟(591)　黄颈啄木鸟(592)　赤胸啄木鸟(593)　白背啄木鸟(594)
大斑啄木鸟(595)　白翅啄木鸟(596)　三趾啄木鸟(597)　栗啄木鸟(598)
白腹黑啄木鸟(598)　黑啄木鸟(599)　黄冠啄木鸟(600)　大黄冠啄木鸟(601)
花腹绿啄木鸟(602)　鳞喉绿啄木鸟(603)　鳞腹绿啄木鸟(603)　红颈绿啄木鸟(604)
灰头绿啄木鸟(604)　喜山金背啄木鸟(606)　金背啄木鸟(607)　小金背啄木鸟(608)
大金背啄木鸟(609)　竹啄木鸟(610)　黄嘴栗啄木鸟(610)　大灰啄木鸟(611)
褐额啄木鸟(611)

潜鸟目
GAVIIFORMES

- 大型水鸟
- 全世界 1 科 1 属 5 种
- 分布于北极和亚北极寒带和温带水域
- 中国分布有 1 科 1 属 4 种

潜鸟科
Gaviidae
(Loons, Divers)

本科为典型游禽。身体呈圆桶形，两性相似。嘴强直而侧扁，先端较尖。鼻孔呈狭窄的裂缝状，其上有革质膜，潜水时能关闭，以防止水分进入。头较圆，颈长而粗。翅尖而窄。初级飞羽11枚，其中第一枚初级飞羽退化。尾短而硬，几全为尾覆羽所掩盖，尾羽18~20枚。全身羽毛厚而密，且较短硬，上体灰褐色，下体白色。脚位于身体后部，跗蹠较长，裸露无羽，前面被以网状鳞；脚具4趾，前面3趾间具全蹼，后趾短小，位置较前3趾略高。

潜鸟是典型的水栖鸟类，除繁殖期到陆上营巢产卵外，几乎从不登陆，多栖息在沿海、湖泊、江河等开阔水域。善游泳和潜水，游泳时能将身体完全沉于水中，仅露头在水面。起飞较困难，多数种类需要两翅在水面拍打，两脚在水面奔跑一定距离才能飞离水面，因此多是通过潜水来逃避危险，一般不起飞，在陆地则根本不能飞起。飞行时颈向前伸直，两脚拖于尾后，快而呈直线，不变换飞行速度。主要以鱼类为食。雏鸟早成性。

本科鸟类全世界有1属5种，广泛分布于北半球寒带和温带水域。中国有1属4种，分布于东部和东南沿海一带。

红喉潜鸟（冬羽）\摄影：毛建国

红喉潜鸟 \ 摄影：Winfried Wisniewski

非繁殖羽 \ 摄影：沈强

非繁殖羽 \ 摄影：毛建国

形态特征 体型小，整体灰色，额无突起，游水时看似略微驼背，嘴略上扬。夏季成鸟的喉及颈侧灰色，喉中央具有栗色三角形图案，颈背具细纵纹，腹白，背深色，虹膜红色。非繁殖期羽毛暗淡，脸、喉及颈侧、眼周围白色，背具细的白斑。亚成体似非繁殖羽，但颈部灰色。

生态习性 善游泳和潜水，以鱼为食。振翼较黑喉潜鸟快。繁殖于苔原、小湖或林中池塘，在大的湖泊或海边捕食。越冬在沿海水域，有时成群活动。

地理分布 繁殖于欧洲、亚洲、美洲北部。国内从黑龙江、辽东半岛至广东、福建、海南及台湾等地沿海地区有过境或越冬记录。

种群状况 单型种。冬候鸟，旅鸟。国内种群数量稀少，罕见。

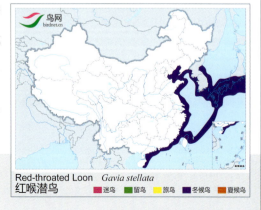

红喉潜鸟

Red-throated Loon　　*Gavia stellata*　　体长：54~69 cm　　LC（低度关注）

潜鸟目 GAVIIFORMES　潜鸟科 Gaviidae (Loons, Divers)

北方亚种 *viridigularis* \ 摄影：张永

北方亚种 *viridigularis* 冬羽 \ 摄影：梁长久

指名亚种 *arctica* 冬羽 \ 摄影：王尧天

形态特征 体型比红喉潜鸟略大，嘴笔直呈灰黑色，额有突起，肋部白色明显。繁殖期头为灰色，喉及前颈呈现墨绿色，颈侧和胸部具黑白色细纵纹。背部白粗黑细条纹相间。非繁殖期头顶、后颈、背部黑褐色，从眼下方脸颊至前颈皆为白色，与红喉潜鸟相比颈部黑色比例较高，肋部后侧具明显白色。

生态习性 似红喉潜鸟，但繁殖于淡水湖或无潮汐的海湾。筑巢于接近水域的小岛。冬季集群。

地理分布 繁殖于北半球高纬度地区，冬季南迁至北纬30°左右越冬。共2个亚种，指名亚种 *arctica* 见于新疆北部；北方亚种 *viridigularis* 在辽东半岛、北戴河、天津、山东、江苏、上海、浙江、福建、台湾等有记录。

种群状况 多型种。冬候鸟，旅鸟。国内数量稀少，罕见。

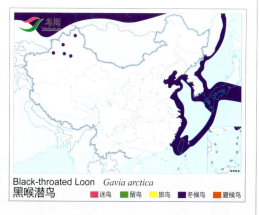

黑喉潜鸟

Black-throated Loon　　*Gavia arctica*　　体长：56~75 cm　　LC（低度关注）

太平洋潜鸟 \ 摄影：Tom Vezo

太平洋潜鸟 \ 摄影：Glen Bartley

形态特征 与黑喉潜鸟相似，但体型略小，头更圆，喙细。繁殖期头、枕部较黑喉潜鸟色淡，枕部和胸部纵纹窄，喉部为闪辉紫色。下肋部黑色。非繁殖期上体更呈黑灰，具有典型的狭窄的暗色"颈链"，但有时缺失，肋部通常黑色。

生态习性 成对或小群活动，偶尔单只活动。迁徙时成群，冬季多集中在海洋上。

地理分布 繁殖于西伯利亚东部至阿拉斯加及加拿大，越冬于日本沿海及北美洲西部南至北纬23°。中国黑龙江、辽东半岛、河北东北部以及山东、江苏、香港等地有记录。

种群状况 单型种。冬候鸟，旅鸟。国内种群数量稀少，罕见。

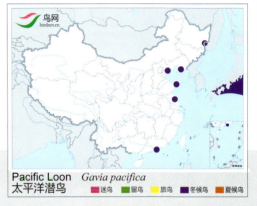

太平洋潜鸟
Pacific Loon *Gavia pacifica* 体长: 61~68 cm LC（低度关注）

非繁殖羽 \ 摄影：李宗丰

黄嘴潜鸟 \ 摄影：王安青

形态特征 体大而颈粗，额隆起。喙粗，并常上扬，繁殖期喙为象牙白色，头黑，具白色颈环。非繁殖羽色淡，尤其是眼周和耳覆羽，两胁缺少白色块斑。

生态习性 在淡水区繁殖，越冬于沿海水域。

地理分布 繁殖于北极区北部从摩尔曼斯克东至西伯利亚及阿拉斯加和加拿大北部。冬季南迁至北纬50°地区。中国辽宁、江苏、福建有记录。

种群状况 单型种。冬候鸟，旅鸟。国内种群数量稀少，罕见。

黄嘴潜鸟
Yellow-billed Loon *Gavia adamsii* 体长: 75~100 cm NT（近危）

䴙䴘目
PODICIPEDIFORMES

- 小至中型水鸟
- 全世界共1科6属22种
- 分布于全球各地
- 中国有1科2属5种,分布于全国各地

䴙䴘科
Podicipedidae (Grebes)

本科为典型游禽,雌雄相同。体形似鸭,但嘴细直而尖,体肥胖而扁平;眼先裸露,颈较细长;翅短小,初级飞羽12枚,其中第一枚退化。尾甚短小,仅由少许绒羽构成,尾脂腺被羽。下体羽毛甚厚密,银白色,不透水。脚短,位于身体后部。跗蹠侧扁,四趾均具宽阔的瓣状蹼,中趾爪的内缘呈锯齿状;后趾短小或缺失,且位置较高;爪宽扁而钝,呈指甲状。

栖息于江河、湖泊、水塘和沼泽地带。善游泳和潜水,在陆地上行走困难,不善飞行,几乎终生都在水中生活,很少上到陆地。以鱼和水生昆虫为食。营巢于水边芦苇丛和水草丛中。巢多为浮巢,由芦苇和水草茎叶构成。每窝产卵2~7枚,卵为尖卵圆形或卵圆形。雏鸟早成性。

全世界有6属22种,广布于除南北极之外的世界各地的淡水水域。中国有2属5种,分布于全国各地。

小䴙䴘台湾亚种 *philippensis* \ 摄影:简廷谋

普通亚种 poggei \ 摄影：高秀

普通亚种 poggei \ 摄影：郑晓羽

台湾亚种 philippensis \ 摄影：简廷谋

新疆亚种 capensis（非繁殖羽）\ 摄影：王尧天

形态特征 体型小，体色深，体圆，颈短，虹膜黄色，脚黑色。腿位置很靠后，所以走路不稳，但擅长游泳和潜水。成鸟繁殖期下颌和前颈部栗色，头冠、枕部及背部暗巧克力棕色，尾羽白色；喙为黑色，直且尖，嘴基有明显的米黄色。非繁殖期身体为浅棕色和浅黄色，喙呈土黄色。幼鸟头部沿着颈部有明显的白色斑纹。

生态习性 栖息于湖泊、池塘及水流缓慢的水域。性羞怯，常隐藏于浓密水草中，或没入水里逃逸。繁殖期常单独活动，非繁殖期有集群现象。以啄食软体动物、节肢动物和小型鱼类为生。

地理分布 共10个亚种，国外分布于欧洲、亚洲及非洲。国内有3个亚种。普通亚种 poggei 见于除台湾外的全国各地。初级飞羽灰褐，次级飞羽仅内翈和羽端白色，翅上白斑不明显；嘴较短弱，上体较淡，眼下羽红褐，喉部的黑色部分较扩大。台湾亚种 philippensis 见于台湾，嘴较长而粗，上体较暗，眼下羽黑色，喉部的黑色仅限于上喉。新疆亚种 capensis 见于新疆东部、西藏南部、云南西部，次级飞羽几全白色，初级飞羽基部白色，在翅上形成明显的白斑。

种群状况 多型种。留鸟。夏候鸟，数量多，常见。

小䴙䴘

Little Grebe *Tachybaptus ruficollis* 体长：25~32 cm LC（低度关注）

鹏䴘目 PODICIPEDIFORMES　　鹏䴘科 Podicipedidae (Grebes)

繁殖羽 \ 摄影：孙晓明

非繁殖羽 \ 摄影：牛蜀军

育雏 \ 摄影：杨晓光

形态特征　体型与凤头鹏䴘相比略小，颈短而粗，喙基部黄色。略具羽冠，头呈方形而宽。繁殖期下颌、脸颊灰白色，颈部栗色，顶冠黑色。非繁殖期脸颊及前颈比凤头鹏䴘灰色更重，黑色的头冠延伸到眼部。亚成体似非繁殖羽，但脸部有黑白相间的条纹。

生态习性　栖息于内陆淡水湖泊、沼泽及水流平稳的河湾地区。非繁殖期多栖息于沿海及河口地区。常单只或成对活动于水面上，有时结成小群活动。

地理分布　共2个亚种，分布于全北界。国内有1个亚种，东亚亚种 *holboellii*，繁殖于东北地区的湿地，越冬在河北、福建中部、广东等地，迁徙期间经过吉林和辽宁。

种群状况　多型种。夏候鸟，冬候鸟，旅鸟。稀少，罕见。

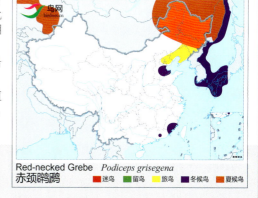

Red-necked Grebe　*Podiceps grisegena*
赤颈鹏䴘　■ 迷鸟　■ 留鸟　■ 旅鸟　■ 冬候鸟　■ 夏候鸟

赤颈鹏䴘

Red-necked Grebe　*Podiceps grisegena*　　体长：48~57 cm　　国家 II 级重点保护野生动物　　LC（低度关注）

求偶 \ 摄影：廖玉基

家族群 \ 摄影：段文科

凤头䴙䴘（白化）\ 摄影：董宪法

非繁殖羽 \ 摄影：王尧天

形态特征 体大，颈长，下体近白色，上体灰褐色，夏季脸部与眉纹白色，与黑色及棕色的头部形成鲜明对比，头上有棕栗色饰羽，羽端黑色。冬季颜色暗淡，缺少头冠和饰羽。翅短，尾羽退化或消失。足位于身体后部，有蹼，爪钝而宽阔。喙粉红色，虹膜红色。

生态习性 繁殖期雌雄间做优美的求偶炫耀，两相对视，身体高高挺起并同时点头，有时嘴上还衔着植物。

地理分布 共3个亚种，分布于欧洲、非洲、亚洲、大洋洲。国内有1个亚种，指名亚种 cristatus，除海南外见于全国各地。

种群状况 多型种。夏候鸟，冬候鸟，旅鸟。地区性常见。

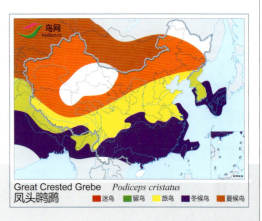

凤头䴙䴘

Great Crested Grebe   *Podiceps cristatus*   体长：50~58 cm   LC（低度关注）

鸊鷉目 PODICIPEDIFORMES　　鸊鷉科 Podicipedidae (Grebes)

非繁殖羽 \ 摄影：罗伟

繁殖羽 \ 摄影：姜君

非繁殖羽 \ 摄影：顾云芳

繁殖羽 \ 摄影：张岩

形态特征　中等体型，比赤颈鸊鷉略小；成体夏季头、颈及体背黑色，从喙基到眼后有一道金黄色饰羽，胸和腹侧栗红色；冬季黑色头冠延伸至眼下，似黑颈鸊鷉，但比其脸上多白色，嘴不上翘，头略大而平。亚成体似冬羽，但喙色浅。

生态习性　繁殖期雌雄间做求偶炫耀。冬季结小群活动。

地理分布　共2个亚种，繁殖于欧洲、亚洲、北美洲北部；越冬于繁殖地以南区域。国内有1个亚种，指名亚种 *auritus*，繁殖于新疆西部，迁徙时见于中国东北地区；越冬在中国东南部及长江下游。

种群状况　多型种。夏候鸟，冬候鸟，旅鸟。种群数量稀少。

角鸊鷉

Horned Grebe　*Podiceps auritus*　　体长：31~39 cm　　国家 II 级重点保护野生动物　　VU（易危）

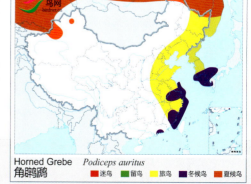

育雏 \ 摄影：宋天福

非繁殖羽 \ 摄影：朱英

家族群 \ 摄影：王尧天

形态特征 体色深，喙上扬。比角䴙䴘略小，颈略细。夏季金黄色的耳羽蓬松。胸、腹白色，腹侧红褐色。冬季黑色的头冠延伸至眼下并向脸颊突出，脸部不如角䴙䴘干净，颈部灰色。幼体似冬羽但耳覆羽和颈部棕色。
生态习性 成群在淡水或咸水生境繁殖。冬季结群于湖泊及沿海。
地理分布 共3个亚种，繁殖于欧亚大陆、北美洲和非洲。越冬于北纬30°以南地区。国内有1个亚种，指名亚种 *nigricollis*，除西藏、海南外，见于全国各地。繁殖于新疆及东北地区的高纬度地带；迁徙时见于中国多数地区，越冬于华南和东南沿海及西南地区的河流。
种群状况 多型种。夏候鸟，冬候鸟，旅鸟。数量多，常见。

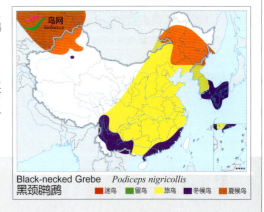

黑颈䴙䴘

Black-necked Grebe *Podiceps nigricollis* 体长：25~34 cm LC（低度关注）

鹱形目
PROCELLARIIFORMES

- 海洋性鸟类
- 外形和鸥相似。翅较发达，长而窄。雌雄相似
- 全世界共有4科23属103种
- 中国有3科8属16种

信天翁科
Diomedeidae
(Albatrosses)

大型海鸟。体粗胖，嘴较长，且左右侧扁，上嘴由几片角质板构成，先端向下钩曲。鼻管短，位于嘴峰左右两侧嘴基处。翅长而窄，甚发达，尾较短。脚位于身体较后部，飞行时向后伸，紧贴于尾的两侧。飞行能力极强，可紧贴海面长时间飞行不息。除繁殖期外主要在海上生活，有时停在海面上随波逐流。性成熟较晚，幼鸟多在5~10年性成熟。

通常营巢于海岛岩石或地上，亦有在低矮植物上营巢。每窝产卵1枚，卵壳粗糙，白色。雌雄亲鸟轮流孵卵。雏鸟晚成性，孵出后由亲鸟喂养4~10个月才能飞翔。食物主要为鱼类。

本科鸟类全世界共有2属13种，主要分布于太平洋、印度洋和大西洋及其岛屿。中国有2属3种，主要分布于东南沿海及其岛屿附近。

黑背信天翁 \ 摄影：东木

黑背信天翁 \ 摄影：东木

形态特征 体羽黑白色。除了翼上及背深色，眼及眼周深色，其余部分白色。翼下主要为白色，具深色边缘，尾端黑色。飞行时脚略伸出尾后。幼鸟似成鸟但嘴灰色较重。

生态习性 海洋鸟类，海岛结群繁殖。

地理分布 分布于太平洋北部，主要繁殖于夏威夷岛，每年定期至日本南部海域越冬。国内福建、台湾有记录。

种群状况 单型种。冬候鸟。

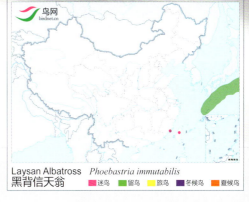

Laysan Albatross *Phoebastria immutabilis*
黑背信天翁

黑背信天翁
Laysan Albatross *Phoebastria immutabilis* 体长：71~81 cm NT（近危）

黑脚信天翁 \摄影：东木

黑脚信天翁 \摄影：东木

形态特征 体羽深褐色，嘴黑色，仅嘴基、尾基部及尾下覆羽具狭窄白色。与短尾信天翁幼鸟的区别在于本种的嘴及脚深色。
生态习性 栖息于开阔海洋的小岛和附近海域。常跟随船只寻找废弃食物。
地理分布 分布于北太平洋。国内见于浙江、福建、台湾、海南。
种群状况 单型种。夏候鸟。数量稀少，罕见。

Black-footed Albatross *Diomedea nigripes*
黑脚信天翁

黑脚信天翁
Black-footed Albatross *Diomedea nigripes* 体长：76~88 cm NT（近危）

短尾信天翁 \摄影：Kevin Schate

短尾信天翁 \摄影：Kevin Schate

形态特征 背白色，尾黑色，飞行时脚远伸出尾后。体羽随年龄渐变，从幼鸟的深褐色至亚成鸟的浅色腹部并具翼上白斑及背部鳞状斑纹。成鸟为太平洋上唯一的白色信天翁，其颈背略带黄色。幼鸟及亚成鸟有可能与体型较小的黑脚信天翁相混淆，其区别在于本种的嘴浅粉色，脚偏蓝，嘴基无白色。
生态习性 结群繁殖，偶尔跟随船只。
地理分布 数量稀少。国外见于北太平洋。国内繁殖在台湾北部钓鱼岛及赤尾屿，过去也见于澎湖列岛。迁徙时见于山东，在东部沿海亦有记录。
种群状况 单型种。夏候鸟，旅鸟。数量稀少，罕见。

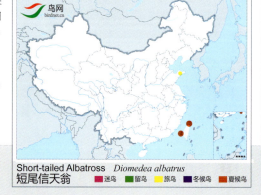
Short-tailed Albatross *Diomedea albatrus*
短尾信天翁

短尾信天翁
Short-tailed Albatross *Diomedea albatrus* 体长：88~92 cm 国家Ⅰ级重点保护野生动物 VU（易危）

鹱科
Procellariidae
(Shearwaters, Fulmars, Petrels)

本科鸟类多为中型海鸟，雌雄相似。个体较信天翁小，体形似鸥。嘴尖端有沟。鼻孔呈管状，鼻管较长，左右鼻孔并列，中间有隔，位于嘴基部。翅尖长，甚发达，第一枚初级飞羽最长或与第二枚等长。尾圆或凸尾状，尾羽12~14枚。跗蹠被网状鳞，跗蹠长度短于中趾连爪之长，后趾退化，甚小或仅存极小的痕迹，前3趾具蹼。

常成群跟随航行于海洋中的船舶在海上飞翔，飞行高度较低，脚接触水面。除繁殖期外，多在海上活动。营巢于海岛上，一般产卵1枚，雌雄亲鸟孵卵，幼鸟5年左右性成熟。主要以鱼、软体动物和浮游动物为食。

全世界共有12属66种，分布于热带、亚热带和温带海洋。中国有5属9种，分布于沿海一带。

形态特征 头、颈和下体白色，眼先有点黑。背、双翅灰色。嘴基部辉绿色，端部黄色，杂有黑色。深色型全身灰色或黑色。

生态习性 典型海洋鸟类，除繁殖期在海岛繁殖外，其他时间不上陆地。常跟随船只飞行。

地理分布 共3个亚种，见于北纬34°至北极区之间的海域。国内有1个亚种，西伯利亚亚种 *rodgersii* 见于辽宁东部。

种群状况 多型种。迷鸟。偶见。

暴风鹱 \ 摄影：Joerg Hauke

暴风鹱 \ 摄影：John Cancalosi

Northern Fulmar *Fulmarus glacialis*
暴风鹱

暴风鹱
Northern Fulmar   *Fulmarus glacialis*   体长：45~50 cm   LC（低度关注）

钩嘴圆尾鹱 \摄影：John Holmes

钩嘴圆尾鹱 \摄影：Tom Tarrant

形态特征 腹部白色，头、胸全暗色，翼下覆羽末端淡白色。翼黑色，下面形成一条淡色斑。尾楔形，黑色。
生态习性 典型海洋鸟类，栖息于海洋。
地理分布 共2个亚种，分布于太平洋西部热带及亚热带海域。可能往北扩散。国内于1937年5月有指名亚种 *rostrata* 的标本采自台湾东北部。
种群状况 多型种。迷鸟。罕见。

钩嘴圆尾鹱
Tahiti Petrel *Pterodroma rostrata* 体长：38~40 cm NT（近危）

白额圆尾鹱 \摄影：Mike Danzenbaker

白额圆尾鹱 \摄影：Wayne Lynch

形态特征 额白色，头顶至后颈黑色，上体其余部分灰色，尾羽末端黑色。颏、喉和下体白色，翼下白色，下覆羽具两条黑色斜线和黑色边缘。
生态习性 典型海洋鸟类，栖息于温带海洋中，繁殖于海岛及沿岸岛屿，非繁殖期生活于海上。飞行快速。
地理分布 分布于西太平洋至萨哈林岛、日本南部岛屿及夏威夷，并进入北太平洋西部。国内见于福建和台湾。
种群状况 单型种。迷鸟。旅鸟，罕见。

白额圆尾鹱
Bonin Petrel *Pterodroma hypoleuca* 体长：30~33 cm LC（低度关注）

鹱形目 PROCELLARIIFORMES　　鹱科 Procellariidae (Shearwaters, Fulmars, Petrels)

褐燕鹱 \ 摄影：Martin Lofgren

褐燕鹱 \ 摄影：Lee Gregory

形态特征 全身黑褐色，下体较淡，翼上覆羽具浅色横纹。嘴黑色，尾长而窄呈楔形。飞行时两翼朝前弯，头稍朝下低垂，尾常呈扇形短暂打开。
生态习性 温带海洋鸟类，除繁殖期外均在海上活动。
地理分布 分布于中太平洋和大西洋。国内在云南、浙江、福建、广东、海南、台湾有记录。
种群状况 单型种。夏候鸟，旅鸟。不常见。

褐燕鹱

Bulwer's Petrel　*Bulweria bulwerii*　　体长：26~28 cm　　LC（低度关注）

白额鹱 \ 摄影：Yann Muzika

白额鹱 \ 摄影：peiwen chang

白额鹱 \ 摄影：Tobias Hayashi

形态特征 嘴细长，上体深褐色，脸及下体白色，颈和脸部有暗色斑，头及胸部具深色纵纹，尾呈楔形。与浅色型的楔尾鹱区别在于脸及嘴部颜色。

生态习性 典型海洋鸟类。飞行强健有力，也善于游泳和潜水，以鱼类和软体动物为食。集群在海边岩穴中繁殖，每巢产卵1枚。

地理分布 繁殖于太平洋西北部，从日本到澳大利亚之间的小型岛屿；越冬南下至赤道。国内见于辽宁东南部、山东东部、江西、江苏、上海、浙江、福建、香港、海南、台湾。

种群状况 单型种。夏候鸟，冬候鸟，留鸟。以往在中国东部和东南沿海较常见，但近年来种群数量下降显著，数量稀少。

Streaked Shearwater *Calonectris leucomelas*
白额鹱　　迷鸟　留鸟　旅鸟　冬候鸟　夏候鸟

白额鹱

Streaked Shearwater　　*Calonectris leucomelas*　　体长：47~52 cm　　NT（近危）

鹱形目 PROCELLARIIFORMES　　鹱科 Procellariidae (Shearwaters, Fulmars, Petrels)

淡足鹱 \ 摄影：Georges Olioso

淡足鹱 \ 摄影：Alexander Viduetsky

淡足鹱 \ 摄影：kenn kaufman

形态特征 全身黑褐色，翼长而尾圆短。似楔尾鹱，但其嘴较厚，基部浅粉色，端部色深，翼下初级飞羽基部近白色。
生态习性 典型海洋鸟类。以鱼类和乌贼为食。成群繁殖于长有植被的海岛上。
地理分布 繁殖于澳大利亚和新西兰的海上岛屿，活动于印度洋和太平洋西北部。国内见于海南、台湾。
种群状况 单型种。夏候鸟、迷鸟。偶见。

淡足鹱
Flesh-footed Shearwater　　*Puffinus carneipes*　　体长：40~45 cm　　LC（低度关注）

楔尾鹱 \ 摄影：桑新华

楔尾鹱 \ 摄影：东木

形态特征 有深浅两色型。深色型全身深巧克力色，嘴黑灰色；飞行时翼下褐色，外缘黑褐色。浅色型上体褐色，下体近白色，嘴淡粉红色，先端黑色；翼下白色，外缘和尾下覆羽深色。
生态习性 典型海洋鸟类。飞行高度低，常紧贴海面滑翔，在远洋岛屿上繁殖。
地理分布 繁殖于印度洋及太平洋热带海域的岛屿。国内见于台湾、上海、香港、海南。
种群状况 单型种。迷鸟。偶见。

楔尾鹱
Wedge-tailed Shearwater　　*Puffinus pacificus*　　体长：38~46 cm　　LC（低度关注）

短尾鹱 \ 摄影：田穗兴

短尾鹱 \ 摄影：Jason Edwards

形态特征 上体暗褐色，下体灰褐色，喉灰色，翼上覆羽大部及飞羽基部淡褐色，翼下覆羽和飞羽基部灰白色，具淡色和暗褐色边缘。脚色较深且于飞行时多伸出尾后。翼下羽色比楔尾鹱、肉足鹱、灰鹱色浅。

生态习性 典型海洋鸟类。常成群在开阔的海洋上飞行和觅食，以虾类和小型海洋动物为食。善游泳。

地理分布 夏季繁殖于澳大利亚南部及东南部岛屿，及经太平洋扩散至白令海。夏候鸟至日本周围。国内见于浙江、海南、台湾、河北（2013年新记录）。

种群状况 单型种。迷鸟。偶见。

短尾鹱
Short-tailed Shearwater *Puffinus tenuirostris*　　体长：35~40 cm　　LC（低度关注）

灰鹱 \ 摄影：Tim Zurowski

灰鹱 \ 摄影：Tim Zurowski

形态特征 上体黑褐色，下体暗灰褐色，喉灰白色，飞翔时翼下大部分白色或银灰色，边缘暗褐色。似短尾鹱，但嘴较细长，深灰色，翼下覆羽白色较多。

生态习性 典型海洋鸟类。常集群在海上活动，但不常跟随船只。以各种鱼类、甲壳类和软体动物为食。具有长距离迁徙的习性。

地理分布 繁殖于智利、澳大利亚及新西兰海域；分布于赤道海域以及整个大西洋及太平洋。国内见于福建、台湾。

种群状况 单型种。迷鸟。偶见。

灰鹱
Sooty Shearwater *Puffinus griseus*　　体长：40~51 cm　　NT（近危）

海燕科
Hydrobatidae
(Storm Petrels)

本科的鸟类都是一些小型的海鸟。大小与椋鸟或雨燕差不多。具管状鼻，但鼻管基部融合成一管，鼻孔开口于嘴峰正中央。第二枚初级飞羽最长。外形似燕，尾叉形。

与鹱科鸟类一样，主要栖息于海上，繁殖期到海岸或海岛上成群营巢；巢置于岩石洞穴中，或在松软的地上掘穴为巢，每窝产1枚卵，繁殖期间大多在晚上活动；以小型海洋动物为食。与鹱科的区别除了大小和形态不同外，还在于它们的飞行方式。本科鸟类常快速地扇动两翅沿水面飞行，用脚拍水和在水面抓捕食物，也常伴随船只飞行。

全世界共8属20种，分布于各大海洋中。中国有1属4种，分布于黑龙江流域东部、东南沿海及邻近岛屿。

白腰叉尾海燕 \ 摄影：Ian Davies

白腰叉尾海燕 \ 摄影：Steue Round

形态特征 上体黑色，下体褐色。腰白色，尾叉状。翅上大覆羽有宽阔淡色带斑。

生态习性 栖息于开阔海洋，繁殖于海岛。典型远洋海鸟。飞行敏捷，飞行中不断变换方向。

地理分布 共3个亚种，分布于北太平洋及北大西洋。国内有1个亚种，指名亚种 Leucorhoa 偶见于黑龙江和台湾。

种群状况 多型种。迷鸟。罕见。

白腰叉尾海燕
Leach's Storm Petrel *Oceanodroma leucorhoa* 体长：19~22 cm LC（低度关注）

黑叉尾海燕 \ 摄影：孙公三

黑叉尾海燕 \ 摄影：孙公三

黑叉尾海燕 \ 摄影：孙公三

形态特征 体羽深褐色，具明显的淡灰色翼斑，尾长而分叉。
生态习性 典型海洋鸟类，也见于近陆岛屿。以鱼类、软体动物、甲壳动物及浮游生物为食。常紧贴海面飞行。
地理分布 繁殖于日本、朝鲜及中国台湾东北部岛屿；冬季向西迁徙至北印度洋。国内见于辽宁、河北东部、山东东部、江苏、上海、浙江、福建、广东、台湾。
种群状况 单型种。夏候鸟。偶见。

黑叉尾海燕

Swinhoe's Storm Petrel　　*Oceanodroma monorhis*　　体长：24~25 cm　　NT（近危）

鹱形目 PROCELLARIIFORMES　　海燕科 Hydrobatidae (Storm Petrels)

褐翅叉尾海燕 \ 摄影：Tony Morris

褐翅叉尾海燕 \ 摄影：Cameron Rutt

形态特征 通体深褐色，翅上覆羽浅灰色，形成明显的浅色翼带，从三级飞羽一直延伸到翼角。腰部深色，有的个体为淡棕色，尾部分叉深，且翅形稍窄。虹膜深褐色，喙和脚黑色。
生态习性 与其他叉尾海燕相似。以软体动物和鱼类为食。冬季繁殖于岛屿上。
地理分布 国外繁殖于小笠原群岛到夏威夷群岛，非繁殖期见于北太平洋。中国仅有台湾岛附近海域的记录。
种群状况 单型种。迷鸟。偶见。

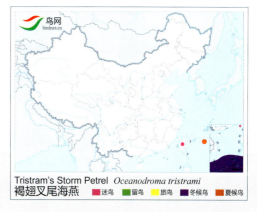

褐翅叉尾海燕
Tristram's Storm Petrel　*Oceanodroma tristrami*　　体长：20~27 cm　　NT（近危）

日本叉尾海燕 \ 摄影：David Tipling

日本叉尾海燕 \ 摄影：Tony Morris

形态特征 深色的叉尾海燕。似黑叉尾海燕但体型较大，近翼角处有白色块斑，由初级飞羽白色羽轴而成。飞行较缓慢。
生态习性 典型海洋性鸟类。在岛屿上繁殖，觅食于大洋。飞行较黑叉尾海燕缓慢而沉重。
地理分布 繁殖于日本南部。冬季至菲律宾及印度洋北部。1993年8月21日在中国香港记录的4只鸟可能为此种。
种群状况 单型种。旅鸟。罕见。

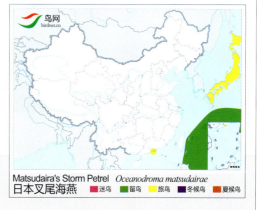

日本叉尾海燕
Matsudaira's Storm Petrel　*Oceanodroma matsudairae*　　体长：24~25 cm　　VU（易危）

鹈形目
PELECANIFORMES

- 大型水鸟
- 多为海洋性鸟类。喜群居，善游泳，飞翔力甚强
- 全世界有6科9属61种，主要分布于热带和亚热带海洋及岛屿
- 中国有6科6属18种，主要分布于东南沿海及岛屿

鹲科
Phaethontidae
(Tropicbirds)

本科为热带和亚热带海洋性鸟类。嘴短而尖，先端尖锐，嘴缘有锯齿状缺刻。翅较长。尾圆形或楔形，尾羽12~16枚，中央两枚尾羽延长成线状。脚短，具4趾，趾间具全蹼。体羽呈黑、白两色。

本科鸟类主要栖息于开阔的海洋。常单只或成对在海洋上空飞翔，离海面较高。飞行时两翅快速扇动，头微朝下，若发现水中食物，急速扎下捕取。营巢于海岛岩石缝中或珊瑚岛上。通过其黑、白羽色，特别是延长成线状的尾和独特的生活方式，不难同其他科鸟类相区别。

全世界有1属3种，主要分布于热带海洋。中国有1属3种，主要分布于台湾和南海岛屿。

红嘴鹲 \ 摄影：向军

红嘴鹲 \ 摄影：向军

形态特征 嘴红色。体羽主要为白色，上体具横纹，粗黑的贯眼纹从眼前至眼后，初级飞羽外侧黑色，延长的中央尾羽形成白色飘带。

生态习性 典型的热带海洋鸟类。除繁殖期外，其他时间很少靠近陆地。不营巢，产卵于荒芜的海岛岩石上。

地理分布 共3个亚种，分布于热带及亚热带的太平洋、大西洋及印度洋西北部水域。我国有1个亚种，红海亚种 indicus 见于西沙群岛。

种群状况 多型种。夏候鸟。数量少，罕见。

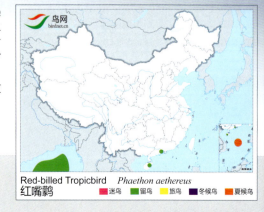

Red-billed Tropicbird　*Phaethon aethereus*
红嘴鹲　■迷鸟　■留鸟　■旅鸟　■冬候鸟　■夏候鸟

红嘴鹲
Red-billed Tropicbird　　*Phaethon aethereus*　　体长：44~50 cm　　LC（低度关注）

鹈形目 PELECANIFORMES　　鹲科 Phaethontidae (Tropicbirds)

红尾鹲 \摄影：史立新

红尾鹲 \摄影：史立新

红尾鹲 \摄影：桑新华

形态特征 嘴红色。中央一对尾羽飘带红色，全身基本白色。初级飞羽羽轴黑色。与红嘴鹲的区别为飘带红色，与白尾鹲的区别在嘴红色。亚成鸟嘴偏黑，上体具黑色横斑。
生态习性 常在海洋上空飞翔，也会跟随渔船，主要以鱼类和乌贼为食。
地理分布 共5个亚种，分布于热带、亚热带印度洋及太平洋海域。国内有2个亚种，指名亚种 *rubricauda* 和台湾亚种 *rothschidi*，见于台湾。
种群状况 多型种。迷鸟。数量稀少，罕见。

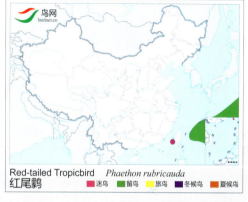

红尾鹲
Red-tailed Tropicbird　　*Phaethon rubricauda*　　体长：38~51 cm　　LC（低度关注）

白尾鹲 \摄影：史立新

白尾鹲 \摄影：胡斌

白尾鹲 \摄影：胡斌

形态特征 嘴黄色。中央一对尾羽飘带白色。全身多为白色，有黑色眉纹。翅基部、翼尖黑色。羽上黑色较红尾鹲多。
生态习性 热带海洋性鸟类。常在海面上空飞翔或滑翔。以各种小型鱼类、乌贼、甲壳动物等为食，在海岛上繁殖。
地理分布 共5个亚种，分布于热带太平洋、大西洋和印度洋及红海和波斯湾。国内有1个亚种，太平洋亚种 *dorotheae* 见于台湾。
种群状况 多型种。迷鸟。数量稀少，罕见。

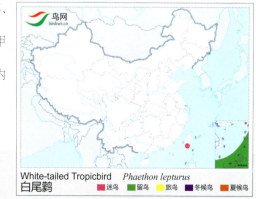

白尾鹲
White-tailed Tropicbird　　*Phaethon lepturus*　　体长：33~40 cm　　LC（低度关注）

鹈鹕科

Pelecanidae
(Pelicans)

本科鸟类为大型水鸟。雌雄相似。体较粗胖肥大，适于飞翔和游泳。嘴强状，长直而尖，上嘴先端弯曲成钩状；下颌有大型喉囊，达嘴全长；眼先裸露。鼻孔小。颈长。翅宽而长。脚短，4趾间具全蹼。尾短而宽，尾羽20~24枚。

主要栖息于湖泊、沼泽、咸水湖礁和海岸水域。颈常缩成乙字形，飞行时颈部缩向后，振翅缓慢。性喜集群，常成群生活和繁殖。营巢于树上，也在灌木和地上营巢。巢结构较庞大，主要由树枝构成，内垫以芦苇和羽毛。每窝产卵2~3枚，孵化期35~37天。雏鸟晚成性。食物为各种鱼类。捕食方式主要是通过从高空直接扎入水中后潜水捕食。野外辨认本科鸟类，主要通过飞行、捕食方式、巨大的体型、长而巨大的嘴以及嘴下的皮囊来确定。

全世界仅有1属6种，分布于世界热带和温带水域。中国有1属3种，分布于长江下游、东南沿海和新疆。

白鹈鹕 \ 摄影：王尧天

鹈形目 PELECANIFORMES　　鹈鹕科 Pelecanidae (Pelicans)

白鹈鹕 \ 摄影：王好诚

白鹈鹕 \ 摄影：邢睿

白鹈鹕 \ 摄影：王尧天

形态特征　嘴铅蓝色，长而粗直，嘴下皮囊及眼部裸露皮肤橙黄色，头后具短羽冠。体羽粉白色，仅初级飞羽及次级飞羽褐黑色，胸部具黄色羽簇。
生态习性　栖息于湖泊、江河、沼泽地带，成群营巢于湖中小岛和湖边芦苇浅滩等生境，主要以鱼为食。
地理分布　繁殖于非洲、欧亚大陆的中南部、南亚。中国分布于新疆西部及天山、青海湖及四川、甘肃，迷鸟在河南及福建有记录。
种群状况　单型种。冬候鸟，旅鸟，迷鸟。不常见。

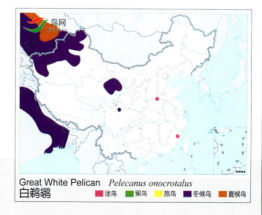
Great White Pelican　*Pelecanus onocrotalus*
白鹈鹕　　迷鸟　留鸟　旅鸟　冬候鸟　夏候鸟

白鹈鹕

Great White Pelican　　*Pelecanus onocrotalus*　　体长：140~175 cm　　国家 II 级重点保护野生动物　　LC（低度关注）

斑嘴鹈鹕 \ 摄影：宋迎涛

斑嘴鹈鹕 \ 摄影：桑新华

斑嘴鹈鹕 \ 摄影：孙华金

形态特征 嘴具蓝色斑点，喉囊紫色带黑色云状斑，枕和后颈具有长而蓬松的长羽，体羽灰色，两翼深灰色，体羽无黑色；下体白色，繁殖期带有粉红色。

生态习性 似其他鹈鹕。

地理分布 繁殖于印度西部、南部、东部及斯里兰卡、柬埔寨，也可能包括苏门答腊。在中国的分布状况不确定。过去被认为是罕见留鸟，分布于中国华东及华南沿海从江苏至广西、云南南部、海南岛。有人认为该物种仅在云南有分布，但需进一步调查和研究。山东偶尔有过境记录。这些记录有待验证。

种群状况 单型种。冬候鸟，旅鸟。不常见。

斑嘴鹈鹕

Spot-billed Pelican　　*Pelecanus philippensis*　　体长：127~152 cm　　国家 II 级重点保护野生动物　　NT（近危）

鹈形目 PELECANIFORMES　鹈鹕科 Pelecanidae (Pelicans)

卷羽鹈鹕 \ 摄影：关克

卷羽鹈鹕 \ 摄影：王尧天

卷羽鹈鹕 \ 摄影：朱英

卷羽鹈鹕 \ 摄影：许传辉

形态特征 似白鹈鹕，但个体较大；羽色较灰，仅飞羽黑色。喉囊橘黄或黄色。颈背具卷曲的冠羽，呈散乱的卷曲状，与白鹈鹕悬垂式的冠羽不同。
生态习性 似其他鹈鹕。
地理分布 分布于东南欧。在中国广泛分布于辽宁、河北、天津、山东、江苏、浙江、福建等东部地区。
种群状况 单型种。冬候鸟，夏候鸟，旅鸟。数量稀少，不常见。

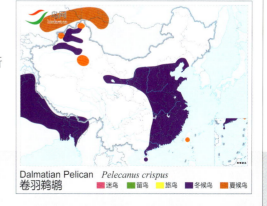

卷羽鹈鹕

Dalmatian Pelican　*Pelecanus crispus*　体长：160~180 cm　国家II级重点保护野生动物　VU（易危）

鲣鸟科

Sulidae
(Gannets, Boobies)

本科鸟类为大型海鸟。身体呈流线型。体羽主要为黑白色或褐白色。嘴粗壮，长而尖，呈圆锥形，往尖端逐渐变细，末端微向下曲，但不呈钩状；上下嘴缘有锯齿。鼻孔在成鸟时完全闭合，脸和喉囊裸露。翅窄，长而尖。尾楔形，尾羽12~18枚，4趾，趾间具全蹼。

鲣鸟主要栖息在开阔的海洋，是一种飞翔力极强的鸟类成群营巢于海岸和海岛上，以鱼为食。本科鸟类通过巨大的体型、长而呈圆锥形的嘴、窄尖而长的翅、楔状的尾和黑白色体色以及从高处俯冲下来扎入海中捕食的习性，极易与其他科鸟类区别开来。脸部皮肤下生有空气囊，内充有空气，可以减轻它们从高处扎入水中时对头部的冲击力。

鲣鸟科全世界共有2属9种，分布于热带、亚热带和温带海洋。中国有1属3种，分布于东南沿海、台湾及西沙群岛其沿海岛屿。

蓝脸鲣鸟 \ 摄影：黄渡萌

蓝脸鲣鸟 \ 摄影：黄渡萌

形态特征 通体白色，仅飞羽和尾羽黑色。嘴长而粗尖，雄鸟亮黄色，雌鸟暗黄绿色。眼金黄色，眼先及喙基部一圈黑色。幼鸟似褐鲣鸟但具白色领环，上体褐色较浅，翼下具横斑。脚灰色。

生态习性 栖息于热带海洋和海岬与岛屿上，除繁殖期外多数时间都在海上活动，以各种鱼类为食。营群巢。

地理分布 共6个亚种，分布于热带海洋。中国仅有太平洋亚种 *personata* 见于钓鱼岛和赤尾岛。

种群状况 多型种。夏候鸟。罕见。

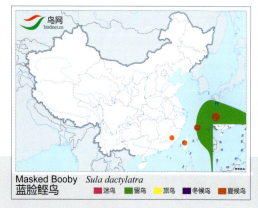

蓝脸鲣鸟

Masked Booby *Sula dactylatra* 体长：81~92 cm 国家Ⅱ级重点保护野生动物 LC（低度关注）

鹈形目 PELECANIFORMES　　鲣鸟科 Sulidae (Gannets, Boobies)

红脚鲣鸟 \ 摄影：史立新　　红脚鲣鸟 \ 摄影：桑新华　　红脚鲣鸟 \ 摄影：史立新

形态特征 体黑白色或烟褐色。脚红色，尾白色；嘴淡蓝色，基部红色；眼黑色，眼周淡蓝色。具浅、深及中间3种色型。浅色型：体羽多白色，初级飞羽及次级飞羽黑色。深色型：头、背及胸烟褐色，尾白。亚成鸟全身烟褐色。

生态习性 似其他鲣鸟。

地理分布 共3个亚种，繁殖于热带太平洋、大西洋和印度洋中的岛屿上。国内有1个亚种，西沙亚种 *rubripes* 见于西沙群岛，冬季有时至东南沿海，在香港及台湾东南部的海上有记录。

种群状况 多型种。冬候鸟，夏候鸟，留鸟。在中国南海为地区性常见种。

红脚鲣鸟

Red-footed Booby　　*Sula sula*　　体长：66~77 cm

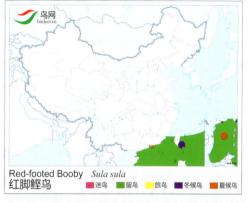

Red-footed Booby　*Sula sula*
红脚鲣鸟　■迷鸟 ■留鸟 ■旅鸟 ■冬候鸟 ■夏候鸟

国家Ⅱ级重点保护野生动物　　LC（低度关注）

褐鲣鸟 \ 摄影：陈承光　　　　　　褐鲣鸟 \ 摄影：史立新

形态特征 头、颈、胸和整个上体黑褐色，腹部白色，尾深色。亚成鸟浅烟褐色替代成鸟的白色。脸上裸露皮肤在雌鸟为橙红色，雄鸟偏蓝色。嘴黄色，脚淡黄色。

生态习性 同其他鲣鸟。

地理分布 共4个亚种，分布于热带、亚热带太平洋、大西洋和印度洋及其岛屿。国内有1个亚种，东方亚种 *plotus* 繁殖于西沙群岛及台湾兰屿岛。自上海至海南岛的沿海偶有记录。

种群状况 多型种。冬候鸟，夏候鸟，旅鸟，留鸟。在中国南海为地区性常见鸟。

褐鲣鸟

Brown Booby　　*Sula leucogaster*　　体长：64~74 cm

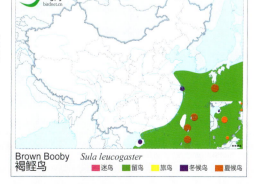

Brown Booby　*Sula leucogaster*
褐鲣鸟　■迷鸟 ■留鸟 ■旅鸟 ■冬候鸟 ■夏候鸟

国家Ⅱ级重点保护野生动物　　LC（低度关注）

鸬鹚科
Phalacrocoracidae
(Cormorants)

中等至大型水鸟。体羽黑色，嘴长而尖，呈圆锥形，上嘴尖端向下弯曲成钩状，下嘴有小囊袋。鼻孔小，呈裂缝状，在成鸟时完全隐蔽。眼先和眼周裸露无羽。颈较长，体亦较细长。尾羽12~14枚，长而硬直，尾圆或楔形。脚位于身体后部，跗蹠短粗，趾形扁，趾间有蹼相连。

主要栖息于海岸、内陆湖泊和沼泽地带，多成群生活，集群营巢于悬崖岩石上、地上、灌丛中或树上，巢由树枝和枯草构成。食物主要为鱼类。捕食方式主要通过潜到水下捕捉，然后带到水面吞食。休息时多站立于水边岩石上或树上，身体呈半垂直的站立姿势。游泳时身体下沉较深，颈垂直向上伸直。飞行时颈向前直伸，头微向上斜，两脚伸向后，特征明显，在野外容易与其他科鸟类区别开来。

本科全世界共有3属32种，分布于世界各地水域。中国有1属5种，分布于全国各地。

普通鸬鹚 \ 摄影：郝敬民

普通鸬鹚 \ 摄影：孙晓明

形态特征 通体黑色，头、颈具紫绿色光泽，肩和翼具有青铜色光彩，嘴角和喉囊黄绿色，脸颊及喉白色，繁殖期脸部有红色斑，颈及头饰以白色丝状羽，两胁具白色斑块。亚成鸟深褐色，下体污白。

生态习性 栖息于河流、湖泊、池塘、沼泽等处。善潜水和游泳。游泳时半个身子在水下，颈向上伸直。以鱼为食，常被渔民训练来捕鱼。

地理分布 共6个亚种，分布于欧洲、亚洲、非洲、大洋洲和北美洲。国内有1个亚种，欧亚亚种 *sinensis* 繁殖于长江以北，越冬于长江以南包括海南和台湾。

种群状况 多型种。夏候鸟，冬候鸟，旅鸟。常见。

普通鸬鹚
Great Cormorant *Phalacrocorax carbo*

体长：72~87 cm　　LC（低度关注）

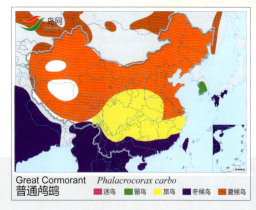

Great Cormorant *Phalacrocorax carbo*
普通鸬鹚　■迷鸟　■留鸟　■旅鸟　■冬候鸟　■夏候鸟

鹈形目 PELECANIFORMES　　鸬鹚科 Phalacrocoracidae (Cormorants)

绿背鸬鹚 \ 摄影：张永

绿背鸬鹚 \ 摄影：王兴娥

形态特征 与普通鸬鹚相似，但两翼及背部呈金属暗绿色。繁殖期成鸟头侧具稀疏的白色丝状羽，脸部白色块斑比普通鸬鹚大，两胁也具白色斑块。冬季体羽黑褐色，颏及喉白色。嘴基裸露皮肤黄色。幼鸟胸部色浅。
生态习性 栖息于东太平洋温带海洋沿岸和邻近岛屿及海面上，非繁殖期也见于河口和内陆湖泊。以鱼类为食。性喜集群生活。
地理分布 繁殖于朝鲜、日本、库页岛及萨哈林岛；冬季南迁经过沿海海域至中国东南部。中国主要繁殖于辽东半岛、河北、山东烟台和青岛，越冬于福建、云南、台湾等地。
种群状况 单型种。冬候鸟，旅鸟，迷鸟。罕见。

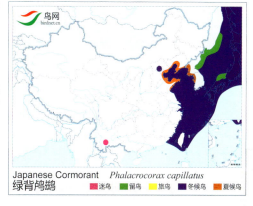

绿背鸬鹚（暗绿背鸬鹚）

Japanese Cormorant　　*Phalacrocorax capillatus*　　体长：82~84 cm　　　　　　　　　　LC（低度关注）

海鸬鹚 \ 摄影：张永

海鸬鹚 \ 摄影：何巨涛

海鸬鹚 \ 摄影：梁长久

形态特征 通体辉黑色，喉及眼区裸露皮肤暗红色，与红脸鸬鹚相似，但繁殖期冠羽较稀疏而松软，脸部红色不及额部，颏部红色较多。两胁各有一大白斑。幼鸟及非繁殖期的鸟脸粉灰色。
生态习性 似绿背鸬鹚。以鱼、虾为食，也取食一些海藻。潜水捕食能力强，常集群捕食鱼类。
地理分布 共2个亚种，分布于北太平洋沿岸及岛屿。国内有1个亚种，指名亚种 *pelagicus*，繁殖于辽东半岛及其邻近岛屿，冬季从渤海、辽东湾至东部沿海至广东越冬。迷鸟至台湾。
种群状况 多型种。冬候鸟，旅鸟，迷鸟。不常见。

海鸬鹚

Pelagic Cormorant　　*Phalacrocorax pelagicus*　　体长：70~79 cm　　国家Ⅱ级重点保护野生动物　　LC（低度关注）

红脸鸬鹚 \摄影：Tom Vezo

红脸鸬鹚 \摄影：Steven Kazlowski

形态特征 脸红色。体羽带紫色及绿色光辉。繁殖期成鸟头具两簇冠羽，头侧有几根白色丝状羽，腿部有白色斑块。幼鸟多褐色，脸红色，甚似海鸬鹚，但脸部红色延伸至嘴上的额部而于颊部少有红色。幼鸟比海鸬鹚的幼鸟脸红。繁殖期冠羽较海鸬鹚浓密并显蓝色。

生态习性 典型的海上鸬鹚。栖息于海岸、岛屿及海洋中，善潜水，集小群，常在水面上低空飞行。

地理分布 繁殖于西伯利亚东部、库页岛、阿留申群岛及日本。越冬于日本及中国辽宁半岛。迷鸟在渤海及台湾海域有记录。

种群状况 单型种。冬候鸟、迷鸟。种群数量非常稀少。

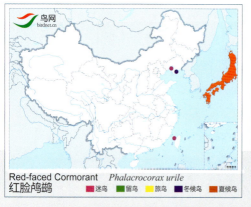
Red-faced Cormorant　*Phalacrocorax urile*
红脸鸬鹚

红脸鸬鹚
Red-faced Cormorant　*Phalacrocorax urile*　体长：71~89 cm　　　　LC（低度关注）

黑颈鸬鹚 \摄影：童光琦

黑颈鸬鹚 \摄影：李新维

黑颈鸬鹚 \摄影：梁长久

形态特征 在中国鸬鹚中体型最小。体细长，尾圆而长。繁殖羽黑绿色，仅头两侧和颈部有几片窄的白色丝状羽。非繁殖期少丝状羽，但颏和上喉偏白色。亚成鸟胸较白，上体褐色较浓。

生态习性 栖息于内陆湖泊、江河、水库、池塘和沼泽地区，结群营巢于水体或沼泽的悬枝上，性较温顺，不惧人。

地理分布 国外见于印度和东南亚。中国仅见于云南西部和南部。

种群状况 单型种。夏候鸟、留鸟。罕见。

Little Cormorant　*Phalacrocorax niger*
黑颈鸬鹚

黑颈鸬鹚
Little Cormorant　*Phalacrocorax niger*　体长：51~56 cm　国家Ⅱ级重点保护野生动物　LC（低度关注）

蛇鹈科
Anhingidae
(Darter)

本科为鹈形目的1个科。蛇鹈是热带内陆水鸟,颈细长如蛇,嘴尖无喉囊,善于潜水,用嘴当鱼叉叉鱼。全世界共有1科1属4种,分布于美洲、非洲、亚洲南部和大洋洲。中国有1属1种,仅于1931年在云南南部记录过黑腹蛇鹈。

黑腹蛇鹈 \ 摄影:高宏颖

黑腹蛇鹈 \ 摄影:郑永胜

形态特征 颈甚细长,头小而窄。头及颈褐色,颏有白色线延伸至颈侧。体羽余部偏黑,肩胛处白色丝状羽具黑色羽缘。

生态习性 栖于湖泊及大型河流的净水段。求偶时发出尖叫。

地理分布 分布于印度到东南亚。

种群状况 单型种。中国仅在云南南部有一次记录(1931)。

Oriental Darter　*Anhinga melanogaster*
黑腹蛇鹈　■迷鸟　■留鸟　■旅鸟　■冬候鸟　■夏候鸟

黑腹蛇鹈

Oriental Darter　　*Anhinga melanogaster*　　体长:84 cm　　NT(近危)

军舰鸟科

Fregatidae
(Frigatebirds)

本科为大型海鸟。体羽主要为黑色。嘴强而长，尖端向下弯曲成钩状，嘴基和喉部裸露无羽，繁殖期能充分膨大成球形。翅窄而尖，且相当长。尾长，深叉状。跗蹠短而被羽，四趾向前，趾间有蹼相连，但蹼呈深凹状，爪长而弯曲，中趾爪内侧有栉状物。

主要生活于开阔的海洋和近陆海上，营巢于海岛低树或灌丛上，每窝产卵1~2枚。主要以鱼类为食，但不善游泳，也不会潜水捕捉鱼类。善飞翔，能长时间地在海面上空盘旋和飞翔。主要在海面和在空中捕食飞鱼，也常常在空中追赶、胁迫其他鸟类将捕获的鱼类吐出，在这些食物未落入水中之前将其抢走。在野外只需通过形体特征以及其特有的飞翔姿势、生活习性和觅食行为将本科与其他科鸟类区别开来。

本科鸟类全世界共1属5种，分布于热带、亚热带和温带海洋中。中国有1属3种，主要分布于东南沿海、台湾和南海岛屿，偶尔进入到内陆地区。

白腹军舰鸟 \ 摄影：桑新华

白腹军舰鸟 \ 摄影：桑新华

形态特征 雄鸟上体黑色带绿色光泽，腹部白色，喉囊红色。雌鸟与雄鸟相似但胸和腹部为白色，并延伸至翼下及领环，嘴玫瑰红色。

生态习性 栖息于热带海洋和其中的岛屿上，通常终日飞翔甚少游泳和行走，有抢夺其他海鸟食物的习性。

地理分布 繁殖在印度洋的圣诞岛和科科斯基林群岛等地。迁徙期见于澳大利亚、东南亚及日本。中国见于南海至广东沿海及岛屿。

种群状况 单型种。旅鸟。数量稀少，全球仅有1100多对。罕见。

白腹军舰鸟

Christmas Island Frigatebrid *Fregata andrewsi* 体长：95 cm 国家Ⅰ级重点保护野生动物 CR（极危）

鹈形目 PELECANIFORMES　　军舰鸟科 Fregatidae (Frigatebirds)

黑腹军舰鸟 \ 摄影：桑新华

黑腹军舰鸟 \ 摄影：胡斌

形态特征 雄鸟全身黑色，具光泽，喉囊绯红色。雌鸟背面黑色，颏及喉灰白色，上胸白色，喉囊灰色。亚成鸟上体深褐色，头、颈灰白沾铁锈色，腹部白色。
生态习性 似其他军舰鸟，但更常光顾海岸线。
地理分布 共5个亚种，分布于热带海洋。国内有1个亚种，指名亚种 minor 繁殖于海南岛附近海上岛屿、西沙群岛及南沙群岛。见于中国南部沿海至江苏、河北。极少至台湾兰屿岛。
种群状况 多型种。夏候鸟，旅鸟。地区性常见于中国南海。

黑腹军舰鸟

Great Frigatebird　　*Fregata minor*　　体长：95 cm　　LC（低度关注）

白斑军舰鸟 \ 摄影：桑新华

白斑军舰鸟 \ 摄影：桑新华

白斑军舰鸟 \ 摄影：陈东明

形态特征 雄鸟全身黑色，仅两胁及翼下基部具白色斑块，喉囊红色。雌鸟上体和翅为黑色，胸、颈部、上腹和腋羽白色，下体其余部分黑色。雌性白腹军舰鸟的整个腹部为白色，雌性黑腹军舰鸟的腋羽无白色。
生态习性 似其他军舰鸟。
地理分布 共3个亚种，分布于热带海洋。国内有1个亚种，指名亚种 ariel 主要见于海南西沙和南沙群岛、福建沿海、台湾，还见于北京、江苏、江西、香港。
种群状况 多型种。夏候鸟，旅鸟，迷鸟。在南海、西沙群岛及南沙群岛较常见。

白斑军舰鸟

Lesser Frigatebrid　　*Fregata ariel*　　体长：71~81 cm　　CR（极危）

鹳形目
CICONIIFORMES

- 中型至大型涉禽，雌雄羽色相同
- 多生活于水边，以鱼类、蛙、昆虫等动物性食物为食。多营巢于树上
- 全世界计有 6 科 48 属 117 种，遍布于世界各地
- 中国有 3 科 18 属 40 种，遍布于全国各地区

鹭科
Ardeidae
(Herons, Egrets, Bitterns)

鹭科为中型涉禽，体形细瘦，羽毛稀疏而柔软。嘴形长直而尖，侧扁，上嘴两侧有一狭沟。鼻孔椭圆形，位于近嘴基的侧沟中。眼先和眼周裸露无羽，颈细长，由 19~20 枚脊椎骨组成。翅较宽长，翅端呈圆形，初级飞羽 11 枚。尾较短小，尾羽 10~12 枚。腿长，位于体之后部，胫下部裸出，跗蹠前缘被盾状鳞或网状鳞。具 4 趾，较细长，均在同一平面上，趾间基部有蹼膜相连，中趾内侧具栉状突。

通常栖息于湖泊、河流、沼泽、池塘等水边浅水处。飞行时两翅鼓动缓慢，颈缩于肩背上，呈"S"形，脚远伸出于尾后，停立时颈亦缩曲，呈驼背姿势。营巢于树上、芦苇丛及山崖上。多成群营巢。巢由树枝、芦苇或蒲草构成。每窝产卵 3~9 枚。多数是雌雄共同孵卵和育雏。以鱼类、两栖类、甲壳类、爬行类等动物性食物为食。觅食时常长时间静立于水边浅水处不动，等待食物的到来。野外特征明显，不难辨认。尤其是中趾内侧具栉缘，可作为室内区别本科与其他科鸟类的主要特征。

本科全世界计有 17 属 61 种，分布于世界各地。中国有 10 属 26 种，分布于全国各地。

苍鹭指名亚种 *cinerea* \ 摄影：王尧天

鹳形目 CICONIIFORMES　　鹭科 Ardeidae (Herons, Egrets, Bitterns)

普通亚种 *jouyi* \ 摄影：段文科

普通亚种 *jouyi* \ 摄影：赖健豪

形态特征 大型涉禽，颈、腿和嘴均长。头顶中央和颈白色，头顶两侧和枕部黑色，有两条辫子状的黑色羽冠，前颈中部有2~3列纵行黑斑。上体苍灰色，尾羽暗灰色，两肩有长尖而下垂的灰色羽毛。胸、腹白色，颈的基部有披针形的灰白色长羽散在胸前，前胸两侧各有一块大的黑色斑。两胁灰色。

生态习性 栖息于江河、溪流、湖泊、水塘、海岸等水域岸边及其浅水处，也见于沼泽、稻田等。成对或成小群活动，迁徙期和冬季集大群，有时与白鹭混群。常单独涉水于浅水处，或长时间在水边站立不动。

地理分布 共5个亚种，分布于非洲、欧洲、亚洲。国内有2个亚种，指名亚种 *cinerea* 主要繁殖于新疆西部和西北部，上体灰色较浅，翼上覆羽灰白。普通亚种 *jouyi* 主要繁殖在东北、华北、华东、华南地区和海南岛，冬季也见于台湾；上体灰色较深，翼上覆羽亦较深。

种群状况 多型种。夏候鸟，冬候鸟，旅鸟，留鸟。数量多，常见。

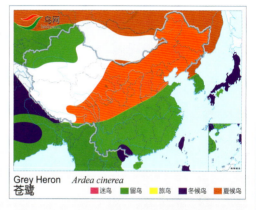

苍鹭

Grey Heron　　*Ardea cinerea*　　体长：75~105 cm　　LC（低度关注）

白腹鹭 \ 摄影：Yeshey Dorji

白腹鹭 \ 摄影：Yeshey Dorji

形态特征 嘴粗直，长而尖；颈细长，脚长，通体为暗乌灰色，头顶黑褐色，头顶两侧有长的灰色冠羽，前颈基部具长的披针状灰色饰羽，后颈和背深灰色，肩部有长而披针状羽毛。尾和初级飞羽黑色。下体白色。

生态习性 栖息于喜马拉雅山麓高原、山地溪流岸边和沼泽。单独或成小群活动。飞行时两翅扇动缓慢，但飞行速度极快。

地理分布 分布于喜马拉雅山从尼泊尔至不丹、印度到缅甸北部。国内出现于云南怒江州泸水县。

种群状况 单型种。留鸟。分布区域狭窄，数量稀少。

白腹鹭

White-bellied Heron　　*Ardea insignis*　　体长：127 cm　　CR（极危）

草鹭 \ 摄影：段文科

草鹭 \ 摄影：赖健豪

草鹭 \ 摄影：沈俊杰

形态特征 个体较苍鹭小，嘴黄褐色，长而尖；头顶蓝黑色，枕部有两枚黑灰色长的辫子状饰羽；颈细长，栗褐色，两侧有蓝黑色纵纹，前颈下部有长而成银灰色的矛状饰羽；上体蓝黑色，间于栗褐色，胸和腹部中央铅灰黑色，两侧暗栗色。尾暗褐色，具蓝绿色金属光泽。

生态习性 常在芦苇地、稻田、湖泊及溪流附近活动。飞行时振翅缓慢而沉重。

地理分布 共4个亚种，分布于非洲、马达加斯加、马来西亚、菲律宾、欧洲西部，东至土耳其、伊朗、印度、缅甸、斯里兰卡。国内有1个亚种，普通亚种 *manilensis*，繁殖于东北、河北、山东、河南、甘肃、陕西、长江中下游及福建、四川、广东等地；越冬于长江以南及海南、台湾。

种群状况 多型种。夏候鸟，冬候鸟，旅鸟，留鸟。常见。

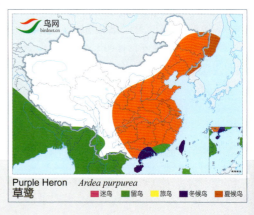

草鹭

Purple Heron *Ardea purpurea* 体长：83~97 cm LC（低度关注）

鹳形目 CICONIIFORMES　　鹭科 Ardeidae (Herons, Egrets, Bitterns)

普通亚种 modestus \ 摄影：李宏仁

指名亚种 alba \ 摄影：王尧天

普通亚种 modestus \ 摄影：王式

形态特征 大型涉禽。嘴、颈、腿均长，身体较纤细。全身白色，繁殖期背和前颈下部生有长蓑羽。嘴黑色，眼先蓝绿色。冬羽嘴和眼先黄色，背和前颈无蓑羽。相似种中白鹭体型略小，口角有一条黑线延伸到眼下，而大白鹭延伸到眼后。

生态习性 单独或成小群，在水边或漫水地带活动。

地理分布 共5个亚种，分布于全球温带地区。国内有2个亚种，指名亚种 alba 繁殖于中国东北部、新疆西部和中部，迁徙和越冬期见于甘肃西部、陕西、青海、西藏；体型较大，翅长41cm以上，嘴长11.6cm以上。普通亚种 modestus 繁殖于吉林、辽宁、河北、福建、云南，迁徙和越冬时见于河南、山东及长江中下游、东南沿海等区域；翅长40.5cm以下，嘴长11.6cm以下。

种群状况 多型种。夏候鸟，冬候鸟，旅鸟，留鸟。常见。

大白鹭

Great Egret　　*Ardea alba*　　　　　体长：82~100 cm　　　　　　　　LC（低度关注）

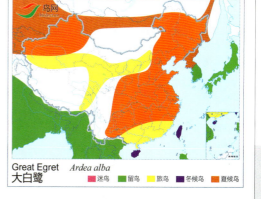

Great Egret　*Ardea alba*
大白鹭　　迷鸟　留鸟　旅鸟　冬候鸟　夏候鸟

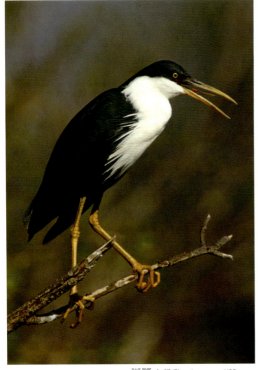 

斑鹭 \ 摄影：Auscape UIG　　　斑鹭 \ 摄影：桑新华

形态特征 体型略小。体羽深灰色。头及颈白色，顶冠及头后饰羽黑色，嘴及腿黄色。幼鸟的头全白而无饰羽。
生态习性 喜栖息于多岩石的海岸。
地理分布 分布于苏拉威西岛至新几内亚及澳大利亚北部。台湾南部有迷鸟记录。
种群状况 单型种。迷鸟。罕见。

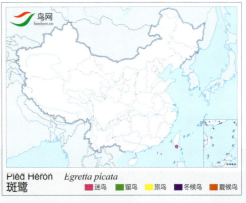

斑鹭

Pied Heron　　*Egretta picata*　　体长：43~55 cm　　LC（低度关注）

白脸鹭 \ 摄影：杨旭东　　　白脸鹭 \ 摄影：梁长久　　　白脸鹭 \ 摄影：高文玲

形态特征 中型涉禽。成鸟较其他鹭科鸟类要小，主要由苍白、蓝色、灰色3种羽毛组成。额、冠、喉部以白色为主。顶冠颜色易变，白色有时延伸到颈下。繁殖期胸部羽毛呈现红棕色或古铜色，背部羽毛蓝灰色。嘴长而尖直，翅大而长，腿和趾细长，胫部部分裸露。
生态习性 活动于沼泽地、草原、农田、河岸、鱼塘等。常站在水边或浅水中，用嘴飞快捕食。
地理分布 分布于太平洋诸岛屿，包括菲律宾、文莱、马来西亚、新加坡等地。在中国分布于南海岛屿，台湾及福建有过迷鸟记录。
种群状况 单型种。迷鸟。种群数量较少。

白脸鹭

White-faced Egret　　*Egretta novaehollandiae*　　体长：60~70 cm　　LC（低度关注）

鹳形目 CICONIIFORMES　　鹭科 Ardeidae (Herons, Egrets, Bitterns)

指名亚种 *intermedia* \ 摄影：胡斌

云南亚种 *palleuca* \ 摄影：蔡大为

指名亚种 *intermedia* \ 摄影：郭建华

指名亚种 *intermedia* \ 摄影：冯江

形态特征　中型涉禽。全身白色，眼先黄色，脚和趾黑色。夏羽背部和前颈下部有长的披针状饰羽，嘴黑色；冬羽背和前颈无饰羽，嘴黄色，前端黑色。

生态习性　栖息于稻田、湖泊、沼泽及滩涂。主要以鱼类、蛙类及昆虫等为食，也食其他小型无脊椎动物。

地理分布　共3个亚种，分布于热带、亚热带及温带水域。国内有2个亚种，指名亚种 *intermedia* 分布于东北、西北、华北至长江以南各地。云南亚种 *palleuca* 留居于云南。二者区别在于云南亚种下嘴底面后1/2不呈黑色。

种群状况　多型种。夏候鸟，冬候鸟，旅鸟，留鸟。数量多，常见。

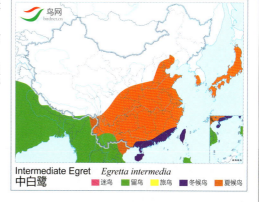

中白鹭

Intermediate Egret　　*Egretta intermedia*　　体长：62~70 cm　　LC（低度关注）

白鹭 \ 摄影：张代富

白鹭 \ 摄影：段文科

黑色型 \ 摄影：梁长久

白鹭 \ 摄影：冯启文

形态特征 中型涉禽。全身白色。嘴、腿较长，黑色，趾黄绿色，颈长。繁殖羽枕部具两根狭长而软的矛状饰羽。背和前颈亦具长的蓑羽。眼先粉红色。相似种黄嘴白鹭。

生态习性 栖息于湖泊、溪流、鱼塘、水田、沼泽等地。喜集群，白天分散成小群活动，夜晚集大群栖息在小块密林的高大树木顶部。

地理分布 共2个亚种，分布于非洲、欧洲南部和中部、亚洲和大洋洲。国内有1个亚种，指名亚种 garzetta 广泛分布于东北、华北至南方各地，包括海南、台湾。

种群状况 多型种。夏候鸟，冬候鸟，留鸟。数量多，常见。

白鹭（小白鹭）

Little Egret　　*Egretta garzetta*　　体长：52~68 cm　　LC（低度关注）

鹳形目 CICONIIFORMES　　鹭科 Ardeidae (Herons, Egrets, Bitterns)

黄嘴白鹭 \ 摄影：马林

黄嘴白鹭 \ 摄影：马林

黄嘴白鹭 \ 摄影：冯江

形态特征 中型涉禽。嘴、颈、腿均长，全身白色。夏羽嘴橙黄色，脚黑色，趾黄色，眼先蓝色；枕部具矛状长形冠羽，背、肩和前颈下部长有蓑状长羽。冬羽嘴暗褐色，下嘴基部黄色；眼先、脚黄绿色，背、肩和前颈无饰羽。

生态习性 栖息于沿海岛屿、海岸、河口及沿海附近的水域及沼泽地带。常单独或成小群活动。白天在水域中觅食，晚上飞到近岸的山林里休息。

地理分布 繁殖于俄罗斯、朝鲜西部沿海岛屿及中国东部岛屿；越冬于菲律宾、印度尼西亚、马来半岛。迁徙时经过日本、菲律宾、马来西亚、印度尼西亚等国家。在中国东部沿海地区繁殖；越冬于中国西沙群岛。

种群状况 单型种。夏候鸟，冬候鸟，旅鸟。数量少。

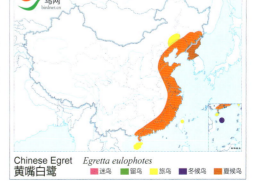

黄嘴白鹭

Chinese Egret　　*Egretta eulophotes*　　　体长：46~65 cm　　国家 II 级重点保护野生动物　　VU（易危）

岩鹭 \ 摄影：冯江

岩鹭 \ 摄影：冯启文

岩鹭 \ 摄影：杜雄

形态特征 有黑白两种色型。白色型全身白色，嘴黄色，脚黄绿色，背部蓑羽较短，延伸至尾基部。国内多为黑色型，全身炭灰色或蓝灰色，颏、喉白色，嘴黄色或黑色，脚黄绿色。

生态习性 生活于热带和亚热带海洋中的岛屿和沿海海岸一带，尤喜栖息在多岩礁的海岛和海岸岩石上。

地理分布 共2个亚种，分布于东亚和西太平洋沿海以及印度尼西亚至新几内亚、澳大利亚和新西兰。国内有1个亚种，指名亚种 *sacra* 见于浙江、福建、广东、海南、台湾。

种群状况 多型种。旅鸟，留鸟。不常见。

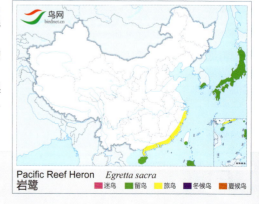

Pacific Reef Heron *Egretta sacra*
岩鹭

岩鹭

Pacific Reef Heron   *Egretta sacra*   体长：60~75 cm   国家 II 级重点保护野生动物   LC（低度关注）

鹳形目 CICONIIFORMES　　鹭科 Ardeidae (Herons, Egrets, Bitterns)

牛背鹭 \ 摄影：王尧天

牛背鹭 \ 摄影：孙晓明

牛背鹭 \ 摄影：吕小闽

形态特征 嘴橙黄色，脚黑褐色。夏羽头、颈和背中央具长的橙黄色饰羽；冬羽全身白色，无饰羽，个别头顶沾有黄色。眼先、眼周裸露皮肤黄色。体态较其他鹭类肥胖，嘴和颈亦较粗。

生态习性 栖息于湖泊、牧场、水库、水田、池塘、沼泽等地。常成对或小群活动。喜欢站在牛背上或跟随在耕牛后面，啄食翻耕出来的昆虫或牛背上的寄生虫。

地理分布 共3个亚种，分布于全球温带地区。国内有1个亚种，普通亚种 *coromandus* 主要分布于长江以南各地，西至四川康定、西藏南部，夏季繁殖区扩展到华北、东北、西北地区。

种群状况 多型种。夏候鸟，冬候鸟，旅鸟，留鸟。数量多，常见。

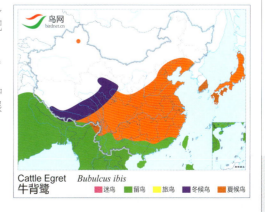

牛背鹭

Cattle Egret　　*Bubulcus ibis*　　体长：46~55 cm　　LC（低度关注）

池鹭 \ 摄影：关克

非繁殖羽 \ 摄影：王尧天

非繁殖羽 \ 摄影：冯启文

池鹭 \ 摄影：赖健豪

形态特征 嘴粗直而尖，黄色，嘴端黑色，脚橙黄色。夏羽头、后颈、颈侧和胸深栗色，头顶有长的栗红色冠羽，肩背部有长的灰黑色蓑羽向后延伸至尾羽末端；两翅、尾、腹部白色，飞翔时两翅和尾的白色与体背黑色呈鲜明对比。冬羽头、颈具黄褐色纵纹，背暗褐色，翅白色。

生态习性 栖息于稻田、池塘、湖泊、水库、沼泽等湿地水域，有时也见于水域附近的竹林或树上。

地理分布 分布于孟加拉国及东南亚；越冬至马来半岛、印度及大巽他群岛。在中国常见于华南、华中、华北地区，偶见于西藏南部及东北部低洼地区，迷鸟至台湾。

种群状况 单型种。夏候鸟，冬候鸟，留鸟。数量多，常见。

池鹭

Chinese Pond Heron　　*Ardeola bacchus*　　体长：37~54 cm　　LC（低度关注）

鹳形目 CICONIIFORMES　　鹭科 Ardeidae (Herons, Egrets, Bitterns)

黑龙江亚种 *amurnsis* \ 摄影：张代富

瑶山亚种 *connectens* \ 摄影：朱英

海南亚种 *javanicus* \ 摄影：冯启文

形态特征 嘴长尖，颈短，体型较粗胖，尾短而圆。额、头顶、枕、羽冠和眼下纹绿黑色，羽冠长而具绿色金属光泽。颈和上体黑绿色，背、肩部披长而窄的青铜色矛状羽。颏、喉白色，胸和两胁灰色。腰和尾上覆羽乌灰色，具绿色光泽。两翼及尾青蓝色具绿色光泽。嘴黑色，跗蹠黄绿色。

生态习性 栖息于有树木和灌丛的河流岸边，性羞涩孤僻，常在黄昏和晚上活动。

地理分布 共3个亚种，广泛分布于全球温带，包括亚洲、美洲、非洲和大洋洲等地。国内有3个亚种，黑龙江亚种 *amurnsis* 繁殖于东北地区、河北东部，越冬于长江中下游和东南沿海，翅长在19cm以上。瑶山亚种 *connectens* 繁殖于长江以南各地，西至四川、贵州、云南，北抵陕西南部，翅长17.5~19cm。海南亚种 *javanicus* 留居于台湾、海南。翅长不及17.5cm。

种群状况 多型种。夏候鸟，冬候鸟，留鸟。不常见。

Striated Heron　　*Butorides striata*
绿鹭

绿鹭

Striated Heron　　*Butorides striata*　　体长：38~48 cm　　LC（低度关注）

夜鹭 \ 摄影：李全民

夜鹭 \ 摄影：谢基建

亚成体 \ 摄影：冯启文

夜鹭 \ 摄影：简廷谋

形态特征 体型较粗胖，颈较短；嘴尖细，黑色，脚和趾黄色，头顶至背黑绿色而具金属光泽；上体其余部分灰色，下体白色，枕部披有2~3枚长带状白色饰羽。虹膜红色，眼先黄绿色。幼鸟上体暗褐色，缀有淡棕色纹和白色星状端斑，下体白色而缀满暗褐色细纵纹。

生态习性 栖息和活动于平原和低山丘陵地区的溪流、水塘、沼泽和水田等地。夜出性，喜结群，常成小群于晨、昏和夜间活动，白天结群隐藏于密林僻静处。

地理分布 共2个亚种，分布于欧亚大陆、中南半岛、非洲北部和中南部地区、印度洋、美洲地区及太平洋诸岛屿。国内仅有指名亚种 *nycticorax*，在黑龙江、吉林、辽宁、内蒙古、河北、北京、天津、山西、陕西、甘肃、宁夏、山东、河南、江西、四川、贵州、云南、福建等地区为夏候鸟，在江苏、上海、安徽、浙江、湖北、湖南、广东、香港、海南、台湾等地为留鸟。近年来其越冬分布区明显向北扩展，部分群体可在河南郑州和河北唐山越冬。

种群状况 多型种。夏候鸟，留鸟。数量多，常见。

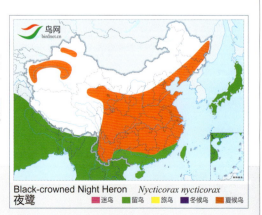

夜鹭

Black-crowned Night Heron *Nycticorax nycticorax* 体长：46~60 cm LC（低度关注）

鹳形目 CICONIIFORMES　　鹭科 Ardeidae (Herons, Egrets, Bitterns)

棕夜鹭 \摄影：杨列

棕夜鹭 \摄影：杨列

棕夜鹭 \摄影：田穗兴

形态特征 体羽棕色。喙黑色，眼先黄绿色，眉线白色。头顶至枕部黑色，繁殖期具白色饰羽。颈、胸、背淡栗色，腹白色。
生态习性 栖息于淡水水域。
地理分布 共5个亚种，分布于东南亚和大洋洲。国内有1个亚种，菲律宾亚种 *manillensis* 见于台湾。
种群状况 多型种。迷鸟。罕见。

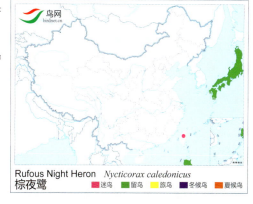
Rufous Night Heron　*Nycticorax caledonicus*
棕夜鹭

棕夜鹭

Rufous Night Heron　　*Nycticorax caledonicus*　　体长：59~61 cm　　LC（低度关注）

海南鳽 \摄影：冯江

海南鳽 \摄影：潘宏权

海南鳽 \摄影：陈锋

形态特征 体型肥胖而粗短，颈短，眼先和胫下部裸露；嘴较粗短，黑色；眼基和眼先绿色。上体暗灰褐色，头顶和羽冠黑色，飞羽岩灰色，眼后有一白色条纹和黑色耳羽。下体白色，具褐色鳞状斑，脚绿色。
生态习性 栖息于亚热带高山密林的山沟河谷和其他水域。夜行性，白天多隐藏在密林中，早晚活动和觅食。
地理分布 国外分布于越南北部，中国见于安徽、广西、广东、浙江、福建西北部，近年来分布扩展到湖南、湖北、贵州、云南等地。在海南岛估计已绝迹。
种群状况 单型种。留鸟。罕见。

White-eared Night Heron　*Gorsachius magnificus*
海南鳽

海南鳽

White-eared Night Heron　　*Gorsachius magnificus*　　体长：54~60 cm　　国家 II 级重点保护野生动物　　EN（濒危）

栗头鳽 \ 摄影：朱英

栗头鳽 \ 摄影：朱英

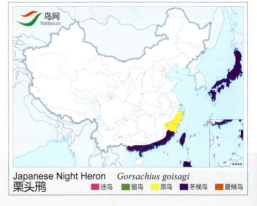

栗头鳽 \ 摄影：朱英

形态特征 体型粗胖。嘴短而尖，微向下弯曲；颈、脚亦较短，胫下部和眼先裸露。头顶暗栗色，眼先黄绿色，头侧、后颈、颈侧和背栗红色。翅大覆羽栗色，飞羽黑色，具宽的栗色端斑，飞翔时在两翅表面形成一条宽的黑色横带。喉和前颈白色，有一条黑色斑纹组成的黑线沿喉部至腹中部。胸部中央延长的羽毛栗色而杂有黑色，其余下体羽皮黄色，具黑褐色斑点。

生态习性 栖息于沿海附近浓密森林或林缘地带的溪流中，也见于低山森林中的沼泽、河谷或溪流。性隐蔽，夜行性鸟类，常单独或成对活动和觅食。

地理分布 繁殖于日本本州、九州和伊豆群岛；越冬于日本九州南部、琉球群岛、菲律宾、印度尼西亚。迁徙期间经过中国上海、香港、福建；越冬于台湾。

种群状况 单型种。冬候鸟，旅鸟。数量少，罕见。

栗头鳽（栗鳽）

Japanese Night Heron　　*Gorsachius goisagi*　　体长：43~49 cm　　EN（濒危）

鹳形目 CICONIIFORMES　鹭科 Ardeidae (Herons, Egrets, Bitterns)

黑冠鳽 \ 摄影：宋迎涛

黑冠鳽 \ 摄影：简廷谋

黑冠鳽 \ 摄影：宋迎涛

黑冠鳽 \ 摄影：汪光武

形态特征 颈、脚、嘴短。头顶和头后冠羽黑色，头侧、后颈、颈侧和背栗红色，眼先蓝色，嘴黑色。飞羽黑色，具栗红色端斑，初级飞羽具白色末端。前颈和胸赤褐色，喉部有一条黑色中央线直到上胸。其余下体棕黄色而杂有黑色斑点。尾黑褐色。

生态习性 栖息于山地密林的溪流和水塘，也活动于林缘水稻田和芦苇塘中。夜行性，常在清晨、黄昏和晚上活动，白天或隐藏于浓密林间或芦苇丛中。

地理分布 分布于亚洲南部和东南部热带和亚热带地区，包括琉球群岛、印度、泰国、斯里兰卡、缅甸、马来西亚、印度尼西亚等国家。中国主要分布于海南岛、台湾、云南西双版纳、广西瑶山。

种群状况 单型种。留鸟。罕见。

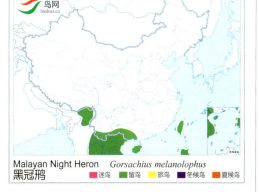

黑冠鳽

Malayan Night Heron　*Gorsachius melanolophus*　体长：40~47 cm　LC（低度关注）

小苇鳽 \ 摄影：雷洪

小苇鳽 \ 摄影：刘哲青

小苇鳽 \ 摄影：王尧天

形态特征 小型涉禽。雄鸟头顶和背部黑色，颈和胸部赭石色，腹白色，两翼黑色具近白色的大块斑。雌鸟背部栗褐色，上体具褐色纵纹，下体黄褐色，略具纵纹，翼褐色而具皮黄色块斑。

生态习性 栖息于平原和低山丘陵地区芦苇、蒲草、灌丛茂盛的湖泊、水塘、池沼岸边，也见于树林中流速缓慢的河流和溪边。夜行性，性隐蔽。

地理分布 共5个亚种，分布于欧洲中部和南部、西伯利亚、亚洲中部和西南部、印度西北部、尼泊尔、非洲、马达加斯加和大洋洲。国内有1个亚种，指名亚种 *minutus*，迁徙经新疆西部天山地区，在喀什地区越冬。

种群状况 多型种。夏候鸟，冬候鸟，旅鸟。稀少，罕见。

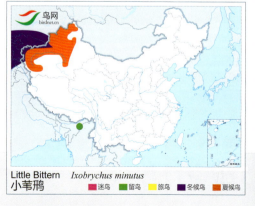

小苇鳽

Little Bittern　*Ixobrychus minutus*　体长：31~38 cm　国家Ⅱ级重点保护野生动物　LC（低度关注）

鹳形目 CICONIIFORMES　　鹭科 Ardeidae (Herons, Egrets, Bitterns)

黄斑苇鳽 \ 摄影：胡敬林

黄斑苇鳽 \ 摄影：孙华金

黄斑苇鳽 \ 摄影：王兴娥

形态特征 体小。颈长，脚短。雄鸟头顶黑色，后颈和背部黄褐色，腹部皮黄色，飞羽和尾羽黑色。飞行时可见黑色飞羽与黄褐色覆羽对比强烈。雌鸟与雄鸟基本相似，但雌鸟头顶为栗褐色，背部和胸有褐色纵纹。

生态习性 栖息于平原和低山丘陵和富有水生植物的开阔水域中，尤其喜欢既有开阔水面又有大片芦苇等挺水植物的中小型湖泊、水塘、沼泽等。

地理分布 分布于亚洲东部和东南部，从远东地区至菲律宾、密克罗尼西亚。中国主要分布于东北地区、河北、长江中下游和东南沿海。

种群状况 单型种。夏候鸟、旅鸟、留鸟。常见。

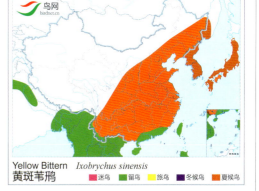

黄斑苇鳽

Yellow Bittern　　*Ixobrychus sinensis*　　体长：29~38 cm　　LC（低度关注）

紫背苇鳽 \ 摄影：段文科

紫背苇鳽 \ 摄影：朱英

紫背苇鳽 \ 摄影：沈强

形态特征 体型较小。腿、颈较短。雄鸟头顶暗褐色，上体紫栗色，下体具皮黄色纵纹，从喉部至胸部有一栗褐色纵线。飞羽灰黑色。雌鸟从头顶至背部紫栗色，上体具黑白色及褐色杂点，下体具纵纹。

生态习性 栖息于岸边植被丰富的河流、湿草地、水塘和沼泽等地。通常在晨昏活动，休息时多隐藏在芦苇丛或灌丛中。性孤寂而谨慎。

地理分布 繁殖于西伯利亚东南部、中国东部、朝鲜、日本。越冬至东南亚。在中国繁殖于东北地区、河北、河南、山东、长江中下游及东南沿海。

种群状况 多型种。夏候鸟，冬候鸟，旅鸟。稀少，罕见。

紫背苇鳽

Schrenck's Bittern *Ixobrychus eurhythmus* 体长：29~39 cm LC（低度关注）

鹳形目 CICONIIFORMES　　鹭科 Ardeidae (Herons, Egrets, Bitterns)

栗苇鳽 \ 摄影：姜浩

栗苇鳽 \ 摄影：陈承光

栗苇鳽 \ 摄影：孙晓明

形态特征 雄鸟上体从头顶至尾为栗红色，下体黄褐色，喉至胸部有一褐色纵线，颈侧具白色纵纹，两胁具黑色纵纹。雌鸟上体暗红褐色，杂有白色斑点，腹部土黄色，从颈至胸有数条黑褐色纵纹。

生态习性 栖息于芦苇沼泽、水塘、溪流和水稻田中，也见于田边和水塘附近的小灌木上。夜行性，性胆小而机警。

地理分布 分布于印度、中国、东南亚、苏拉威西岛及马来诸岛。在中国主要分布于辽东半岛、河北、河南、陕西、四川、云南、长江中下游及其以南地区。除广东、海南和台湾为留鸟外，其他地区均为夏候鸟。

种群状况 单型种。夏候鸟，旅鸟，留鸟。数量多，常见。

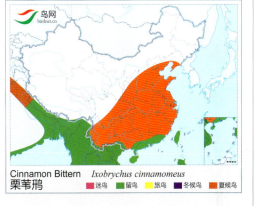

Cinnamon Bittern　*Ixobrychus cinnamomeus*
栗苇鳽

栗苇鳽

Cinnamon Bittern　*Ixobrychus cinnamomeus*　　体长：30~38 cm　　LC（低度关注）

黑苇鳽 \ 摄影：宋迎涛

黑苇鳽 \ 摄影：舒仁庆

黑苇鳽 \ 摄影：朱英

形态特征 雄鸟整个上体呈辉亮的青黑色，颈两侧橙黄色，喉淡皮黄色，具黑色斑点，前颈和上胸为淡黄色，具黑色条纹。雌鸟上体羽色暗褐，头两侧、喉和前颈白色且具黑褐色条纹。嘴长而形如匕首，使其有别于色彩相似的其他鳽。

生态习性 栖息于溪边、湖泊、水塘、沼泽、红树林和竹林中，夜行性，性胆怯而好奇。

地理分布 共6个亚种，分布于印度、东南亚至大洋洲。国内有1个亚种，指名亚种 *flavicollis* 分布于长江以南及东南沿岸的广州、福建、台湾和海南，偶见于陕西、河南。

种群状况 多型种。夏候鸟，旅鸟，留鸟。不常见。

黑苇鳽（黑鳽）

Black Bittern　　*Dupetor flavicollis*　　体长：49~59 cm　　LC（低度关注）

鹳形目 CICONIIFORMES　　鹭科 Ardeidae (Herons, Egrets, Bitterns)

大麻鳽 \ 摄影：段文科

大麻鳽 \ 摄影：孙晓明

大麻鳽 \ 摄影：肖显志

形态特征 体粗胖，嘴粗而尖，顶冠黑色，背金褐色，具黑褐色斑点；下体淡黄褐色，具黑褐色纵纹。嘴黄褐色，脚黄绿色。飞行时具褐色横斑的飞羽与金色覆羽及背部呈对比。

生态习性 栖息于山地丘陵和平原地带的河流、湖泊、池塘边的芦苇丛和灌丛。夜行性，多在黄昏和晚上活动，白天隐蔽于水边芦苇丛和草丛中。

地理分布 共2个亚种，分布于非洲、欧亚大陆。冬候鸟见于东南亚。国内有1个亚种，指名亚种 *stellaris* 繁殖于新疆、东北地区，越冬于亚洲南部、非洲中部和北部。

种群状况 多型种。夏候鸟，冬候鸟，旅鸟。较常见。

大麻鳽

Eurasian Bittern　　*Botaurus stellaris*　　体长：59~77 cm　　LC（低度关注）

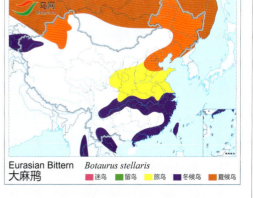

爪哇池鹭 \摄影：陈承光

爪哇池鹭 \摄影：高宏颖

爪哇池鹭 \摄影：赖健豪

形态特征 喙黄色，先端黑色。眼先黄绿色。头颈淡橙黄色，上背灰黑色，两翅和腹部白色。

生态习性 栖息于淡水沼泽、池塘、湖泊、红树林和珊瑚礁。

地理分布 共2个亚种，分布于中南半岛、印度尼西亚。国内有1个亚种，北方亚种 *continentalis* 记录于台湾。

种群状况 多型种。迷鸟，留鸟。罕见。

Javan Pond Heron *Ardeola speciosa*
爪哇池鹭

爪哇池鹭

Javan Pond Heron *Ardeola speciosa* 体长：40~45 cm LC（低度关注）

鹳形目 CICONIIFORMES　　鹭科 Ardeidae (Herons, Egrets, Bitterns)

印度池鹭 \ 摄影：彭迎星

印度池鹭 \ 摄影：彭迎星

印度池鹭 \ 摄影：顾云芳

形态特征 雌雄同色。身体呈纺锤形，体羽疏松，具丝状蓑羽。喙强。头、颈及上胸的羽毛延长，繁殖期羽色变化大，且冠羽延伸呈矛状，圆尾，尾羽12枚；跗蹠粗壮，与中趾（连爪）几乎等长。脚和趾均细长，胫部部分裸露；脚3趾在前，1趾在后，中趾的爪上具梳状栉缘。

生态习性 栖息于沼泽湿地或有漂浮植物的水域。旱季到草原上觅食，有时也集群栖息，出现在闹市区大街的树木上。

地理分布 分布于欧亚大陆及非洲北部印度次大陆。（2014年在中国新疆喀拉库勒湖首次发现。中国鸟类新纪录）。

种群状况 单型种。国内罕见。

印度池鹭

Indian Pond Heron　　*Ardeola grayii*　　　　体长：46 cm　　　　LC（低度关注）

鹳科
Ciconiidae
(Storks)

大型涉禽。雌雄相似。嘴、腿、颈均甚长。嘴基部较厚，往尖端逐渐变细。鼻孔呈裂缝状，无鼻沟。翅长而宽，次级飞羽较初级飞羽为长；尾较短，尾羽10枚。胫下部裸出。跗蹠具网状鳞。前面3趾基部有蹼相连。生活在水域沼泽地带。

营巢在树上、电线杆上、岩壁上和房屋顶上。以鱼、蛙、蜥蜴、软体动物和昆虫等动物性食物为食。

全世界共6属19种，分布于除新西兰、北美洲北部以外的热带、亚热带和温带地区。中国有4属7种，分布于全国各地。

彩鹳 \ 摄影：桑新华

彩鹳 \ 摄影：宋迎涛

形态特征 喙橙黄色，粗而长，喙尖稍微下弯。橙色的头部赤裸无羽，繁殖期变为红色。胸部具有宽阔的黑色胸带，飞羽、尾羽为黑色，具有绿色的金属光泽，其余羽均为白色。脚为红色。

生态习性 栖息于长满草的淡水沼泽、池塘。

地理分布 分布于印度次大陆和东南亚。中国见于西藏、云南、福建、海南等地。

种群状况 单型种。迷鸟。罕见。

彩鹳（白头鹮鹳）
Painted Stork *Mycteria leucocephala*　　　体长：93~102 cm　　国家II级重点保护野生动物　　NT（近危）

鹳形目 CICONIIFORMES　　鹳科 Ciconiidae (Storks)

钳嘴鹳 \ 摄影：李继仁

钳嘴鹳 \ 摄影：李全民

钳嘴鹳 \ 摄影：段文科

形态特征 全身灰白色，飞羽和尾黑色。喙粗厚，下喙有凹陷，闭合时有明显缺口。特征明显。

生态习性 通常在内陆湿地活动，主要以软体动物为食，如大型的螺类。有较强的扩散能力。

地理分布 分布于印度次大陆和东南亚。自2006年首次在云南大理发现，近年来已扩散至中国的云南、贵州、广西、四川、江西、广东等地。

种群状况 单型种。迷鸟。不常见。

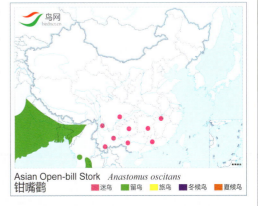

Asian Open-bill Stork　*Anastomus oscitans*
钳嘴鹳　　■ 迷鸟　■ 留鸟　■ 旅鸟　■ 冬候鸟　■ 夏候鸟

钳嘴鹳

Asian Open-bill Stork　　*Anastomus oscitans*　　体长：81~86 cm　　LC（低度关注）

黑鹳 \ 摄影：谢建国

黑鹳（亚成体） \ 摄影：段文科

育雏 \ 摄影：王尧天

形态特征 上体黑色，具绿色和紫色的光泽，下胸、腹部及尾下白色，飞行时翼下黑色，仅三级飞羽及次级飞羽内侧白色。嘴、腿及眼周裸露皮肤红色。亚成鸟上体褐色，下体白色。

生态习性 繁殖于森林、河谷、沼泽。越冬于湖泊、沼泽、河流沿岸。性惧人。冬季有时结群活动。

地理分布 繁殖于欧亚大陆，越冬于非洲和亚洲东部和南部。国内除西藏外见于全国各地区。

种群状况 单型种。夏候鸟，冬候鸟，旅鸟。不常见。

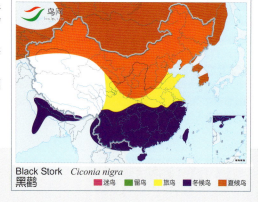

黑鹳

Black Stork *Ciconia nigra* 体长：90~110 cm 国家 I 级重点保护野生动物 LC（低度关注）

鹳形目 CICONIIFORMES　　鹳科 Ciconiidae (Storks)

东方白鹳 \ 摄影：段文科

东方白鹳 \ 摄影：孙华金

东方白鹳 \ 摄影：孙华金

形态特征 全身除飞羽外都为白色，嘴黑色，腿红，眼周裸露皮肤粉红色。飞行时可见明显的黑色初级飞羽和次级飞羽。相似种为白鹳。亚成鸟体羽黄白色。

生态习性 繁殖于开阔的平原、草地和沼泽地带，营巢于树上或电线杆上，求偶及恐吓入侵者时有击喙的声音。取食于湿地，集群迁徙。

地理分布 繁殖于东北亚及日本。国内繁殖于东北地区，可南至山东、天津、安徽、江苏盐城、大丰及江西鄱阳湖。主要越冬于长江以南地区。迁徙时在天津大港曾记录到1300多只的群体。

种群状况 单型种。夏候鸟，冬候鸟，旅鸟。全球数量估计为3000只左右。

东方白鹳

Oriental White Stork　　*Ciconia boyciana*　　体长：110~120 cm　　国家 I 级重点保护野生动物　　EN（濒危）

白鹳 \ 摄影：宋迎涛

白鹳 \ 摄影：宋迎涛

形态特征 喙红色，体羽白色，翅黑色。
生态习性 栖息于湿地、开放草原。
地理分布 共2个亚种，分布于欧洲、亚洲西部、非洲南部、土耳其、伊朗至印度。国内有1个亚种，新疆亚种 *asiatica* 见于新疆西部和北部。
种群状况 多型种。迷鸟。在中国的野生种群已多年未见。

White Stork *Ciconia ciconia*
白鹳　　迷鸟　留鸟　旅鸟　冬候鸟　夏候鸟

白鹳

White Stork　　*Ciconia ciconia*　　体长：90~115 cm　　国家 I 级重点保护野生动物　　VU（易危）

鹳形目 CICONIIFORMES　　鹳科 Ciconiidae (Storks)

秃鹳 \ 摄影：张岩

秃鹳 \ 摄影：赵明静

秃鹳 \ 摄影：顾云芳

形态特征 喙粗而直，头和颈裸露、红黄色。上体黑灰色，具蓝黑色金属光泽。下体白色。腿长。

生态习性 栖息于平原和低山的湖边、水塘、水淹平原、沼泽、河床、林中水塘、溪流、稻田、红树林。

地理分布 分布于印度、斯里兰卡及东南亚。国内见于云南、四川、重庆、江西、海南。

种群状况 单型种。迷鸟。罕见。

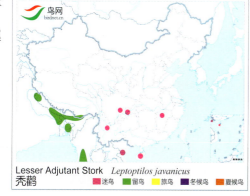

Lesser Adjutant Stork　*Leptoptilos javanicus*
秃鹳　■迷鸟　■留鸟　■旅鸟　■冬候鸟　■夏候鸟

秃鹳

Lesser Adjutant Stork　　*Leptoptilos javanicus*　　体长：110~120 cm　　VU（易危）

111

白颈鹳与斑头雁 \ 摄影：彭建生

白颈鹳 \ 摄影：刘马力

白颈鹳 \ 摄影：杜英

白颈鹳 \ 摄影：邓嗣光

形态特征 喙黑色，上喙端部暗红色。头顶黑色。颈部白色羽毛柔软。翅黑色，具蓝紫色光泽。尾黑色、短而分叉。尾下覆羽白色。脚暗红色。

生态习性 栖息于湿地环境如河流、湖泊、水塘、沼泽、干旱河床、稻田、溪流、海岸、草原。

地理分布 共3个亚种，分布于非洲、印度到印度尼西亚、马来半岛、菲律宾。国内有1个亚种，指名亚种 episcopus 见于云南纳帕海。

种群状况 多型种。迷鸟。罕见。

白颈鹳

Woolly-necked Stork　　*Ciconia episcopus*　　体长：85~95 cm　　VU（易危）

鹮科
Threskiornithidae
(Ibises, Spoonbills)

中型涉禽。头全部或部分裸出。嘴细长而钝，向下弯曲，尖端呈匙状或圆锥状，嘴峰两侧有长形鼻沟，鼻孔位于基部。脸裸露，有的喉亦裸出。尾羽12枚。脚较短，胫下部裸出；跗蹠具网状鳞；趾较长，前3趾基部有蹼相连，4趾同在一水平面上。

主要栖息于热带、亚热带和温带地区的湖边、河岸、水田和沼泽地带。营巢于高大树上或芦苇丛中，以鱼、蛙、虾、甲壳类和软体动物为食。

本科鸟类除嘴较细长而向下弯曲、脚较短外，飞翔时颈向前伸直，明显有别于鹭科和鹳科鸟类。

全世界共31种，分布于全球热带、亚热带和温带地区之淡水水域。中国计有5属7种，分布于全国各地。

圣鹮 \ 摄影：张平

圣鹮 \ 摄影：张平

形态特征 喙黑色，厚、长且下弯。虹膜暗红色。头、颈黑色，体羽白色。飞羽羽缘黑色。翅下和胸侧具红色条斑。

生态习性 栖息于湿地如沼泽、河边、稻田、海岸。

地理分布 共3个亚种，分布于撒哈拉以南的非洲、马达加斯加、伊拉克。国内有1个亚种，指名亚种 *aethiopicus* 见于台湾。

种群状况 多型种。留鸟。不常见。

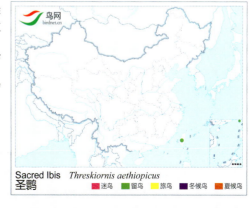

Sacred Ibis *Threskiornis aethiopicus*
圣鹮

圣鹮
Sacred Ibis *Threskiornis aethiopicus* 体长：65~89 cm LC（低度关注）

黑头白鹮 \ 摄影：张岩

黑头白鹮 \ 摄影：简廷谋

黑头白鹮 \ 摄影：刘马力

形态特征 体羽白色，喙黑色。头部及部分颈部黑色裸露无羽。初级飞羽尖端沾黑尖，三级飞羽灰色。腿黑色。

生态习性 栖息于沼泽、河边、稻田等湿地。集群生活。

地理分布 分布于巴基斯坦、尼泊尔、印度、斯里兰卡、中南半岛及菲律宾。国内见于东北和华北东部地区、云南、贵州、四川及以东地区、台湾。

种群状况 单型种。夏候鸟，冬候鸟，旅鸟。罕见。

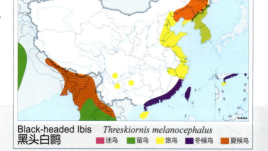

黑头白鹮

Black-headed Ibis *Threskiornis melanocephalus*   体长：65~76 cm   国家Ⅱ级重点保护野生动物   NT（近危）

鹳形目 CICONIIFORMES　　鹮科 Threskiornithidae (Ibises, Spoonbills)

白肩黑鹮 \ 摄影：邢睿

白肩黑鹮 \ 摄影：宋迎涛

白肩黑鹮 \ 摄影：顾云芳

形态特征 体羽灰褐色，喙灰黑色。头部黑色裸露，头顶至枕部红色。翅和尾羽暗色，具蓝绿色光泽，肩部具白斑。腿淡粉色。
生态习性 栖息于沼泽、河边、稻田、干燥草场、耕地等生境。
地理分布 分布于巴基斯坦、尼泊尔、印度。国内曾见于云南地区。
种群状况 单型种。迷鸟。罕见。

白肩黑鹮（黑鹮）

White-shouldered Ibis　*Pseudibis davisoni*　体长：60~85 cm　国家Ⅱ级重点保护野生动物　CR（极危）

繁殖羽 \ 摄影：关克

育雏 \ 摄影：段文科

非繁殖羽 \ 摄影：牛蜀军

配偶对 \ 摄影：杨惠东

形态特征 整体白色，翅和尾缀有粉红色，颈后饰羽长。黑色的嘴细长而下弯，嘴端红色，脸朱红色，腿绯红。繁殖期头颈上背和两翅有灰黑色。飞行时飞羽下面呈红色。亚成鸟体羽灰色。

生态习性 栖息于山地森林和丘陵地带，常在水稻田、河滩等取食。营巢于树上。

地理分布 过去在中国东部、朝鲜及日本都有分布，后野外几乎绝种。1981年在中国仅中部陕西洋县尚有一群存活。经30多年保护，野外种群已达到2000余只，并已人工再引入至河南董寨、浙江德清等地。

种群状况 单型种。留鸟。数量稀少，罕见。

Crested Ibis *Nipponia nippon*
朱鹮

朱鹮

Crested Ibis *Nipponia nippon* 体长：55~60 cm 国家 I 级重点保护野生动物 EN（濒危）

鹳形目 CICONIIFORMES　鹮科 Threskiornithidae (Ibises, Spoonbills)

彩鹮 \ 摄影：高文玲

彩鹮 \ 摄影：桑新华

彩鹮 \ 摄影：赖健豪

形态特征 通体铜栗色而带闪光。嘴细长而下弯，黑色。眼先和眼周在繁殖期为白色。非繁殖期头和颈黑褐色具白色斑纹。

生态习性 栖息于浅水湖泊、沼泽等湿地，晚上在树上栖息。

地理分布 除南极洲外各大洲都有分布，呈间断分布。国内偶见于河北东部、西藏南部、云南东南部、四川南部、江西、江苏、广东、海南、台湾。

种群状况 单型种。迷鸟。数量少，不常见。

彩鹮

Glossy Ibis　*Plegadis falcinellus*　体长：55~65 cm　LC（低度关注）

白琵鹭 \ 摄影：雷大勇　　　　　　白琵鹭 \ 摄影：许传辉

白琵鹭 \ 摄影：刘月良

形态特征 嘴黑色，长而扁平，前端黄色，扩大成琵琶状。全身白色，繁殖期枕部具橙黄色发丝状冠羽，颏及上喉裸露无羽、橙黄色。冬季与黑脸琵鹭的区别在于本种的体型较大，脸部黑色少，白色羽毛延伸过嘴基，嘴色较浅。

生态习性 栖息于湿地，成群活动，休息时排成"一"字形，取食时也常并排，将嘴伸入水中来回扫动。

地理分布 共3个亚种，分布于欧亚大陆及非洲。国内有1个亚种，指名亚种 leucorodia 繁殖于西北和东北地区，越冬于长江下游地区、云南、东南沿海地区、台湾等地湖泊湿地。

种群状况 多型种。夏候鸟，冬候鸟，旅鸟。数量少，不常见。

白琵鹭

White Spoonbill　　*Platalea leucorodia*　　体长：85~93 cm　　国家 II 级重点保护野生动物　　LC（低度关注）

鹳形目 CICONIIFORMES　　鹮科 Threskiornithidae (Ibises, Spoonbills)

黑脸琵鹭 \ 摄影：赖健豪

黑脸琵鹭 \ 摄影：黄俊贤

繁殖羽 \ 摄影：段文科

黑脸琵鹭 \ 摄影：孙华金

黑脸琵鹭 \ 摄影：段文科

形态特征 嘴黑色，长而扁平，前端扩大成琵琶状。喙基到眼先的裸皮黑色，与黑色眼睛形成一体。全身白色，繁殖期枕部具橙黄色冠羽，颏及上喉裸露无羽。脚黑色。

生态习性 栖息于湿地，在海岛上繁殖。常成群活动，休息时排成"一"字形，取食时将嘴伸入水中来回扫动。

地理分布 繁殖于朝鲜半岛。在中国越冬于台湾、香港、海南及广东等地；繁殖在辽宁的海岛上；迁徙时经过中国东部沿海地区。

种群状况 单型种。夏候鸟，冬候鸟，旅鸟。数量少，不常见。

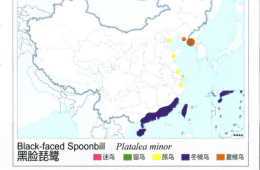

Black-faced Spoonbill　*Platalea minor*
黑脸琵鹭　■ 迷鸟　■ 留鸟　■ 旅鸟　■ 冬候鸟　■ 夏候鸟

黑脸琵鹭

Black-faced Spoonbill　*Platalea minor*　体长：60~78 cm　国家Ⅱ级重点保护野生动物　EN（濒危）

红鹳目
PHOENICOPTERIFORMES

- 中型至大型涉禽，雌雄羽色相同
- 栖于水边或近水的地方。觅吃小鱼、昆虫及其他小型动物
- 共有 1 科 1 属 6 种。分布于温带和热带地区
- 中国有 1 科 1 属 1 种

红鹳科
Phoenicopteridae
(Flamingos)

多为大型涉禽，腿和颈均特长。趾较短，前 3 趾间具蹼，后趾退化。翅长，初级飞羽 1 枚。尾短，尾羽 14 枚。嘴侧扁而高，特别是嘴基部较高厚，自中部急剧向下弯曲。嘴边缘有栉板，用以滤食藻类。

主要栖息于湖泊、沼泽等水域中，常成大群活动，多在开阔水域浅水处涉水步行。食物为水生植物、鱼、蛙、贝类和藻类。营巢于水边陆地上，常一起营群巢。雏鸟早成性。

本科全世界计有 1 属 6 种，主要分布于非洲、欧洲南部、中亚、印度西北部以及中美洲和南美洲等除大洋洲以外的大陆温暖水域。中国仅分布 1 属 1 种，即大红鹳，过去出现在中国新疆，近来不断出现在中国新疆、湖南、陕西、四川、天津、河北、江苏、浙江等地。

大红鹳 \ 摄影：王尧天

红鹳目 PHOENICOPTERIFORMES　　红鹳科 Phoenicopteridae (Flamingos)

大红鹳 \ 摄影：陈承光

大红鹳 \ 摄影：魏东

大红鹳 \ 摄影：关克

形态特征 体羽白色，沾粉色。嘴似靴状，粉红而端黑。颈、腿甚细长，腿粉红色。亚成鸟浅褐色，嘴灰色。

生态习性 栖息于温带浅水海岸、海湾、海岛和咸水湖泊中，觅食时将头伸入水中，用嘴在水中来回扫取食物。

地理分布 共2个亚种，分布于中美洲及南美洲、非洲、欧洲南部、中亚及印度西部。国内有1个亚种，欧亚亚种 *roseus* 多见于新疆，在湖南、陕西、四川、天津、江苏、浙江等地有记录。

种群状况 多型种。迷鸟。罕见。

大红鹳

Greater Flamingo　　*Phoenicopterus ruber*　　体长：130~142 cm　　LC（低度关注）

雁形目
ANSERIFORMES

- 中型至大型游禽，趾间具蹼，喙尖端具嘴甲
- 全世界有2科：叫鸭科和鸭科。叫鸭科共3种，分布于南美洲；鸭科目前计有155种，分布于除南极大陆外的世界各地水域
- 中国有1科20属51种，分布于全国各地
- 栖息于各种水域，善于游泳，食物多样

鸭科
Anatidae
(Ducks, Geese, Swans)

本科鸟类为典型游禽。体形似鸭，大的如天鹅，体重近10千克，翅长达60厘米。最小的如棉凫，体重300克左右，翅长约15厘米。多为中至大型水鸟。头较大，有的头上具冠羽。嘴多上下扁平，少数种类侧扁；尖端具角质嘴甲，有的嘴甲向下弯曲呈钩状；嘴的两侧边缘具角质栉状突或锯齿状细齿；嘴基有些着生疣状突起。舌大多肉质。颈较细长。眼先裸露或被羽。翅狭长而尖，适于长途快速飞行。初级飞羽10~11枚。翅上多具有白色或其他色彩且富有金属光泽的翼镜。体较肥胖，体羽光滑稠密，富有绒羽。除个别种类外，尾多较短。脚短健，位于躯体后部。跗蹠被网状鳞或盾状鳞。前趾间具蹼或半蹼；后趾短小，着生位置较前趾为高，行走时不着地。爪钝而短。尾脂腺发达；雌雄同色或异色，雌雄异色时雄鸟体型较雌鸟为大，羽色亦较艳丽，且常具金属光泽。雄性具交接器。

栖息于各类水域中。多善于游泳，有的亦善潜水。常成群活动。食性多为杂食性。繁殖期主要以水生昆虫、贝类、甲壳类、软体类、鱼类等动物性食物为食，非繁殖期则多以水生植物、水藻等植物性食物为食。营巢于沼泽、水边灌丛、芦苇和水草丛中，也有的在水边崖穴、地上、地洞或树洞中营巢。一雄一雌制。繁殖期通常在3~8月间。1年繁殖1次，每窝产卵2~14枚。多为雌鸟孵卵，孵化期20~43天。雏鸟早成性。

全世界计有3亚科9族43属155种，广泛分布于除南极大陆外的世界各地水域。中国仅分布有雁亚科和鸭亚科2亚科20属51种，分布于全国各地水域。

栗树鸭 \ 摄影：赵明静

雁形目 ANSERIFORMES　　鸭科 Anatidae (Ducks, Geese, Swans)

栗树鸭 \ 摄影：张岩

栗树鸭 \ 摄影：桑新华

栗树鸭 \ 摄影：唐万玲

形态特征 体羽红褐色。头顶深褐色，头及颈部皮黄色，背部褐色而具棕色扇贝形纹，尾上覆羽栗色，下体红褐色。具有不易察觉的黄色眼圈。

生态习性 结小群栖息于具有丰富湿地植被的浅水水体，主要以水草、稻谷等植物为食，也会捕捉小型软体动物和一些小鱼。常在夜间、清晨和傍晚活动。昼夜觅食主要见于繁殖季。

地理分布 分布于印度及东南亚。在中国主要繁殖于云南南部及广西西南部；夏季偶尔出现在长江下游、广东南部、海南岛及台湾。

种群状况 单型种。夏候鸟，留鸟，迷鸟。地区性常见。

Lesser Whistling Duck　*Dendrocygna javanica*
栗树鸭　■迷鸟　■留鸟　■旅鸟　■冬候鸟　■夏候鸟

栗树鸭

Lesser Whistling Duck　*Dendrocygna javanica*　体长：38~42 cm　　　　LC（低度关注）

大天鹅 \ 摄影：王尧天

大天鹅 \ 摄影：王好诚

大天鹅 \ 摄影：陈世明

大天鹅 \ 摄影：王健

形态特征 雄雌外形相似。颈长而弯曲。嘴甲由黑黄两色组成。与小天鹅相比，大天鹅个体较大，嘴基部的黄斑更大，其黄色超过了鼻孔的位置，延至上喙侧缘成尖形。亚成体灰色，嘴色亦淡。

生态习性 以植物的种子、茎和叶片为主要食物来源，偶尔也取食少量软体动物、水生昆虫和蚯蚓。单配制，雄雌常终生相伴。

地理分布 分布于欧亚大陆北部。繁殖于中国西部和东北地区，越冬于中国中部地区和东南沿海。新疆的巴音布鲁克是中国天鹅的重要繁殖地，山东荣成、河南三门峡、山西平陆是主要的越冬地。

种群状况 单型种。夏候鸟，冬候鸟，旅鸟，迷鸟。不常见。

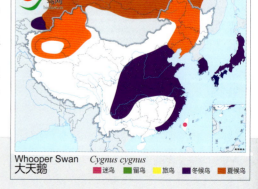

大天鹅

Whooper Swan *Cygnus cygnus* 体长：122~165 cm 国家 II 级重点保护野生动物 LC（低度关注）

雁形目 ANSERIFORMES　　鸭科 Anatidae (Ducks, Geese, Swans)

小天鹅 \ 摄影：关克

小天鹅 \ 摄影：简廷谋

小天鹅 \ 摄影：巴特尔

形态特征 外形与大天鹅相似，体型稍小，颈部和嘴略短。最重要鉴别特征是本种的嘴基部黄色仅限于嘴基两侧，沿嘴缘不向前延伸到鼻孔之下。
生态习性 同大天鹅，但叫声不似大天鹅洪亮。
地理分布 共2个亚种，欧亚亚种 *bewickii* 繁殖于西伯利亚苔原地带，迁徙经中国东北和华北至长江流域及其以南的湖泊、河流越冬。主要越冬地有鄱阳湖、洞庭湖、崇明东滩、升金湖等地。
种群状况 多型种。旅鸟，冬候鸟。分布范围广，种群数量较多。

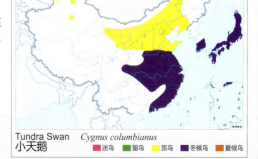

小天鹅

Tundra Swan　　*Cygnus columbianus*　　体长：110~135 cm　　国家Ⅱ级重点保护野生动物　　LC（低度关注）

疣鼻天鹅 \ 摄影：谢建国

育雏 \ 摄影：孙华金

疣鼻天鹅 \ 摄影：谢建国

形态特征 外形与大天鹅相似，但嘴呈红色，前额有黑色疣状突起。

生态习性 栖息于湖泊、江河或沼泽地带。在陆地上行走笨拙，极善游泳，姿态优雅。主要以水生植物为食，偶尔吃软体动物、昆虫及小鱼。

地理分布 国外分布于欧洲、西亚、中亚。我国在新疆中部和北部、青海柴达木盆地、甘肃西北部、内蒙古繁殖；迁徙时经过东北和华北地区；越冬于长江中下游、东南沿海和台湾。

种群状况 单型种。旅鸟，夏候鸟。稀少。

疣鼻天鹅

Mute Swan *Cygnus olor* 体长：125~150 cm 国家 II 级重点保护野生动物 LC（低度关注）

雁形目 ANSERIFORMES　　鸭科 Anatidae (Ducks, Geese, Swans)

鸿雁 \ 摄影：段文科

鸿雁 \ 摄影：简廷谋

鸿雁 \ 摄影：陈承光

形态特征 体大，颈长。嘴黑且长，与前额成一直线，一道狭窄白线环绕嘴基。上体灰褐但羽缘皮黄。前颈白色，头顶及颈背红褐色，前颈与后颈间有一道明显界线。腿粉红色。

生态习性 在湖泊、河流沿岸，沼泽草甸，稻田，潮汐泥滩等多种生境有分布。植食性。

地理分布 国外分布于泰国、老挝、哈萨克斯坦、土库曼斯坦、乌兹别克斯坦和西伯利亚东南部。繁殖于中国东北地区，迁徙途经中国东部至长江下游越冬，鲜见于东南沿海。有记录每年近5万只鸟在鄱阳湖越冬。漂鸟也可到达台湾。

种群状况 单型种。夏候鸟，冬候鸟，旅鸟，迷鸟。不常见。

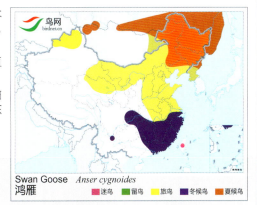

Swan Goose　*Anser cygnoides*
鸿雁

鸿雁

Swan Goose　　*Anser cygnoides*　　　　体长：80~94 cm　　　　VU（易危）

陕西亚种 johanseni ╲摄影：关克

普通亚种 serrirostris ╲摄影：桑新华

新疆亚种 rossicus ╲摄影：王尧天

形态特征 头部和颈部深褐色，上体棕褐色，带有淡淡的条纹。覆羽灰色，飞羽黑褐色。尾下覆羽及尾缘白色。嘴黑色，具橘黄色次端条带。飞行中较其他灰色雁类色暗而颈长。脚橘黄色。

生态习性 成群活动于近湖泊的沼泽地带及农田。植食性，多食草，在繁殖季节会取食浆果，在冬季会取食玉米、豆类、胡萝卜和马铃薯等。

地理分布 共6个亚种，繁殖于欧洲及亚洲泰加林，在温带地区越冬。国内有4个亚种，新疆亚种 rossicus 分布在新疆西部喀什地区，翅长40.5~47cm，嘴长5.1~6.6cm。陕西亚种 johanseni 冬季分布在陕西，翅长42.5~52cm，嘴长6.2~7.2cm。普通亚种 serrirostris 及西伯利亚亚种 sibiricus 迁徙时见于中国东北部及北部，冬季在长江下游、东南沿海地区、海南及台湾。香港有不定期迷鸟。普通亚种下嘴基较厚，达1~1.3cm，翅长42~56.2cm，嘴长6.5~7.6cm。西伯利亚亚种嘴长7cm以上，翅长44~56.2cm。

种群状况 多型种。冬候鸟，旅鸟。数量多，常见。

Bean Goose *Anser fabalis*
豆雁

豆雁

Bean Goose *Anser fabalis* 体长：66~89 cm LC（低度关注）

雁形目 ANSERIFORMES　　鸭科 Anatidae (Ducks, Geese, Swans)

灰雁 \ 摄影：王尧天

灰雁 \ 摄影：简廷谋

灰雁 \ 摄影：桑新华

形态特征 头大，颈粗。以粉红色的嘴和脚为本种特征。嘴基无白色。上体体羽灰而羽缘白，具有扇贝形图纹。胸浅烟褐色，尾上及尾下覆羽均白色。嘴、脚粉红色。

生态习性 栖息于疏树草原、沼泽及湖泊；取食于矮草地及农耕地。多以草本植物的根、叶、茎、种子为食，冬季会补充谷物、马铃薯和其他植物。

地理分布 分布于欧亚北部，越冬于非洲北部、印度及东南亚。繁殖于中国北方大部，结小群在中国南部及中部的湖泊越冬。一些个体冬季至江西鄱阳湖。

种群状况 单型种。夏候鸟，冬候鸟，旅鸟。不常见。

Graylag Goose　*Anser anser*
灰雁

迷鸟　留鸟　旅鸟　冬候鸟　夏候鸟

灰雁

Graylag Goose　　*Anser anser*　　　体长：76~89 cm　　　LC（低度关注）

太平洋亚种 *frontalis* \ 摄影：段文科

指名亚种 *albifrons* \ 摄影：宋建跃

指名亚种 *albifrons* \ 摄影：桑新华

形态特征 颈短。嘴基与前额间有白色横纹，头、颈和背部羽毛棕黑色，羽缘灰白色。胸、腹部棕灰色，分布有不规则的黑斑。嘴粉红色，基部黄色；脚橘黄色。

生态习性 繁殖于北半球的苔原冻土带，栖息于沼泽、湖泊、池塘、河流、海岸附近；常在温带的农田越冬。以植物的根、叶、茎为食，也会取食谷物、马铃薯等。

地理分布 共5个亚种，繁殖于西伯利亚、北美北部，越冬于东亚、南亚、南欧及北美西南部。国内有2个亚种，指名亚种 *albifrons* 分布于黑龙江、辽宁、新疆、西藏、东部沿海各地至台湾，西至湖北、湖南等地，体色较多灰色。太平洋亚种 *frontalis* 有记录迁徙时见于东北地区及山东、河北；越冬区在长江流域及华东各地至湖北、湖南及台湾，也见于西藏南部；体色较褐而少灰色。

种群状况 多型种。冬候鸟，旅鸟。数量多，地方性常见。

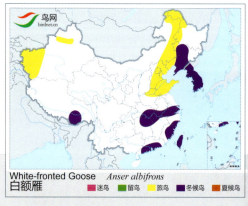

白额雁

White-fronted Goose　　*Anser albifrons*　　体长：65~86 cm　　国家 II 级重点保护野生动物　　LC（低度关注）

雁形目 ANSERIFORMES   鸭科 Anatidae (Ducks, Geese, Swans)

小白额雁 \ 摄影：孙晓明

小白额雁 \ 摄影：牛蜀军

小白额雁 \ 摄影：桑新华

形态特征 环嘴基有白斑。腹部具近黑色斑块。极似白额雁。区别在于本种的体型较小，嘴、颈较短，嘴周围白色斑块延伸至额部，眼圈黄色，腹部暗色块较小。

生态习性 栖息于北极地区的开阔地带，尤其是灌丛覆盖或稀疏森林的苔原地带，以及山区的缓坡和湖泊。常与白额雁混群，取食于农田及苇茬地。性敏捷，有时在陆上奔跑。

地理分布 繁殖于欧洲、西伯利亚等地的极北部，越冬于欧洲南部、非洲的埃及北部、亚洲大陆西南部、朝鲜半岛、日本等地。在中国，迁徙途中见于东北地区中部、河北北部、山东、河南等省份；越冬见于长江中下游沿岸及东南沿海地区；有迷鸟偶见于台湾中部地区。洞庭湖为其重要越冬地。

种群状况 单型种。冬候鸟，旅鸟、迷鸟。罕见。

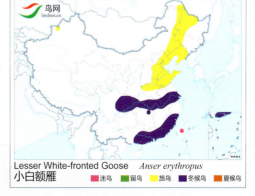

Lesser White-fronted Goose   *Anser erythropus*
小白额雁   ■迷鸟 ■留鸟 ■旅鸟 ■冬候鸟 ■夏候鸟

小白额雁

Lesser White-fronted Goose   *Anser erythropus*   体长：53~66 cm   VU（易危）

斑头雁 \ 摄影：关克

斑头雁 \ 摄影：雷洪

斑头雁 \ 摄影：段文科

形态特征 显著特征是头顶白色而头后有两道黑色条纹。喉部白色延伸至颈侧。头部黑色图案在幼鸟时为浅灰色。嘴鹅黄色，嘴尖黑，脚橙黄色。

生态习性 在海拔 4000~5300 米的青藏高原湿地繁殖，特别偏好地表裸岩。冬季在海拔较低的沼泽、湖泊和河流越冬。耐寒冷荒漠碱湖。多以莎草科和禾本科的茎叶为食，冬季也会取食谷物、块茎和其他植物。

地理分布 分布于亚洲中部、印度北部及缅甸。繁殖于中国极北部及青海、西藏的沼泽和高原泥淖；冬季迁移至中国中部地区及西藏南部；迁徙时中国许多地区可见。

种群状况 单型种。夏候鸟，冬候鸟，旅鸟。地区性常见。

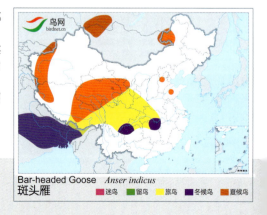

Bar-headed Goose *Anser indicus*
斑头雁

斑头雁

Bar-headed Goose   *Anser indicus*   体长：62~85 cm   LC（低度关注）

雁形目 ANSERIFORMES　　鸭科 Anatidae (Ducks, Geese, Swans)

雪雁与其他雁类混群 \摄影：孙华金

雪雁与其他雁类混群 \摄影：孙华金

形态特征 翼尖，黑色。亚成体头顶、颈背及上体近灰色。有蓝色型个体出现，其头及上颈白色，其余体羽多为黑色，肩部有蓝色斑块。嘴粉红色，脚粉色。

生态习性 栖息于池塘、浅水湖泊、河流三角洲等地。越冬于沿海的农作地及稻茬地。植食性，在冬季也会补充谷物和蔬菜。在繁殖季会采食盐沼植被。

地理分布 共2个亚种，繁殖殖于北美洲极地的苔原冻土带，少量繁殖于西伯利亚的朗格尔（Wrangel）岛；越冬于北美洲的亚热带及温带地区，偶见于日本。国内有1个亚种，指名亚种 *caerulescens* 偶见越冬于中国东部及河北。由于西伯利亚种群的数量减少，现已非常罕见。

种群状况 多型种。冬候鸟。罕见。

雪雁

Snow Goose　　*Anser caerulescens*　　体长：66~84 cm　　LC（低度关注）

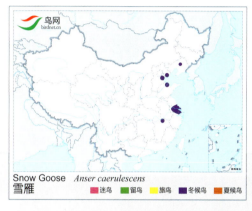

加拿大雁 \摄影：杨旭东

加拿大雁 \摄影：杨旭东

形态特征 体羽灰色。头颈黑色，眼后延至喉间的白色斑块为本种特征。飞行时背和尾与白色的臀部及尾上覆羽成反差。嘴黑色，脚黑色。

生态习性 栖息地多样，从苔原到半沙漠，到林地的近水地带。在加拿大和欧洲的农田和城镇中也经常出现，多靠近水源。

地理分布 广泛分布于北美洲。引种至欧洲及新西兰。散布至东北亚。偶见越冬于日本。非中国原有种，但野生群体出现于北京及鄱阳湖等地。

种群状况 单型种。迷鸟。罕见。

加拿大雁

Canada Goose　　*Branta canadensis*　　体长：55~110 cm　　LC（低度关注）

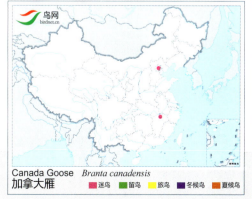

黑雁 \ 摄影：梁长久

黑雁 \ 摄影：梁长久

黑雁 \ 摄影：张锡贤

形态特征 体羽深灰色。嘴和脚均黑，尾下羽白色。颈部灰色，两侧具特征性白色环纹，有时在前颈形成半领。胸侧多近白色纹。下体由近黑色变化到非常淡的灰色。雏鸟颈部无白斑，但翅上多白色横纹。

生态习性 繁殖于北美洲及西伯利亚极地的苔原冻土带或潮湿的沿海草甸，盐沼是育雏的关键栖息地。在南方沿海的草地及河口越冬，与其他种类混群。近水面低飞。涨大潮时栖于沿海港湾。植食性，以苔藓、地衣、草本植物为食。

地理分布 共4个亚种，分布于北极圈以北、北冰洋沿岸及附近岛屿。国内有1个亚种，普通亚种 nigricans 见于中国大陆的东北、东部沿海、福建等地，少量个体在黄海沿海一带越冬，在山西为迷鸟。

种群状况 多型种。旅鸟，冬候鸟，迷鸟。罕见。

黑雁

Brent Goose   *Branta bernicla*   体长：55~63 cm   LC（低度关注）

雁形目 ANSERIFORMES　鸭科 Anatidae (Ducks, Geese, Swans)

白颊黑雁 \ 摄影：郝夏宁　　　　　　　　　　　　　　　　　　　　白颊黑雁 \ 摄影：郝夏宁

形态特征 体羽灰色。脸白色，头部、颈部和上胸部为黑色。腹部白色。翅膀和背部银灰色，上面有黑白条纹。在飞行过程中尾部可以见到一个白色的"V"形，翅膀下面为银灰色。

生态习性 夏季栖息于极地苔原的泥潭和湿苔草甸上。冬季在低地草甸，滩涂和盐沼附近的海岸上栖息。繁殖于北极苔原的靠近河流湿地。植食性，以禾本科、莎草科和水生植物的茎、叶、种子为食，在冬季也食用一些谷物。

地理分布 主要分布在北大西洋的北极岛屿。国内偶见于河南、湖北等地。

种群状况 单型种。迷鸟。罕见。

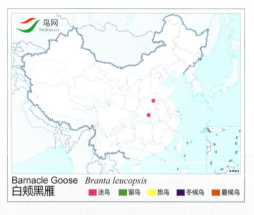

Barnacle Goose　Branta leucopsis
迷鸟　留鸟　旅鸟　冬候鸟　夏候鸟

白颊黑雁

Barnacle Goose　*Branta leucopsis*　　体长：58~71 cm　　LC（低度关注）

红胸黑雁 \ 摄影：牛蜀军　　　　　　　　　　　　　　　　　　　　红胸黑雁 \ 摄影：牛蜀军

形态特征 羽毛色彩靓丽。颈短粗，头圆嘴短。体羽黑白色，胸、前颈及头侧具特征性的红色斑块。嘴基有明显的白斑。飞行时黑色的体羽与臀部的白色反差强烈。尾部黑色比黑雁多。嘴黑色，脚黑色。

生态习性 栖息于水源附近的灌木和苔藓覆盖的苔原。冬季与其他雁类混合栖息于湖泊或水库附近的耕地中。飞行时紧紧成群而非"V"字形。停栖于湖泊或泻湖。群体异常喧闹。植食性，取食禾本科、莎草科和一些水生植物的茎、叶等，冬季辅以谷物和薯类的块茎。

地理分布 繁殖于西伯利亚极地冻土带的泰梅尔半岛，越冬于欧洲东南部及黑海和里海。迷鸟有记录于湖北、湖南(洞庭湖)和江西(鄱阳湖)。

种群状况 单型种。迷鸟。罕见。

Red-breasted Goose　Branta ruficollis
迷鸟　留鸟　旅鸟　冬候鸟　夏候鸟

红胸黑雁

Red-breasted Goose　*Branta ruficollis*　　体长：53~56 cm　　国家Ⅱ级重点保护野生动物　　VU（易危）

赤麻鸭（雌）\摄影：王军

赤麻鸭（雄）\摄影：王尧天

赤麻鸭\摄影：关克

形态特征 全身棕黄色。腿长、颈长，具有长且窄的翅膀。体色为明亮的橙棕色，头部浅黄褐色或乳白色，在前额及面部颜色尤为浅。臀部、尾部和飞羽为黑色，飞行时白色的翅上覆羽及铜绿色翼镜明显可见。成年雄鸟在夏季时有狭窄的黑色颈环。嘴近黑色，脚黑色。

生态习性 见于湖边或盐沼附近的草原、河岸、丘陵。取食莎草科和禾本科植物的叶、种子、茎等，也食用无脊椎动物，小型鱼类和两栖类动物。

地理分布 分布于欧洲东南部及亚洲中部，越冬于印度。国内广泛繁殖于东北和西北地区至青藏高原海拔4600米；迁徙至中部和南部越冬。

种群状况 单型种。留鸟，夏候鸟，冬候鸟，旅鸟。常见。

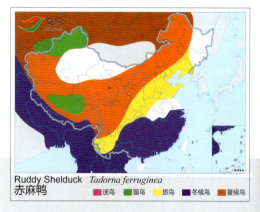

赤麻鸭

Ruddy Shelduck   *Tadorna ferruginea*   体长：60~71 cm   LC（低度关注）

雁形目 ANSERIFORMES　　鸭科 Anatidae (Ducks, Geese, Swans)

翘鼻麻鸭 \ 摄影：阚洪军

翘鼻麻鸭 \ 摄影：徐海洋

翘鼻麻鸭（雏鸟）\ 摄影：刘哲青

形态特征 颈长，腿长，体态丰满。头部暗绿色，嘴及额基部隆起的皮质肉瘤鲜红色，胸部有一栗色横带，肩部、飞羽、尾部尖端及腹部中央的纵纹均为黑色。雌鸟似雄鸟，但色较暗淡，嘴基肉瘤形小。嘴红色，脚红色。

生态习性 喜栖于沿海泥滩和河口等咸水或半咸水环境。在亚洲常见于半荒漠和草原地区的河流、沼泽、湖泊。主要以水生无脊椎动物为食，也食一些小型鱼类和植物。

地理分布 繁殖于西欧、地中海沿岸、约旦、伊朗、阿富汗。越冬到非洲北部、中东、巴基斯坦、印度北部、不丹、孟加拉国。在中国南方越冬，东北地区繁殖。

种群状况 单型种。夏候鸟，旅鸟，冬候鸟。数量多，常见。

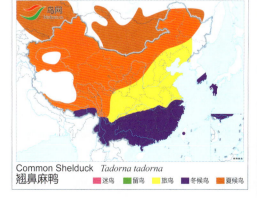

Common Shelduck　*Tadorna tadorna*
翘鼻麻鸭

翘鼻麻鸭

Common Shelduck　　*Tadorna tadorna*　　体长：58~67 cm　　LC（低度关注）

瘤鸭与斑嘴鸭 \ 摄影：桑新华

瘤鸭 \ 摄影：李杨

瘤鸭 \ 摄影：桑新华

形态特征 雄鸟体型较大，喙上端有突出的黑色肉质瘤，雌性无。头部、颈部白色，上面布满黑色小斑点。上体背部黑色，具有绿色金属光泽。胸、腹部白色，肩部灰白色。嘴黑色，脚灰色。

生态习性 栖息于淡水沼泽、河流、三角洲、湖泊、稻田和泛洪区。群栖于沼泽及多树的水网地带。雌鸟营巢于天然树洞，栖于多树木的水塘及河流。主要以草籽、水生植物、谷物为食，辅以水生无脊椎动物。

地理分布 共2个亚种，分布于南美洲、非洲南部撒哈拉和马达加斯加、印度、缅甸。国内有1个亚种，指名亚种 *melanotos* 在西藏东南部和云南极南部的湿地有分布记录，现已变得稀少；东南部有时有迷鸟。

种群状况 多型种。迷鸟。稀少，罕见。

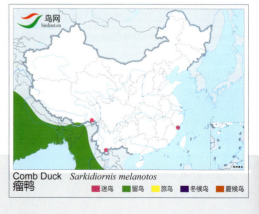

瘤鸭

Comb Duck   *Sarkidiornis melanotos*   体长：64~79 cm   LC（低度关注）

雁形目 ANSERIFORMES   鸭科 Anatidae (Ducks, Geese, Swans)

棉凫 \ 摄影：熊书林

棉凫 \ 摄影：肖显志

棉凫 \ 摄影：张波

形态特征 雄性繁殖期冠纹黑色，胸部有暗绿色狭窄颈带，脸颊、颈、腹部白色，背部深绿色，尾黑色。成年雌性有深色的过眼纹，背部棕褐色，颈部、腹部黄褐色。

生态习性 栖息于水草丰茂的淡水池塘、湖泊、泻湖、沼泽、水田或河流。营巢于树上洞穴，常栖于高树上。以种子、草和水生植物的绿色部分为食，偶尔也取食一些昆虫等无脊椎动物。通常成对或成小群聚集，在非繁殖季会聚集成较大的群体。

地理分布 共2个亚种，分布于亚洲东部和东南部的大部分地区，从阿富汗到印度次大陆，再到菲律宾、苏拉威西岛及新几内亚的北部；在澳大利亚的部分地区也有分布。国内有1个亚种，指名亚种 coromandelianus 见于我国东部和东南部地区。

种群状况 多型种。夏候鸟，留鸟，迷鸟。地区性常见。

Cotton Pygmy Goose   *Nettapus coromandelianus*   棉凫

棉凫

Cotton Pygmy Goose   *Nettapus coromandelianus*   体长：30~38 cm   LC（低度关注）

鸳鸯 \ 摄影：杜靖华

鸳鸯 \ 摄影：孙晓明

鸳鸯 \ 摄影：唐寒飞

鸳鸯（雌）\ 摄影：岳长利

形态特征 头大，尾长。雄性非繁殖羽暗淡，繁殖羽异常艳丽，有橙红色的颈部饰羽和翼帆，前额和头顶中央从绿色到紫色，闪耀金属光泽，延伸到枕部变为红铜色；脸颊皮黄色，有宽大的白色眉纹；胸部深紫色，具金属光泽；嘴鲜红色。雌鸟体色暗淡，通体灰色，具有明显的白色过眼纹；嘴灰色。

生态习性 喜爱茂密树林环绕的池塘、湖泊、河流、沼泽等。一般处于海拔1500米以下。在树上的洞穴或河岸岩洞内营巢。以橡树、栗树、山毛榉、谷物的种子为食，也取食水生植物和动物性食物。

地理分布 广布于亚洲东北部，包括俄罗斯、韩国、日本；被引种到英国、法国、比利时、荷兰、德国、丹麦、奥地利、瑞士等地。中国大部分地区可见。

种群状况 单型种。夏候鸟，冬候鸟，旅鸟，迷鸟，留鸟。较常见。

Mandarin Duck *Aix galericulata*
鸳鸯

鸳鸯

Mandarin Duck *Aix galericulata* 体长：41~51 cm 国家 II 级重点保护野生动物 LC（低度关注）

雁形目 ANSERIFORMES　　鸭科 Anatidae (Ducks, Geese, Swans)

赤颈鸭 \ 摄影：李新维

赤颈鸭（左雌右雄）\ 摄影：关克

形态特征 颈短，喙小。雄性繁殖期头部栗色而带皮黄色冠羽，胸部葡萄红色，上体和胁部浅灰色至白色。雌性成体暗棕褐色。两性都有明显的白色腹部和灰色腋羽及翼下覆羽（不同于绿眉鸭）。
生态习性 夏天栖于苔原、湖泊及泰加林中的池塘；冬天栖于湖泊、海岸潟湖、河流，尤其是接近河口地带。常在岸边取食，形成大的群体。
地理分布 繁殖于俄罗斯远东地区、楚科奇半岛和堪察加半岛。越冬于朝鲜半岛、日本。国内见于全国各地。
种群状况 单型种。夏候鸟，冬候鸟，旅鸟。常见。

赤颈鸭

Eurasian Wigeon　　*Anas penelope*　　体长：45~51 cm　　LC（低度关注）

绿眉鸭 \ 摄影：习靖

绿眉鸭 \ 摄影：习靖

形态特征 大小、形状都似赤颈鸭，但前额更陡，颈部更弯。繁殖期雄性头部色调较灰，从眼到枕部具有光泽的绿色条带；冠羽白色或浅黄色；胸部、胁部和身体后部粉棕色。雌性头部整体灰色，眼部颜色深，有暗褐色的胁部。两性飞行时均可见白色腹部。雄性有白色前翼，与赤颈鸭区别在于本种的腋羽和翼下覆羽白色。雌性大覆羽上有白斑。
生态习性 在湖泊、河流、海岸湿地栖息，偶尔在海上活动。常混群于赤颈鸭。
地理分布 北美洲常见，越冬于美洲中部。也有部分在俄罗斯东北部繁殖，主要在阿纳德尔河流域。少量去朝鲜半岛、日本越冬。中国偶见于台湾。
种群状况 单型种。迷鸟。罕见。

绿眉鸭（葡萄胸鸭）

American Wigeon　　*Anas americana*　　体长：45~56 cm　　LC（低度关注）

罗纹鸭 \ 摄影：梁长久

罗纹鸭（左雄右雌）\ 摄影：关克

罗纹鸭 \ 摄影：张代富

形态特征 雄性繁殖羽大体灰色，前额和头顶暗栗色，具金属光泽；脸亮绿色，与白色的下颌和颊部对比鲜明；颈部横纹黑色，胸部和胁部为蠕虫状的黑白色图案；尾黑，但两侧黄色，黑白色的三级飞羽长而弯曲。雌性像黑棕色的赤颈鸭，但没有白色腹部；头部浅灰色，喙灰色，下体带有扇贝形状的栗色图案。

生态习性 繁殖于植被良好的湖泊和沼泽。繁殖期后，常与其他雁鸭类集群于湖泊、沼泽或溪流觅食。

地理分布 繁殖于西伯利亚东南、堪察加半岛、蒙古、千岛群岛至日本北部。越冬于日本南部及朝鲜半岛、越南、缅甸、老挝、泰国。在我国繁殖于东北部(内蒙古和吉林)，越冬于我国中部和东部，除甘肃、新疆外，国内大部分地区均可见。

种群状况 单型种。夏候鸟，冬候鸟，旅鸟。数量较少。

罗纹鸭

Falcated Duck　　*Anas falcata*　　体长：46~54 cm　　NT（近危）

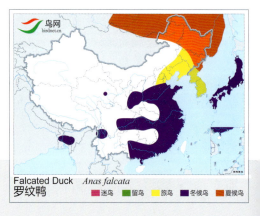

雁形目 ANSERIFORMES　　鸭科 Anatidae (Ducks, Geese, Swans)

赤膀鸭 \ 摄影：孙晓明

赤膀鸭 \ 摄影：贺喜

赤膀鸭（雌）\ 摄影：孙晓明

形态特征 体羽暗色，体型比绿头鸭略小。繁殖期雄性的头部暗棕灰色，身体深灰色，胸部灰色呈贝壳状。雌性暗黑棕色，像罗纹鸭的雌性，但翅膀合拢时可见白色。

生态习性 繁殖于多种淡水和咸水湿地，特别是水浅而植被丰富的河流等。迁徙和越冬利用淡水湖泊、海岸泻湖和河流。

地理分布 共2个亚种，繁殖于欧亚大陆北部和中部，从冰岛至日本北部，向南至摩洛哥和阿尔及利亚、土耳其、伊朗。在美洲的加利福尼亚北部至阿拉斯加海岸。国内有1个亚种，指名亚种 strepera 繁殖于东北地区。在黄河及以南水域越冬。

种群状况 多型种。夏候鸟，冬候鸟，旅鸟。常见。

赤膀鸭

Gadwall　　*Anas strepera*　　　　体长：44~55 cm　　　　LC（低度关注）

花脸鸭（雄）\摄影：吕忠信

花脸鸭（雌）\摄影：莫建平

花脸鸭（雄）\摄影：莫建平

形态特征 雄性脸部有黄色、深绿色及黑色条纹组成的独特图案；胸部粉棕色带黑点，胁部灰色，具垂直的白色斑纹；上体棕色，橘黄色、黑色和白色的三级飞羽长而下垂。雌性有明显的眼先斑点，圆且色浅；暗色的顶冠和冠眼纹与浅棕色眉纹形成对比。

生态习性 繁殖于森林苔原及泰加林湖泊，越冬于湖泊和大的池塘，取食于稻田和浅水湿地，有时候在夜间活动。

地理分布 繁殖于西伯利亚北部和东部至鄂霍次克海、楚科奇半岛东部和堪察加半岛北部。越冬至朝鲜半岛和日本，目前主要越冬于韩国。在我国上海也偶尔发现有大的群体。除甘肃、新疆外，迁徙季节全国各地可见。在我国东部、台湾(偶尔)越冬。

种群状况 单型种。旅鸟，冬候鸟。曾为全球性近危种，现定为无危种。

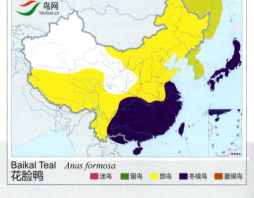

花脸鸭

Baikal Teal　*Anas formosa*　体长：39~43 cm　LC（低度关注）

雁形目 ANSERIFORMES 鸭科 Anatidae (Ducks, Geese, Swans)

指名亚种 crecca \ 摄影：王军

指名亚种 crecca \ 摄影：王中强

北美亚种 carolinensis \ 摄影：东木

北美亚种 carolinensis \ 摄影：武刚

指名亚种 crecca \ 摄影：孙晓明

形态特征 繁殖期的雄性有栗色的头部，长而宽的暗绿色的眼带，奶油色胸部有黑色斑点，尾部两侧黄色；雌性暗棕色，脸部干净，有过眼纹。雌雄飞行时均可见绿色翼镜。

生态习性 繁殖于隐蔽而植被茂盛的泰加林中。迁徙越冬时，栖息于湖泊、池塘、河流和水稻田中。成大群与其他鸭类混合。

地理分布 共3个亚种，指名亚种繁殖于古北界北部和中部，越冬于撒哈拉沙漠以南、亚洲的西南部、东南部和南部。阿留申亚种 nimia 分布于阿留申群岛。北美亚种 carolinensis 繁殖于北美洲，越冬于北美洲南部。国内有2个亚种，指名亚种 crecca 见于全国各地。北美亚种 carolinensis 记录于香港。

种群状况 多型种。夏候鸟，冬候鸟，旅鸟。常见。

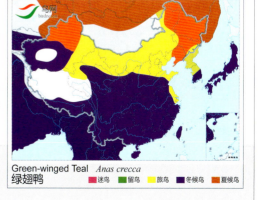

绿翅鸭

Green-winged Teal　　*Anas crecca*　　体长：34~38 cm　　LC（低度关注）

绿头鸭 \ 摄影：孙晓明

绿头鸭（雌）\ 摄影：王尧天

绿头鸭 \ 摄影：王尧天

形态特征 家鸭的野生型。雄性繁殖羽有深绿色具金属光泽的头部和颈部，白色颈环，胸部栗色，尾部黑色，尾羽白色，黑色的尾上覆羽向上卷曲；有时可见蓝色翼镜。雌性棕色具条纹，顶冠和过眼纹暗色，也有蓝色的翼镜。

生态习性 繁殖于湿地，迁徙越冬时结群于池塘、湖泊、河流、水稻田、河口、有时在海上。通常结大群与其他鸭类在一起。

地理分布 共2个亚种，繁殖于北半球大部分地区，越冬于印度次大陆北部、缅甸、朝鲜半岛、日本。国内有1个亚种，指名亚种 *platyrhynchos* 主要繁殖于西北和东北地区；越冬于华北中部和南部(包括台湾)。

种群状况 多型种。夏候鸟，旅鸟，冬候鸟。常见。

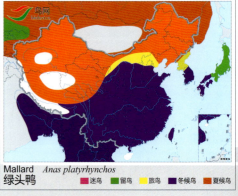

绿头鸭

Mallard *Anas platyrhynchos* 体长：50~70 cm LC（低度关注）

雁形目 ANSERIFORMES　　鸭科 Anatidae (Ducks, Geese, Swans)

指名亚种 *poecilorhyncha* \ 摄影：段文科

云南亚种 *haringtoni*（印缅斑嘴鸭）\ 摄影：刘鸿

指名亚种 *poecilorhyncha* \ 摄影：张前

形态特征 雌雄相似，喙上有黄色斑块。体色深，脸色浅，尾部黑，头冠、过眼纹和脸颊下部的斑纹黑灰棕色，眉纹白色，翼镜蓝紫色。

生态习性 栖息于湿地，包括湖泊、水稻田、甚至城市中的池塘。

地理分布 共3个亚种。国内有2个亚种。普通亚种 *zonorhyncha* 分布于西伯利亚东南、库页岛、千岛群岛、朝鲜半岛、日本至中国南方，在中国东部大部分地区为留鸟，全国各地可见。云南亚种 *haringtoni* 繁殖于印度北部、缅甸东部至中国南部，国内可见于云南南部和西南部、广东、香港、澳门，翼镜闪着金属蓝色，前缘白斑狭窄或缺，下体色暗，斑点不明显。指名亚种 *poecilorhyncha* 分布于印度次大陆至斯里兰卡，向东至孟加拉国。有学者将后两个亚种独立为一个种，称为印缅斑嘴鸭，翼镜闪着金属绿色，前缘白斑较宽，下体色淡，斑点明显。

种群状况 多型种。夏候鸟，冬候鸟，旅鸟，迷鸟，留鸟。常见。

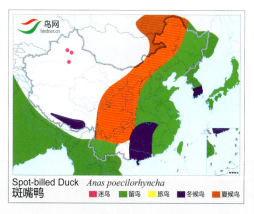

Spot-billed Duck *Anas poecilorhyncha*
斑嘴鸭　迷鸟　留鸟　旅鸟　冬候鸟　夏候鸟

斑嘴鸭

Spot-billed Duck　　*Anas poecilorhyncha*　　体长：58~63 cm　　LC（低度关注）

棕颈鸭 \ 摄影：张新

形态特征 雌雄相似。头冠、枕部和过眼纹黑色，眉纹、脸颊和颈部褐棕色，上体及下体灰棕色，翼镜绿色，腰部及肛周黑色，尾黑灰色。飞行可见次级飞羽边缘黑色。
生态习性 分布于低地湖泊，红树林边缘的河口和湿地。
地理分布 分布与菲律宾，偶尔见于日本南部。中国在台湾和香港有记录。
种群状况 单型种。迷鸟。罕见。

Philippine Duck *Anas luzonica*
棕颈鸭

棕颈鸭

Philippine Duck　*Anas luzonica*　　体长：48~62 cm　　VU（易危）

针尾鸭 \ 摄影：简廷谋

针尾鸭（雌）\ 摄影：孙晓明

针尾鸭 \ 摄影：王尧天

形态特征 雄性繁殖羽有暗巧克力色的头部和枕部，前颈白色，向上延伸至颈侧。胸部和腹部白色，胁部灰色，胁部后侧奶白色；尾和肛周黑色，尾特别长，两侧白色。雌性灰棕色，没有眉纹；两性翼镜均为绿色。
生态习性 繁殖于从苔原到泰加林森林的湿地，迁徙和越冬时与其他鸭类混群。
地理分布 繁殖于全北界，越冬至非洲至亚洲南部和美洲中部。国内各地可见。
种群状况 单型种。夏候鸟，冬候鸟，旅鸟。常见。

Northern Pintail *Anas acuta*
针尾鸭

针尾鸭

Northern Pintail　*Anas acuta*　　体长：50~66 cm　　LC（低度关注）

雁形目 ANSERIFORMES　　鸭科 Anatidae (Ducks, Geese, Swans)

配偶对 \ 摄影：段文科

白眉鸭 \ 摄影：王尧天

白眉鸭 \ 摄影：桑新华

形态特征 雄性繁殖羽头部从远处观察色暗，紫棕色；银白色的眉纹从眼前延伸至颈侧；胸部为贝壳状图案，背部棕色，胁部灰色，肛周和尾棕色。雌性与绿翅鸭的雌鸟相似，但下颏白色。两性都有暗绿色翼镜。

生态习性 繁殖于混交林、森林草原、草原中植被良好的小湖泊和池塘。迁徙和越冬见于海岸泻湖、湖泊。

地理分布 繁殖于古北界，从英格兰至俄罗斯远东地区；越冬于撒哈拉沙漠以南、印度和东南亚。国内繁殖于东北和西北地区，迁徙时见于全国各地，越冬于低纬度地区水域，最南可到海南岛。

种群状况 单型种。夏候鸟，冬候鸟，旅鸟。不常见。

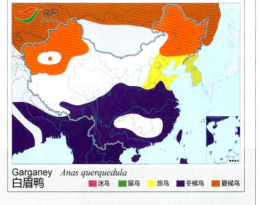

白眉鸭

Garganey　　*Anas querquedula*　　体长：32~41 cm　　LC（低度关注）

配偶对 \ 摄影：李宗丰

琵嘴鸭 \ 摄影：冯启文

琵嘴鸭 \ 摄影：孙晓明

形态特征 本种有个形状特殊的铲状嘴。雄性繁殖羽有绿色的头部，白色的胸部，栗色的胁部和腹部。雌性与绿头鸭相似，但体型更小，喙形状不同。飞行时，雄性可见前翼灰蓝色，翼镜绿色；雌性可见暗绿色翼镜。

生态习性 繁殖于植被良好的浅水地区。迁徙和越冬常与其他鸭类结群于湖泊和海岸潟湖。

地理分布 繁殖于全北界，越冬于非洲、亚洲南部和东南部及美洲中部。国内繁殖于东北、西北地区；越冬于东部。全国各地均可见。

种群状况 单型种。夏候鸟，冬候鸟，旅鸟。地方性常见。

Northern Shoveler *Anas clypeata*
琵嘴鸭　迷鸟　留鸟　旅鸟　冬候鸟　夏候鸟

琵嘴鸭

Northern Shoveler　*Anas clypeata*　体长：43~56 cm　LC（低度关注）

云石斑鸭 \ 摄影：Mike Powles

形态特征 全身棕色，带灰白色斑点；眼部颜色深。雌雄同色，无翼镜。嘴蓝灰色。

生态习性 生活于干旱地区植被稀疏的浅水水域、淡水湖泊及沼泽湿地。包括季节性和半永久性的湿地。

地理分布 繁殖地从西班牙南部到非洲北部，穿过中东到亚洲西部。越冬至撒哈拉沙漠以南的非洲、亚洲至印度西北部。国内仅见于新疆西北部。

种群状况 单型种。夏候鸟。数量少，罕见。

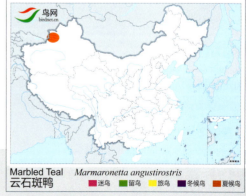
Marbled Teal *Marmaronetta angustirostris*
云石斑鸭　迷鸟　留鸟　旅鸟　冬候鸟　夏候鸟

云石斑鸭

Marbled Teal　*Marmaronetta angustirostris*　体长：39~48 cm　VU（易危）

雁形目 ANSERIFORMES 鸭科 Anatidae (Ducks, Geese, Swans)

赤嘴潜鸭 \ 摄影：段文科

雌鸭和幼鸭 \ 摄影：王尧天

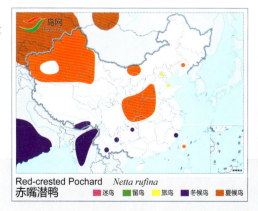

赤嘴潜鸭 \ 摄影：王尧天

形态特征 繁殖期的雄性有锈红色的头部，头冠偏淡，嘴鲜红色，后颈、胸、腹部中央、尾部黑色，肋部浅红色，上体棕色。雌性具浅灰棕色的头冠和枕部，白色的脸部，其余的羽毛呈浅灰棕色。
生态习性 栖息于边缘有芦苇的湖泊、水库、泻湖和湿地。
地理分布 分布于欧洲和亚洲中部，向东至贝加尔湖。少量越冬于朝鲜半岛及日本。国内繁殖于西北地区；冬季散布于华中、西南、东南地区（包括台湾）。
种群状况 单型种。夏候鸟，冬候鸟，旅鸟。地方性常见。

赤嘴潜鸭

Red-crested Pochard　*Netta rufina*　体长：53~58 cm　LC（低度关注）

帆背潜鸭 \ 摄影：东木

帆背潜鸭（雌）\ 摄影：东木

配偶对 \ 摄影：东木

形态特征 喙黑色。雄鸟头、颈栗褐色，背白色，腰及尾上覆羽黑色。下颈及胸黑色，腹白色。尾下覆羽黑色。雌鸟头、颈褐色，背灰褐色。腹部灰褐色。
生态习性 栖息于沼泽、河流、湖泊及海岸湿地。
地理分布 主要分布于北美洲。国内偶见于台湾。
种群状况 单型种。迷鸟。罕见。

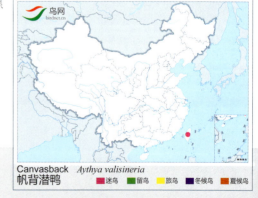

帆背潜鸭

Canvasback　　*Aythya valisineria*　　体长：48~61 cm　　LC（低度关注）

雁形目 ANSERIFORMES　　鸭科 Anatidae (Ducks, Geese, Swans)

红头潜鸭（雌）\摄影：张建军（落日熔金）

红头潜鸭 \摄影：赵光辉

红头潜鸭 \摄影：张建军（落日熔金）

形态特征 繁殖期的雄性有暗栗色的头部和颈部，胸部和尾部黑色，身体呈灰色。雌性头灰棕色，眼后有一条浅带，眼先和下颌色浅，胸部和尾部灰棕色。

生态习性 栖息于湖泊、池塘、海岸、泻湖，经常潜水取食。

地理分布 夏天活动于欧洲西部至外贝加尔湖；冬天迁至非洲、亚洲南部及东南部。国内繁殖于西北各地；冬季越冬于华东及华南地区。除海南外见于全国各地。

种群状况 单型种。夏候鸟，冬候鸟，旅鸟。常见。

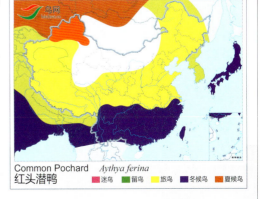

红头潜鸭

Common Pochard　　*Aythya ferina*　　体长：42~49 cm　　VU（易危）

中国鸟类图志 *The Encyclopedia of Birds in China*

青头潜鸭 \摄影：段文科

青头潜鸭（雌）与白眼潜鸭混群 \摄影：伍孝崇

青头潜鸭与白眼潜鸭混群 \摄影：李涛（涛哥）

形态特征 繁殖期雄性的头部和颈部黑绿色，具金属光泽；上体黑棕色，胸部暗栗色，胁部浅栗色和白色，尾部有小块白色斑块，尾短。雌性有黑棕色的头和颈部，栗棕色的胸部和胁部，颜色显污浊，飞行可见翼上白色斑块，与黑色覆羽及翼缘对比明显。

生态习性 繁殖于植被良好的湖泊、池塘、流速缓慢的河流，越冬于大的湖泊、池塘或沼泽湿地。

地理分布 为亚洲东部特有种。繁殖于俄罗斯远东地区，可能还包括朝鲜北部。越冬于亚洲南部及东南部。我国除新疆、海南外，见于全国各地，繁殖于我国东北地区，越冬于东部长江以南。

种群状况 单型种。夏候鸟，冬候鸟，旅鸟。近年来种群数量急剧下降，数量稀少，总数少于1000只。极度濒危。

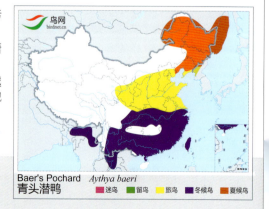

Baer's Pochard *Aythya baeri*
青头潜鸭

青头潜鸭

Baer's Pochard *Aythya baeri*   体长：41~47 cm   CR（极危）

雁形目 ANSERIFORMES　　鸭科 Anatidae (Ducks, Geese, Swans)

白眼潜鸭 \摄影：张代富

白眼潜鸭（雌）\摄影：王尧天

白眼潜鸭 \摄影：段文科

形态特征 额头高。雄性繁殖期头、胸、胁部暗栗色，肛周白色，上体、腰和尾羽黑色，眼白色。雌性多棕色，少栗色。

生态习性 栖居于沼泽及淡水湖泊。冬季也活动于河口及沿海泻湖。怯生谨慎，成对或成小群活动。

地理分布 分布从欧洲东部至亚洲中部，越冬至非洲及亚洲南部。在中国繁殖于新疆西部、内蒙古的乌梁素海及新疆南部零散湖泊等地；越冬于长江中游地区、云南西北部；迁徙时见于其他地区；迷鸟至河北和山东。

种群状况 单型种。夏候鸟，冬候鸟，旅鸟。罕见。

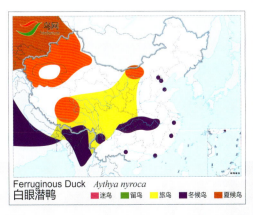

Ferruginous Duck　*Aythya nyroca*
白眼潜鸭

白眼潜鸭

Ferruginous Duck　　*Aythya nyroca*　　体长：38~42 cm　　NT（近危）

中国鸟类图志 *The Encyclopedia of Birds in China*

凤头潜鸭 \摄影：王尧天

凤头潜鸭 \摄影：关克

凤头潜鸭（雌）\摄影：段文科

形态特征 雄性繁殖羽黑色，具凤头，头部有时呈淡紫色，胁部白色。雌性棕色，凤头较短，似斑背潜鸭，但眼先没有白色。喙端部黑色，眼黄色。

生态习性 主要栖息于湖泊、河流、沼泽等开阔水面。在迁徙和越冬期间常集大群。

地理分布 繁殖于整个古北界北部，从冰岛至堪察加半岛。越冬于非洲、亚洲南部和东部。在亚洲繁殖于俄罗斯南部苔原地区，越冬于朝鲜半岛和日本。国内见于全国各地，繁殖于东北地区，越冬于南部(包括台湾)。

种群状况 单型种。夏候鸟，冬候鸟，旅鸟。常见。

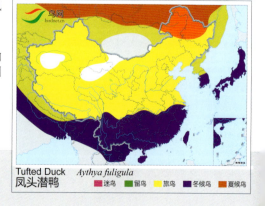

凤头潜鸭

Tufted Duck *Aythya fuligula* 体长：40~47 cm LC（低度关注）

雁形目 ANSERIFORMES　鸭科 Anatidae (Ducks, Geese, Swans)

斑背潜鸭 \ 摄影：王安青

斑背潜鸭 \ 摄影：朱英

斑背潜鸭 \ 摄影：王安青

形态特征 繁殖期雄性头黑色，带暗绿色金属光泽；胸和尾部黑色，胁部白色，背部有灰白色蠕虫状斑纹。雌性棕色，背部及胁部均呈蠕虫状斑纹，喙基部有大量白色，在秋季和冬季耳羽后有时亦呈白色。与凤头潜鸭雌性相比，头更圆。雄鸟喙端部中间为黑色。

生态习性 繁殖期栖息于苔原地带和泰加林带，在淡水湖泊、河流、沼泽等生境活动。冬季栖息于近海浅水处、内陆湖泊、水库和沼泽等地。多见于湖泊、河流、水库等开阔水域。

地理分布 共2个亚种，繁殖于北极和亚北极地区，欧亚大陆和北美大陆北部。越冬于千岛群岛、日本、朝鲜半岛。国内有1个亚种，普通亚种 nearctica 国内见于从黑龙江至广西东部的大部分地区。

种群状况 多型种。冬候鸟，旅鸟。不常见。

斑背潜鸭

Greater Scaup　*Aythya marila*　体长：40~51 cm　LC（低度关注）

小绒鸭 \ 摄影：GettyImages

形态特征 头方而喙短。繁殖期雄性有白色带奶油黄色的胸部、胁部，黑色的眼斑及下颏、领环，胸两侧各有一黑点，尾部黑色；头冠后部有黑绿色斑块，形成一个小的凤头；黑白色的三级飞羽下垂。雌鸟及非繁殖期的雄鸟体深褐色，眼圈色浅，绿色翼镜前后有白色边缘。

生态习性 繁殖期栖息于北极冻原近海的内陆水塘，非繁殖期栖息于沿海的海湾及河口等地。常以小群活动。

地理分布 分布于高纬度北极苔原地区，从西伯利亚东部到白令海峡、阿拉斯加。越冬于欧洲西北部、堪察加半岛、科曼多尔群岛、阿留申群岛及千岛群岛。国内罕见，越冬于黑龙江东部和河北北部。

种群状况 单型种。冬候鸟，迷鸟。罕见。

Steller's Eider *Polysticta stelleri*
小绒鸭

小绒鸭

Steller's Eider *Polysticta stelleri* 体长：44~51 cm VU（易危）

配偶对（左雌右雄）\ 摄影：东木

丑鸭 \ 摄影：王安青

形态特征 体羽颜色、形态独特。喙小而头圆，前额陡峭。繁殖期雄性灰蓝色，胁部栗色，顶冠、眼先、耳后、颈部、领部、胸侧和背部有白色图案，顶部白色，两侧有栗色条纹。雌性为均一棕色，眼先及耳后有白色斑块，飞行时翅膀黑色。

生态习性 繁殖季节栖息于流速快的溪流和江河中，冬季栖息于沿海水域和岩石较多的海湾与河口。

地理分布 繁殖于大西洋西北部及太平洋北部，在东亚地区繁殖于俄罗斯远东，越冬至朝鲜半岛、九州北部至日本中部。国内见于黑龙江、吉林西部、辽宁南部、河北东部、陕西、湖南。

种群状况 单型种。旅鸟。罕见。

Harlequin Duck *Histrionicus histrionicus*
丑鸭

丑鸭

Harlequin Duck *Histrionicus histrionicus* 体长：35~51 cm LC（低度关注）

雁形目 ANSERIFORMES　鸭科 Anatidae (Ducks, Geese, Swans)

长尾鸭 \ 摄影：梁长久

配偶对 \ 摄影：王兴娥

长尾鸭（雌）\ 摄影：朱英

形态特征 繁殖期雄性有非常长的中央尾羽，脸部白色，头冠、颈部和胸部棕黑色，背部棕黑色带金黄色图案，胁部白色；非繁殖期头、颈、胸部白色，眼周浅灰色，耳后有黑色斑块，背部黑白色，胁部白色。雌性非繁殖期脸部白色，顶冠、前额及耳斑黑色，胸和上体暗棕色，尾部白色；繁殖季似雄性，但缺少长的中央尾羽，头和颈侧更为暗淡，飞行时翅为灰黑色。

生态习性 生活于苔原湖泊和沼泽苔原，冬季喜欢石质或沙质的海岸水域，偶尔位于港口或内陆湖泊、河流。

地理分布 分布于全北界。主要繁殖于北极圈，从勒拿河至白令海峡、霍斯特克海东北和堪察加北部；越冬于白令海峡北部和南部海域。常见于日本北部，罕见于朝鲜半岛。在中国渤海、黄海、东海、长江中下游及四川、新疆等地有零散的越冬记录。

种群状况 单型种。旅鸟，冬候鸟。罕见。

长尾鸭

Long-tailed Duck　　*Clangula hyemalis*　　体长：50~60 cm　　VU（易危）

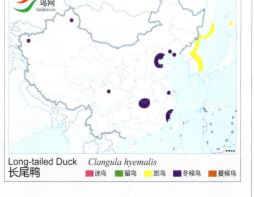

Long-tailed Duck　*Clangula hyemalis*
长尾鸭

黑海番鸭 \ 摄影：Howie Wu

黑海番鸭 \ 摄影：邹强

黑海番鸭 \ 摄影：邹强

形态特征 雄鸟体羽黑色，上喙黄色、端部和边缘黑色，下喙黑色。雌鸟体羽烟灰褐色，喙黑色，头顶及枕黑色，脸和前颈皮灰黄色。

生态习性 栖息于海域、河口及海港。

地理分布 共2个亚种，分布于北美洲东西海岸、欧亚大陆的北部、东北部和西部海岸。国内有1个亚种，北美亚种 *americana* 分布于黑龙江、山东、重庆、江苏、上海、福建、广东、香港。

种群状况 多型种。冬候鸟。不常见。

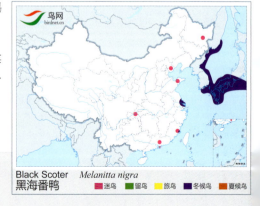

黑海番鸭

Black Scoter　　*Melanitta nigra*　　体长：43~54 cm　　NT（近危）

雁形目 ANSERIFORMES　　鸭科 Anatidae (Ducks, Geese, Swans)

斑脸海番鸭 \ 摄影：高宏颖

配偶对 \ 摄影：邢睿

斑脸海番鸭 \ 摄影：王安青

形态特征 雄性成鸟体羽全黑，眼后有一半月形白斑，红嘴嘴基有一黑色瘤，虹膜白色。雌鸟通体褐色，耳部和上嘴基部各有一圆形白斑，眼和嘴之间及耳羽上各有一白点。飞行时翅上翼镜白色，可区别于黑海番鸭。

生态习性 繁殖期主要栖息在有稀疏林木生长的内陆淡水湖泊和大的水塘，迁徙期也利用内陆湖泊和河口，冬季主要栖息于沿海海域。游泳时尾向上翘起，潜水时两翅微张，常频繁潜水。

地理分布 共3个亚种，繁殖于欧洲北部、西伯利亚北部和北美洲西北部；亚洲种群越冬于朝鲜及日本海域。国内只有1个亚种，阿拉斯加亚种 deglandi 在我国东北地区及内蒙古、吉林、辽宁、河北等地有迁徙种群。

种群状况 多型种。旅鸟，冬候鸟，迷鸟。罕见。

注： 近年有人将其分为3个独立种，国际鸟类联盟将指名亚种评估为濒危。

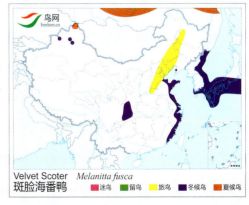

斑脸海番鸭

Velvet Scoter　　*Melanitta fusca*　　体长：51~58 cm　　LC（低度关注）

鹊鸭（左雄右雌）\摄影：刘哲青

鹊鸭（雌）\摄影：张代富

鹊鸭 \摄影：韩文达

鹊鸭 \摄影：杜英

形态特征 雄性头黑色，大而高耸；眼金色，嘴基部具大块白斑；繁殖期雄鸟上体黑色，胸腹白色，次级飞羽极白，头余部黑色闪绿光。雌鸟略小，头褐色，上体黑褐色，嘴黑色，尖端橙色，具近白色扇贝形纹；通常具狭窄白色前颈环。

生态习性 性机警而胆怯，游泳时尾翘起。善潜水，一次能在水下潜泳30秒左右。

地理分布 共2个亚种，分布于全北界。繁殖于北美洲北部、西伯利亚、欧洲中部和北部，越冬于繁殖区的南方。国内有1个亚种，指名亚种 *clangula* 繁殖于大兴安岭，越冬于华北地区、东南沿海和长江中下游。除海南外见于全国各地。

种群状况 多型种。夏候鸟，冬候鸟，旅鸟。常见。

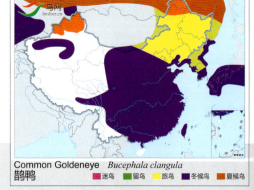

鹊鸭

Common Goldeneye *Bucephala clangula* 体长：40~50 cm LC（低度关注）

雁形目 ANSERIFORMES　　鸭科 Anatidae (Ducks, Geese, Swans)

斑头秋沙鸭 ＼摄影：王尧天

斑头秋沙鸭（雌）＼摄影：张代富

斑头秋沙鸭 ＼摄影：王尧天

形态特征 雄性头、颈和下体白色，眼周、眼先、枕纹、上背、初级飞羽及胸侧的两条斜线黑色，对比鲜明，容易识别。雌性比雄性略大，从额到后颈栗褐色，下颌及前颈白色，上体黑褐色，与普通秋沙鸭的区别在于喉白色。
生态习性 栖息于湖泊、池塘、水库及河流等生境，营巢于林中、河边或湖边老龄树上的洞穴中，有时利用黑啄木鸟的旧洞。
地理分布 分布于欧洲北部及亚洲北部，越冬于印度北部、日本。在中国繁殖于大兴安岭，冬季南迁时经过全国大部分地区。
种群状况 单型种。夏候鸟，冬候鸟，旅鸟，迷鸟。常见。

斑头秋沙鸭（白秋沙鸭）

Smew　*Mergellus albellus*　　　体长：34~45 cm　　　LC（低度关注）

中国鸟类图志 *The Encyclopedia of Birds in China*

红胸秋沙鸭 ╲摄影：王尧天

红胸秋沙鸭（雌） ╲摄影：王安青

红胸秋沙鸭 ╲摄影：王兴娥

形态特征 嘴红色，细长而带钩。雄鸟头黑绿色，丝质冠羽长而尖，颈下部白色，胸红色带黑斑；上体黑色，两侧白色，两侧多具蠕虫状细纹；下体白色。雌性头棕褐色，胸部棕红色，无白色颈环。与中华秋沙鸭的区别在于胸部棕色，条纹深色；与普通秋沙鸭的区别在于胸部色深而冠羽更长。

生态习性 繁殖期栖息于苔原、沼泽湖泊及河流等水域，越冬期多见于沿海及河口地区。常成小群在近海岸潮间带及其附近的岩礁处活动和觅食，几乎都在水上，很少到岸上活动。

地理分布 分布于全北界，越冬于东南亚。在中国繁殖于东北地区，迁徙时经中国大部地区，于东南沿海地区（包括台湾）越冬。

种群状况 单型种。夏候鸟，冬候鸟，旅鸟。不常见。

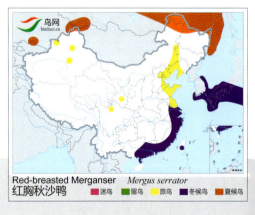

红胸秋沙鸭

Red-breasted Merganser *Mergus serrator* 体长：52~58 cm LC（低度关注）

雁形目 ANSERIFORMES　　鸭科 Anatidae (Ducks, Geese, Swans)

指名亚种 *merganser*（上雌下雄）\ 摄影：孙晓明

中亚亚种 *comatu*（雌）\ 摄影：王尧天

指名亚种 *merganser* \ 摄影：贺跃进

中亚亚种 *comatu* \ 摄影：王尧天

形态特征 繁殖期雄鸟头及背部绿黑色，枕部有短的黑褐色冠羽，胸部及下体乳白色；翅上有大型白斑，飞行时翼白而外侧三级飞羽黑色。雌鸟头和上颈棕褐色，上体灰色，下体白色，具白色翼镜。
生态习性 喜结群活动于湖泊水库及河流。潜水捕食鱼类。
地理分布 共3个亚种，繁殖于欧洲北部、西伯利亚、北美洲北部，越冬于欧洲南部、东亚、美洲中部。国内有2个亚种，指名亚种 *merganser* 除西藏、青海、香港和海南外，见于全国各地，嘴较长，雄鸟次级飞羽的黑缘较窄。中亚亚种 *comatus* 见于新疆南部、西藏、青海东北部和南部、云南、四川北部，嘴较短，雄鸟次级飞羽的黑缘较宽。
种群状况 多型种。夏候鸟，冬候鸟，旅鸟。常见。

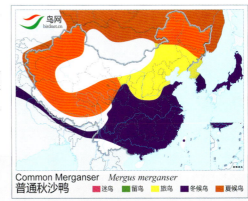

Common Merganser　*Mergus merganser*
普通秋沙鸭　迷鸟　留鸟　旅鸟　冬候鸟　夏候鸟

普通秋沙鸭

Common Merganser　　*Mergus merganser*　　体长：58~72 cm　　LC（低度关注）

165

中国鸟类图志 *The Encyclopedia of Birds in China*

中华秋沙鸭 \ 摄影：王成江

中华秋沙鸭（雌）\ 摄影：黎忠

中华秋沙鸭 \ 摄影：黎忠

雌鸭和幼鸭 \ 摄影：段文科

形态特征 雄性头部黑绿色，具长羽冠，上背黑色，体侧、下体白色，两肋具黑色同心斑纹，在两肋形成显著的鳞片状斑纹；胸白而有别于红胸秋沙鸭，体侧具鳞状纹又异于普通秋沙鸭。雌鸟头和上颈棕褐色，羽冠短，上体灰褐色，下体白色。与红胸秋沙鸭的区别在于体侧有黑色鳞状斑。

生态习性 繁殖于成熟阔叶林和混交林中多石的河谷和溪流中。秋冬栖息于开阔地区的江河和湖泊。常结小群活动。成对或以家庭为群。潜水捕食鱼类。

地理分布 繁殖在俄罗斯远东、朝鲜北部，越冬于日本、朝鲜，偶见于东南亚。在中国长白山、小兴安岭和大兴安岭地区繁殖，越冬于黄河流域以及华南、华中地区。

种群状况 单型种。夏候鸟，冬候鸟，旅鸟。罕见。

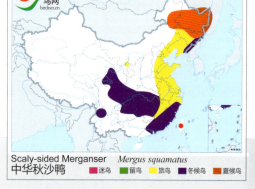

Scaly-sided Merganser *Mergus squamatus*
中华秋沙鸭　■迷鸟　■留鸟　■旅鸟　■冬候鸟　■夏候鸟

中华秋沙鸭

Scaly-sided Merganser　　*Mergus squamatus*　　体长：52~62 cm　　国家 I 级重点保护野生动物　　EN（濒危）

雁形目 ANSERIFORMES　　鸭科 Anatidae (Ducks, Geese, Swans)

白头硬尾鸭 \ 摄影：王尧天

雌鸭和幼鸭 \ 摄影：王尧天

白头硬尾鸭 \ 摄影：王尧天

形态特征 嘴亮蓝色，嘴形宽大，基部隆起；尾尖而硬，上翘或贴于水面。雄鸟头黑白两色，顶及领黑色。雌鸟及雏鸟头部深灰色，身体褐色。

生态习性 繁殖期主要栖息于开阔平原地区的淡水湖泊，游泳时尾巴上翘，一般不上陆地活动。

地理分布 分布于地中海和西亚。中国繁殖于新疆西北部，在乌鲁木齐市的白湖近年有稳定的繁殖记录。在湖北曾有越冬记录。

种群状况 单型种。夏候鸟，迷鸟。罕见。

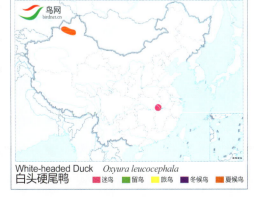

白头硬尾鸭

White-headed Duck　*Oxyura leucocephala*　　体长：45~46 cm　　EN（濒危）

隼形目
FALCONIFORMES

- 本目鸟类均为猛禽，为大、中、小型食肉性鸟类
- 主要栖息于高山、田野、森林、荒原、水域、沼泽等各类生境。飞行力极强。活动范围广阔，常停息在高大树木顶端、电线杆上和岩石上休息，或在空中翱翔和盘旋。主要食动物性食物
- 全世界共有5科289种，遍布于世界各地
- 中国有3科24属64种，分布于全国各地
- 近年来，有人主张将该目拆分为鹰形目和隼形目

鹗科
Pandionidae
(Osprey)

中型猛禽。雌雄外形相似，嘴弯曲成钩状，足趾有利爪。外趾可向后反转，形成对趾，趾上布满刺状鳞，适合捕捉光滑的鱼类。捕鱼时从高空俯冲入水，只留翼尖在水面。

主要栖息于湖泊、江河、海滨等湿地区域，飞行敏捷，常在水域上空翱翔，发现猎物后迅速俯冲向下，潜入水中将猎物抓出。食物主要为各种鱼类。

仅有1属1种，广布于世界各地。我国各地均有分布。

鹗 \ 摄影：孙晓明

隼形目 FALCONIFORMES　　鹗科 Pandionidae (Osprey)

捕食 \ 摄影：萧慕荆

鹗 \ 摄影：王尧天

捕食 \ 摄影：陈承光

捕食 \ 摄影：陈承光

捕食 \ 摄影：李国军

形态特征 嘴黑色；头顶白色，具有黑褐色细纵纹，枕部有短羽冠。过眼纹黑色。上体暗褐，喉至下体白色，脚黄色，爪黑色。

生态习性 栖息于湖泊、河流、海岸，冬季常到开阔的河流、水库、水塘地区活动。单独或成对活动，迁徙期常集成3~5只的小群；多在水面缓慢的低空飞行，有时也在高空翱翔和盘旋。擅捕鱼。

地理分布 世界性分布。中国各地均有记录。

种群状况 留鸟，夏候鸟，少数为冬候鸟。种群数量稀少。

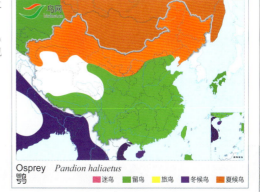

Osprey　　*Pandion haliaetus*　　体长：50~64 cm　　国家Ⅱ级重点保护野生动物　　LC（低度关注）

169

鹰科

Accipitridae
(Hawks, Eagles)

本科为小型至大型猛禽。嘴短而强健，尖端钩曲，上嘴左右两侧具弧状垂突。嘴基被蜡膜，鼻孔位于其上，裸露或被须状羽。翅较阔而强。尾羽多为12枚，少数14枚。脚、趾强壮而粗大，趾端具锐利而钩曲的爪。体羽通常为灰褐色或暗褐色。

栖息于山区悬崖峭壁、森林、荒漠、田野、草原、江河、湖泊、沼泽等各类生境。多白天活动，视觉敏锐，在高空即能窥视地面猎物的活动，并伺机捕猎。善飞行，能很好地利用上升的热气流长时间在空中翱翔盘旋或突然俯冲而下。休息时多站于高树顶端或悬崖崖顶等高处。以啮齿动物、野兔、鸟类、蛇类、大型昆虫及动物尸体等动物性食物为食，系肉食性鸟类。营巢于悬崖峭壁、树上或地面草丛中，每窝产卵通常1～5枚，大型猛禽多为1～2枚，小型猛禽多为3～5枚。孵卵期小型猛禽通常为26～30天，大型猛禽多为44～50天。

全世界共有60属218种，分布于世界各地。中国有21属52种，遍布于全国。

褐冠鹃隼 \ 摄影：张新

形态特征 头部具显著的黑褐色羽冠。虹膜金黄色。嘴铅黑色，有2个齿突。脚黄色或蓝白色，爪黑色。头顶、枕红褐色，有黑色纵纹，头顶有黑色长冠羽。上体褐色，喉部白色，中央具黑色纵纹；下体棕褐色，具宽阔的白色和红褐色横斑。尾羽灰褐色，有横斑。

生态习性 栖息于山地森林和林缘，白天通常单独活动，晨、昏较频繁，叫声低沉。

地理分布 共5个亚种，分布于南亚、东南亚。国内有1个亚种，指名亚种 *jerdoni* 在我国分布于云南西南部、广西西南部、海南。

种群状况 多型种。留鸟。罕见。

褐冠鹃隼 \ 摄影：刘璐

褐冠鹃隼

Jerdon's Baza *Aviceda jerdoni* 体长：46~48 cm 国家Ⅱ级重点保护野生动物 LC（低度关注）

隼形目 FALCONIFORMES　　鹰科 Accipitridae (Hawks, Eagles)

南方亚种 syama \ 摄影：潘宏权

南方亚种 syama \ 摄影：李全民

南方亚种 syama \ 摄影：桑新华

形态特征 头、喉和颈部黑色，头顶具蓝黑色冠羽。虹膜褐色。嘴和腿铅色。上体和尾黑褐色。翅膀和肩部有白斑，上胸有新月形白斑，下胸和腹侧具白色和栗色横斑。

生态习性 栖息于平原低山丘陵至高山森林地带，也出现于疏林草坡、村庄和林缘田间。单独或3~5只小群活动。繁殖期4~7月。营巢于大树上。

地理分布 共4个亚种，分布于印度、东南亚，越冬在大巽他群岛。国内有3个亚种，指名亚种 leuphotes 见于海南，下体后部栗色横带无黑缘，相间的白色横带较宽。四川亚种 wolfei 见于西藏南部、四川、重庆，下体后部栗色横带有宽阔的黑缘，相间的白色横带较狭。南方亚种 syama 见于河南南部及东南部各地，头顶后部具显著的冠羽，上体黑褐色，有金属光泽，下体为乳白色，有栗色横斑。

种群状况 多型种。留鸟，少数夏候鸟或旅鸟。地区性常见。

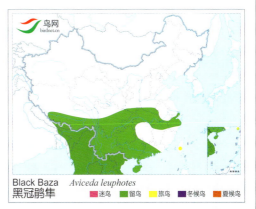

黑冠鹃隼

Black Baza　　*Aviceda leuphotes*　　体长：30~33 cm　　国家 II 级重点保护野生动物　　LC（低度关注）

171

东方亚种 *orientalis* \ 摄影：关克

东方亚种 *orientalis* \ 摄影：陈承光

西南亚种 *ruficollis* \ 摄影：孙晓明

形态特征 头后及枕部羽毛狭长，形成短羽冠。上喙具弧形垂突，基部具蜡膜或须状羽。翅强健，宽圆而钝。上体从白至赤褐色或深褐色，下体布满斑点及横纹。具对比性浅色喉块，缘以浓密的黑色纵纹，并常具黑色中线。雌鸟显著大于雄鸟。

生态习性 栖息于不同海拔高度的阔叶林、针叶林和混交林中，尤以疏林和林缘地带较为常见，有时也到林外村庄、农田和果园内活动。筑巢于高大乔木上，有时利用鸢或苍鹰等的旧巢。喜食蜂蜜，常袭击蜂巢，也捕食其他动物。

地理分布 共6个亚种，分布于古北界东部、印度及东南亚至大巽他群岛。国内有2个亚种，西南亚种 *ruficollis* 分布于云南西部、四川，羽冠形长而显著，最长初级飞羽与最长次级飞羽相差不及12厘米。东方亚种 *orientalis* 见于全国各地，羽冠不显或缺如，翼的端部相差达12厘米以上。

种群状况 多型种。多为旅鸟，少数留鸟，夏候鸟，冬候鸟。罕见。

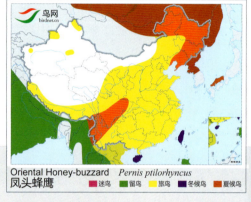

凤头蜂鹰

Oriental Honey-buzzard　　*Pernis ptilorhyncus*　　体长：52~68 cm　　国家Ⅱ级重点保护野生动物　　LC（低度关注）

鹃头蜂鹰 \ 摄影：杨廷松

鹃头蜂鹰 \ 摄影：杨廷松

形态特征 背部羽毛深褐色，头侧具有短而硬的鳞片状羽毛，而且较为厚密，为其独有特征之一。后枕部通常具短黑色羽冠。虹膜金黄或橙红色。嘴黑色，脚黄色，爪黑色。飞行时翅膀平稳有力。尾较长，有两道狭窄黑暗斑。

生态习性 栖息于不同海拔高度的阔叶林、针叶林和混交林中，尤以疏林和林缘地带较为常见，也到林外村庄、农田和果园内活动。常单独活动，冬季偶尔集小群。

地理分布 分布于欧洲、非洲北回归线以北地区、阿拉伯半岛以及喜马拉雅山、中亚等地区。中国分布于新疆西部。2014年中国鸟类新纪录。

种群状况 单型种。迷鸟。数量稀少。

鹃头蜂鹰

European Honey-buzzard　　*Pernis apivorus*　　体长：52~60 cm　　国家Ⅱ级重点保护野生动物　　LC（低度关注）

隼形目 FALCONIFORMES　鹰科 Accipitridae (Hawks, Eagles)

黑翅鸢 \ 摄影：曹敏

黑翅鸢 \ 摄影：李全民

黑翅鸢 \ 摄影：简廷谋

黑翅鸢 \ 摄影：杨吉龙

形态特征 通体灰色为主。头顶、后颈、背部、尾上覆羽和中央1对尾羽呈银灰色。前额、头部两侧至下体和尾白色，翅端黑色。虹膜红色。嘴基蜡膜黄色，嘴黑色，脚黄色。
生态习性 栖息于海拔600～2200米的开阔农田至低山丘陵的稀树草地和林缘地带。营巢于乔木的顶端。
地理分布 共4个亚种，分布于非洲、欧亚大陆南部、印度、菲律宾、印度尼西亚至新几内亚。国内见于华北、华东、华南各地，包括香港、澳门、台湾。
种群状况 多型种，留鸟或旅鸟，少数夏候鸟。数量稀少。

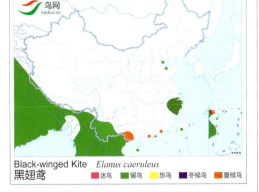

黑翅鸢

Black-winged Kite　*Elanus caeruleus*　体长：31～34 cm　国家 II 级重点保护野生动物　LC（低度关注）

普通亚种 linratus \ 摄影：孙晓明

台湾亚种 formosanus \ 摄影：简廷谋

普通亚种 linratus \ 摄影：咸盛培

形态特征 上体暗褐色，下体棕褐色，具黑褐色羽干纹；尾较长，叉状，具宽度相等的黑色和褐色相间排列的横斑。飞行时初级飞羽基部色斑明显浅于黑色翼尖。前额及脸颊棕色。亚成体头及下体具皮黄色纵纹。

生态习性 栖息于开阔平原、草地、荒原和低山丘陵。白天常单独高空飞翔，秋季亦呈2~3只小群。营巢于高大树上，距地高10米以上，也营巢于峭壁。

地理分布 共7个亚种，分布于非洲、亚洲至澳大利亚。国内有3个亚种，云南亚种 govinda 见于云南西部，上体黑褐色，下体棕褐；翅长♂43~45厘米，♀46~48厘米；尾褐色并具有近黑色横斑。普通亚种 linratus 见于全国各地，上体暗朱古力褐色，下体更多棕褐色；翅长♂40~48.1厘米，♀43.6~48.4厘米；尾棕褐而具暗色横斑。台湾亚种 formosanus 见于海南、台湾。

种群状况 多型种。留鸟，旅鸟，冬候鸟，夏候鸟。

黑鸢

Black Kite　　*Milvus migrans*　　体长：55~65 cm　　国家Ⅱ级重点保护野生动物　　LC（低度关注）

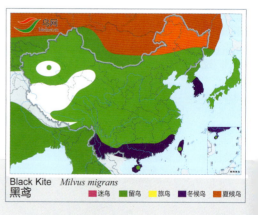

隼形目 FALCONIFORMES　　鹰科 Accipitridae (Hawks, Eagles)

栗鸢 \ 摄影：王安青

栗鸢 \ 摄影：刘马力

栗鸢 \ 摄影：朱国威

捕猎 \ 摄影：赖健豪

形态特征 头、颈、胸、上背白色，其余体羽和翅膀均为栗色。虹膜为褐色或红褐色。

生态习性 主要栖息于水边和邻近的城镇与村庄。

地理分布 共4个亚种，分布于印度及澳大利亚。国内有2个亚种，指名亚种 *indus* 见于西藏、云南、湖北、江西以及东部沿海各地。马来亚种 *intermedius* 见于台湾。

种群状况 多型种。留鸟，旅鸟，冬候鸟，夏候鸟。数量稀少。

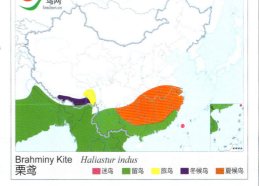

Brahminy Kite *Haliastur indus*
栗鸢　　迷鸟　留鸟　旅鸟　冬候鸟　夏候鸟

栗鸢

Brahminy Kite　　*Haliastur indus*　　体长：45~51 cm　　国家 II 级重点保护野生动物　　LC（低度关注）

175

白腹海雕 \ 摄影：胡斌

白腹海雕 \ 摄影：邱小宁

捕猎 \ 摄影：赖健豪

形态特征 翼宽长，尾短，头部、颈部下体和尾白色。背部黑灰色。飞翔时翅端和后缘黑色，前缘白色。虹膜褐色。喙铅灰色，脚黄色。

生态习性 取食于沿海、河口及其附近的湖泊、水库等水域。常捕食鱼类。在海岸边营巢于乔木或悬崖，在内陆营巢于沼泽地带的小树上、地上或岩石上。

地理分布 分布于印度、东南亚至澳大利亚。国内分布在内蒙古西部和东南沿海各地。

种群状况 单型种。留鸟，少数迷鸟。数量稀少。

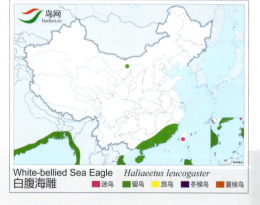

白腹海雕

White-bellied Sea Eagle   *Haliaeetus leucogaster*   体长：75~85 cm   国家II级重点保护野生动物   LC（低度关注）

隼形目 FALCONIFORMES   鹰科 Accipitridae (Hawks, Eagles)

玉带海雕 \ 摄影：关克

玉带海雕 \ 摄影：雷洪

玉带海雕 \ 摄影：吴宗凯

玉带海雕 \ 摄影：徐阳

形态特征 嘴稍细，头细长，颈较长。上体暗褐色，头部色浅；下体棕褐色，喉色浅，羽干黑色，具白色条纹。尾羽圆形，具宽阔白色横带。雌鸟体型稍大。

生态习性 栖息于内陆高海拔开阔地带。一般在高大树上营巢。

地理分布 分布于伊拉克至中亚、印度北部、缅甸。中国分布于东北、华北、西北、西南、华东各地。

种群状况 单型种。夏候鸟，少数冬候鸟或旅鸟。罕见。

玉带海雕

Pallas's Fish Eagle   *Haliaeetus leucoryphus*   体长：76~88 cm   国家 I 级重点保护野生动物   VU（易危）

白尾海雕 \ 摄影：段文科

白尾海雕 \ 摄影：梁长久

白尾海雕 \ 摄影：刘哲青

形态特征 成鸟体羽多为暗褐色。后颈和胸部羽毛披针形，较长。头、颈羽色较淡，沙褐色或淡黄褐色。嘴、脚黄色。尾羽呈楔形，纯白色。

生态习性 栖息于湖泊、河流、海岸、岛屿及河口地区，繁殖期喜欢在有高大树木的开阔湖泊与河流地带活动，主要捕食鱼类。也捕食其他动物。

地理分布 分布于欧亚大陆，我国除海南外，分布于全国各地。

种群状况 单型种。旅鸟，少数冬候鸟，夏候鸟。数量稀少。

白尾海雕

White–tailed Sea Eagle　　*Haliaeetus albicilla*　　体长：85~92 cm　　国家 I 级重点保护野生动物　　LC（低度关注）

隼形目 FALCONIFORMES　　鹰科 Accipitridae (Hawks, Eagles)

虎头海雕 \ 摄影：王安青

虎头海雕 \ 摄影：胡斌

虎头海雕 \ 摄影：顾晓军

虎头海雕 \ 摄影：胡斌

形态特征 体羽主要为暗褐色。头部暗褐色，且有灰褐色纵纹，虹膜、嘴均为黄色。前额、肩部、腰部、尾上覆羽和尾下覆羽以及呈楔形的尾羽为白色。脚黄色，爪黑色。
生态习性 主要栖息于海岸及河谷地带，2~3月间求偶。
地理分布 分布于俄罗斯东部至中国东部沿海地带。中国分布于东北、华北地区以及台湾。
种群状况 单型种。冬候鸟，旅鸟，少数迷鸟。罕见。

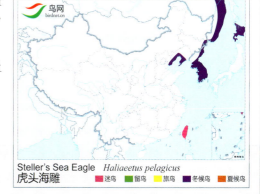
Steller's Sea Eagle　*Haliaeetus pelagicus*
虎头海雕

虎头海雕

Steller's Sea Eagle　　*Haliaeetus pelagicus*　　　　体长：86~100 cm　　国家 I 级重点保护野生动物　　VU（易危）

渔雕 \ 摄影：徐东海

渔雕 \ 摄影：王斌

渔雕 \ 摄影：顾莹

形态特征 体羽主要为褐色，头、颈灰色，腹部白色。尾羽先端色彩较淡，次端呈黑褐色，并有宽斑，中央尾羽呈暗褐色，其余尾羽杂有白色。

生态习性 栖息于靠近河流或海岸的森林地区。繁殖于2000米以下的山地森林，营巢于森林中河流两岸的高大乔木。

地理分布 共2个亚种，分布于喜马拉雅山脉、东南亚。国内有1个亚种，海南亚种 *plumbea* 分布于海南。

种群状况 多型种。冬候鸟。数量稀少。

Lesser Fish Eagle　　*Ichthyophaga humilis*

渔雕

Lesser Fish Eagle　*Ichthyophaga humilis*　体长：51~64 cm　国家Ⅱ级重点保护野生动物　NT（近危）

隼形目 FALCONIFORMES　　鹰科 Accipitridae (Hawks, Eagles)

胡兀鹫 \摄影：陈久桐

胡兀鹫 \摄影：王尧天

胡兀鹫 \摄影：王尧天

形态特征 全身羽色大致为黄褐色。头灰白色，黑色贯眼纹向前延伸与颏部的须状羽相连。头部色浅。上体褐色并具皮黄色纵纹，下体黄褐色。飞行时两翼尖直，尾羽楔形。
生态习性 栖息在海拔500～5000米山地裸岩地区。喜活动于高原开阔地区。营巢于高山悬崖缝隙和岩洞中。以动物尸体为食。
地理分布 共2个亚种，国外分布于非洲、欧洲南部、中东、东亚、中亚。中国分布于华北、西北地区及湖北、新疆、青藏高原。
种群状况 多型种。迷鸟或留鸟。种群数量稀少。

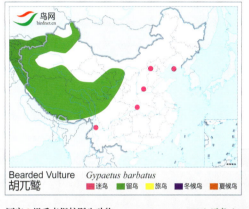

胡兀鹫
Bearded Vulture　*Gypaetus barbatus*　　体长：100~140 cm　　国家 I 级重点保护野生动物　　NT（近危）

白兀鹫 \摄影：邓嗣光

白兀鹫 \摄影：郭宏

白兀鹫 \摄影：杨峻

形态特征 喙黑色，脸黄色。体羽白色，飞羽黑色。颈部羽毛长，尾呈楔形。
生态习性 栖息于干旱开阔地区。喜群居，取食多种食物，包括哺乳动物的粪便、尸体等。有掷石砸蛋行为。
地理分布 共3个亚种，分布于非洲、欧洲南部、亚洲西部和南部。国内有1个亚种，新疆亚种 *limnaetus* 分布于新疆喀什。
种群状况 多型种。迷鸟。罕见。

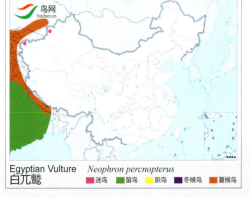

白兀鹫
Egyptian Vulture　*Neophron percnopterus*　　体长：54~70 cm　　国家 II 级重点保护野生动物　　EN（濒危）

白背兀鹫 \摄影：王进　　白背兀鹫 \摄影：张岩　　　　　　　　　白背兀鹫 \摄影：张岩

形态特征 头、颈灰色，有裸露区，颈基具白色绒羽领。背部沙白色或茶褐色，具矛状条纹及淡色羽缘。腰白色。肩、两翼和尾黑色。胸、腹及尾下覆羽暗褐色并具淡色羽干纹。展翅可见翅下白色横带。嘴灰绿色或铅灰色。脚暗灰绿色。

生态习性 栖息于干燥严寒的高山、山地或开阔平原。繁殖期11月到翌年3月。通常营巢于村庄附近树林中高大树上。

地理分布 国外见于印度、东南亚。中国分布于云南西部和西南部。

种群状况 单型种。留鸟。罕见。

白背兀鹫
White-rumped Vulture　*Gyps bengalensis*　　体长：76~93 cm　　国家Ⅱ级重点保护野生动物　　CR（极危）

长嘴兀鹫 \摄影：Mike Barth　　　　　　　　　　　　　　　　长嘴兀鹫 \摄影：陈鲁

形态特征 喙苍白，头黑，颈黑，下颈基部白色。体羽土黄色，背部稍暗。飞羽黑色。

生态习性 栖息于村镇附近、山脚。

地理分布 共2个亚种，分布于巴基斯坦、尼泊尔、印度到中南半岛。国内有1个亚种，西藏亚种 *tenuirostris* 分布于西藏东南部。

种群状况 多型种。留鸟。极为罕见。

长嘴兀鹫
Long-billed Vulture　*Gyps indicus*　　体长：80~95 cm　　国家Ⅱ级重点保护野生动物　　CR（极危）

隼形目 FALCONIFORMES   鹰科 Accipitridae (Hawks, Eagles)

高山兀鹫 \ 摄影：雷洪

高山兀鹫 \ 摄影：李全民

高山兀鹫 \ 摄影：陈久桐

高山兀鹫 \ 摄影：段文科

形态特征 羽色变化较大。头和颈裸露，被有稀疏的污黄或白色绒羽，颈基部羽簇呈披针形，淡皮黄色或黄褐色。上体和翅上覆羽淡黄褐色，飞羽黑色。下体白色或淡皮黄褐色。

生态习性 栖息于高山和高原地区，繁殖期多至海拔2000~6000米的山地。通常营巢于悬崖凹处和边缘上。主要以动物尸体为食。

地理分布 国外分布于中亚至喜马拉雅山脉。中国分布于宁夏、甘肃、新疆、西藏、青海及四川、云南西部。

种群状况 单型种。留鸟，少数冬候鸟。数量稀少。

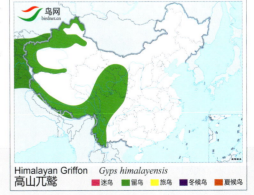

高山兀鹫

Himalayan Griffon   *Gyps himalayensis*   体长：116~150 cm   国家 II 级重点保护野生动物   NT（近危）

兀鹫 \ 摄影：桑新华

兀鹫 \ 摄影：刘爱华

兀鹫 \ 摄影：Stefan Krause

形态特征 头、颈黄白，颈基部具近白色绒羽领。亚成鸟具褐色翎领。形似高山兀鹫，区别在于本种飞行时上体黄褐而非浅土黄色，胸部浅色羽轴纹较细。与秃鹫的区别在于本种的下体色浅，且尾呈平形或圆形而非楔形。

生态习性 与高山兀鹫相似。

地理分布 国外分布于欧洲南部、非洲北部、亚洲中部、喜马拉雅山脉。中国分布于新疆和西藏东南部。

种群状况 单型种。留鸟。数量稀少。

兀鹫

Eurasian Griffon   *Gyps fulvus*   体长：95~110 cm   国家 II 级重点保护野生动物   LC（低度关注）

隼形目 FALCONIFORMES　　鹰科 Accipitridae (Hawks, Eagles)

秃鹫 \ 摄影：王尧天

秃鹫 \ 摄影：段文科

秃鹫 \ 摄影：鄂万威

形态特征 体羽深褐色。颈部灰蓝色，具黑色绒羽领。成鸟头裸露，皮黄色，喉及眼下黑色，嘴铅灰色，蜡膜浅蓝色；两翼长而宽，前后翼缘平行，飞羽常散开。尾短楔形。幼鸟脸部近黑色，嘴黑色，蜡膜粉红色，头后常具松软簇羽。
生态习性 筑巢于高大乔木上。多单独活动，有时结3～5只小群。
地理分布 国外见于西班牙、巴尔干地区、土耳其至中亚。中国各地都有分布。
种群状况 单型种。留鸟，少数冬候鸟。数量较少。

秃鹫

Cinereous Vulture　*Aegypius monachus*　　体长：98~107 cm　　国家 II 级重点保护野生动物　　NT（近危）

185

黑兀鹫 \ 摄影：高宏颖

黑兀鹫 \ 摄影：邢睿

形态特征 虹膜黄色或红褐色。嘴粗大强壮，暗褐色，鼻孔椭圆。脚暗红或肉色，体形较粗壮。头和颈部裸露无羽，橘红色皮肤裸露。颈侧具从头后耳部悬垂下来的橘红色肉垂。

生态习性 栖息于开阔的低山丘陵、农田耕地和小块丛林地带，有时也进到茂密的森林地区。

地理分布 国外见于印度及东南亚。中国分布于云南。

种群状况 单型种。留鸟。罕见。

黑兀鹫

Red-headed Vulture   *Sarcogyps calvus*   体长：76~84 cm   国家 II 级重点保护野生动物   CR（极危）

短趾雕 \ 摄影：顾云芳

短趾雕 \ 摄影：邢睿

短趾雕 \ 摄影：顾晓勤

形态特征 喙苍白，头黑，颈黑，颈基部白色。体羽土黄色，背部稍暗。飞羽黑色。

生态习性 栖息于村镇附近、山脚。

地理分布 分布于巴基斯坦、尼泊尔、印度到中南半岛。国内分布于北京、陕西、甘肃、新疆、重庆。

种群状况 单型种。夏候鸟，旅鸟。不常见。

短趾雕

Short-toed Snake Eagle   *Circaetus gallicus*   体长：62~67 cm   国家 II 级重点保护野生动物   LC（低度关注）

隼形目 FALCONIFORMES　　鹰科 Accipitridae (Hawks, Eagles)

蛇雕 \ 摄影：陈承光

海南亚种 rutherfordi \ 摄影：关克

蛇雕 \ 摄影：成盛培

蛇雕 \ 摄影：吴建晖

形态特征　两翼宽、圆。成鸟头顶具黑白的圆形羽冠，覆盖头后。上体暗褐色或灰色，下体褐色，腹部、两胁及臀部有白色点斑。眼及嘴间裸皮黄色。飞羽暗褐色，羽端具白色羽缘。尾黑白横斑宽。飞翔时尾部白色宽横斑和白色翼后缘明显。亚成体褐色较浓，体羽多白色。

生态习性　栖居于深山高大密林中，筑巢于高大树上。3~5月繁殖。

地理分布　共21个亚种，国外见于中亚至喜马拉雅山脉。国内有4个亚种，云南亚种 burmanicus 分布于西藏东南部和云南西南部；东南亚种 ricketti 分布于河南南部、陕西南部、云南南部、贵州、安徽、江西、江苏、浙江、福建、广东、广西及香港、澳门、台湾，偶见于北京。台湾亚种 hoya 分布于台湾；海南亚种 rutherfordi 分布于海南。

种群状况　多型种。留鸟，旅鸟，少数冬候鸟。

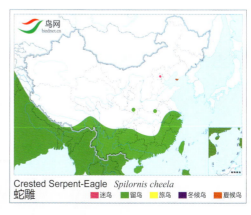

Crested Serpent-Eagle　*Spilornis cheela*
蛇雕

蛇雕

Crested Serpent Eagle　　*Spilornis cheela*　　体长：41~67 cm　　国家 II 级重点保护野生动物　　LC（低度关注）

白头鹞 \ 摄影：许传辉

白头鹞 \ 摄影：邓嗣光

白头鹞（雌）\ 摄影：许传辉

白头鹞 \ 摄影：张岩

白头鹞 \ 摄影：王尧天

形态特征 雄鸟体羽红棕色，头部多皮黄色，有深色纵纹；翼中部银灰色，尖端黑色；尾部长，灰色。雌鸟体型较大，全身深褐色，尾无横斑，头顶深色纵纹少，腰浅色不明显。

生态习性 栖息于湿地、农田等生境。3~4月开始求偶飞行，巢一般筑于湿地。

地理分布 共2个亚种，繁殖于古北界西部和中部，越冬于非洲、印度及缅甸南部。国内有1个亚种，指名亚种 *aeruginosus* 分布于东北、华北、西北、西南地区以及湖北、上海、澳门。

种群状况 多型种。旅鸟，夏候鸟，冬候鸟。

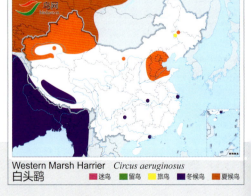

白头鹞

Western Marsh Harrier　*Circus aeruginosus*　体长：48~62 cm　国家Ⅱ级重点保护野生动物　LC（低度关注）

隼形目 FALCONIFORMES   鹰科 Accipitridae (Hawks, Eagles)

白腹鹞 \ 摄影：贾云国

白腹鹞 \ 摄影：筒廷谋

白腹鹞 \ 摄影：戚晓云

形态特征 上体及两翼黑色，头与颈后部杂有白纹，羽基白色，肩羽和翼上内侧覆羽缘灰白色，腰羽端白色；尾羽灰色，外侧尾羽白色，并带有横斑。颈侧与脸盘黑色而缀以白纹。下体白色且具有黑色羽干纹。眼、蜡膜、脚和趾等均为黄色；嘴呈灰黑色，基部铅灰色；爪黑色。

生态习性 常栖息于沼泽地带。喜成对活动，有时也三四只集群。

地理分布 共2个亚种，繁殖于东亚，南迁至东南亚越冬。在国内只有指名亚种 spilonotus 分布于全国各地。

种群状况 多型种。旅鸟，夏候鸟，冬候鸟。较常见。

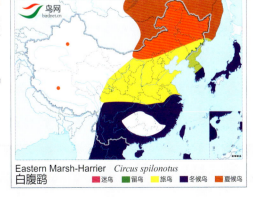

白腹鹞

Eastern Marsh Harrier   *Circus spilonotus*   体长：47~60 cm   国家 II 级重点保护野生动物   LC（低度关注）

白尾鹞（雌） \摄影：孙晓明　　　　　　白尾鹞 \摄影：贺喜

白尾鹞 \摄影：王尧天　　　　　　白尾鹞（雌） \摄影：张建国

形态特征 雄鸟前额污灰白色，头顶灰褐色具暗色羽干纹，后头暗褐色，具棕黄色羽缘；背、肩、腰蓝灰色，尾上覆羽纯白色，中央尾羽银灰色。雌鸟上体暗褐色，头至后颈、颈侧和翅覆羽具棕黄色羽缘；尾上覆羽白色，中央尾羽灰褐色，外侧尾羽棕黄色，下体棕白或皮黄白色，具红褐色纵纹。

生态习性 栖息于平原和低山丘陵地带，冬季也到村屯附近的水田、草坡和疏林地带活动。

地理分布 共2个亚种，繁殖于全北界；冬季南迁至欧洲南部、亚洲南部等地越冬。国内仅有指名亚种 *cyaneus*，分布于全国各地。

种群状况 多型种。旅鸟，冬候鸟，夏候鸟。较常见。

白尾鹞

Hen Harrier　　*Circus cyaneus*　　　　体长：41~53 cm　　国家Ⅱ级重点保护野生动物　　LC（低度关注）

隼形目 FALCONIFORMES　　鹰科 Accipitridae (Hawks, Eagles)

草原鹞（雌）\摄影：王尧天　　草原鹞 \摄影：顾云芳

草原鹞 \摄影：许传辉

草原鹞 \摄影：许传辉

形态特征 雄鸟体型中等，眼先、额和颊侧白，嘴须黑。头顶、背和翼上覆羽石板灰色或褐色；尾羽有灰白色横斑，中央尾羽灰色，具暗色横斑；尾上覆羽也具灰色横斑；耳羽灰色，颏、喉和上胸银灰色，余部白色。雌鸟较雄鸟稍大，上体羽褐色沾灰，具不显的暗棕色羽缘，各羽具暗褐色横斑，次端斑较宽阔，尾羽端缘黄褐色；下体、颏和胸部皮黄白色，腹部和尾下覆羽白色，具不规则淡棕褐色斑纹。
生态习性 喜开阔原野，常在低空滑翔。
地理分布 繁殖于古北界中部，越冬至非洲、西亚、中亚、印度、缅甸。国内分布于华北、西北、华南各地。
种群状况 单型种。旅鸟，冬候鸟，夏候鸟。

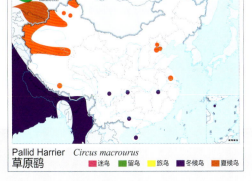

Pallid Harrier　*Circus macrourus*
草原鹞　🟥迷鸟　🟩留鸟　🟨旅鸟　🟪冬候鸟　🟧夏候鸟

草原鹞

Pallid Harrier　　*Circus macrourus*　　体长：43~52 cm　　国家Ⅱ级重点保护野生动物　　NT（近危）

鹊鹞 \ 摄影：张代富

鹊鹞 \ 摄影：陈添平

鹊鹞（雌） \ 摄影：于富海

鹊鹞 \ 摄影：张代富

形态特征 两翼狭长。雄鸟体羽黑、白、灰色；头、喉、胸部纯黑色。雌鸟上体褐色沾灰并具纵纹，腰白，尾具横斑，下体皮黄具棕色纵纹；飞羽腹面具近黑色横斑。亚成体上体深褐色，尾上覆羽具白色横带，下体栗褐并具黄褐色纵纹。

生态习性 在栖息于开阔原野、沼泽、稻田，常低空翱翔。

地理分布 在东北亚繁殖，冬季迁至东南亚。国内除宁夏、青海、新疆、西藏、海南外，见于全国各地。

种群状况 单型种。旅鸟，冬候鸟，夏候鸟。

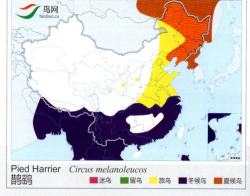

鹊鹞

Pied Harrier   *Circus melanoleucos*   体长：41~49 cm   国家Ⅱ级重点保护野生动物   LC（低度关注）

隼形目 FALCONIFORMES　　鹰科 Accipitridae (Hawks, Eagles)

乌灰鹞 \ 摄影：邢睿

乌灰鹞 \ 摄影：王尧天

乌灰鹞 \ 摄影：高云疆

乌灰鹞 \ 摄影：高云疆

形态特征　雄鸟体羽灰色，翼尖黑色，次级飞羽上背和腹面各有一条和两条黑色带斑；腰部色浅。雌鸟褐色，无浅色领环，飞行时次级飞羽腹面两道暗横纹的间隔较宽。亚成体两翼显狭长，飞行时翼尖全为深色。

生态习性　与其他鹞类相似。

地理分布　分布于古北界西部及中部、印度、中亚、非洲。国内分布于山东、新疆、福建、广东。

种群状况　单型种。冬候鸟，少数夏候鸟。罕见。

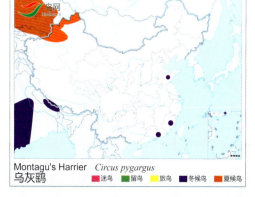

Montagu's Harrier　*Circus pygargus*
乌灰鹞

乌灰鹞

Montagu's Harrier　*Circus pygargus*　　体长：41~51 cm　　国家Ⅱ级重点保护野生动物　　LC（低度关注）

普通亚种 *indicus* \ 摄影：郑树人

普通亚种 *indicus* \ 摄影：郑树人

台湾亚种 *formosae* \ 摄影：陈承光

普通亚种 *indicus* \ 摄影：关克

形态特征 体强健，具短冠羽。雄鸟上体深灰褐，两翼及尾具横斑。前额、头顶、后枕及羽冠黑灰色；下体棕色，胸部具白色纵纹；腹部及腿白色，具黑色粗横斑；颈前白，有近似黑色纵纹至喉，并有两道黑色长须状纵纹。雌鸟及亚成体下体纵纹及横斑均为褐色，上体褐色较淡。

生态习性 栖息于密林。繁殖期常在密林上空翱翔，同时发出响亮叫声。

地理分布 共11个亚种，分布于印度、东南亚。国内有2个亚种，普通亚种 *indicus* 分布于河南南部、陕西南部以及西南地区和南方各地，胸棕色，腹部横斑狭而沾棕色。台湾亚种 *formosae* 分布于台湾，下体较暗，胸部褐斑具黑色羽干纹和羽缘；腹部褐斑仅具黑色羽缘。

种群状况 多型种。留鸟。数量稀少。

凤头鹰

Crested Goshawk *Accipiter trivirgatus* 体长：37~46 cm 国家 II 级重点保护野生动物 LC（低度关注）

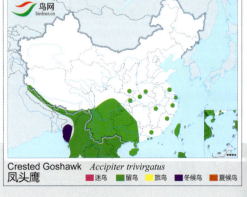

Crested Goshawk *Accipiter trivirgatus*
凤头鹰

隼形目 FALCONIFORMES　　鹰科 Accipitridae (Hawks, Eagles)

新疆亚种 cenchroides \ 摄影：孙晓明

新疆亚种 cenchroides \ 摄影：黄亚慧

南方亚种 poliopsis \ 摄影：王雪峰

南方亚种 poliopsis \ 摄影：关克

形态特征　雄鸟上体蓝灰色，初级飞羽黑色；喉部白色并具浅色纵纹，胸、腹部具棕色及白色细横纹。雌鸟背部褐色，喉部灰色较浓。亚成鸟灰褐色并具棕色鳞状纹，下体具褐色条纹及黑色羽干纹。
生态习性　喜栖息林缘、开阔林区和农田。
地理分布　共6个亚种，分布于非洲至印度、东南亚。国内有2个亚种，新疆亚种 cenchroides 分布于新疆，上体褐色，领斑棕褐。南方亚种 poliopsis 分布于云南、贵州、广东、广西、澳门、海南、台湾，上体灰色，领斑纯白。
种群状况　多型种。留鸟。数量稀少。

褐耳鹰

Shikra　　*Accipiter badius*　　体长：31~44 cm　　国家 II 级重点保护野生动物　　LC（低度关注）

赤腹鹰 \ 摄影：陈东明

赤腹鹰（亚成鸟）\ 摄影：陈承光

赤腹鹰 \ 摄影：段学春

形态特征 成鸟上体蓝灰色，外侧尾羽具不明显黑色横斑；下体白色，胸及两肋略粉，两肋横纹浅灰色，腿略有横纹；翼下除初级飞羽端黑色外几乎全白。亚成鸟上体褐色，尾具深色横斑，下体白，喉部具纵纹，胸部及腿横斑褐色。

生态习性 喜栖于开阔林区。捕食小鸟、青蛙及石龙子等，捕食速度快。有时翱翔。

地理分布 在冬北亚繁殖，冬季迁至东南亚、新几内亚。国内除东北地区和新疆、青藏高原外，分布于全国各地，华中地区为其重要的繁殖地。

种群状况 单型种。留鸟，旅鸟，冬候鸟，夏候鸟。数量稀少。

赤腹鹰

Chinese Sparrowhawk　　*Accipiter soloensis*　　体长：27～35 cm　　国家 II 级重点保护野生动物　　LC（低度关注）

隼形目 FALCONIFORMES　　鹰科 Accipitridae (Hawks, Eagles)

日本松雀鹰 \ 摄影：孙晓明

日本松雀鹰 \ 摄影：李全江

日本松雀鹰 \ 摄影：桑新华

日本松雀鹰 \ 摄影：曹爱国

形态特征　尾上横斑较窄，嘴蓝灰色，嘴端黑色，蜡膜黄绿色，脚黄绿。雄鸟上体深灰色，尾灰并具几条深色带，胸部浅棕色，腹部具极细羽干纹，颈部无明显长纵纹。雌鸟上体褐色，下体棕色少，但具浓密褐色横斑。亚成鸟胸部有纵纹，多棕色。
生态习性　栖息于森林，翱翔时振翅迅速。
地理分布　共3个亚种，在古北界东部繁殖，越冬于东南亚。国内有1个亚种，指名亚种 gularis 分布于全国各地。
种群状况　多型种。夏候鸟，旅鸟，冬候鸟。

日本松雀鹰

Japanese Sparrowhawk　　*Accipiter gularis*　　体长：25~34 cm　　国家Ⅱ级重点保护野生动物　　LC（低度关注）

台湾亚种 *fuscipectus* \ 摄影：简廷谋

南方亚种 *affinis* \ 摄影：谷国强

南方亚种 *affinis* \ 摄影：关克

南方亚种 *affinis* \ 摄影：张永钺

形态特征 虹膜黄色，嘴黑色，蜡膜灰色，腿和脚黄色。雄鸟上体深灰色，尾具粗横斑，下体白色，两胁棕色且具褐色横斑，喉白具黑色中线，有黑色长须状纹。雌鸟及亚成鸟两胁棕色少，下体多红褐色横斑，背褐色，尾褐色而具深色横纹。亚成鸟胸部具纵纹。

生态习性 栖息于森林。捕食小型鸟类及两栖爬行类。

地理分布 共11个亚种，分布于印度、东南亚。国内有2个亚种，南方亚种 *affinis* 分布于内蒙古、河南南部、陕西南部、甘肃南部以及南方各地，喉的中央纵纹宽阔，下体横纹较粗。台湾亚种 *fuscipectus* 见于台湾，喉的中央纵纹居中，下体横纹的粗细亦居中。

种群状况 多型种。留鸟。

松雀鹰

Besra *Accipiter virgatus*

体长：23~38 cm

国家Ⅱ级重点保护野生动物

LC（低度关注）

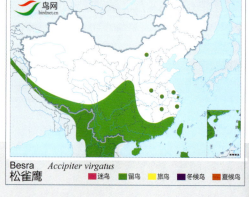

隼形目 FALCONIFORMES　　鹰科 Accipitridae (Hawks, Eagles)

北方亚种 *nisosimilis* \ 摄影：简廷谋

新疆亚种 *dementjevi* \ 摄影：王尧天

北方亚种 *nisosimilis* \ 摄影：孙晓明

南方亚种 *melaschistos* \ 摄影：王安青

形态特征　翼短。雄鸟上体褐灰色，下体白色或淡灰白色，具细密的红褐色横斑；尾具4~5道黑褐色横斑，飞翔时翼后缘略为突出，翼下飞羽具数道黑褐色横带。雌鸟上体褐色，下体白色；胸、腹部及腿具灰褐色横斑，无喉中线，脸颊少棕色；头后杂有少许白色。雌鸟具褐色横斑。亚成体胸部具褐色横斑，无纵纹。

生态习性　栖息于山地森林和林缘地带。冬季主要栖息于低山丘陵、山脚平原、农田地边以及村庄附近，喜在高山树木上筑巢。

地理分布　共6个亚种，在古北界繁殖，候鸟迁徙至非洲、印度、东南亚越冬。国内有3个亚种，南方亚种 *melaschistos* 分布于青藏高原东南部地区，上体乌灰色，头顶和后颈更暗。北方亚种 *nisosimilis* 除西藏、青海外，见于全国各地，上体较淡。新疆亚种 *dementjevi* 见于新疆西部。

种群状况　多型种。旅鸟，留鸟，夏候鸟，冬候鸟。

雀鹰

Eurasian Sparrowhawk　　*Accipiter nisus*　　体长：32~40 cm　　国家Ⅱ级重点保护野生动物　　LC（低度关注）

西藏亚种 khamensis \ 摄影：赵军

台湾亚种 fujiyamae \ 摄影：杨阿群

黑龙江亚种 albidus 和普通亚种 schvedowi \ 摄影：孙晓明

普通亚种 schvedowi \ 摄影：冯江

形态特征 体强健。头顶、枕和头侧黑褐色，枕部有白羽尖；眉纹明显，白色杂黑；背部棕黑色；胸以下密布灰褐和白色相间横纹；尾方形，灰褐色，有4条宽阔黑色横斑；飞行时翼下白色，密布黑褐色横带。雌鸟显著大于雄鸟。亚成体上体褐色浓重，羽缘色浅呈鳞状纹，下体具黑色粗纵纹。

生态习性 栖息于林地，捕食鸟类及野兔等中小型动物。

地理分布 共10个亚种，分布于北美洲、欧洲、亚洲、非洲北部。国内有5个亚种，普通亚种 schvedowi，除台湾外见于全国各地，体色更暗，翅长约36厘米。台湾亚种 fujiyamae 见于台湾，体色最暗，上体较黑，下体斑纹较显著，翅长不及34厘米。黑龙江亚种 albidus 见于黑龙江北部、辽宁南部，体色最淡，翅长达37厘米。新疆亚种 buteoides 分布于新疆西北部，体色较暗，体形适中。西藏亚种 khamensis 见于甘肃西南、四川北部、西藏东北部、云南西北部，体色暗，上体较黑，下体斑纹较显著，翅长达34.5厘米。

种群状况 多型种。旅鸟，夏候鸟，冬候鸟，留鸟。

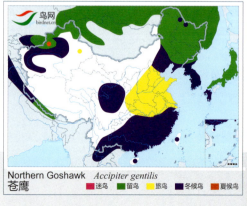

苍鹰

Northern Goshawk　　*Accipiter gentilis*　　体长：48~68.5 cm　　国家 II 级重点保护野生动物　　LC（低度关注）

隼形目 FALCONIFORMES　　鹰科 Accipitridae (Hawks, Eagles)

白眼鵟鹰 \ 摄影：吴永和

白眼鵟鹰 \ 摄影：Rohit Charpe

形态特征　翅膀长而尖。尾羽方形，甚长而窄。前额和宽阔的长眉纹白色，后颈白色；背部暗褐色，具黑色的羽干纹。翼覆羽褐色，具有白斑点和横斑。喉白色，具黑色中线；下体褐色。尾羽棕褐色，具有宽的黑色亚端斑，有的具有多条黑色窄横斑。飞翔时翼端黑色，翼下白色，内侧具黑斑。眼睛白色，嘴端黑色，基部和口裂为黄色，蜡膜黄色；脚和趾橙黄。

生态习性　栖息于平原及山地林区。飞行时一般紧贴地面，很少翱翔。捕食小型脊椎动物和较大的昆虫。

地理分布　国外见于印度及缅甸。中国分布于西藏南部。

种群状况　单型种。迷鸟。数量稀少，罕见。

白眼鵟鹰
White-eyed Buzzard　*Butastur teesa*　体长：36~43 cm

国家 II 级重点保护野生动物　　LC（低度关注）

棕翅鵟鹰 \ 摄影：高宏颖

棕翅鵟鹰 \ 摄影：宋迎涛

棕翅鵟鹰 \ 摄影：张岩

形态特征　头顶、颈、上背灰褐色，具暗色羽干纹，至下背和尾上覆羽转为赤褐色。翼栗褐色，展翅时背面可见四条窄的黑色横斑和端斑，腹面粉红白色，具暗色横斑。尾褐栗色，下体大都灰色，喉白具条纹，胸灰色具暗色羽干纹。腹、腿和尾下覆羽白色。嘴黄，尖端黑色。脚橙黄色。

生态习性　栖息于山区森林地带，见于山地林边或空旷田野。飞行轻快，动作敏捷。

地理分布　国外见于印度次大陆、东南亚、苏拉威西岛、爪哇。国内分布于云南西南部。

种群状况　单型种。留鸟。数量稀少。

棕翅鵟鹰
Rufous-winged Buzzard　*Butastur liventer*　体长：35~41 cm

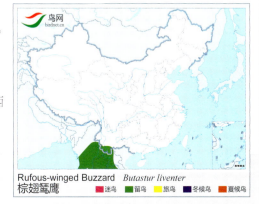

国家 II 级重点保护野生动物　　LC（低度关注）

灰脸鵟鹰 \ 摄影：孙晓明

灰脸鵟鹰 \ 摄影：李宗丰

灰脸鵟鹰 \ 摄影：陈承光

灰脸鵟鹰 \ 摄影：沈强

灰脸鵟鹰 \ 摄影：刘立才

形态特征 上体暗棕褐色；尾羽灰褐色并具3道明显的黑褐色宽横斑。脸颊和耳区为灰色，眼先和喉部白色。喉部具黑褐色中央纵纹。胸部以下白色，具较密的棕褐色横斑。眼黄色。嘴黑色，嘴基部和蜡膜橙黄色。脚黄色，爪黑色。

生态习性 繁殖期栖息于山林，秋冬多栖息于林缘开阔地区。常单独活动，迁徙期成群活动。

地理分布 在东北亚繁殖，东南亚越冬。中国除西北地区及青藏高原外，见于全国各地。在东北地区繁殖。

种群状况 单型种。夏候鸟，冬候鸟，旅鸟。

灰脸鵟鹰

Grey-faced Buzzard *Butastur indicus* 体长：39~46 cm 国家 II 级重点保护野生动物 LC（低度关注）

隼形目 FALCONIFORMES 鹰科 Accipitridae (Hawks, Eagles)

普通亚种 *japonicus* ＼摄影：孙晓明

普通亚种 *japonicus* ＼摄影：赵振杰

新疆亚种 *vulpinus* ＼摄影：桑新华

新疆亚种 *vulpinus* ＼摄影：王尧天

指名亚种 *buteo* ＼摄影：刘马力

指名亚种 *buteo* ＼摄影：刘马力

普通亚种 *japonicus* ＼摄影：关克

形态特征 体色变化大，上体主要为暗褐色，下体主要为暗褐色或淡褐色，具深棕色横斑或纵纹。尾淡灰褐色，具多道暗色横斑。飞翔时两翼宽阔，初级飞羽基部有明显的白斑，翼下白色，仅翼尖、翼角和飞羽外缘黑色(淡色型)或全为黑褐色(暗色型)，尾散开呈扇形。翱翔时两翼微向上举成浅"V"字形。

生态习性 繁殖期主要栖息于山地森林和林缘地带，秋冬季节多出现在低山丘陵和平原地带。

地理分布 共9个亚种，繁殖于古北界及喜马拉雅山脉，非洲北部、印度、东南亚越冬。国内有3个亚种，普通亚种 *japonicus* 分布于全国各地，翅长♂37.2~40厘米，♀39.5~42.7厘米，体羽较少棕色，尾淡灰褐色而常具4~5道不明显的暗色横斑。新疆亚种 *vulpinus* 见于新疆西部、四川东北部，翅长♂35~37.7厘米，♀37.8~39.2厘米，体羽较多棕色，尾深棕色而具明显的黑色次端斑。指名亚种 *buteo* 见于西藏东南部和南部。

种群状况 多型种。夏候鸟，冬候鸟，旅鸟。常见。

普通𫛭

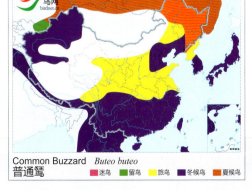

Common Buzzard *Buteo buteo* 体长：50~59 cm 国家 II 级重点保护野生动物 LC（低度关注）

203

棕尾鵟 \ 摄影：刘哲青

棕尾鵟 \ 摄影：王尧天

深色型 \ 摄影：吴榕郊

棕尾鵟 \ 摄影：王尧天

形态特征 体色变化较大，体羽颜色浅淡。上体通常淡褐色到淡沙褐色，具暗中央纹。喉部和上胸部皮黄色，具暗羽干纹，下胸为白色。腹部和腿黑褐色，尾羽棕褐色，通常无横带或仅具窄而明显的暗色横斑。翱翔时飞羽腹面颜色浅淡，翼尖黑色。

生态习性 栖息于海拔2000~4000米的荒漠、半荒漠、草原、开阔平原和山地，冬季也出现于农田，但较少活动于森林地带。

地理分布 共2个亚种，繁殖于欧洲东南部至古北界中部、印度西北部、喜马拉雅山脉东部，南迁越冬。国内仅1个亚种，指名亚种 *rufinus* 分布于甘肃东南部、新疆、西藏南部、云南东部。

种群状况 多型种。旅鸟，留鸟，冬候鸟。

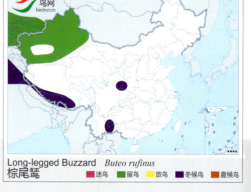

棕尾鵟

Long-legged Buzzard *Buteo rufinus*   体长：50~65 cm   国家Ⅱ级重点保护野生动物   LC（低度关注）

隼形目 FALCONIFORMES　　鹰科 Accipitridae (Hawks, Eagles)

大鵟 \ 摄影：许传辉

大鵟 \ 摄影：段文科

深色型 \ 摄影：李慰曾

浅色型 \ 摄影：王尧天

形态特征 头顶和颈后白色，具褐色纵纹。头侧白色，有褐色长须状纹；上体淡褐色，有3~9条暗横斑，羽干白色。下体大多棕白色。跗蹠前面通常被羽，飞翔时翼下有白斑。
生态习性 栖息于山地、平原、草原、林缘和荒漠地带，可到达4000米以上的高原和山区。
地理分布 国外分布于青藏高原和蒙古以东较干旱地带。国内除广东、广西、湖南、江西外，分布于全国各地。
种群状况 单型种。留鸟，旅鸟，夏候鸟，冬候鸟。常见。

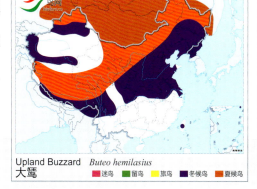

大鵟

Upland Buzzard　　*Buteo hemilasius*　　体长：56~71 cm　　国家 II 级重点保护野生动物　　LC（低度关注）

指名亚种 *lagopus* \ 摄影：孙晓明

北方亚种 *kamtschatkensis* \ 摄影：赵振杰

北美亚种 *sanctijohannis* \ 摄影：孙晓明

指名亚种 *lagopus* \ 摄影：王尧天

北方亚种 *kamtschatkensis* \ 摄影：王振国

形态特征 上体暗褐色，下背和肩部常缀近白色的不规则横带。腹部为暗褐色，下体其余部分为白色。跗蹠被羽毛。尾部覆羽常具白色横斑，圆而不分叉。尾羽洁白，末端具有黑褐色宽斑。飞翔时腹面多白色。

生态习性 繁殖期主要栖息于靠近北极地区的针叶林，越冬期栖息于开阔的农田、草原地带。

地理分布 共4个亚种，分布于北界。国内有3个亚种，指名亚种 *lagopus* 分布于新疆，体羽较淡。北方亚种 *kamtschatkensis* 分布于中国东北、华北、西北、华东、华南各地区，体羽较暗。北美亚种 *sanctijohannis* 分布于北美洲的寒带和亚寒带地区，飞行时比指名亚种色深。全身深色甚至黑色的在北美洲较常见，西伯利亚东部偶见，中国东北地区极其少见。

种群状况 多型种。冬候鸟。旅鸟。

毛脚𫛭

Rough-legged Buzzard *Buteo lagopus* 体长：50~60 cm 国家Ⅱ级重点保护野生动物 LC（低度关注）

隼形目 FALCONIFORMES   鹰科 Accipitridae (Hawks, Eagles)

林雕 \ 摄影：梁长久

林雕 \ 摄影：朱英

林雕 \ 摄影：王进

形态特征 体羽深褐色。下体具灰色及稀疏横斑。停息时，两翼长于尾；飞行时两翼长，基部较窄，翼指多且长。尾长而宽。初级飞羽基部具明显浅色斑块，尾具浅灰色横纹。亚成体体色较浅，具皮黄色细纹和羽缘，腿色浅。
生态习性 栖息于海拔1000~2500米的山地常绿阔叶林内。在高大的树木上筑巢。
地理分布 共2个亚种，国外分布于印度到东南亚。国内有1个亚种，指名亚种 *malayensis* 见于西藏、云南及华南地区。
种群状况 多型种。留鸟。罕见。

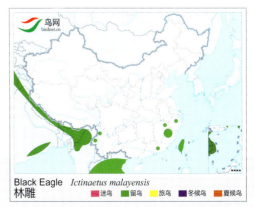

林雕

Black Eagle *Ictinaetus malayensis*   体长：67~81 cm   国家 II 级重点保护野生动物   LC（低度关注）

乌雕 \ 摄影：唐万玲

乌雕 \ 摄影：陈东明

乌雕 \ 摄影：陈东明

形态特征 尾短，深褐色，飞翔时尾上覆羽具白色"U"形斑。羽色随年龄变化大。亚成体翼上覆羽及背部具白色点斑及横纹。

生态习性 栖息于草原及湿地附近的林地。性情孤独，常单独活动。

地理分布 繁殖于俄罗斯南部、西伯利亚南部、土耳其、印度西北部及北部，越冬于非洲东北部、印度南部、东南亚至印度尼西亚。国内分布于全国各地。

种群状况 单型种。留鸟，旅鸟，冬候鸟，夏候鸟。数量稀少。

乌雕

Greater Spotted Eagle *Aquila clanga* 体长：61~74 cm 国家Ⅱ级重点保护野生动物 VU（易危）

隼形目 FALCONIFORMES 鹰科 Accipitridae (Hawks, Eagles)

草原雕 \ 摄影：王尧天

草原雕 \ 摄影：王尧天

草原雕 \ 摄影：李全民

形态特征 体色变化较大，以褐色为主，上体土褐色，头顶较暗。飞羽黑褐色，杂以较暗的横斑，外侧初级飞羽内侧基部具褐色与污白色相间的横斑，飞翔时飞羽腹面具棕、黑相间横斑。亚成体淡咖啡色，翼侧具白色横纹，飞翔时翼腹面、飞羽缘和尾端具明显的浅色横带。

生态习性 栖息于树木繁茂的开阔平原、草地、荒漠和低山丘陵地带的荒原草地。

地理分布 共2个亚种，繁殖于阿尔泰山、蒙古及西伯利亚东南部，越冬于印度北部、东南亚。在中国仅1个亚种，指名亚种 nipalensis 分布于辽宁及华北、西北、西南、华东、华南地区。

种群状况 多型种。夏候鸟、冬候鸟、旅鸟。近年来数量下降显著。

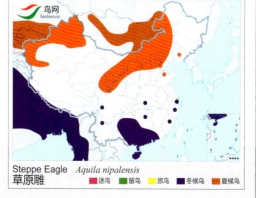

Steppe Eagle *Aquila nipalensis*
草原雕

草原雕

Steppe Eagle   *Aquila nipalensis*   体长：70~82 cm   国家Ⅱ级重点保护野生动物   EN（濒危）

白肩雕 \ 摄影：陈东明

白肩雕 \ 摄影：余伯全

白肩雕 \ 摄影：张岩

白肩雕 \ 摄影：邢睿

形态特征 体羽黑褐色，头和颈部色较淡，肩部有明显的白斑。飞翔时见腹面全黑色，尾羽不散开，显得较窄长。幼鸟头部黄褐色，背具黄褐色斑点，飞翔时翼具狭窄白色后缘，尾常散开成扇形。

生态习性 栖息于海拔2000米以下的山地森林地带，冬季常到低山丘陵、森林平原、丛林和林缘地带，有时见于荒漠、草原、沼泽及河谷地带。

地理分布 分布于古北界及印度西北部。国内见于东北、华北、西北、西南、华东、华南地区。

种群状况 单型种。旅鸟，冬候鸟，留鸟，迷鸟。数量十分稀少。

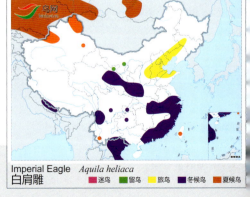

白肩雕

Imperial Eagle　　　　Aquila heliaca　　　　体长：72~84 cm　　　　国家 I 级重点保护野生动物　　　　VU（易危）

隼形目 FALCONIFORMES　　鹰科 Accipitridae (Hawks, Eagles)

东方亚种 *caphanes* \ 摄影：许传辉

东方亚种 *caphanes* \ 摄影：冯江

华西亚种 *kamtschatica* \ 摄影：李全民

东方亚种 *caphanes* \ 摄影：梁长久

形态特征　体羽深褐色。头顶黑褐色，后头至后颈羽毛尖长，呈柳叶状，羽端金黄色。飞行时，两翼呈"V"形。亚成体具白色横斑，尾基白色。

生态习性　栖息于草原、荒漠、河谷、山地，特别是高山针叶林中，冬季亦常在山地丘陵和平原地带活动。

地理分布　共6个亚种，广布于北美洲、欧洲、中东、东亚及西亚、非洲北部。国内有2个亚种。华西亚种 *kamtschatica* 分布于中国东北地区以及内蒙古东北部，体色较淡；上体覆腿羽仅伸至趾基，呈棕褐色；跗蹠锈红，羽干纹黑色。东方亚种 *daphanes* 见于国内各地，体色较暗，上体黑褐色；覆腿羽延伸至爪，近黑色；跗蹠淡棕色。

种群状况　多型种。夏候鸟、冬候鸟、留鸟。数量稀少。

金雕

Golden Eagle　　*Aquila chrysaetos*　　体长：78~105 cm　　国家 I 级重点保护野生动物　　LC（低度关注）

白腹隼雕 \ 摄影：冯启文

白腹隼雕 \ 摄影：冯启文

白腹隼雕 \ 摄影：李彬斌

形态特征 上体暗褐色，头顶和后颈棕褐色。颈侧和肩部羽缘灰白，飞羽灰褐色。灰色尾羽较长，具有7道不明显的黑褐色波形斑和宽阔的黑色亚端斑。下体白色，沾有淡栗褐色。飞翔时翼下覆羽黑色，飞羽基部白色而具波形暗色横斑，白色的下体和翼缘醒目。

生态习性 繁殖季节主要栖息于低山丘陵和山地森林中的悬崖和河谷岸边的岩石上。非繁殖期常沿着海岸、河谷进入到山脚平原、沼泽甚至半荒漠地区。

地理分布 共2个亚种，分布于非洲北部、欧亚大陆、印度，越冬于小巽他群岛。国内仅1个亚种，指名亚种 *fasciata* 分布于河北、云南东部、贵州、湖北、上海及东南沿海各地。

种群状况 多型种。留鸟，旅鸟，迷鸟。

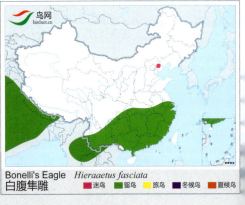

白腹隼雕

Bonelli's Eagle   *Hieraaetus fasciata*   体长：65~72 cm   国家 II 级重点保护野生动物   LC（低度关注）

隼形目 FALCONIFORMES 鹰科 Accipitridae (Hawks, Eagles)

靴隼雕 \ 摄影：王尧天

靴隼雕 \ 摄影：王尧天

靴隼雕 \ 摄影：张守玉

靴隼雕 \ 摄影：雷洪

靴隼雕 \ 摄影：刘哲青

形态特征 胸部棕色或淡皮黄色，腿被羽。上体褐色，具黑色和皮黄色杂斑，两翼及尾深褐色。飞翔时翼前部色浅，与后部深色反差明显。初级飞羽黑色，翼下覆羽白色；尾灰褐色，先端色较浅，有4～5条不明显的横斑。下体白色，具暗褐色纵纹。
生态习性 栖息于山地林缘。
地理分布 繁殖于非洲、欧亚大陆西南部、印度西北部，冬季南迁至非洲和南亚越冬，迷鸟见于东南亚。在中国分布于东北地区及北京、内蒙古、新疆、西藏、江苏。
种群状况 单型种。留鸟，旅鸟，夏候鸟。

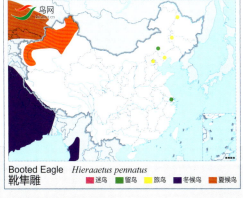

靴隼雕

Booted Eagle *Hieraaetus pennatus* 体长：45～55 cm 国家Ⅱ级重点保护野生动物 LC（低度关注）

棕腹隼雕 \ 摄影：刘璐　　　棕腹隼雕 \ 摄影：邢睿　　　棕腹隼雕 \ 摄影：田穗兴

形态特征　头顶具黑色羽冠，头前及后颈黑色，并略具金属光泽。上体黑色，喉和前胸白色，具少许黑色细纵纹，下体后部棕栗色并具黑色纵纹。尾羽暗灰褐色，具暗色横斑。飞翔时初级飞羽基部可见一个大的圆形淡色斑。亚成体上体黑褐色，具近黑色眼斑，眉纹略白，下体偏白。

生态习性　栖息于低山和山脚地带的阔叶林和混交林。经常长时间地站在树上或地面上的草丛间。

地理分布　共2个亚种，分布于印度南部、喜马拉雅山脉及东南亚。国内仅1个亚种，海南亚种 *formosus* 见于海南省。

种群状况　多型种。留鸟。罕见。

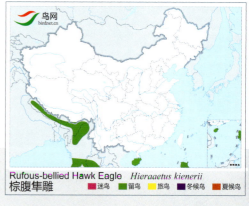

棕腹隼雕

Rufous-bellied Hawk-Eagle　　*Hieraaetus kienerii*　　体长：42~60 cm　　国家Ⅱ级重点保护野生动物　　LC（低度关注）

指名亚种 *nipalensis* \ 摄影：关克

指名亚种 *nipalensis* \ 摄影：王尧天

形态特征　头后具长黑色羽冠，常竖立于头上。上体褐色，有时缀有紫铜色，腰部和尾上覆羽有淡白色横斑。尾羽具宽阔的黑色和灰白色交错横带；喉和胸部为白色，头侧、颈侧和胸部有黑色和皮黄色的条纹，喉部具黑色中央线。腹部密被淡褐色和白色交错排列的横斑。跗蹠被羽，具有淡褐色和白色交错排列的横斑。飞翔时翼宽阔，翼下和尾羽腹面黑白交错的横斑极醒目。

生态习性　繁殖季节大多栖息于山地森林地带。冬季常到低山丘陵和山脚平原的阔叶林和林缘地带觅食。

地理分布　共3个亚种，见于印度、东南亚。国内有2个亚种，指名亚种 *nipalensis* 分布于甘肃、陕西、西藏南部和东南部、云南西部、四川、安徽及东南部各地，头具羽冠，翅长（♀）48厘米以下。东方亚种 *orientalis* 见于内蒙古东北部，翅长（♀）50厘米以上。

种群状况　多型种。留鸟，冬候鸟。

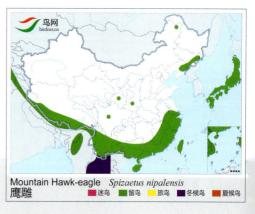

鹰雕

Mountain Hawk-eagle　　*Spizaetus nipalensis*　　体长：67~86 cm　　国家Ⅱ级重点保护野生动物　　LC（低度关注）

隼形目 FALCONIFORMES　　鹰科 Accipitridae (Hawks, Eagles)

鹰雕指名亚种 *nipalensis* ＼摄影：梁伟

鹰雕指名亚种 *nipalensis* ＼摄影：叶守仁

鹰雕指名亚种 *nipalensis* ＼摄影：关克

鹰雕东方亚种 *orientalis* ＼摄影：孙晓明

215

凤头鹰雕 \ 摄影：刘马力

凤头鹰雕 \ 摄影：牛蜀军

凤头鹰雕 \ 摄影：张岩

形态特征 喙黑色。有或无冠羽，背深褐色，下体具深浅条纹。有黑色型。
生态习性 栖息于落叶或常绿森林、种植园。
地理分布 共5个亚种，分布于尼泊尔、印度到中南半岛、东南亚。国内有1个亚种，普通亚种 *limnaetus* 分布于云南。
种群状况 多型种。留鸟。不常见。

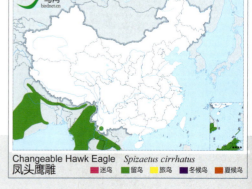

凤头鹰雕

Changeable Hawk Eagle　　*Spizaetus cirrhatus*　　体长：57~79 cm　　国家 II 级重点保护野生动物　　LC（低度关注）

隼科

Falconidae
(Falcons)

本科鸟类多为小型猛禽。嘴短而强壮，尖端钩曲，上嘴两侧具单个齿突。鼻孔圆形，中间有柱状物，翅长而尖，多数外侧初级飞羽内翈有缺刻。尾较长，多为圆尾或凸尾。胫部较跗蹠为长。跗蹠裸露，通常较短而粗壮，趾稍长而有力，爪钩曲而锐利。

通常栖息和活动于开阔旷野、耕地、疏林和林缘地区，部分种类在城镇出没。飞行迅速。既能在地上捕食，也能在空中飞翔捕食。食物主要为小型鸟类、啮齿动物和昆虫。营巢于树洞或岩穴中，有的种类侵占别种鸟的巢。每窝产卵2~6枚。雏鸟晚成性。

本科鸟类通过其飞翔时特别狭长的翅、相对较短的尾以及快速飞行等特点，很容易与鹰科鸟类区别开来。

全世界计有10属61种，分布于世界各地。中国有2属13种，分布于全国各省区。

红腿小隼 \ 摄影：徐东海

红腿小隼 \摄影：关伟纲

红腿小隼 \摄影：张岩

红腿小隼 \摄影：张岩

红腿小隼 \摄影：徐东海

形态特征 中国体型最小的猛禽之一。白色前额连接宽阔的白色眉纹，往后经耳覆羽与白色领圈相连。颊部和耳覆羽为白色，黑色贯眼纹斜向下到耳部。上体和尾羽黑色，并具蓝绿色金属光泽。喉部、胸部、腹部和两胁、尾下覆羽暗棕色。飞翔时翼下白色，飞羽的腹面具有黑色的横带，尾羽腹面黑色具白色横带。

生态习性 栖息于开阔的森林和林缘地带，尤其是林中河谷地带。常单独活动。快速扇翅在树林间鼓翼飞翔，穿插着滑翔，也常静息于枯树梢。

地理分布 共2个亚种，国外见于喜马拉雅山脉东部及东南亚。国内仅有云南亚种 *burmanicus* 分布于云南西部。

种群状况 多型种。留鸟。数量稀少。

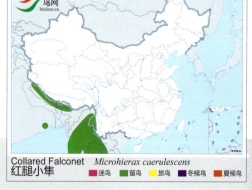

红腿小隼

Collared Falconet　　*Microhierax caerulescens*　　体长：15~18 cm　　国家Ⅱ级重点保护野生动物　　LC（低度关注）

隼形目 FALCONIFORMES　　隼科 Falconidae (Falcons)

白腿小隼 \ 摄影：桑新华

白腿小隼 \ 摄影：叶建华

白腿小隼 \ 摄影：易斌

形态特征 中国体型最小的猛禽之一。背黑腹白，内侧次级飞羽具白色点斑。前额白色，黑色过眼纹很宽，额白色并连接白色细眉纹，向下与颈前白色相连。

生态习性 栖息于海拔2000米以下的落叶森林和林缘地区，常成群或单个栖息在山坡高大的乔木树冠顶枝上。

地理分布 国外见于印度东北部。国内分布于云南、贵州、安徽、江西、江苏、浙江、福建、广东、广西。

种群状况 单型种。留鸟。数量稀少。

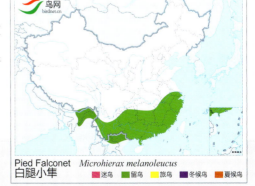

Pied Falconet　*Microhierax melanoleucus*
白腿小隼

白腿小隼

Pied Falconet　　*Microhierax melanoleucus*　　体长：18~20 cm　　国家Ⅱ级重点保护野生动物　　LC（低度关注）

黄爪隼 \ 摄影：王尧天

黄爪隼 \ 摄影：顾云芳

黄爪隼 \ 摄影：王尧天

形态特征 尾呈楔形。雄鸟头部蓝灰色，喉皮黄，耳羽具棕黄色羽干纹；背、肩砖红色或棕黄色，尾淡蓝灰色，黑色次端斑宽阔，白色端斑狭窄。雌鸟前额污白，具黑色纤细羽干纹；眉纹白色；体背面棕黄或淡栗色；尾具9~10道黑色横斑，次端斑黑色，端斑白色。亚成体和雌鸟相似，仅具宽阔的黑色次端斑。

生态习性 栖息于开阔的荒山旷野以及村庄附近。常在空中飞行，并频繁滑翔。

地理分布 国外见于欧洲南部及非洲北部、中亚、印度、缅甸、老挝。国内分布于山东、河南、山西、湖北及东北、华北、西北、西南各地。

种群状况 单型种。旅鸟，夏候鸟，冬候鸟。数量稀少。

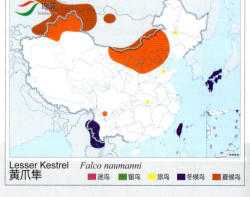

黄爪隼

Lesser Kestrel *Falco naumanni* 体长：29~32 cm 国家Ⅱ级重点保护野生动物 LC（低度关注）

隼形目 FALCONIFORMES   隼科 Falconidae (Falcons)

红隼 \ 摄影：段文科

红隼 \ 摄影：陈承光

捕食 \ 摄影：王兴娥

红隼 \ 摄影：孙晓明

形态特征 尾端平，喉部具须状纹。雄鸟背部具斑点，下体纵纹较多。其他特征与黄爪隼相似。

生态习性 栖息于山地森林及开阔地带。飞翔时两翅快速扇动，偶尔进行短暂滑翔。在城市也常有分布记录。

地理分布 共12个亚种，分布于非洲、古北界、印度，越冬于东南亚。国内有2个亚种，普通亚种 *interstinctus* 见于全国各地，体色较暗浓。指名亚种 *tinnunculus* 见于黑龙江、北京、内蒙古北部、新疆北部，体色较浅淡。

种群状况 多型种。留鸟，夏候鸟，冬候鸟，旅鸟。常见。

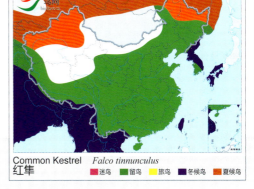

Common Kestrel *Falco tinnunculus*
红隼 迷鸟 留鸟 旅鸟 冬候鸟 夏候鸟

红隼

Common Kestrel   *Falco tinnunculus*   体长：32~39 cm   国家Ⅱ级重点保护野生动物   LC（低度关注）

西红脚隼 \ 摄影：高云疆

西红脚隼 \ 摄影：许传辉

西红脚隼 \ 摄影：许传辉

西红脚隼 \ 摄影：王尧天

形态特征 体羽灰色，臀部棕色。翼下覆羽及腋羽暗灰而非白色，除此之外雄鸟与红脚隼体色相似。雌鸟差别较大，上体偏褐色，头顶棕红，下体具稀疏黑色纵纹；眼周近黑色，脸颊、颏近白色，两翼及尾灰色，尾下具横斑；翼下覆羽褐色。幼鸟下体偏白色，具粗大纵纹。

生态习性 栖息于森林边缘开阔环境，喜静息于高处伺机捕食昆虫。

地理分布 国外见于东欧至西伯利亚西部。国内分布于新疆西北部。

种群状况 单型种。夏候鸟。罕见。

西红脚隼

Red-footed Falcon　　*Falco vespertinus*　　体长：28~31 cm　　国家II级重点保护野生动物　　NT（近危）

隼形目 FALCONIFORMES　　隼科 Falconidae (Falcons)

红脚隼 \ 摄影：周永胜

红脚隼 \ 摄影：赵国君

红脚隼 \ 摄影：冯江

形态特征 雄鸟与西红脚隼相似，但飞行时白色翼下覆羽与之有别。雌鸟额白，头顶灰色具黑色纵纹；背、尾灰色，尾具黑色横斑；喉白，眼下具黑色条纹；下体乳白色，胸部具黑色纵纹，腹部具黑色横斑；翼下白色并具黑色点斑及横斑。亚成体似雌鸟但下体横纹棕褐色。

生态习性 与西红脚隼相似。

地理分布 繁殖于西伯利亚至朝鲜北部，迁徙时见于印度和缅甸，在非洲越冬。中国除新疆、西藏、海南外，见于全国各地。

种群状况 单型种。夏候鸟，旅鸟。常见。

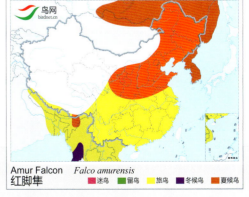

Amur Falcon　*Falco amurensis*
红脚隼

红脚隼（阿穆尔隼）

Amur Falcon　　*Falco amurensis*　　　　体长：28~30 cm　　国家 II 级重点保护野生动物　　LC（低度关注）

太平洋亚种 *pacificus* \ 摄影：孙晓明

新疆亚种 *lymani* \ 摄影：周奇志

普通亚种 *insignis* \ 摄影：孙晓明

普通亚种 *insignis* \ 摄影：张守玉

形态特征 上体比其他隼类浅淡，尤其是雄鸟，呈淡蓝灰色，具黑色羽干纹；尾羽蓝灰，黑色次端斑宽阔，白色端斑较窄；后颈蓝灰色，有一棕褐色的领圈，并杂有黑斑。雌鸟和亚成体上体灰褐色，腰灰色，眉纹及喉白色；下体偏白，胸、腹部多深褐色斑纹，尾具白色横斑。

生态习性 栖息于开阔的低山丘陵、平原、森林、海岸和森林苔原地带；飞行迅速、敏捷。

地理分布 共9个亚种，分布于全北界，越冬时南迁。国内有4个亚种，普通亚种 *insignis* 见于东北、华北、西北、西南、华南、华东各地区，上体淡灰(♂)或淡褐色，翅长(♂)20~21.6厘米或(♀)22.5~22.7厘米。新疆亚种 *lymani* 见于青海、新疆，上体淡灰(♂)或淡褐色，翅长22.5(♂)~24.8(♀)厘米。太平洋亚种 *pacificus* 见于河北、内蒙古、福建，上体暗蓝灰色，体色较暗。西藏亚种 *pallidus* 见于西藏南部，上体暗蓝灰色，体色最淡。

种群状况 多型种。旅鸟，冬候鸟，夏候鸟。

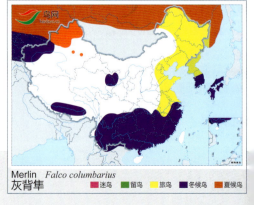

Merlin *Falco columbarius*
灰背隼

灰背隼

Merlin *Falco columbarius* 体长：24~33 cm 国家 II 级重点保护野生动物 LC（低度关注）

隼形目 FALCONIFORMES　　隼科 Falconidae (Falcons)

南方亚种 streichi \ 摄影：关克

指名亚种 subbuteo \ 摄影：王尧天

指名亚种 subbuteo \ 摄影：简廷谋

指名亚种 subbuteo \ 摄影：段文科

形态特征 上体为暗蓝灰色，眉纹白，颊部黑色髭纹垂直向下，喉至腿前白色，胸、腹部有黑色纵纹，下腹部至尾下覆羽棕栗色。尾羽灰色或石板褐色，尾羽腹面具横斑。飞翔时翼狭长而尖，腹面白色，密布黑褐色横斑。

生态习性 栖息于有稀疏树木的开阔环境，单独或成对活动，飞行快速而敏捷。

地理分布 共2个亚种，分布于非洲、古北界、喜马拉雅山脉、缅甸，南迁越冬。国内有2个亚种，指名亚种 subbuteo 分布于东北、华北、西北各地区以及青藏高原地区，翅长。南方亚种 streichi 见于西南、华东、东南沿海各地区，翅较短。

种群状况 多型种。夏候鸟，冬候鸟，旅鸟，留鸟。较常见。

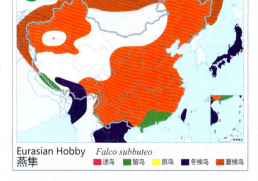

Eurasian Hobby　　*Falco subbuteo*
燕隼

燕隼

Eurasian Hobby　　*Falco subbuteo*　　体长：28~36 cm　　国家Ⅱ级重点保护野生动　　LC（低度关注）

中亚亚种 *cherru* \ 摄影：王尧天

中国亚种 *milvipes* \ 摄影：孙晓明

中国亚种 *milvipes* \ 摄影：张建国

形态特征 体色浅。颈背偏白，头顶浅褐色，眼下方具不明显的黑色线条，眉纹白；上体多褐色而略具横斑，飞羽深褐色；白色尾羽端斑狭窄，下体偏白，翼下大覆羽具黑色细纹。幼鸟上体褐色深沉，下体满布黑色纵纹。

生态习性 栖息于内陆高原、草原和丘陵地区。

地理分布 共4个亚种，分布于欧洲中部、非洲北部、印度北部、中亚至蒙古。国内有2个亚种，中亚亚种 *cherrug* 见于新疆。中国亚种 *milvipes* 见于辽宁、山西及华北、山东、西北、西南各地区。

种群状况 多型种。夏候鸟，旅鸟，冬候鸟。因偷猎而导致数量显著下降。

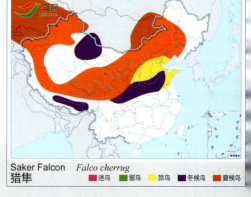

猎隼

Saker Falcon　　*Falco cherrug*　　体长：45~55 cm　　国家Ⅱ级重点保护野生动物　　EN（濒危）

隼形目 FALCONIFORMES　　隼科 Falconidae (Falcons)

猛隼 \ 摄影：刘马力

猛隼 \ 摄影：刘璐

猛隼 \ 摄影：刘璐

形态特征 体型似燕隼，头部和飞羽黑色，其余上体石板灰色，颊部全为黑色，喉部和颈侧棕白色或皮黄白色，下体及翼下为暗栗色，无斑纹。
生态习性 栖息于有稀疏林木或者小块丛林的低山丘陵和山脚平原，常单独或成对活动。
地理分布 共2个亚种，见于印度东北部、东南亚至新几内亚及所罗门群岛。国内仅有指名亚种 severus 布于云南西部、广西、海南。
种群状况 多型种。留鸟。罕见。

猛隼

Oriental Hobby　　*Falco severus*　　　　体长：24~30 cm　　国家 II 级重点保护野生动物　　LC（低度关注）

矛隼 \ 摄影：许波

矛隼 \ 摄影：东木

矛隼 \ 摄影：许波

形态特征 羽色变化大。暗色型头部白色，头顶有暗色纵纹，上体灰褐色，具有白色横斑和斑点，下体和尾羽白色。白色型的个体主要为白色，背部和翅膀上具褐色斑点。灰色型介于上述两种色型之间。
生态习性 生活在北极苔原地带和寒温带。栖息于开阔的山地、沿海岛屿、临近海岸的河谷和森林苔原地带。
地理分布 分布于欧洲、亚洲及北美洲的北极地区。在中国分布于黑龙江、新疆西部。
种群状况 单型种。夏候鸟，冬候鸟。数量稀少。

矛隼

Gyrfalcon　　*Falco rusticolus*　　　　体长：48~60 cm　　国家 II 级重点保护野生动物　　LC（低度关注）

拟游隼 \ 摄影：丁进清

拟游隼 \ 摄影：丁进清

形态特征 背灰色，下体偏白，眼下具狭窄黑色线条，灰色眉纹清晰。似游隼但黑色的翼尖与灰色的覆羽及背部对比较明显，腰及尾上覆羽灰色浅，下体色浅，颈背具铁锈色斑和棕色块斑。幼鸟褐色重，下体多黑色纵纹，颈背色浅并沾棕。
生态习性 常见于半沙漠的岩石山丘、峡谷和山脉。飞行迅速，多单独活动。
地理分布 分布于非洲北部、中东。国内见于宁夏北部、青海。
种群状况 单型种。留鸟，夏候鸟，冬候鸟。数量稀少。

拟游隼

Barbary Falcon　　*Falco pelegrinoides*　　体长：34~50 cm　　国家Ⅱ级重点保护野生动物　　NE（未评估）

隼形目 FALCONIFORMES　　隼科 Falconidae (Falcons)

游隼 \ 摄影：卢馨有

游隼 \ 摄影：谷国强

游隼 \ 摄影：陈晨光

游隼 \ 摄影：冯江

形态特征 翅长而尖，眼周黄色，颊有一粗的垂直向下的黑色髭纹，头至后颈灰黑色，其余上体蓝灰色，尾具黑色横带；上胸有黑细斑点，下胸至尾下覆羽密被黑色横斑；飞翔时翼、尾腹面白色，密布白色横带。幼鸟上体暗褐色，下体淡黄褐色，胸、腹具黑褐色纵纹。

生态习性 常在鼓翼飞翔时穿插着滑翔，也常在空中翱翔。

地理分布 共19个亚种，分布于世界各地。国内有5个亚种，普通亚种 *calidus* 分布于东北、华北、西北、华东各地区以及山东、河南、山西、东部沿海各地区，颊纹宽，头顶无锈红色，颈部无棕色，上体较淡，头顶较灰蓝；下体几乎纯白；翅长（♂）31厘米或（♀）35厘米以上。东方亚种 *japonensis* 见于山东、江苏、浙江、福建，颊纹宽，头顶无锈红色，颈部无棕色，上体较暗；头顶暗灰，下体色较浓；体型与普通亚种相似。南方亚种 *peregrinator* 见于山东以及南方各地，颊纹宽，头顶无锈红色，颈部无棕色，上体最暗，头顶较黑，黑色耳羽与颧纹相并，无白色隔着；下体较赤褐；翅长（♂）30厘米或（♀）34厘米以下。新疆亚种 *peregrinus* 见于东北地区及新疆，颊纹狭，头顶杂以锈红色，颈部棕色。云南亚种 *ernesti* 分布于云南南部。

种群状况 多型种。旅鸟，冬候鸟，夏候鸟，留鸟。数量稀少。

游隼

Peregrine Falcon　　*Falco peregrinus*　　体长：34~50 cm　　国家Ⅱ级重点保护野生动物　　LC（低度关注）

鸡形目
GALLIFORMES

- 体型大小一般与家鸡相似
- 大多为陆栖，部分树栖。多生活于森林、草丛和灌木丛中。善奔跑，不善长途飞行。多为留鸟。食物主要为植物芽、叶、种子、果实和昆虫。雏鸟早成性
- 全世界共7科280种，遍及世界各地
- 中国有2科26属63种，遍布全国各地

松鸡科
Tetraonidae
(Grouse, Ptarmigans)

本科鸟类除具有鸡形目鸟类共有特征外，其鼻孔被羽，为羽毛所覆盖。跗蹠全部或部分被羽，且无距。后趾位置明显高于前3趾，有的种类各趾均被硬羽，适应冬季寒冷气候（如雷鸟），有的种类趾虽不被硬羽，但趾的两侧有栉状缘（如松鸡类）。中央尾羽不特形延长，明显区别于雉科鸟类。

大多栖息于泰加林、云杉林、桦树林和柳树丛中。飞行有力，但不持久，仅能短距离飞翔和进行季节性游荡，冬季常成小群活动。营巢于地面，每窝产卵8~12枚。主要以植物性食物为食。

分布于欧亚大陆北部和北美洲北部，全世界共11属18种，中国有5属8种，主要分布于东北和西北地区。

近期也有人主张将该科并入雉科。

镰翅鸡 \ 摄影：Siegfried Klaus

形态特征 黑色喉块外缘白色。上体橄榄褐色而带黑斑，腹白而具黑斑。中央尾羽褐色，外侧尾羽黑色带较宽的白色羽尖。红色眉瘤凸显。与榛鸡的区别在于胸部及上背近黑色，羽冠短，具特征性的狭尖形初级飞羽。

生态习性 见于海拔200~1500米林下植被茂密的针叶林。

地理分布 分布于东西伯利亚至乌苏里流域和萨哈林岛。中国分布于黑龙江和小兴安岭。

种群状况 单型种。罕见迷鸟。在中国已有数十年无目击记录。或已区域性灭绝。

镰翅鸡 \ 摄影：Siegfried Klaus

镰翅鸡
Siberian Grouse *Dendragapus falcipennis* 体长：38~43 cm 国家II级重点保护野生动物 NT（近危）

鸡形目 GALLIFORMES　　松鸡科 Tetraonidae (Grouse, Ptarmigans)

柳雷鸟 \ 摄影：王尧天

柳雷鸟 \ 摄影：王尧天

繁殖羽 \ 摄影：刘哲青

繁殖羽 \ 摄影：刘哲青

形态特征 雄鸟夏季头、颈部、背、胸和内侧飞羽棕黄色，并具黑褐色横斑；翼上覆羽、外侧飞羽、腹部和趾白色，尾黑但多为褐色的尾上覆羽所盖。雌鸟夏羽皮黄色，具蠕虫状黑色斑纹。冬羽雌雄变为全身白色，飞羽羽干和尾黑，但黑尾常为白色的尾上覆羽所盖。红色的眉瘤四季都有。

生态习性 耐寒鸟类，栖息于北极冻原带和冻原灌丛森林，冬季多栖息于富有柳丛、灌丛的沿河地区，非繁殖季节成群活动。

地理分布 共20个亚种，分布于北美洲北部和欧亚大陆北部。国内仅1个亚种，北方亚种 okodai 分布于黑龙江流域及新疆北部。

种群状况 多型种。留鸟。无危，但国内罕见。

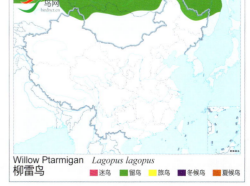

柳雷鸟

Willow Ptarmigan　　*Lagopus lagopus*　　体长：35~43 cm　　国家 II 级重点保护野生动物　　LC（低度关注）

冬羽 \ 摄影：王尧天

配偶对（左雌右雄）\ 摄影：许传辉

冬羽 \ 摄影：雷洪

形态特征 与柳雷鸟相似，但夏季羽色更为灰暗，冬季眼先黑色而非白色。嘴较细。
生态习性 栖息于高山针叶林、亚高山草甸及雪线以下的矮桦灌丛等。冬季集大群。
地理分布 共31个亚种，分布于北半球的苔原冻土带。国内有1个亚种，蒙古亚种 *nadezdae* 鲜见于新疆阿尔泰山地区。
种群状况 多型种。留鸟。数量多，但国内不常见。

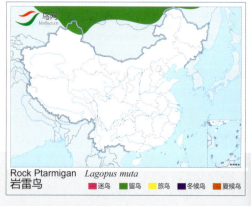

岩雷鸟

Rock Ptarmigan *Lagopus muta* 体长：33~39 cm 国家 II 级重点保护野生动物 LC（低度关注）

鸡形目 GALLIFORMES　松鸡科 Tetraonidae (Grouse, Ptarmigans)

东北亚种 ussuriensis \ 摄影：顾莹

北方亚种 baikalensis \ 摄影：赵亮

东北亚种 ussuriensis（雌）\ 摄影：肖显志

蒙古亚种 mongolicus \ 摄影：杜英

形态特征 雄鸟全身黑色，带绿色金属光泽，翼上具白色斑块，黑色尾羽呈叉状并向外弯曲，求偶炫耀时白色的尾下覆羽可呈扇形竖起；眼上方有红色的冠状肉瘤。雌鸟体型较小，体羽深褐色具黑褐色横斑，白色翼斑不如雄性明显。

生态习性 栖息于针叶林、针阔混交林和森林草原。成群活动，一雄多雌，有公共求偶场。以植物为食。

地理分布 共7个亚种，分布于欧洲西部、北部至西伯利亚及朝鲜。国内有3个亚种，蒙古亚种 mongolicus 见于新疆西北部，体羽的黑褐色较暗；头、颈、下背及腰等部羽毛深蓝带绛红色光泽。北方亚种 baikalensis 见于黑龙江北部、内蒙古东北部，体羽色较淡，羽色的辉亮部分深蓝偏绿。东北亚种 ussuriensis 见于黑龙江、吉林东部、辽宁、河北北部、内蒙古东北部，体羽黑褐色略带棕；头、颈、下背及腰部羽色深蓝带绿金属光泽。

种群状况 多型种。留鸟。数量多，地区性常见。

Black Grouse　Lyrurus tetrix
黑琴鸡

黑琴鸡

Black Grouse　*Lyrurus tetrix*　体长：44~61 cm　国家II级重点保护野生动物　LC（低度关注）

松鸡 \摄影：Mark Hamblin

松鸡（雌）\摄影：邢睿

松鸡 \摄影：许传辉

松鸡 \摄影：崔明浩

形态特征 雄鸟上体石板灰色，胸辉绿色，腹部白色，圆钝的尾能竖起成扇形，眼上具红色肉瘤。雌鸟较小，褐色，有黑色、白色斑纹，胸部有大块棕斑。

生态习性 典型针叶林鸟类。

地理分布 共10个亚种，分布于欧洲北部和亚洲中部。国内有1个亚种，阿尔泰亚种 *taczanowskii* 见于新疆西北部。

种群状况 多型种。留鸟。数量多，但国内罕见。

松鸡（西方松鸡）

Western Capercaillie　　*Tetrao urogallus*　　体长：67~95 cm　　LC（低度关注）

鸡形目 GALLIFORMES　　松鸡科 Tetraonidae (Grouse, Ptarmigans)

黑嘴松鸡 \ 摄影：冯江

黑嘴松鸡（雌）\ 摄影：梁长久

黑嘴松鸡 \ 摄影：汪光武

形态特征 似松鸡，雄鸟黑褐色，肩、翅上覆羽、尾上覆羽具白色尖端，嘴为黑色。雌鸟棕色，具黑褐色斑纹和白色羽缘，与松鸡的区别在于胸部无棕斑。

生态习性 同松鸡。

地理分布 共3个亚种，分布于西伯利亚东部至萨哈林岛。国内有1个亚种，指名亚种 parvirostris 分布于黑龙江东部和北部、内蒙古东北部、河北北部。

种群状况 多型种。留鸟。数量多，但在国内稀少而罕见。

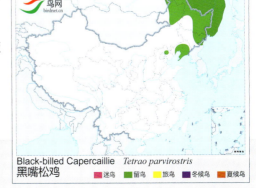

黑嘴松鸡

Black-billed Capercaillie　*Tetrao parvirostris*　体长：68~97 cm　国家 I 级重点保护野生动物　LC（低度关注）

黑龙江亚种 *amurensis* \ 摄影：高希有

黑龙江亚种 *amurensis*（雌）\ 摄影：张永

北方亚种 *sibiricus*（雌）\ 摄影：夏咏

黑龙江亚种 *amurensis* \ 摄影：贾云国

形态特征 雄鸟头顶有短冠羽，上体棕灰色带栗褐色横斑，颏和喉黑色；下体白色带棕褐色斑纹；尾具黑色次斑端。雌鸟与雄鸟相似，但颏和喉为棕白色。

生态习性 典型的森林鸟类，喜食桦木、柳树的嫩芽。巢筑在地面上，窝卵数 3~6 枚。

地理分布 共 12 个亚种，分布于亚欧大陆。国内有 2 个亚种，北方亚种 *sibiricus* 分布于黑龙江北部、内蒙古东北部、新疆西北部，上体羽色较灰，横斑为灰褐色，腰及下背部分更显灰褐。黑龙江亚种 *amurensis* 见于黑龙江、吉林、辽宁、河北北部、内蒙古东北部，上体羽色较棕黄，横斑为棕褐色，腰及下背部分更显棕褐。

种群状况 多型种。留鸟。数量多，常见。

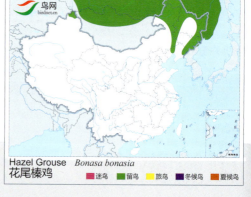

Hazel Grouse *Bonasa bonasia*
花尾榛鸡

花尾榛鸡

Hazel Grouse *Bonasa bonasia* 体长：34~39 cm 国家 II 级重点保护野生动物 LC（低度关注）

鸡形目 GALLIFORMES　松鸡科 Tetraonidae (Grouse, Ptarmigans)

指名亚种 *sewerzowi* ＼摄影：赵军

指名亚种 *sewerzowi* ＼摄影：东曼伟

指名亚种 *sewerzowi* ＼摄影：赵军

四川亚种 *secunda* ＼摄影：宋晔

形态特征 上体栗色，具黑色横纹，颏、喉黑色（雌鸟为褐色），周围有白边，胸栗色，外侧尾羽黑褐色，有白色横纹和端斑。与花尾榛鸡相似，区别在于花尾榛鸡腹多白色，尾具黑色次端斑。

生态习性 与花尾榛鸡相似。主要栖息于海拔2500~3500米的山坡森林及林缘灌丛，以柳树、桦树的嫩叶、嫩枝等为食，也吃植物果实和种子。具有明显的领域行为，繁殖期5~7月，窝卵数5~8枚，卵子卵期25~28天。

地理分布 中国鸟类特有种。有2个亚种，指名亚种 *sewerzowi* 见于甘肃、青海东北部、四川北部，头顶栗色较淡，背、腰等的横斑模糊不清；肩羽和翅上覆羽的末端处白纹不显著或缺；腹部黑斑较狭。四川亚种 *secunda* 见于西藏东部、青海东南部、云南西北部、四川西部，头顶栗色较浓，背、腰等具明显黑色横斑；肩羽和翅上覆羽的末端处均具显著白纹；腹部黑斑较宽。

种群状况 多型种。留鸟。数量稀少，罕见。

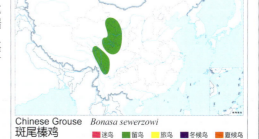

斑尾榛鸡

Chinese Grouse　　*Bonasa sewerzowi*　　　体长：31~38 cm　　国家 I 级重点保护野生动物　　NT（近危）

雉科

Phasianidae
(Partridges, Pheasants, Peafowls)

本科鸟类头顶常具肉冠或羽冠。嘴较短粗，上嘴先端微向下曲，但不具钩。鼻孔椭圆形，不为羽毛所掩盖。翅稍短圆。初级飞羽10枚。脚强壮，适于奔跑。跗蹠裸出或仅上部被羽。雄性常具距。趾完全裸出，后趾位置高于其他趾。雌雄同色或异色，若异色时，雄鸟羽色华丽。

主要栖息于地面，营地上生活。晚上多在树上或灌丛中栖息，营巢于地上。善奔跑，不能长距离飞翔。主要以植物种子、果实和昆虫为食。雏鸟早成性。

全世界共有57属185种，分布于世界各地。中国有21属55种，分布于全国各地。

指名亚种 *lerwa* \ 摄影：唐军

形态特征 上体有黑、白、棕色相间的横纹，下体栗色具不规则白色斑块，嘴和脚红色。

生态习性 栖息于高海拔林线至雪线附近，群居，不甚怕人。

地理分布 共3个亚种，分布于喜马拉雅山脉、青藏高原。国内有3个亚种，指名亚种 *lerwa* 分布于西藏东南部，尾羽的黑色横斑较白色横斑大，白色横斑内无黑点。四川亚种 *major* 见于云南西北部、四川西部，尾羽的黑色横斑与白色横斑大小相等，白色横斑内有黑点。甘肃亚种 *callipygian* 见于甘肃南部、四川北部，尾羽的黑色横斑较白色横斑小。

种群状况 多型种。留鸟。数量少，不常见。

四川亚种 *major* \ 摄影：张永

雪鹑

Snow Partridge *Lerwa lerwa* 体长：34~40 cm LC（低度关注）

鸡形目 GALLIFORMES　　雉科 Phasianidae (Partridges, Pheasants, Peafowls)

红喉雉鹑 \ 摄影：张勇

红喉雉鹑 \ 摄影：张勇

红喉雉鹑 \ 摄影：张勇

形态特征 上体灰褐色，翅具白色和淡棕色端斑，喉部栗红色，具白色边缘；尾下覆羽栗红色；胸灰色有黑褐色纵纹，腹和两胁栗色。
生态习性 栖息于高山针叶林林缘和林线上的杜鹃灌丛带，不善飞翔。雨、雪后常鸣叫。
地理分布 中国鸟类特有种。见于甘肃、青海东部、四川西北部。
种群状况 单型种。留鸟。地方性不罕见。

Chestnut-throated Partridge　　*Tetraophasis obscurus*
红喉雉鹑　　■迷鸟　■留鸟　■旅鸟　■冬候鸟　■夏候鸟

红喉雉鹑（雉鹑）

Chestnut-throated Partridge　　*Tetraophasis obscurus*　　体长：45~54 cm　　国家 I 级重点保护野生动物　　LC（低度关注）

黄喉雉鹑 \ 摄影：段文举

黄喉雉鹑 \ 摄影：王尧天

黄喉雉鹑 \ 摄影：李全民

黄喉雉鹑 \ 摄影：李全民

形态特征 形似红喉雉鹑。头灰褐色，背棕褐色，喉部为棕黄色，无白色边缘。腰及尾上覆羽灰褐色。下胸、腹部及两胁有较多栗色斑。

生态习性 栖息于高海拔的针叶林、高山灌丛和林线以上的多岩石苔原地带。

地理分布 中国鸟类特有种。分布于西藏东部、青海东南部、云南西北部、四川西部。

种群状况 单型种。留鸟。地方性常见。

Buff-throated Partridge　*Tetraophasis szechenyii*
黄喉雉鹑

黄喉雉鹑（四川雉鹑）

Buff-throated Partridge　　*Tetraophasis szechenyii*　　体长：43~49 cm　　国家 I 级重点保护野生动物　　LC（低度关注）

鸡形目 GALLIFORMES　　雉科 Phasianidae (Partridges, Pheasants, Peafowls)

藏雪鸡 \ 摄影：王尧天

藏雪鸡 \ 摄影：王尧天

藏雪鸡 \ 摄影：肖克坚

藏雪鸡 \ 摄影：段文科

形态特征 头、颈灰色，眼周红色，前额、喉、耳羽白色；上体土棕色，两翼具灰色及白色细纹；下体白色，前额和上胸有暗色环带；下胸和腹有黑色纵纹。

生态习性 栖息于林线至雪线之间的高山灌丛，苔原和裸岩地带。喜结群、性胆怯。

地理分布 共6个亚种，分布于喜马拉雅山脉。国内均有分布，指名亚种 *tibetanus* 见于新疆西部、西藏西部，头顶、后颈及背等较疆南亚种稍暗，上背淡色带斑有灰色粉点。疆南亚种 *tschimenensis* 见于新疆南部、青海西部，头顶、后颈及背等最淡，上背淡色带斑为葡萄黄色，几无灰色粉状点斑。青海亚种 *przewalskii* 见于甘肃西部、新疆东南部、青海北部、四川西北部，头顶、后颈及背等比指名亚种为暗，尾羽土褐色。藏南亚种 *aquilonifer* 见于西藏南部，头顶、后颈等较上列各亚种为暗，尾羽深棕色。四川亚种 *henrici* 见于西藏东部、四川西部，头顶、后颈及背等最暗，尾羽深棕色。云南亚种 *yunnanensis* 见于云南西北部，头顶、后颈及背等与四川亚种相同；尾羽末端棕色；下喉至上胸的领斑全为灰黑色，不具白斑，与其他各亚种不同。

种群状况 多型种，留鸟。不常见。

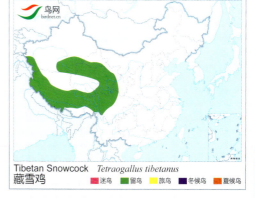

Tibetan Snowcock　*Tetraogallus tibetanus*
藏雪鸡

藏雪鸡

Tibetan Snowcock　*Tetraogallus tibetanus*　体长：49~64 cm　国家 II 级重点保护野生动物　LC（低度关注）

阿尔泰雪鸡 \ 摄影：许传辉

阿尔泰雪鸡 \ 摄影：宁博

阿尔泰雪鸡 \ 摄影：许传辉

形态特征 头顶至后颈灰褐色或灰白色，额、喉白色，眼周裸露皮黄色，上胸褐色，下胸和腹部白色，背、两翼及尾褐色，翅上覆羽具白色细纹。

生态习性 栖息于高山和亚高山岩石苔原、草甸和裸岩地带。有垂直迁移现象，两翅常用来帮助爬坡。

地理分布 共2个亚种，分布于阿尔泰山脉至蒙古国的西北部山区。国内2个亚种均有分布。指名亚种 *altaicus* 分布于新疆极北部的阿勒泰、青河、富维等县，上体灰色较浓。北疆亚种 *orientalis* 分布于新疆北塔山地区，上体灰色较淡，有较多皮黄色。

种群状况 多型种。留鸟。数量稀少，罕见。

阿尔泰雪鸡

Altai Snowcock *Tetraogallus altaicus* 体长：52~60 cm 国家Ⅱ级重点保护野生动物 LC（低度关注）

鸡形目 GALLIFORMES　　雉科 Phasianidae (Partridges, Pheasants, Peafowls)

指名亚种 *himalayensis* ＼摄影：许传辉

南疆亚种 *grombczewskii* ＼摄影：闫旭光

青海亚种 *koslowi* ＼摄影：龙尼智

西疆亚种 *sewerzowi* ＼摄影：包热

形态特征 头和颈侧白色，带有两条栗色线，并在上胸形成栗色环带。眼周裸皮黄色。上体多灰色，缀有皮黄色纵纹。下胸带黑色横纹，腹部灰色，尾下覆羽近白。

生态习性 与其他雪鸡相似。

地理分布 共6个亚种，分布于阿富汗、土耳其至尼泊尔。国内有4个亚种，指名亚种 *himalayensis* 见于新疆西部，体色最暗、最灰。西疆亚种 *sewerzowi* 见于新疆西部和北部，体色较指名亚种为淡，更多棕色、黄色。南疆亚种 *grombczewskii* 见于新疆西南部，体色最淡。青海亚种 *koslowi* 见于甘肃、新疆东南部、青海北部，体色介于西藏亚种和南疆亚种之间，下体底色近葡萄红色，而非灰色或灰黄色，与其他各亚种不同。

种群状况 多型种。留鸟。数量多，罕见。

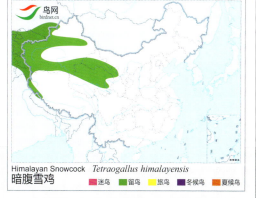

暗腹雪鸡

Himalayan Snowcock　　*Tetraogallus himalayensis*　　体长：52~60 cm　　国家 II 级重点保护野生动物　　LC（低度关注）

大石鸡 \ 摄影：唐军

大石鸡 \ 摄影：赵军

大石鸡 \ 摄影：张永

大石鸡 \ 摄影：梁长久

形态特征 似石鸡，但体型略大而多黄色，围绕喉的黑边外层还有一层栗褐色的边。
生态习性 栖居于荒漠、半荒漠、高原、高山峡谷和裸岩地区，常以小群活动。
地理分布 中国鸟类特有种。有2个亚种，指名亚种 magna 见于青海。兰州亚种 lanzhouensis 见于宁夏、甘肃、青海东部。
种群状况 多型种。留鸟。分布狭窄，数量稀少，不常见。

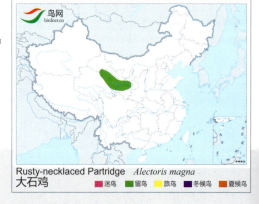

Rusty-necklaced Partridge *Alectoris magna*
大石鸡

大石鸡

Rusty-necklaced Partridge   *Alectoris magna*   体长：32~45 cm   LC（低度关注）

鸡形目 GALLIFORMES　雉科 Phasianidae (Partridges, Pheasants, Peafowls)

贺兰山亚种 *potanini* \ 摄影：关克

华北亚种 *pubescens* \ 摄影：马海生

南疆亚种 *pallida* \ 摄影：王尧天

新疆亚种 *falki* \ 摄影：王尧天

形态特征 上背紫棕褐色，下背至尾上覆羽灰橄榄色，喉白色，外有一黑色项圈并有过眼纹，胸部灰色，腹部皮黄色，两胁具黑色、栗色横斑及白色条纹。

生态习性 栖息于低山丘陵地带的岩石坡，因其叫声被称"嘎嘎鸡"。

地理分布 共16个亚种，分布于欧洲南部、小亚细亚、喜马拉雅山脉、亚洲中部至蒙古。国内有6个亚种，新疆亚种 *falki* 见于新疆西部和中部，通体羽色较深暗，不沾沙色或仅小局部稍呈些沙色，上背棕红色，头顶黄褐色范围较窄，周围灰色；两胁羽缘栗褐色。北疆亚种 *dzungarica* 见于新疆西北部，通体羽色较深暗，不沾沙色或仅小局部稍呈些沙色，上背葡萄红色甚狭窄；两胁黑斑间纯白。南疆亚种 *pallida* 见于新疆西部和南部、青海北部，通体羽色较浅淡而带沙色，全身羽色较浅，翼羽多浅黄色；两胁黑斑较窄(仅2~3毫米)。疆西亚种 *pallescens* 见于新疆西南部、西藏西部，通体羽色较浅淡而带沙色，全身羽色较深，翼羽近灰色；两胁黑斑较宽(达3~5毫米)。贺兰山亚种 *potanini* 见于内蒙古西部、宁夏、甘肃、新疆北部、青海，头顶黄褐色范围较阔，周围灰色狭窄；两胁羽缘栗褐色不显著。华北亚种 *pubescens* 见于辽宁、河北、北京、天津、山东、河南、陕西、山西、内蒙古、宁夏、甘肃、青海东部，通体羽色较深暗，不沾沙色或仅小局部稍呈些沙色，上背葡萄红色范围较大；两胁黑斑间棕黄，下背至中央尾羽均灰橄榄色。

种群状况 多型种。留鸟。数量多，地方性常见。

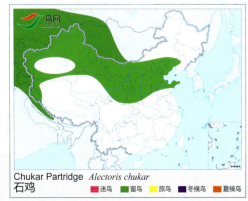

Chukar Partridge *Alectoris chukar*
石鸡　　迷鸟　留鸟　旅鸟　冬候鸟　夏候鸟

石鸡

Chukar Partridge　　*Alectoris chukar*　　体长：32~38 cm　　LC（低度关注）

245

中华鹧鸪 \ 摄影：吴涛

中华鹧鸪 \ 摄影：李秋禾

中华鹧鸪 \ 摄影：刘文华

中华鹧鸪 \ 摄影：吴涛

形态特征 雄鸟头顶黑褐色，眼下有一宽阔的白色条纹至耳羽，颏、喉白色；枕、上背、下体及两翼有醒目的白色斑点，肩和内侧覆羽栗色，背和尾具白色横斑。雌鸟似雄鸟，但上体多棕褐色，下体皮黄色带黑斑。

生态习性 栖息于低山丘陵地带的灌丛、草地、岩石荒漠和无林地带。

地理分布 共2个亚种，分布于印度东北部至东南亚。国内有1个亚种，指名亚种 *pintadeanus* 见于云南、四川、贵州、湖北、江西、浙江、广东、香港、澳门、广西、海南。

种群状况 多型种。留鸟。数量多，常见。

中华鹧鸪

Chinese Francolin *Francolinus pintadeanus* 体长：28~35 cm LC（低度关注）

鸡形目 GALLIFORMES　　雉科 Phasianidae (Partridges, Pheasants, Peafowls)

灰山鹑 \ 摄影：许传辉

灰山鹑 \ 摄影：夏咏

形态特征　颏、喉和头侧红褐色。上体褐色，翅上覆羽具明显的皮黄白色条纹，中央尾羽黑褐色，外侧尾羽栗色。胸灰色，腹白色，体侧具明显的栗色斑点或横斑。与斑翅山鹑的区别在于腹部斑块为栗色。雄鸟腹部有一大的马蹄形栗色斑。雌鸟腹部无栗色斑。

生态习性　栖息于低山丘陵、山脚平原和高山等多种生境。

地理分布　共8个亚种，分布于欧亚大陆。国内有1个亚种，北疆亚种 *robusta* 见于新疆西部和北部。

种群状况　多型种。留鸟。数量多。

灰山鹑

Grey Partridge　　*Perdix perdix*　　体长：29~31 cm　　LC（低度关注）

东北亚种 *suschkini* \ 摄影：杨晨

青海亚种 *prezewalskii* \ 摄影：蔡新海

指名亚种 *dauurica* \ 摄影：许传辉

东北亚种 *suschkini* \ 摄影：李全民

形态特征 形态特征 头红褐色，上背、前额和上胸两侧灰色，其余上体棕褐色，具栗色虫蠹状斑和栗色横斑，雄性胸部橘黄色，腹有一马蹄形黑色横斑。雌鸟胸腹部无橘黄色和黑色。与之相似的灰山鹑雄性腹部为栗色斑块。

生态习性 与灰山鹑相似。

地理分布 共3个亚种，分布于中亚至西伯利亚、蒙古。国内3个亚种均有分布，指名亚种 *dauurica* 见于新疆西部和北部，上背灰色鲜明，范围宽阔；颊部后半呈灰色。青海亚种 *prezewalskii* 见于甘肃、青海，上背灰色缩减，不明显，常混以棕褐色，范围狭窄，甚至消失；颊部后半呈棕色，背部羽色较浅，栗色斑较浅较少；上胸棕色较浅，或消失。华北亚种 *suschkini* 分布于华北及东北地区，上背灰色缩减，不明显，常混以棕褐色，范围狭窄，甚至消失；颊部后半呈棕色，背部羽色较深，栗色斑纹较浓较多；上胸棕色较深，范围较广。

种群状况 多型种。留鸟。数量多。常见。

Daurian Partridge *Perdix dauurica*
斑翅山鹑

斑翅山鹑

Daurian Partridge *Perdix dauurica* 体长：24~32 cm LC（低度关注）

鸡形目 GALLIFORMES　雉科 Phasianidae (Partridges, Pheasants, Peafowls)

高原山鹑 \ 摄影：段文科

高原山鹑 \ 摄影：王尧天

高原山鹑 \ 摄影：关克

高原山鹑 \ 摄影：冯立国

形态特征 眉纹白色，后颈和颈侧赤褐色，形成项圈，颏、喉白色，上体密布黑色横纹，下体黄白色，胸部具黑色宽横纹，外侧尾羽褐色。

生态习性 栖息于高山裸岩、灌丛，常结10多只的小群。

地理分布 共3个亚种，分布于喜马拉雅山脉及西藏高原。国内3个亚种均有，四川亚种 *sifanica* 见于甘肃南部、西藏东部、青海和四川西部，上体较暗，较多黑斑；下体黑色横斑较宽，一般超过5毫米。藏西亚种 *caraganae* 见于新疆西南部、西藏西南部，腹部黑色横斑扩大，几乎相并成斑块，领圈棕色较浅；上体羽色浅淡。指名亚种 *hodgsoniae* 见于西藏东南部，腹部黑色横斑扩大，几乎相并成斑块，领圈棕色较深；上体羽色较暗。

种群状况 多型种。留鸟。常见。

高原山鹑

Tibetan Partridge　*Perdix hodgsoniae*　体长：23~32 cm　LC（低度关注）

鹌鹑 \ 摄影：关克

鹌鹑 \ 摄影：关克

鹌鹑 \ 摄影：雷大勇

鹌鹑 \ 摄影：李宗丰

形态特征 形似家养鹌鹑。喙灰色，眉纹灰白色，头具条纹。上体褐色，具黑色横斑及黄色条纹。下体皮黄色，胸及胁部具黑色条纹。繁殖期雄鸟脸、喉、上胸栗色。

生态习性 栖息于草原、近水山地。具有迁徙的习性。

地理分布 分布于蒙古、俄罗斯东南部、朝鲜半岛、日本、不丹、缅甸、印度。中国除新疆、西藏外，见于全国各地。

种群状况 单型种。夏候鸟，冬候鸟，留鸟，旅鸟。常见。

鹌鹑（日本鹌鹑）

Japanese Quail　　*Coturnix japonica*　　体长：17~19 cm　　NT（近危）

鸡形目 GALLIFORMES　　雉科 Phasianidae (Partridges, Pheasants, Peafowls)

西鹌鹑 \ 摄影：许传辉

西鹌鹑 \ 摄影：许传辉

西鹌鹑 \ 摄影：王尧天

西鹌鹑 \ 摄影：许传辉

形态特征 雌鸟体表有明显的草黄色矛状条纹及不规则斑纹，上体具红褐色及黑色横纹。雄鸟颏深褐色，喉中线向两侧上弯至耳羽，紧贴皮黄色的项圈；皮黄色眉纹与褐色头顶及贯眼纹成明显对照。雌鸟与雄鸟相似但对照不甚明显。

生态习性 常成对活动。喜农耕区谷物农田、草地。

地理分布 共5个亚种，广泛分布于欧洲至亚洲西部、印度、非洲、马达加斯加及亚洲东北部。国内仅有1个亚种，指名亚种 coturnix 繁殖于新疆喀什、天山及罗布泊，迁徙时见于西藏南部及东南部。

种群状况 多型种。夏候鸟，冬候鸟。常见。

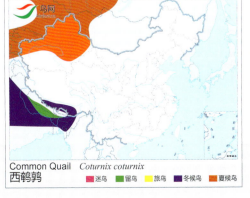

西鹌鹑

Common Quail　　*Coturnix coturnix*　　体长：16~18 cm　　LC（低度关注）

蓝胸鹑 \ 摄影：简廷谋

蓝胸鹑 \ 摄影：胡斌

蓝胸鹑 \ 摄影：胡斌

蓝胸鹑（雌） \ 摄影：胡斌

形态特征 中国最小的鸡形目鸟类。雄鸟喉部黑白纹明显；胸、腰、前额及贯眼纹蓝灰色；上体其余部分浓橄榄褐色，杂以黑色横纹及白色细纹；腰及中腹深栗色。雌鸟上体红褐色杂以黑色横斑及白色细纹，腹部皮黄带黑色条纹。

生态习性 栖息于平原及低山的河边草地和高芦苇沼泽，亦常见于竹林和稀疏的矮树、灌丛中。多成小群游荡。

地理分布 共9个亚种，分布从印度至菲律宾，南达印度尼西亚直至澳大利亚。国内仅有指名亚种 *chinensis* 分布于南方各地及沿海地区。

种群状况 多型种。留鸟。数量稀少，罕见。

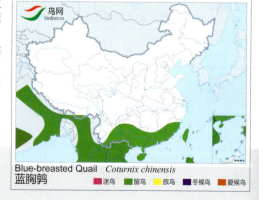

蓝胸鹑

Blue-breasted Quail *Coturnix chinensis*   体长：12~15 cm   LC（低度关注）

鸡形目 GALLIFORMES　雉科 Phasianidae (Partridges, Pheasants, Peafowls)

环颈山鹧鸪 \ 摄影：王进

环颈山鹧鸪 \ 摄影：李书

形态特征 雄鸟头顶及枕部栗色，耳羽棕黄色；眼先及眉纹黑色，其上有一白线；下颊纹白色，喉及胸之间有一白色条带。雌鸟胸部褐色，颏及喉栗色，头顶橄榄褐色带白斑。

生态习性 常结小群穿行林地，腐叶中翻找食物。受惊时快速离开。

地理分布 共5个亚种，国外见于印度、尼泊尔、缅甸。国内有2个亚种，指名亚种 torqueola 见于西藏，颈侧无栗色，胸橄榄棕，头顶褐色，具黑斑。滇西亚种 batemani 见于云南西部，胸灰，头顶深栗色，颈侧大都栗色或全栗色。

种群状况 多型种。留鸟。数量较多。

环颈山鹧鸪

Common Hill Partridge　*Arborophila torqueola*　体长：26~29 cm　LC（低度关注）

四川山鹧鸪 \ 摄影：叶昌云

四川山鹧鸪 \ 摄影：叶昌云

四川山鹧鸪 \ 摄影：张永

形态特征 体羽色彩浓艳。头顶褐色，眉纹白色，胸部具宽阔的栗色环带，喉近白色。眼周具红色裸皮，耳羽黄棕色。

生态习性 栖息于海拔1200~1900米的栎、栗、杜鹃、油茶等常绿阔叶林下的浓密竹丛和灌丛，成对或成小群在地面落叶间觅食。

地理分布 中国鸟类特有种。仅分布于四川南部、云南东北部。

种群状况 单型种。留鸟。罕见，估计全部数量少于1000只。

四川山鹧鸪

Sichuan Partridge　*Arborophila rufipectus*　体长：28~32 cm　国家 I 级重点保护野生动物　EN（濒危）

红胸山鹧鸪 \摄影：Chey Koulang

红胸山鹧鸪 \摄影：Subharanjan Sen

形态特征 体羽近灰色。头橙褐色，从上胸至枕部具宽阔栗色环带。长且狭的眉纹灰色，黑色领环在喉部上方具白色髭须和项纹。下胸灰色，两胁具醒目的白色及棕色鳞状纹。
生态习性 以小群栖息于海拔1200～2500米的茂密常绿森林中。
地理分布 分布于喜马拉雅山脉东部。国内在西藏东南部有分布。
种群状况 单型种。留鸟。罕见。

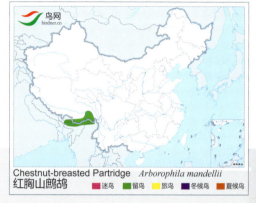

红胸山鹧鸪

Chestnut-breasted Partridge *Arborophila mandellii* 体长：22~28 cm VU（易危）

白眉山鹧鸪 \摄影：胡伟宁

白眉山鹧鸪 \摄影：王常松

白眉山鹧鸪 \摄影：张永

形态特征 体羽灰褐色。腿红色；眉白色，眉线散开；喉黄色，颈具黑、白及巧克力色，环带是本种特征。
生态习性 栖息于海拔1000米以下的低山丘陵地带的阔叶林中。
地理分布 中国鸟类特有种。国内有2个亚种，指名亚种 *gingica* 分布于湖南南部、江西南部、浙江、福建、广东北部、广西东部。广西亚种 *guangxiensis* 见于广西西北部和中部。
种群状况 多型种。留鸟。罕见。

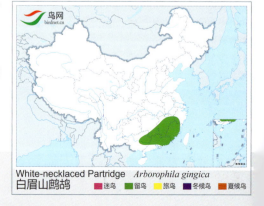

白眉山鹧鸪（白额山鹧鸪）

White-necklaced Partridge *Arborophila gingica* 体长：30 cm NT（近危）

鸡形目 GALLIFORMES　　雉科 Phasianidae (Partridges, Pheasants, Peafowls)

滇西亚种 *intermedia* \ 摄影：邓嗣光

滇西亚种 *intermedia* \ 摄影：唐万玲

滇南亚种 *euroa* \ 摄影：赵钦

滇南亚种 *euroa* \ 摄影：游超智

形态特征 体羽近灰色，喉橙棕色，前颈具大块黑色点斑。下体灰色，两胁具明显的银色及棕色条纹。翅棕色，收拢时具宽阔的黑色和皮黄色横斑。
生态习性 栖息于海拔1200～2500米的常绿阔叶林。
地理分布 共6个亚种，国外分布于印度北部至东南亚。国内有3个亚种，指名亚种 *rufogularis* 见于西藏东部，红喉下缘无黑带。滇南亚种 *euroa* 见于云南东南部，两胁白色，羽干纹缩小成线状。滇西亚种 *intermedia* 见于云南西北部，红喉下缘有黑带。
种群状况 多型种。留鸟。罕见。

Rufous-throated Partridge　　*Arborophila rufogularis*
红喉山鹧鸪

红喉山鹧鸪

Rufous-throated Partridge　　*Arborophila rufogularis*　　体长：24～28 cm　　LC（低度关注）

白颊山鹧鸪 \ 孙志强　　　　白颊山鹧鸪 \ 程建军

形态特征 体羽橄榄褐色。脸黑色，颊甚白。形似红喉山鹧鸪指名亚种，但本种上体黑斑略窄，面纹不同，喉缺少棕色，上胸部有细纹，两胁少棕色。

生态习性 以小群栖于灌木丛至海拔1300米的高大常绿阔叶林及竹林处，群体多由5~8只或10余只个体组成。

地理分布 分布于印度、缅甸。中国分布于云南西北部。

种群状况 单型种。留鸟。罕见。

白颊山鹧鸪

White-cheeked Partridge　　*Arborophila atrogularis*　　体长：24~28 cm　　　　NT（近危）

海南山鹧鸪 \ 摄影：卢刚　　　　海南山鹧鸪 \ 摄影：唐万玲

形态特征 体羽色彩鲜艳。头近黑色，耳部具白斑，上胸散布鲜橙红色。上体略灰。具黑色鳞状纹。腹部黄色，胸部略染灰色，两胁具白色纵纹。

生态习性 栖息于海拔700~1200米的山地、沟谷雨林和山地常绿阔叶林中。成对或结成4~5只的小群，在沟底、坡脚或山坡落叶堆积的地方觅食。

地理分布 中国鸟类特有种。仅分布于海南。

种群状况 单型种。留鸟。罕见。

海南山鹧鸪

Hainan Partridge　　*Arborophila ardens*　　体长：23~30 cm　　国家Ⅰ级重点保护野生动物　　VU（易危）

鸡形目 GALLIFORMES　雉科 Phasianidae (Partridges, Pheasants, Peafowls)

台湾山鹧鸪 \摄影：陈承光

台湾山鹧鸪 \摄影：筒延谋

台湾山鹧鸪 \摄影：王安青

台湾山鹧鸪 \摄影：陈承光

形态特征 脸部黑色及白色斑纹明显。头顶灰色，过眼纹黑色并具长长的白色眉纹。颔、喉至眼下成白色斑块。黑色半颈圈宽阔，下连白色及皮黄色。眼周裸皮红色。背及尾橄榄色带黑色横纹。翅棕色，具3道灰色横纹。胸部蓝灰色，两胁有白色细纹。腹部近白色。

生态习性 栖息于海拔2500米以下的原始阔叶林中，多在林下灌丛或草丛中活动，有时也出现于林缘甚至裸露的悬崖地带。

地理分布 中国鸟类特有种。仅分布于台湾。

种群状况 单型种。留鸟。罕见。

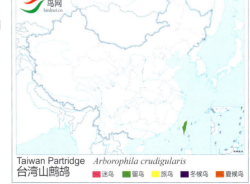

台湾山鹧鸪

Taiwan Partridge　*Arborophila crudigularis*　体长：22~24 cm　LC（低度关注）

褐胸山鹧鸪 \ 摄影：杜英

褐胸山鹧鸪 \ 摄影：文翠华

褐胸山鹧鸪 \ 摄影：邓嗣光

形态特征 体羽橄榄褐色。奶油色眉纹醒目且下延至颈部，喉和颊部奶油色。眼线黑色，颈部有由黑色小斑点组成的半环带与眼线相连。两胁具明显黑白相间的鳞状斑。两翼有条状横纹。

生态习性 栖息于海拔1500米以下低山常绿阔叶林中，也见于低山丘陵和山脚平原地带的竹林与灌丛中，但更喜欢常绿森林。

地理分布 共3个亚种，分布于东南亚。国内仅指名亚种 *brunneopectus* 见于云南、广西。

种群状况 多型种。留鸟。数量较多。

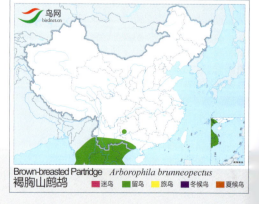

褐胸山鹧鸪

Brown-breasted Partridge *Arborophila brunneopectus* 体长：22~27 cm LC（低度关注）

鸡形目 GALLIFORMES　雉科 Phasianidae (Partridges, Pheasants, Peafowls)

绿脚树鹧鸪 \ 摄影：邓嗣光

绿脚树鹧鸪 \ 摄影：宋迎涛

绿脚树鹧鸪 \ 摄影：刘马力

绿脚树鹧鸪 \ 摄影：桑新华

形态特征 体羽橄榄褐色。脚暗绿色至浅绿色，眉线及喉略白，头部棕色。与褐胸山鹧鸪的区别在于本种的体表黑色横纹较细，胸部具宽的褐色带，两肋无醒目的白色斑纹。眼周裸皮暗铅色。

生态习性 栖息于海拔900～1500米的山地常绿稠密灌丛中。

地理分布 共4个亚种，分布于缅甸、泰国。国内仅有1个亚种，指名亚种 chlorpus 见于云南南部。

种群状况 多型种。留鸟。数量稀少。

注 该物种原被置于山鹧鸪属，近期研究发现与山鹧鸪遗传距离较远，因此被另立为树鹧鸪属。

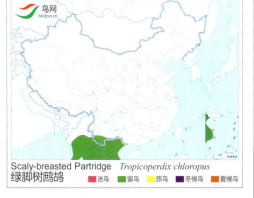

绿脚树鹧鸪（绿脚山鹧鸪）

Scaly-breasted Partridge　　*Tropicoperdix chloropus*　　体长：25~30 cm　　LC（低度关注）

棕胸竹鸡 \ 摄影：刘马力

棕胸竹鸡 \ 摄影：陈鲁

棕胸竹鸡 \ 摄影：张守玉

形态特征 体羽灰褐色。雄雌同色。尾长，外侧尾羽棕色；脸和喉部皮黄白色，眼后一道黑线延至颈部，与白色眉纹形成对照。上胸栗色并具白色和灰色点斑或细纹。下胸及肛周为皮黄白色，上具心形黑色大点斑。

生态习性 栖息于海拔3000米以下的山坡森林、灌丛、草丛和竹林中。

地理分布 共2个亚种，国外见于越南、缅甸、印度。国内仅1个亚种，指名亚种 *fytchii* 分布于四川、云南、贵州、广西等地。

种群状况 多型种。留鸟。罕见。

棕胸竹鸡

Mountain Bamboo Partridge *Bambusicola fytchii* 体长：30~36 cm LC（低度关注）

鸡形目 GALLIFORMES　雉科 Phasianidae (Partridges, Pheasants, Peafowls)

台湾亚种 sonorivox ╲ 摄影：陈承光

指名亚种 thoracicus ╲ 摄影：关克

指名亚种 thoracicus ╲ 摄影：李全民

台湾亚种 sonorivox ╲ 摄影：简廷谋

形态特征 体羽红棕色。雄雌同色。额、眉纹及颈部蓝灰色，与脸、喉及上胸的棕色成对比。上背、胸侧及两胁有月牙形的大块褐斑。外侧尾羽栗色。飞行时翼下有两块白斑。

生态习性 集群栖息于海拔2000米以下的低山丘陵和山脚平原地带的竹林、灌丛和草丛中，也出现于山边耕地和村屯附近。

地理分布 中国鸟类特有种。国内有2个亚种，指名亚种 thoracicus 见于于中国中部、南部、东部及东南部，头、颈两侧栗红色。台湾亚种 sonorivox 见于台湾，头、颈两侧暗红色。最近有学者研究后将台湾亚种提升为一个独立种。

种群状况 多型种。留鸟。常见。

Chinese Bamboo-Partridge　Bambusicola thoracicus
灰胸竹鸡

灰胸竹鸡

Chinese Bamboo Partridge　　*Bambusicola thoracicus*　　体长：24~37 cm　　LC（低度关注）

中国鸟类图志 *The Encyclopedia of Birds in China*

西藏亚种 *tibetanus* \ 摄影：肖克坚

滇西亚种 *marionae* \ 摄影：肖克坚

指名亚种 *cruentus* \ 摄影：Ramki Sreenivasan

西藏亚种 *tibetanus* \ 摄影：肖克坚

滇西亚种 *marionae* \ 摄影：肖克坚

指名亚种 *cruentus* \ 摄影：Mikael Nord

形态特征 体羽矛状，冠羽蓬松，面部裸皮及腿猩红色，翼及尾沾红色。头近黑色，具近白色冠羽及细纹。上体多灰并带白色纵纹，下体沾绿色。胸部红色多变。雌鸟色暗且单一，胸为皮黄色。各亚种羽色变化很大。

生态习性 集群觅食于亚高山针叶林的地面及杜鹃灌丛。

地理分布 共12个亚种，广泛分布于喜马拉雅山脉东部地区。我国为其主要分布区，12个亚种均有。指名亚种 *cruentus* 分布于西藏南部，♂喉部红或沾红，耳羽非纯黑具纵纹，眉纹黑，大覆羽羽片呈灰色；♀耳羽肉桂色，头侧带棕的暗黄色；胸纯棕褐色。祁连山亚种 *michaelis* 见于甘肃北部和青海北部，♂喉部乌灰或灰黑色，大覆羽羽片呈棕褐色或绿色；♀耳羽灰色，胸杂以黑色点斑，羽色较淡；背部和尾等均具灰褐的底色。西宁亚种 *beicki* 见于青海东北部及甘肃的祁连山，♂喉部乌灰或灰黑色，大覆羽羽片呈棕褐色或绿色，背部底色暗灰，羽干纹白；♀耳羽灰色，胸杂以黑色点斑，羽色较淡；背部和尾等均具灰褐的底色。甘肃亚种 *berezowskii* 见于甘肃南部及四川北部，♂喉部乌灰或灰黑色，大覆羽的羽片呈棕褐色，上背的白色羽干纹较宽，白纹两侧的黑线较狭，耳羽灰色，胸杂以黑色点斑，羽色较暗；背腰较少灰色，而多棕褐色。秦岭亚种 *sinensis* 见于甘肃东南部、陕西南部及山西西南部，♂喉部乌灰或灰黑色，大覆羽的羽片呈棕褐色，上背的白色羽干纹较狭，白纹两侧的黑线较宽；耳羽灰色，胸杂以黑色点斑，羽色较暗；背腰少灰色而多棕褐色。西藏亚种 *tibetanus* 见于西藏东南部，♂喉部红或沾红色，耳羽非纯黑，具纵纹，眉纹红；♀耳羽灰色，胸点斑较细，头侧棕褐；羽色棕褐色。四川亚种 *geoffroyi* 见于西藏东南部、四川西部、青海南部及云南西北部，♂喉部乌灰或灰黑色，大覆羽的羽片纯绿色；♀耳羽灰色，胸具明显黑斑，上体具淡棕沾灰色粗斑。亚东亚种 *affinis* 见于西藏南部，♂眉纹黑，最外侧的2对尾羽不具红色；♀耳羽肉桂色，头侧亮暗黄色。澜沧江亚种 *rocki* 见于云南西北部，喉红、额红，耳羽非纯黑而具有纵纹；眉纹黑；大覆羽羽片呈绿色。丽江亚种 *clarkei* 见于云南西北部的丽江周围山脉，♂额黑、眉纹黑，大覆羽的羽片纯绿色，体色较淡，羽冠较长；♀耳羽灰色，胸杂以黑色点斑，胸具明显黑斑，上体具褐灰色细斑。滇西亚种 *marionae* 见于云南西北部澜沧江以西至缅甸，♂喉红、额红、眉纹黑色。耳羽向上延伸形成角状物。颈侧黑色并延伸至前胸，大覆羽绿色。增口亚种 *kuseri* 见于西藏东南部至云南西北部，♂喉红或沾红色，耳羽地黑；♀耳羽灰色，胸点斑较细，头侧先栗色，羽色暗褐。

种群状况 多型种。留鸟。地区性常见。

甘肃亚种 *berezowskii* \ 摄影：梁启慧

血雉

Blood Pheasant *Ithaginis cruentus* 体长：37~48 cm

国家 II 级重点保护野生动物 LC（低度关注）

Blood Pheasant *Ithaginis cruentus*
血雉

鸡形目 GALLIFORMES　　雉科 Phasianidae (Partridges, Pheasants, Peafowls)

四川亚种 geoffroyi \ 摄影：王尧天

亚东亚种 affinis \ 摄影：李新维

丽江亚种 clarkei \ 摄影：彭建生

丽江亚种 clarkei \ 摄影：彭建生

四川亚种 geoffroyi \ 摄影：王尧天

亚东亚种 affinis \ 摄影：李新维

增口亚种 kuseri \ 摄影：张永

甘肃亚种 berezowskii \ 摄影：王尧天

秦岭亚种 sinensis \ 摄影：关克

秦岭亚种 sinensis \ 摄影：关克

263

黑头角雉 \ 摄影：J.Cordee

黑头角雉 \ 摄影：Dhritiman Mukherjee

形态特征 雄鸟体大，色彩艳丽，头黑，具黑色冠羽，肉角蓝色；体羽棕灰色，下体具白色点斑。雌鸟比其他角雉色深，下体有白色卵形斑。

生态习性 栖息于海拔2000~4000米的原始针阔混交林及针叶林中，冬季下降到海拔2000米左右。

地理分布 主要分布在喜马拉雅西北段，从巴基斯坦北部到印度西北部。中国分布于西藏西南部的狮泉河地区。

种群状况 单型种。留鸟。罕见。

黑头角雉
Western Tragopan *Tragopan melanocephalus*   体长：68.5~73 cm   国家 I 级重点保护野生动物   VU（易危）

灰腹角雉 \ 摄影：Stephen Dalton

灰腹角雉 \ 摄影：Stephen Dalton

形态特征 雄鸟体羽猩红色，颈及眉线与黑色头部成明显反差；脸颊裸皮为黄色，肉垂及肉质角蓝色；下体淡灰色，具白色鳞斑。雌鸟体小，褐色斑驳，色淡。

生态习性 栖息于海拔2000~3000米的山地常绿阔叶林中，喜林下植被发达的潮湿常绿阔叶林带，冬季偶尔下到1500米。

地理分布 共2个亚种，分布于喜马拉雅山脉东段。国内2个亚种均有分布，指名亚种 *blythii* 在云南西北部曾有记录，头黑，颈红，上体余部满布以白色和栗赤色眼状斑；腹烟灰色。藏南亚种 *molesworthi* 见于西藏东南部，后头、颈、背的两肩及胸的上部均为深橙红色，上体余部均黑色而具许多半圆状黄斑。

种群状况 多型种。留鸟。罕见。

灰腹角雉
Blyth's Tragopan *Tragopan blythii*   体长：65~72 cm   国家 I 级重点保护野生动物   VU（易危）

鸡形目 GALLIFORMES　雉科 Phasianidae (Partridges, Pheasants, Peafowls)

红胸角雉 \ 摄影：丁玉祥

红胸角雉 \ 摄影：郭益民

红胸角雉 \ 摄影：顾莹

红胸角雉（雌）\ 摄影：顾莹

形态特征 雄鸟体羽为华美的绯红色；头和喉黑色，黑色冠羽端红色；体羽多饰有黑色环绕的白色圆点，两翼及尾具近蓝色带皮黄色的横斑；肉质角和颌下肉裾蓝色，发情炫耀时张开可见绿色及红色斑块。雌鸟色暗，杂以黑色及红褐色，眼周裸皮近蓝色。
生态习性 栖息于海拔3000~4000米山地森林，冬季可下到2000米左右。
地理分布 分布于喜马拉雅山脉中段。在中国见于西藏南部。
种群状况 单型种。留鸟。罕见。

Satyr Tragopan　*Tragopan satyra*
红胸角雉

红胸角雉

Satyr Tragopan　　*Tragopan satyra*　　体长：67~72 cm　　国家 I 级重点保护野生动物　　NT（近危）

红腹角雉 \摄影：关克

求偶 \摄影：关克

红腹角雉（雄）\摄影：谭代平

红腹角雉（雌）\摄影：关克

红腹角雉 \摄影：黄云超

形态特征 雄鸟体羽绯红色，上体多黑色环绕的圆形白斑，下体灰白色椭圆斑较大；头黑，眼上方有金色冠纹，脸部裸皮蓝色。雌鸟较小，具棕色杂斑，下体有白色点斑。

生态习性 栖息于海拔800~4200米的山地森林、灌丛、竹林等。

地理分布 分布于喜马拉雅山脉东部、缅甸北部和越南西北部。国内见于西南及中南部地区。

种群状况 单型种。留鸟。常见。

红腹角雉

Temminck's Tragopan *Tragopan temminckii* 体长：雄 64 cm 雌 58 cm 国家 II 级重点保护野生动物 LC（低度关注）

鸡形目 GALLIFORMES　雉科 Phasianidae (Partridges, Pheasants, Peafowls)

黄腹角雉 \ 摄影：唐万玲

黄腹角雉 \ 摄影：陈添平

黄腹角雉（雌）\ 摄影：祝钧衡

雄鸟求偶炫耀 \ 摄影：冯江

形态特征 体大而尾短。雄鸟上体浓棕色，具皮黄色大点斑，下体草黄色；头黑，前额及颈侧斑块猩红色；眼后具金色眉纹，面部裸皮及肉质角橘黄，颈部肉裾膨胀时呈艳丽的蓝色和红色。雌鸟个体较小，下体杂灰色，具白色矛状细纹，外缘黑色。

生态习性 栖息于海拔800~1400米的亚热带山地常绿阔叶林和针叶阔叶混交林中。

地理分布 中国鸟类特有种。共2个亚种，指名亚种 caboti 分布于浙江南部和西南部、江西东北部、福建，背和腰浅栗黄色，羽端近处的卵圆斑皮黄色；广西亚种 guangxiensis 见于湖南东南部、江西中部和南部、广东北部、广西东北部，背和腰浅栗黄色较深浓，羽端近处的卵圆斑较淡，呈黄白色。

种群状况 多型种。留鸟。罕见。

黄腹角雉

Cabot's Tragopan　　*Tragopan caboti*　　体长：雄 61 cm　雌 50 cm　　国家 I 级重点保护野生动物　　VU（易危）

河北亚种 *xanthospila* ＼摄影：王尧天

河北亚种（配偶对）*xanthospila* ＼摄影：郑光国

东南亚种 *darwini* ＼摄影：陈林

云南亚种 *meyeri* ＼摄影：张永

形态特征 尾较短，具明显的长耳羽。雄鸟头顶及冠羽近灰色，喉、眼周、枕及耳羽束具绿色金属光泽，颈侧有白斑，颈背皮黄色；胸腹中线栗色，其他部位的体羽白色并具黑色矛状纹。雌鸟体型较小，具冠羽但无长耳羽束，体羽与雄鸟相似且暗淡。

生态习性 栖息于海拔500～4300米的针叶林、针阔混交林、阔叶林及杜鹃林。鸣叫洪亮而有节律。

地理分布 共9个亚种，分布于阿富汗、巴基斯坦、克什米尔地区、印度北部和尼泊尔。国内有5个亚种，云南亚种 *meyeri* 分布于西藏东南部、云南西北部、四川西部，♂背羽各具2条黑纹，颈基具领状斑，外侧尾羽基部大都棕色，颈领皮黄色；♀外侧尾羽基部褐色或棕褐色。陕西亚种 *ruficollis* 见于甘肃南部、陕西南部、宁夏北部、四川北部，♂背羽各具2条黑纹，颈基具领状斑，外侧尾羽基部大都灰色，颈领较宽，呈橙棕色，头顶前部呈金属黑色，后部暗棕褐色，背部纵纹纯黑，纹间纯灰色；颈侧白斑较小，不及2厘米×2厘米；外侧尾羽基部灰色，其黑色横斑完整。河北亚种 *xanthospila* 见于河北、北京、天津、山西、陕西北部、内蒙古东南部、宁夏南部，颈领较狭，呈皮黄色，头顶全为暗棕黄色，背部纵纹黑褐带栗，纹间灰色带紫；颈侧白斑较大，约2厘米×3厘米；外侧尾羽基部灰色，其黑色横斑完整。安徽亚种 *joretiana* 见于安徽西部，♂背羽各具2条黑纹，颈基无领状斑；♀外侧尾羽基部灰色，外侧尾羽的黑色横斑(除次端斑外)不完整或消失。东南亚种 *darwini* 见于湖北、湖南、四川东部、贵州、安徽南部、浙江、福建西北部、江西及广东北部，♂背羽各具4条黑纹；♀外侧尾羽基部灰色外侧尾羽的黑色横斑(除次端斑外)不完整或消失。

种群状况 多型种。留鸟。常见。

勺鸡

Koklass Pheasant *Pucrasia macrolopha*   体长：雄 58~64 cm   雌 52.5~56 cm   国家Ⅱ级重点保护野生动物   LC（低度关注）

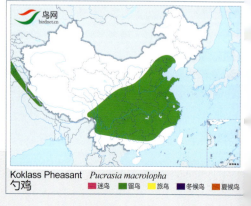

鸡形目 GALLIFORMES　　雉科 Phasianidae (Partridges, Pheasants, Peafowls)

棕尾虹雉 \ 摄影：唐万玲

棕尾虹雉（雌）\ 摄影：顾莹

棕尾虹雉 \ 摄影：顾莹

棕尾虹雉 \ 摄影：王进

形态特征 雄鸟体大，体羽具紫色及绿色光泽；背白色，腹部黑色；冠羽与孔雀相似，绿色竖起；尾部全为棕色，腰部紫色，尾上覆羽绿色。雌鸟较小，背部与上体其余部位同色，尾上覆羽白色。
生态习性 栖息于海拔2500～4500米的针阔混交林、针叶林、灌丛、草甸及裸岩地带。
地理分布 见于喜马拉雅山脉。在中国分布于西藏南部和东南部、云南西北部。
种群状况 单型种。留鸟。罕见。

棕尾虹雉

Himalayan Monal　　*Lophophorus impejanus*　　体长：63~72 cm　　国家 I 级重点保护野生动物　　LC（低度关注）

白尾梢虹雉 \ 摄影:张永

白尾梢虹雉 \ 摄影:张永

白尾梢虹雉 \ 摄影:肖克坚

形态特征 体羽具紫色及绿色光泽,背及尾上覆羽白色,下体黑色;尾羽羽端白色,无冠羽。雌鸟较小,背及尾上覆羽浅皮黄色,与上体其余部分的褐色形成对比。

生态习性 栖息于海拔2500~3400米的杉树苔藓林、杜鹃林和竹林地带。

地理分布 共2个亚种,主要分布于喜马拉雅山脉东部。国内2个亚种均有分布,指名亚种 sclateri 分布于西藏东南部,滇西亚种 orientalis 分布于云南西北部。

种群状况 多型种。留鸟。罕见。

白尾梢虹雉

Sclater's Monal *Lophophorus sclateri* 体长:63~68 cm 国家 I 级重点保护野生动物 VU(易危)

鸡形目 GALLIFORMES　　雉科 Phasianidae (Partridges, Pheasants, Peafowls)

绿尾虹雉 \ 摄影：张波

绿尾虹雉（雌）\ 摄影：周棣

绿尾虹雉 \ 摄影：张永

绿尾虹雉 \ 摄影：唐军

形态特征 体羽具紫色金属光泽，头绿色，枕部金色；下体黑色带绿色金属光泽；长冠羽绛紫色后垂，尾部蓝绿色，背部白色。雌鸟背为白色。

生态习性 栖于亚高山针叶林上缘及林线以上的高山灌丛。单只或结小群在高山草甸上觅食。

地理分布 中国鸟类特有种。分布于云南西北部、四川西部、西藏东北部、青海东南部及甘肃东南部。

种群状况 单型种。留鸟。数量稀少。

绿尾虹雉

Chinese Monal　　*Lophophorus lhuysii*　　体长：70~80 cm　　国家 I 级重点保护野生动物　　VU（易危）

中国鸟类图志 *The Encyclopedia of Birds in China*

原鸡 \ 摄影：邓嗣光

原鸡 \ 摄影：宋迎涛

原鸡 \ 摄影：赖健豪

原鸡 \ 摄影：桑新华

形态特征 家鸡祖先种。雄鸟肉冠、肉垂及脸部红色，颈、尾上覆羽及初级飞羽铜色；上背栗色；长尾羽及翼上覆羽绿黑色，有金属光泽。雌鸟黄褐色，枕和颈部具黑色细纹。

生态习性 栖息于海拔2000米以下的低山、丘陵和平原地带的林地、灌丛、稀树草坡等各类生境中。

地理分布 共5个亚种，分布于印度次大陆北部、东北部及东部，东南亚，苏门答腊及爪哇。国内有2个亚种，滇南亚种 *spadiceus* 分布于我国西南部及南部，雄鸟颈部矛翎长约13厘米（从后颈基部量起），除基部呈金红色外，主要为金橙色；雌鸟后颈羽缘较黄些。海南亚种 *jabouillei* 见于海南岛，雄鸟颈部矛翎不及10厘米长（从后颈基部量起），并呈暗红色；雌鸟后颈羽缘较棕些。

种群状况 多型种。留鸟。常见。

Red Junglefowl *Gallus gallus*
原鸡

原鸡

Red Junglefowl *Gallus gallus* 体长：雄 65~75 cm 雌 42~46 cm 国家 II 级重点保护野生动物 LC（低度关注）

鸡形目 GALLIFORMES　　雉科 Phasianidae (Partridges, Pheasants, Peafowls)

黑鹇 \ 摄影：段文科

黑鹇（配偶对）\ 摄影：段文科

黑鹇（配偶对）\ 摄影：梁长久

形态特征 体羽带蓝黑色光泽，冠羽长，脸部裸皮红色；背及腰部黑色闪光，羽端为白色鳞状纹。雌鸟体羽褐色，颏杂白色，外侧尾羽深褐色。

生态习性 栖息于海拔1300～3300米的山地箭竹丛、草丛或海拔2109～3200米的阔叶林和灌丛间。

地理分布 共9个亚种，主要分布于喜马拉雅山脉、印度东北部、缅甸北部及西部。国内有2个亚种，指名亚种 leucomelanos 分布于西藏南部，胸大都白色沾灰，体侧白色。藏南亚种 lathami 见于西藏东南部、云南西北部，胸黑色，体侧黑色。

种群状况 多型种。留鸟。罕见。

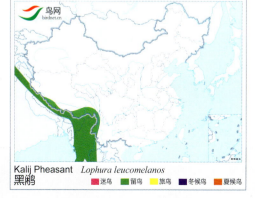

黑鹇

Kalij Pheasant　　*Lophura leucomelanos*　　体长：雄 63~74 cm　雌 50~60 cm　　国家Ⅱ级重点保护野生动物　　LC（低度关注）

273

白鹇 \ 摄影：段文科

形态特征 雄鸟体大，背及尾羽白色带黑斑和细纹，下体黑色，尾长，中央尾羽纯白色；头顶黑色，长冠羽黑色，脸颊裸皮鲜红色，腿红色。雌鸟上体橄榄褐色至栗色，下体具褐色细纹或杂白色或皮黄色，具暗色冠羽，脸颊裸皮红色；脚粉红色，外侧尾羽黑色、白色或浅栗色而非暗褐色；各亚种间，尤其是雌鸟的体羽细微处有别。

生态习性 栖于开阔林地及次生常绿林，高可至海拔2000米。结小群活动。

地理分布 共15个亚种，分布于东南亚。国内有9个亚种，峨眉亚种 *omeiensis* 分布于云南东北部、四川中部，上体及两翅有斜行黑纹，肩羽黑纹最粗的达0.2~0.3厘米，后颈微具细纹，背羽黑纹稍粗并在羽端处较呈折断的波状；尾长一般在75厘米以上，中央尾羽纯白，外侧3对尾羽几乎全黑色。榕江亚种 *rongjiangensis* 见于贵州南部、西部及广西，背和腰各羽具5~6道黑纹，且比较整齐，不成波浪状；最外侧3对尾羽只外翈全黑，内翈为白色，具黑色纵纹，粗细不一；翅长26~27.5厘米。指名亚种 *nycthenera* 见于云南东部、广东、广西，上背各羽仅有4~5道黑纹；肩羽具2~3或3~4道黑纹；尾较短，中央尾羽的外翈基部大都具斜行黑纹，上背纹较细；肩羽有2~3道黑纹，在外的2道较粗；后颈纯白；中央尾羽末端1/2纯白或全部纯白色。福建亚种 *fokiensis* 见于江西、浙江、福建西北部、广东东部，肩羽黑纹一般不及0.1厘米，后颈一般纯白；背羽黑纹较细，并较完整；尾长一般在73厘米以下，中央尾羽的外翈基部具斜行黑纹，有时全部纯白；外侧尾羽白而具黑纹。海南亚种 *whiteheadi* 见于海南，背白而具黑纹；尾长50厘米以上，背面黑纹前细后粗，各羽仅具2道黑纹。滇西亚种 *occidentalis* 见于我国西南部，背面黑纹似掸邦亚种，但较密，而波状亦更显著；肩羽有3~4道较粗的黑纹；后颈纯白；尾较掸邦亚种为长（56~66厘米）；中央尾羽末端1/4纯白色。缅北亚种 *rufipes* 见于云南西部，背黑而具白纹，尾长在20厘米以下。掸邦亚种 *jonesi* 见于云南东部，上背黑纹较粗，肩羽有3道细黑纹；后颈长，具黑点；中央尾羽末端1/3~1/4纯白色。滇南亚种 *beaulieui* 见于云南东南部，上背黑纹较细，肩羽有3道细黑纹；后颈纯白色；中央尾羽末端1/3纯白。

种群状况 多型种。留鸟。常见。数量较多。

白鹇 \ 摄影：陈林

白鹇

Silver Pheasant *Lophura nycthemera* 体长：雄 120~125 cm 雌 70~71 cm 国家Ⅱ级重点保护野生动物 LC（低度关注）

Silver Pheasant *Lophura nycthemera*
白鹇

鸡形目 GALLIFORMES　　雉科 Phasianidae (Partridges, Pheasants, Peafowls)

蓝腹鹇 \ 摄影：赖健豪

蓝腹鹇 \ 摄影：陈承光

蓝腹鹇 \ 摄影：简廷谋

形态特征 雄鸟羽色深，冠羽短，上背中间及中央尾羽银白色，上背侧深红褐，肩羽绛紫色，其他部位体羽黑色；上体有具蓝绿色光泽的鳞斑，下体多纵纹；脸部肉垂猩红色。雌鸟体型较小，体羽灰褐色，斑驳且翼上多细横纹，两翼及尾深栗色；无羽冠，脸部肉垂红色较小；下体棕黄色带黑斑。
生态习性 栖息于1100~1500米的原始阔叶林。
地理分布 中国鸟类特有种。仅分布于台湾。
种群状况 单型种。留鸟。

Swinhoe's Pheasant　*Lophura swinhoii*
蓝腹鹇　迷鸟　留鸟　旅鸟　冬候鸟　夏候鸟

蓝腹鹇

Swinhoe's Pheasant　　*Lophura swinhoii*　　体长：雄 79 cm　雌 50 cm　　国家 I 级重点保护野生动物　　NT（近危）

275

白马鸡 \ 摄影：桑新华

白马鸡 \ 摄影：段文举

白马鸡 \ 摄影：王尧天

形态特征 全身白色。具黑色扁平弯曲的丝状尾羽，飞羽灰色至黑色。头顶黑，面部裸皮猩红色。耳羽簇白色。

生态习性 栖息于海拔3000～4600米的亚高山针叶林和针阔叶混交林带。

地理分布 中国鸟类特有种。共有4个亚种，分布于青藏高原东南部。指名亚种 *crossoptilon* 分布于四川西部、青海东南部，胸部纯白色，两翅表面灰暗，上背羽沾灰；飞羽暗灰褐色。昌都亚种 *drouynii* 见于西藏东南部、青海南部、四川西部，胸部纯白色，两翅表面几乎纯白，翕羽纯白，飞羽淡褐灰以至几乎纯白，羽干棕褐或黑色。玉树亚种 *dolani* 见于青海囊谦县，胸部淡灰色。丽江亚种 *lichiangense* 见于云南西北部，胸部纯白色，两翅表面淡灰色；上背羽纯白色，飞羽灰褐色。

种群状况 多型种。留鸟。数量较多，常见。

白马鸡

White Eared Pheasant　　*Crossoptilon crossoptilon*　　体长：86~96 cm　　国家 II 级重点保护野生动物　　NT（近危）

鸡形目 GALLIFORMES　　雉科 Phasianidae (Partridges, Pheasants, Peafowls)

藏马鸡 \ 摄影：段文科

藏马鸡 \ 摄影：杨峻

藏马鸡 \ 摄影：王尧天

藏马鸡 \ 摄影：王尧天

形态特征 体羽深蓝灰色，耳羽簇白色，体型似白马鸡。喉、耳羽簇及枕部白色，头顶黑色，两翼近黑色，尾上覆羽淡灰色，中胸近白，扁平弯曲的丝状尾羽近黑色且具金属光泽。

生态习性 栖息于海拔3000~4600米的亚高山针叶林和针阔混交林带，有时也上到林线以上灌丛，冬季可下到2800米左右的阔叶林带。

地理分布 中国鸟类特有种。仅分布于青藏高原南部。

种群状况 单型种。留鸟。数量较多。

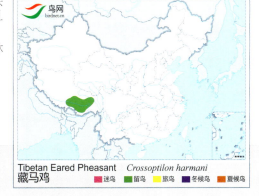

Tibetan Eared Pheasant　*Crossoptilon harmani*
藏马鸡　■迷鸟　■留鸟　■旅鸟　■冬候鸟　■夏候鸟

藏马鸡

Tibetan Eared Pheasant　　*Crossoptilon harmani*　　体长：86~96 cm　　国家 II 级重点保护野生动物　　NT（近危）

蓝马鸡 \ 摄影：梁长久

蓝马鸡 \ 摄影：刘璐

蓝马鸡 \ 摄影：高正华

形态特征 整体蓝灰色，头顶黑色，面部裸皮猩红，仅颊部、耳羽和外侧尾羽白色。耳羽簇长而硬，突出于头侧，尾羽翘起。虹膜黄色，喙粉红色，脚红色。

生态习性 主要栖息于海拔2000~4000米的针叶林、阔叶林和针阔混交林中，繁殖期也可到高山草甸地带活动。习性与其他马鸡相似。

地理分布 中国鸟类特有种。仅分布于青海东部和东北部、甘肃南部和西北部、四川北部、宁夏与内蒙古交界的贺兰山区。

种群状况 单型种。留鸟。数量较多，常见。

蓝马鸡

Blue Eared Pheasant *Crossoptilon auritum* 体长：75~100 cm 国家Ⅱ级重点保护野生动物 LC（低度关注）

鸡形目 GALLIFORMES　雉科 Phasianidae (Partridges, Pheasants, Peafowls)

褐马鸡 \ 摄影：周永胜

褐马鸡 \ 摄影：李新维

褐马鸡 \ 摄影：李全民

形态特征 整体深褐色，颊部和耳羽白色，耳羽簇长而硬，突出于头侧，形似一对角。腰和尾上覆羽白色，尾羽翘起。虹膜黄色，喙粉红色，脚红色。

生态习性 主要栖息于海拔2500米以下的针叶林、针阔混交林中。冬季则下迁到低海拔的森林和林缘灌丛地带。除繁殖期外，常成群活动。求偶期雄鸟之间有激烈争斗。

地理分布 中国鸟类特有种。分布于山西吕梁山脉、河北小五台山及附近地区、北京门头沟和房山区以及陕西的黄龙山林区。

种群状况 单型种。留鸟。

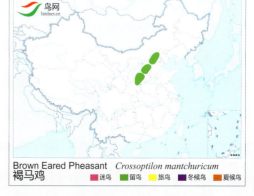

褐马鸡

Brown Eared Pheasant　*Crossoptilon mantchuricum*　体长：83~100 cm　国家 I 级重点保护野生动物　VU（易危）

白颈长尾雉（配偶对）\摄影：罗永辉

白颈长尾雉 \摄影：陈林

白颈长尾雉 \摄影：罗永辉

形态特征 雄鸟近褐色，尾羽棕褐色，尖长尾羽具银灰色横斑；颈背及颈侧白色，颏、喉黑色，面部裸皮猩红色；腰黑，羽缘白色；翼上带横斑，腹部及肛周白色。雌鸟头顶红褐色，枕及后颈灰色，上体其余部位杂以栗色、灰色及黑色斑；喉及颈前黑色，腹部白色具棕黄色横斑。

生态习性 栖于林中浓密灌丛及竹林。

地理分布 中国鸟类特有种。分布于重庆、江西、安徽南部、浙江、福建、湖南、湖北东南部、贵州、广东、广西。

种群状况 单型种。留鸟。数量较多。

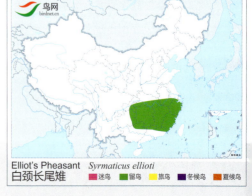

白颈长尾雉

Elliot's Pheasant　　*Syrmaticus ellioti*　　体长：雄 80 cm　雌 50 cm　　国家 I 级重点保护野生动物　　NT（近危）

鸡形目 GALLIFORMES　　雉科 Phasianidae (Partridges, Pheasants, Peafowls)

黑颈长尾雉 \ 摄影：关伟纲

黑颈长尾雉（雌）\ 摄影：宋迎涛

黑颈长尾雉 \ 摄影：宋迎涛

形态特征 雄鸟体羽棕褐色。长尾白色具黑色或褐色横斑，翼上有两块白色横斑，肩近蓝色；下背及腰白色带黑色鳞状斑；头紫色，颈有金属光泽，面部裸皮红色。雌鸟较小，颈后和背部多橄榄褐色鳞状斑，下体皮黄，尾具褐色横斑；两翼斑驳，黑褐色，具两道近白色横斑，肩部色浅。

生态习性 主要栖息于海拔500~3000米的阔叶林、针阔叶混交林以及疏林灌丛、草地和林缘地带。

地理分布 共2个亚种，国外分布于印度东北部，缅甸西部、北部及东部，泰国西北部。国内仅1个亚种，云南亚种 *burmannicus* 见于云南西部和广西。

种群状况 多型种。留鸟。数量稀少。

黑颈长尾雉

Hume's Pheasant　　*Syrmaticus humiae*　　体长：雄 90 cm　雌 60 cm　　国家 I 级重点保护野生动物　　NT（近危）

黑长尾雉 \ 摄影：叶仁和

黑长尾雉 \ 摄影：筒廷谋

黑长尾雉 \ 摄影：赖健豪

黑长尾雉（雌）\ 摄影：陈承光

形态特征 雄鸟体羽黑色，背部、胸部及腰部羽缘紫蓝色，有金属光泽，呈明显的扇贝形鳞斑；尾羽尖，黑色，具白色横斑；两翼黑，次级及三级飞羽羽端白色，呈明显的白斑；眼周裸皮绯红。雌鸟体型较小，羽色斑驳，下体杂灰，上体褐色。
生态习性 栖息于海拔1700~3800米的原始阔叶林、针阔叶混交林和针叶林中。
地理分布 中国鸟类特有种。仅分布于台湾。
种群状况 单型种。留鸟。数量稀少。

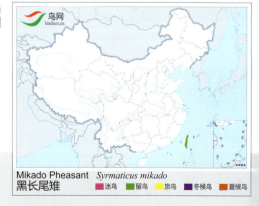

黑长尾雉

Mikado Pheasant *Syrmaticus mikado* 体长：雄 87.5 cm 雌 53 cm 国家 I 级重点保护野生动物 NT（近危）

鸡形目 GALLIFORMES　　雉科 Phasianidae (Partridges, Pheasants, Peafowls)

白冠长尾雉 \ 摄影：冯江

白冠长尾雉 \ 摄影：杨峻

白冠长尾雉 \ 摄影：李全民

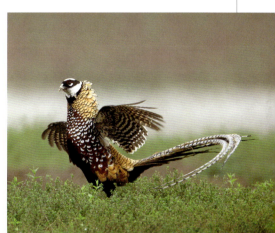
白冠长尾雉 \ 摄影：冯江

形态特征 雄鸟尾羽超长，带横斑；头顶及颈环白色，上体羽金黄色而具黑色羽缘，腹中部及股黑色。雌鸟胸部红棕色，具鳞斑，尾远较雄鸟为短。

生态习性 栖息在海拔400~1500米的山地森林中，尤为喜欢地形复杂、地势起伏不平、多沟谷悬崖、峭壁陡坡和林木茂密的山地阔叶林或混交林。

地理分布 中国鸟类特有种。仅分布于中部及东部地区。

种群状况 单型种。留鸟。数量稀少，下降显著。

Reeve's Pheasant　*Syrmaticus reevesii*
白冠长尾雉

白冠长尾雉

Reeves's Pheasant　　*Syrmaticus reevesii*　　体长：雄 210 cm　雌 75 cm　　国家 II 级重点保护野生动物　　VU（易危）

莎车亚种 shawii \ 摄影：王尧天

塔里木亚种 tarimensis \ 摄影：李金亮

准噶尔亚种 mongolicus \ 摄影：王尧天

四川亚种 suehschanesis \ 摄影：童光奇

贵州亚种 decollatus \ 摄影：杜雄

东北亚种 pallasi \ 摄影：赵振杰

形态特征 雄鸟头部深绿色，具金属光泽，耳羽簇明显，宽大的面部裸皮鲜红；有些亚种有白色颈圈；体羽从棕色至铜色至金色，多斑点并具金属光泽，两翼灰色，褐色尾羽长而尖，并带黑色横纹。雌鸟型小而色暗淡，周身密布浅褐色斑纹。

生态习性 雄鸟单独或成小群活动，栖于开阔林地、灌丛、草地沼泽、半荒漠及农耕地。叫声洪亮。

地理分布 共30个亚种，广布于中亚、西伯利亚东南部、乌苏里流域、越南东北部、朝鲜半岛、日本及北部湾。引种至欧洲、澳大利亚、新西兰、夏威夷及北美洲。中国有19个亚种，体羽细部差别甚大。准噶尔亚种 mongolicus 分布于新疆北部特克斯河、巩乃斯河，东抵天山中部，北达准噶尔盆地，背和腰铜红色，翅覆羽白色，有白色颈圈。莎车亚种 shawii 分布于和田、莎车和喀什，东达塔里木河上游；背和腰橙红色，无白色颈圈，翅上覆羽白色。塔里木亚种 tarimensis 分布于新疆东南部，南自车尔臣河，北至博斯腾湖，下背和腰橄榄黄色，无白色颈圈，翅上覆羽非白色。南山亚种 satscheuensis 分布于甘肃西北部南山山脉以北，白色颈圈窄，且在前颈中断，头顶淡绿灰色，背淡金黄色。青海亚种 vlangalii 分布于青海柴达木盆地东部布尔汗布达山和托来河之间，无白色颈圈，头顶暗铜绿色，背淡棕黄色。甘肃亚种 strauchi 分布于青海东北部、甘肃西部，白色颈圈有时存在，背浅栗色，头顶铜绿色。阿拉善亚种 sohokhotensis 分布于新疆阿拉善沙漠南部，具白色颈圈，但无白色眉纹，上背金黄色。贺兰山亚种 alaschanicus 分布于宁夏贺兰山西坡附近漠地，白色颈圈窄，常在前颈外中断，有白色眉纹。弱水亚种 edzinensis 分布于甘肃西北部弱水下游、索果诺尔地区，白色颈圈窄，在前颈处中断，头绿灰色，背深黄褐色。东北亚种 pallasi 分布于大、小兴安岭和长白山，白色颈圈完整，且最宽。河北亚种 karpowi 分布于河北东北部和辽宁，与东北亚种相似，但背及两肋较浓著，白色眉纹和白色颈圈亦较宽。内蒙亚种 kiangsuensis 分布于河北西部以及山西、陕西、内蒙古，羽色较河北亚种浅淡，眉纹窄而不显。四川亚种 suehschanesis 分布于四川北部，无白色眉纹和颈圈，头顶暗铜绿色，背粟至棕栗色，具粗著黑纹，胸暗绿色。云南亚种 elegans 分布于云南、西藏东部、四川中部、西部和西南部，与四川亚种相似，但背部黑纹较细，胸部绿色范围大，两肋黑斑亦较细。滇西亚种 rothschildi 分布于云南东南部的山地，和云南亚种相似，但背色较淡，多呈金黄色；胸部绿色但限中部，并沾染红色。贵州亚种 decollatus 分布于贵州东北部、中部、西部，云南东北部，四川东部和湖北西部，头顶暗绿色，无白色眉纹和颈圈。广西亚种 takatsukasae 分布于广西南部，头顶青铜褐色，背深金黄色，胸紫红色，两肋棕黄色；白色颈圈窄，且在前颈中断。华东亚种 torquatus 分布于河北南部至秦岭往南的整个东部地区，与广西亚种相似，但体色较淡，背淡金黄色，两肋浅棕黄色。台湾亚种 formosanus 分布于台湾，与广西亚种和华东亚种相似，但体色较这两亚种均淡，背黄白色，两肋棕白色。

种群状况 多型种。留鸟。常见。

环颈雉（雉鸡）

Ring-necked Pheasant *Phasianus colchicus* 体长: 58~90 cm LC（低度关注）

鸡形目 GALLIFORMES　雉科 Phasianidae (Partridges, Pheasants, Peafowls)

阿拉善亚种 sohokhotensis \ 摄影：关克

贺兰山亚种 alaschanicus \ 摄影：关克　　　　　云南亚种 elegans \ 摄影：王学良

甘肃亚种 strauchis \ 摄影：关克　　　　　台湾亚种 formosanus \ 摄影：叶仁和

华东亚种 torquatus \ 摄影：汪光武　　青海亚种 vlangalii \ 摄影：大漠老头　　弱水亚种 edzinensis \ 摄影：董雍敏

河北亚种 karpowi \ 摄影：梁长久　　　　　内蒙亚种 kiangsuensis \ 摄影：周贵平

占区 \ 摄影：关克

求偶 \ 摄影：李俊彦

红腹锦鸡（雌）\ 摄影：陶春荣

形态特征 体修长。雄鸟头顶有耀眼的金色丝状冠，枕部和颈背金色并具黑色条纹；上背绿色并具金属光泽，下体绯红色；蓝色翼具金属光泽；尾长而弯曲，中央尾羽近黑而具皮黄色点斑，腰部和尾上覆羽黄色。雌鸟体型较小，体羽灰褐色，上体密布黑色带斑，下体淡皮黄色。

生态习性 单独或成小群活动，喜有矮树的山坡及次生亚热带阔叶林及落叶阔叶林。

地理分布 中国鸟类特有种。分布于青海东南部、宁夏、甘肃南部、山西南部、河南南部、云南东北部、四川、陕西南部、湖北西部、贵州、广西北部及湖南西部。

种群状况 单型种。留鸟。数量较多。

红腹锦鸡

Golden Pheasant　　*Chrysolophus pictus*　　体长：雄 100~115 cm　雌 61~70 cm　　国家 II 级重点保护野生动物　　LC（低度关注）

鸡形目 GALLIFORMES　　雉科 Phasianidae (Partridges, Pheasants, Peafowls)

白腹锦鸡 \ 摄影：杜雄

配偶对 \ 摄影：周展星

白腹锦鸡 \ 摄影：王尧天

形态特征 雄鸟色彩浓艳，头顶、喉及颈前为深绿色并具金属光泽，冠羽短、猩红色；颈背白色羽毛具黑色羽缘，呈扇贝形；深绿色背及两翼具金属光泽；腹白，腰黄色；白色尾羽特长，微下弯，具黑色横带；尾上覆羽羽端橘黄色。雌鸟体型较小，上体及胸部多栗色并具黑色横斑；两胁及尾下覆羽皮黄色而带黑斑。

生态习性 栖息于海拔1500～4000米的常绿阔叶林、针阔混交林和针叶林带及林缘灌丛、草坡、疏林荒山和矮竹丛间。

地理分布 分布于缅甸东北部至中国西南部。国内见于云南、四川、西藏东南部、贵州西部、广西西部。

种群状况 单型种。留鸟。数量较多。

白腹锦鸡

Lady Amherst's Pheasant　　*Chrysolophus amherstiae*　　体长：雄 130~173 cm　雌 66~68 cm　　国家 II 级重点保护野生动物　　LC（低度关注）

灰孔雀雉 \ 摄影：高洪英　　　　　　　　　　　　　　灰孔雀雉 \ 摄影：高洪英

形态特征 雄鸟体羽褐灰色，喉近白色，上背及尾有大型的紫绿色眼斑；冠羽前翻如刷，面部裸皮近粉色；下体具黄、白及深褐色横斑。雌鸟体小，无羽冠，眼斑小而尾短。

生态习性 栖息于海拔150～1500米的常绿阔叶林、山地沟谷雨林和季雨林中，也出现于次生林、林缘稀疏灌丛草地和竹林中。常单独或成对活动。

地理分布 共4个亚种，主要分布于东南亚。国内有1个亚种，指名亚种 *bicalcaratum* 分布于云南西南部。

种群状况 多型种。留鸟。数量稀少。

灰孔雀雉

Grey Peacock Pheasant　*Polyplectron bicalcaratum*　体长：雄 56~76 cm　雌 48~55 cm　国家 I 级重点保护野生动物　LC（低度关注）

海南孔雀雉 \ 摄影：张正旺

形态特征 与灰孔雀雉非常相似，但本种的体型略小，色深而褐色浓，眼状斑仅有紫色而无绿色光泽。

生态习性 与灰孔雀雉相似。(以往被视为灰孔雀雉的亚种)。

地理分布 中国鸟类特有种。分布于海南。

种群状况 单型种。非常稀少，见于海南岛西南部的山林中。

海南孔雀雉

Hainan Peacock Pheasant　*Polyplectron katsumatae*　体长：雄 53~65 cm　雌 40~45 cm　国家 I 级重点保护野生动物　EN（濒危）

鸡形目 GALLIFORMES　　雉科 Phasianidae (Partridges, Pheasants, Peafowls)

绿孔雀 \ 摄影：关克

绿孔雀 \ 摄影：苏仲铺

绿孔雀 \ 摄影：宋迎涛

绿孔雀 \ 摄影：宋迎涛

形态特征 雄鸟尾特长，头部冠羽竖起，颈、上背及胸部具绿色光泽，尾上覆羽特长并具闪亮的眼斑而成尾屏。雌鸟无长尾，色彩不及雄鸟艳丽，下体近白色。

生态习性 主要栖息于海拔2000米以下的热带、亚热带常绿阔叶林，尤其喜欢在疏林草地、河岸或农田边丛林以及林间草地和林中空旷的开阔地带活动。

地理分布 共3个亚种，国外分布于印度东北部及东南亚。中国仅有1个亚种，云南亚种 imperator 见于云南。

种群状况 多型种。留鸟。种群数量稀少。

绿孔雀

Green Peafowl　　*Pavo muticus*　　体长：雄 180~250 cm　雌 100~110 cm　　国家 I 级重点保护野生动物　　EN（濒危）

鹤形目
GRUIFORMES

- 本目鸟类除少数种类外概为涉禽。个体变化较大，从小型到大型均有
- 大多生活于沼泽、草原和草甸，营巢于水域附近地上。雏鸟早成性。食物主要为昆虫、鱼类等动物性食物，也吃植物叶、芽、果实和种子
- 全世界 12 科 190 种，分布于世界各地
- 中国有 4 科 17 属 34 种，分布于全国各地

三趾鹑科
Turnicidae (Buttonquails)

本科为小型鸟类。体型与鹑鹌相似，但稍小。翅短尖，初级飞羽 10 枚，第一枚最长。尾短小。尾羽 12 枚，胫被羽，跗跖被盾状鳞。脚具 3 趾，后趾退化。雌鸟体型较雄鸟为大。

栖息于草地灌丛间，多地面活动。善奔跑，较少飞行，常做短距离直线飞行。多以植物种子和小型动物为食。繁殖期 5~7 月。一雌多雄制，雌鸟间常因争雄而争斗。营巢于地上较为隐蔽处，每窝产卵 3~5 枚，雌鸟在繁殖期间可连产几窝，由雄鸟分别孵卵和育雏。雏鸟早成性。

本科计有 2 属 15 种，分布于亚洲南部至大洋洲、非洲以及欧洲南部。中国有 1 属 3 种，主要分布于中国南部、西南部，华东、华北、东北地区以及香港、台湾和海南岛。

台湾亚种 *rostrata* \ 摄影：简廷谋

华南亚种 *blakistoni* \ 摄影：潘宏权

形态特征 上体褐色斑驳。雄鸟头顶多褐色，脸、颔具褐色及白色纹，胸及两胁具黑色横纹。雌鸟体型略大，颔及喉黑色，顶近黑色，头部灰白色斑驳。

生态习性 与其他三趾鹑相似。

地理分布 共 18 个亚种，分布于亚洲南部。国内分布有 2 个亚种，华南亚种 *blakistoni* 见于华南的热带地区及海南，上体甚暗浓，具显著棕斑，杂以黑点；翅长 ♂ 7.8~9.2 厘米，♀ 8.8~9.4 厘米。台湾亚种 *rostrata* 见于台湾，上体较淡，具大形黑斑，而杂以棕点；翅长 ♂ 7.7~9.0 厘米，♀ 8.2~9.8 厘米。

种群状况 多型种。留鸟。地方性常见。

棕三趾鹑
Barred Buttonquail　*Turnix suscitator*

体长：14~18 cm　　LC（低度关注）

鹤形目 GRUIFORMES　三趾鹑科 Turnicidae (Buttonquails)

林三趾鹑 \摄影：Sunil Singhal

林三趾鹑 \摄影：Alex Vargas

形态特征 外形似鹌鹑。胸部棕色，上体具白色纹，两胁具略红的黑斑；头顶具淡乳黄色中央冠纹，头两侧和喉、腹白色。雌鸟体型略大，色深而较多红色。

生态习性 栖息于平地草原、河流、湖泊岸边灌丛草地，也见于农田，常隐匿于草丛中。

地理分布 共9个亚种，分布于非洲和亚洲南部。国内有1个亚种，南方亚种 *mikado* 见于广东、广西、海南和台湾。

种群状况 多型种。留鸟。罕见。

林三趾鹑
Small Buttonquail　*Turnix sylvaticus*　体长：13~16 cm　LC（低度关注）

黄脚三趾鹑 \摄影：孙晓明

黄脚三趾鹑 \摄影：李明本

形态特征 嘴黄色。上体黑褐色而具栗色或棕色斑纹，呈黑色和栗色相杂状；胸和两胁浅棕黄色，具褐色斑点；飞行时翼覆羽淡皮黄色，与深褐色飞羽成对比。雌鸟的枕及背部较雄鸟多栗色。

生态习性 与其他三趾鹑相似。

地理分布 共2个亚种，分布于亚洲东部和南部。国内有1个亚种，南方亚种 *blandfordii* 除宁夏、新疆、西藏、青海外，见于全国各地。

种群状况 多型种。夏候鸟，冬候鸟，留鸟，旅鸟，迷鸟。常见。

黄脚三趾鹑
Yellow-legged Buttonquail　*Turnix tanki*　体长：12~18 cm　LC（低度关注）

鹤科
Gruidae
(Cranes)

本科为大型鸟类。头顶裸露无羽。颈、脚甚长,是涉禽中个体最大者。嘴直而稍侧扁。鼻孔呈裂隙状,被膜。翅宽阔而强,初级飞羽11枚,次级飞羽较初级飞羽为长。后趾小,位置较前3趾为高。飞翔时头颈和脚分别向前后伸直,常常发出像喇叭声样的洪亮叫声,明显与鹭和鹳不同,野外不难区别。

主要栖息于开阔平原、草地、半荒漠以及沼泽湿地等开阔地带。以植物种子、嫩叶、杂草、小型动物为食。营巢于芦苇丛中。每窝产卵1~3枚,通常2枚。雏鸟早成性。

全世界计有4属15种,分布于除南美洲、新西兰和太平洋诸岛外的世界各地。中国有2属9种,分布于全国各地。

蓑羽鹤 \ 摄影:孙晓明

鹤形目 GRUIFORMES　　鹤科 Gruidae (Cranes)

蓑羽鹤 \ 摄影：段文科

蓑羽鹤 \ 摄影：冯江

育雏 \ 摄影：桑新华

形态特征 整体蓝灰色，头顶白色，眼先、喉和前颈黑色，眼后有醒目的白色耳簇羽。前颈黑色羽延长，悬垂于胸部。三级飞羽形长但不浓密，不足覆盖尾部；大覆羽和初级飞羽灰黑色。

生态习性 栖息于开阔草原、草甸沼泽。芦苇沼泽、湖泊、半荒漠和高原湖泊草甸等各类生境中，有时也到农田活动，分布至海拔5000米。性胆小而机警，善奔走。

地理分布 国外分布于古北界的中部、印度、非洲。在中国繁殖于新疆、宁夏、内蒙古及东北等地，迁徙期间见于河北、青海、河南、山西等地，越冬于西藏南部。

种群状况 单型种。夏候鸟，冬候鸟，旅鸟，迷鸟。不常见。

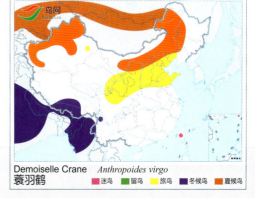

蓑羽鹤

Demoiselle Crane　　*Anthropoides virgo*　　体长：68~105 cm　　国家Ⅱ级重点保护野生动物　　LC（低度关注）

觅食 \ 摄影：冯江

白鹤 \ 摄影：孙晓明

亚成体 \ 摄影：段文科

集群 \ 摄影：孙晓明

形态特征 站立时通体白色，头顶鲜红色，脸裸露，初级飞羽黑色，飞行时可见黑色的翅尖。嘴橘黄色，脚粉红色。

生态习性 栖息于开阔平原沼泽草地、苔原沼泽和大的湖泊及浅水沼泽。迁徙季节和冬季常常集群活动。性机警而胆小。

地理分布 繁殖于俄罗斯的东南部及西伯利亚，越冬在伊朗、印度西北部。在中国越冬于鄱阳湖、洞庭湖等长江中下游地区，迁徙期间经过东北地区及河北、河南、山东、内蒙古、新疆等地。

种群状况 单型种。夏候鸟，冬候鸟，旅鸟。罕见。

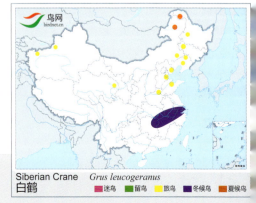

白鹤

Siberian Crane   *Grus leucogeranus*   体长：130~140 cm   国家 I 级重点保护野生动物   CR（极危）

鹤形目 GRUIFORMES　　鹤科 Gruidae (Cranes)

沙丘鹤 \ 摄影：马林

沙丘鹤 \ 摄影：杨旭东

沙丘鹤 \ 摄影：张宝平

形态特征 通体灰色；前额和头顶裸露、红色，脸部、喉部白色，嘴及脚灰黑色。飞行时可见深灰色的飞羽。

生态习性 栖息于开阔平原、高原和山脚平原草地、沼泽、湖泊及河岸附近的草地上，尤喜植被丰茂的平原沼泽、湖边草地，有时也会出现在有树木和草本植物的高原地带。

地理分布 共5个亚种，繁殖于北美洲及西伯利亚东部，在北美西南部越冬。国内有1个亚种，指名亚种 canadensis 偶见于河北、山东、江苏、江西、上海、北京。

种群状况 多型种。迷鸟。罕见。

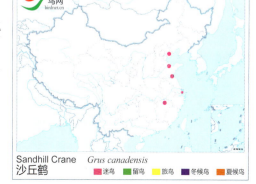

沙丘鹤

Sandhill Crane　　*Grus canadensis*　　体长：100~110 cm　　国家 II 级重点保护野生动物　　LC（低度关注）

赤颈鹤 \ 摄影：桑新华

赤颈鹤 \ 摄影：杨峻

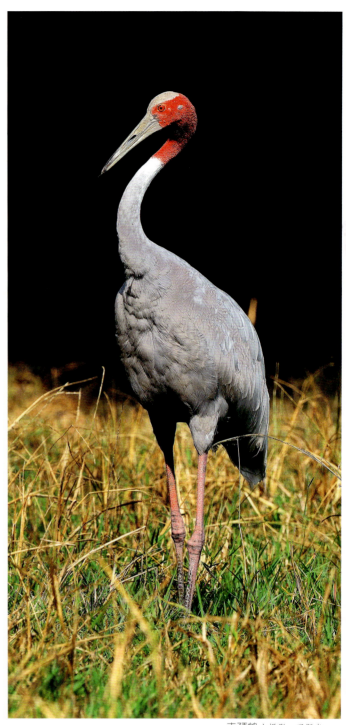

赤颈鹤 \ 摄影：邓嗣光

形态特征 头、上颈裸露，鲜红色，通体灰色，初级飞羽黑色，飞行时可见黑色翅尖与灰色体羽形成鲜明对比。嘴角质绿色，脚粉红色。

生态习性 栖息于开阔平原草地、沼泽、湖边浅滩和林缘灌丛，有时也会出现在农田。性胆小而机警。

地理分布 共2个亚种，国外分布于印度、缅甸、泰国、马来半岛至澳大利亚。国内有1个亚种，云南亚种 sharpii 曾分布于云南西部和南部。数年未见，估计已经区域性灭绝。

种群状况 多型种。旅鸟。罕见。

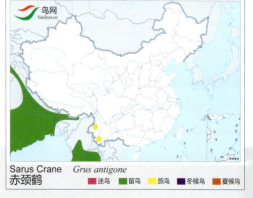

赤颈鹤

Sarus Crane　　*Grus antigone*　　体长：150~170 cm　　国家 I 级重点保护野生动物　　VU（易危）

鹤形目 GRUIFORMES　　鹤科 Gruidae (Cranes)

白枕鹤 \ 摄影：孙晓明

白枕鹤 \ 摄影：李玉良

白枕鹤 \ 摄影：丁玉祥

白枕鹤 \ 摄影：段文科

形态特征 脸侧裸皮红色，边缘及斑纹黑色；头、枕和颈白色，颈两侧有一暗灰色条纹。体羽暗灰色，初级飞羽和次级飞羽黑色，翅上覆羽灰白色，初级覆羽黑色，末端白色。嘴黄绿色，脚绯红色。
生态习性 栖于近湖泊、河流的沼泽地带。常觅食于农耕地。
地理分布 分布于西伯利亚、蒙古北部，于朝鲜、日本越冬。在中国分布于东北地区及河北、北京、天津、山东、河南、内蒙古东部、长江中下游地区及东南沿海。
种群状况 单型种。夏候鸟，冬候鸟，旅鸟，迷鸟。罕见。

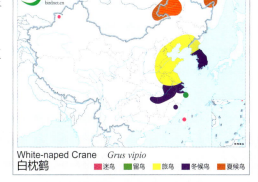

白枕鹤

White-naped Crane　　*Grus vipio*　　体长：120~150 cm　　国家 II 级重点保护野生动物　　VU（易危）

灰鹤 \摄影：雷洪　　　　　　　　　　　　　　　灰鹤 \摄影：许传辉

集群 \摄影：孙华金

形态特征 全身羽毛大都灰色，前顶冠黑色，头顶裸露部分朱红色；枕部、喉部和颈部深青灰色，自眼后有一道宽的白色条纹伸至颈背。体羽余部灰色，背部及长而密的三级飞羽略沾褐色。嘴青灰色，嘴端偏黄；脚黑色。

生态习性 栖息于开阔平原、草地、沼泽、河滩、旷野、湖泊及农田地带，尤喜水边植物丰富的开阔湖泊和沼泽地带。性机警，胆小怕人。

地理分布 共2个亚种，分布于古北界。国内有1个亚种，普通亚种 lilfordi 繁殖于我国西部和东北地区，越冬于中部和南部。

种群状况 多型种。夏候鸟，冬候鸟，旅鸟，迷鸟。常见。

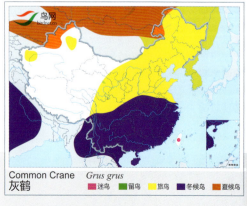

灰鹤

Common Crane　　*Grus grus*　　　　体长：100~125 cm　　国家 II 级重点保护野生动物　　LC（低度关注）

鹤形目 GRUIFORMES　　鹤科 Gruidae (Cranes)

白头鹤 \ 摄影：赖健豪

白头鹤 \ 摄影：伏建亚

白头鹤 \ 摄影：毛建国

白头鹤 \ 摄影：陈承光

形态特征 通体灰色，头顶白色，顶冠前黑色，中间裸露部分红色。两翅灰黑色，嘴黄绿色，脚黑色。

生态习性 主要栖息于河流、湖泊岸边泥滩、沼泽中，也出现于泰加林缘和林中开阔沼泽地上。冬季常到栖息地附近的农田活动和觅食。

地理分布 繁殖于西伯利亚、蒙古，越冬于日本、韩国。在中国越冬于长江中下游及东南沿海，繁殖于黑龙江北部、内蒙古东北部。

种群状况 单型种。夏候鸟，冬候鸟，旅鸟，迷鸟。数量少，不常见。

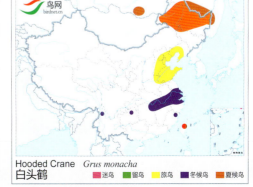

白头鹤

Hooded Crane　　*Grus monacha*　　体长：92~97 cm　　国家 I 级重点保护野生动物　　VU（易危）

黑颈鹤 \ 摄影：童光琦

黑颈鹤 \ 摄影：梁长久

黑颈鹤 \ 摄影：冯江

黑颈鹤 \ 摄影：许传辉

黑颈鹤 \ 摄影：王尧天

形态特征 通体灰白色。头、喉部和颈部黑色，眼先和头顶裸露皮肤暗红色，眼后具白色斑块。尾、初级飞羽及三级飞羽黑色。

生态习性 栖息于海拔3000~5000米的高原草甸沼泽、芦苇沼泽、湖滨草甸沼泽以及河谷沼泽地带。

地理分布 越冬在不丹、印度东北部及中南半岛北部。在中国繁殖于西藏、青海、甘肃和四川北部，越冬于西藏南部、贵州草海、云南昭通。

种群状况 单型种。夏候鸟，冬候鸟，旅鸟。数量少，不常见。

黑颈鹤

Black-necked Crane *Grus nigricollis* 体长：110~150 cm 国家 I 级重点保护野生动物 VU（易危）

鹤形目 GRUIFORMES　　鹤科 Gruidae (Cranes)

丹顶鹤 \ 摄影：孙华金

丹顶鹤 \ 摄影：王安青

丹顶鹤 \ 摄影：段文科

丹顶鹤 \ 摄影：桑新华

丹顶鹤 \ 摄影：陈龙

形态特征 通体白色。头顶裸露皮肤鲜红色，喉部和颈部黑色，自耳羽有宽白色带延伸至颈背，次级飞羽和三级飞羽黑色，三级飞羽长而弯曲，覆盖于尾上。嘴灰绿色，尖端黄色；脚黑色。

生态习性 栖息于开阔平原、沼泽、湖泊、草地、海边滩涂，有时也出现于农田和耕地中，尤其是迁徙季节和冬季。

地理分布 繁殖于日本、西伯利亚的东南部；越冬在日本、朝鲜。在中国繁殖于东北地区，越冬于江苏盐城和山东黄河三角洲等地，迁徙期也见于河北、天津、河南、山东等地。

种群状况 单型种。夏候鸟，冬候鸟，旅鸟，迷鸟。罕见。

Red-crowned Crane　*Grus japonensis*
丹顶鹤　■迷鸟　■留鸟　■旅鸟　■冬候鸟　■夏候鸟

丹顶鹤

Red-crowned Crane　　*Grus japonensis*　　体长：120~160 cm　　国家 I 级重点保护野生动物　　EN（濒危）

秧鸡科
Rallidae
(Rails, Crakes, Coots)

本科为中、小型涉禽。头小，颈稍长，嘴短而强；翅短圆，体较肥胖；尾短，常往上翘；脚稍长而强健，趾甚长，有的具瓣蹼。

主要栖息于沼泽、溪流、湖畔、苇塘及其附近沼泽草地和灌丛地带，以植物嫩芽、种子、水生昆虫和小鱼为食；性胆怯，善藏匿，不善飞行，受惊时多在草丛或灌丛中奔跑或藏匿于其中，飞行时两脚下垂；单独或成小群于晨、昏活动。营巢于地上。雏鸟早成性。

全世界有13属124种，几乎遍布于全球。中国有11属19种，分布于全国各地。

花田鸡 \ 摄影：范怀良

形态特征 中国最小的田鸡。上体褐色，具黑色纵纹及窄的白色横斑。喉部白色，两胁和尾下覆羽具褐色和白色的宽横斑。尾短而上翘。飞行时，白色次级飞羽与黑色初级飞羽明显。

生态习性 栖息于湿草地和沼泽地带。

地理分布 繁殖于东北亚，南迁至日本南部越冬。在中国繁殖于内蒙古东北部和东北地区，迁徙时经过吉林、辽宁、河北、山东和长江流域，越冬于福建、广东等地。

种群状况 单型种。夏候鸟，冬候鸟，旅鸟。

花田鸡 \ 摄影：范怀良

Swinhoe's Rail *Coturnicops exquisitus*
花田鸡 ■迷鸟 ■留鸟 ■旅鸟 ■冬候鸟 ■夏候鸟

花田鸡
Swinhoe's Rail *Coturnicops exquisitus* 体长：12~14 cm 国家Ⅱ级重点保护野生动物 VU（易危）

鹤形目 GRUIFORMES　秧鸡科 Rallidae (Rails, Crakes, Coots)

红脚斑秧鸡 \ 摄影：童光琦

红脚斑秧鸡 \ 摄影：邓嗣光

形态特征 嘴短。头、颈、喉和胸栗红色，背部暗栗色，腹部具宽阔的黑白相间横斑。颏白色。翼覆羽具明显白点，飞羽具白斑。脚鲜红色。

生态习性 栖息于开阔平原湿地、河谷灌丛和茂密的森林中，也出现于海滨灌丛和农田地带。

地理分布 分布于印度次大陆的东北部、东南亚。偶见于台湾。

种群状况 单型种。迷鸟。罕见。

红脚斑秧鸡（红腿斑秧鸡）

Red-legged Crake　*Rallina fasciata*　体长：22~25 cm　LC（低度关注）

白喉斑秧鸡 \ 摄影：冯启文

白喉斑秧鸡 \ 摄影：于富海

白喉斑秧鸡 \ 摄影：赖健豪

形态特征 上体栗红色，背部暗褐色；下胸至尾下覆羽灰黑色，具白色细纹。嘴黄绿色，脚灰色。

生态习性 栖息于海拔1000米以下的山地、平原及低山丘陵地带的沼泽、池塘、溪流和耕地上。

地理分布 共7个亚种，繁殖于印度次大陆、东南亚。有些鸟冬季至斯里兰卡、马来半岛、苏门答腊及爪哇西部。国内有2个亚种，台湾亚种 *formosana* 见于台湾，上体为暗栗褐色，颊、颈、胸均栗红色，喉白色；胸以下至尾下覆羽有黑白相间的横斑。海南亚种 *telmatochila* 见于河南南部、湖南、江西、广东、香港、广西南部、海南，上体橄榄褐色，颏和喉白色，前颈至上胸主要为红褐色；下胸至尾下覆羽有黑白相间的横斑，但白纹较细。

种群状况 多型种。夏候鸟，留鸟。不常见。

白喉斑秧鸡

Slaty-legged Crake　*Rallina eurizonoides*　体长：24~25 cm　LC（低度关注）

华南亚种 *jouyi* ＼摄影：陈腾逸

华南亚种 *jouyi* ＼摄影：冯启文

云南亚种 *albiventer* ＼摄影：杨武

云南亚种 *albiventer* ＼摄影：吴涛

形态特征 头顶至后颈栗红色。背灰色多具白色细纹。颏、喉白色。胸、颈侧蓝灰色。两翼及尾具白色细纹。两胁及尾下具较粗的黑白色横斑。

生态习性 栖息于水田、溪畔、湖边、水渠和芦苇沼泽地带及附近灌丛和草丛，也出现于海滨和林缘地带及沼泽灌丛中。

地理分布 共8个亚种，分布于印度次大陆、东南亚，部分鸟冬季至分布区的南部或苏拉威西岛及小巽他群岛越冬。国内有3个亚种，云南亚种 *albiventer* 见于云南。华南亚种 *jouyi* 见于西南和东南沿海，前额至后颈栗红色；上体和两胁暗褐色，均具白色细横斑；头侧、颈侧、胸和上腹淡蓝灰色；腹以下棕白色。台湾亚种 *taiwanus* 见于台湾，前额至后颈红褐色，背灰褐色，具有白色横斑；颈侧和胸鼠灰色略带蓝色；腹以下灰褐色，具有白色横带。

种群状况 多型种。夏候鸟，留鸟。不常见。

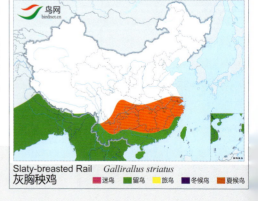

灰胸秧鸡（蓝胸秧鸡）

Slaty-breasted Rail   *Gallirallus striatus*   体长：22~29 cm   LC（低度关注）

鹤形目 GRUIFORMES　　秧鸡科 Rallidae (Rails, Crakes, Coots)

东北亚种 *idicus* ╲摄影：冯启文

东北亚种 *idicus* ╲摄影：刘贺军

东北亚种 *idicus* ╲摄影：周雄

新疆亚种 *korejewi* ╲摄影：王尧天

新疆亚种 *korejewi* ╲摄影：王尧天

形态特征 嘴较长，红色。上体暗褐色具黑色条纹。脸、喉部、前颈和胸部灰色。眉纹浅灰而眼线深灰。两胁和尾下覆羽具黑白色横斑。

生态习性 栖息于开阔草原、低山丘陵和山脚平原地带的沼泽、水塘、河流、湖泊等水域岸边及其附近灌丛、草地，也出现于林缘和疏林沼泽及水稻田中。

地理分布 共4个亚种，广布于古北界；迁徙至东南亚及婆罗洲。国内有2个亚种，东北亚种 *idicus* 繁殖于东北地区、内蒙古东北部、河北北部，迁徙和越冬于内蒙古中部、华北地区、西南地区及东部沿海，上体较暗，黑纹较粗著，胸部灰色较淡。新疆亚种 *korejewi* 见于新疆、甘肃西北部、青海和四川西南部，上体较淡，黑纹较疏细，胸部灰色较浓。

种群状况 多型种。留鸟，夏候鸟，冬候鸟，旅鸟。常见。

普通秧鸡

Water Rail　　*Rallus aquaticus*　　体长：24~28 cm　　NT（未评估）

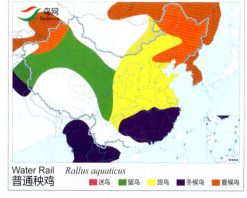
Water Rail　*Rallus aquaticus*
普通秧鸡

长脚秧鸡 \ 摄影：曾源

长脚秧鸡 \ 摄影：马鸣

形态特征 嘴短。上体灰褐色，具黑色斑纹；翼上有宽大的棕色块斑。喉和腹部白色，两胁具红褐色横斑。眉宽呈灰色，过眼纹棕色。飞行时锈褐色的长翼为明显特征。

生态习性 栖息于森林、草地、荒野、半荒漠和农田等各类生境中。常在河边、湖边高草丛和灌丛中活动。

地理分布 分布于古北界西部至中亚及俄罗斯南部，引种到美国东部；迁徙至非洲撒哈拉；迷鸟至中东、南亚、东南亚及婆罗洲。在中国分布于新疆西北部、西藏。

种群状况 单型种。夏候鸟，旅鸟，迷鸟。罕见。

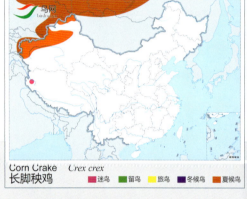

长脚秧鸡

Corn Crake *Crex crex* 体长：24~27 cm 国家Ⅱ级重点保护野生动物 LC（低度关注）

红脚苦恶鸟 \ 摄影：刘马力

红脚苦恶鸟 \ 摄影：朱英

红脚苦恶鸟 \ 摄影：关克

形态特征 上体橄榄褐色。脸及胸青灰色。头顶、颈侧和胸灰色，喉白色。腹部及尾下覆羽褐色。脚红色，嘴黄绿色。飞行无力，腿下悬。

生态习性 主要栖息于平原、低山丘陵地带和溪边沼泽草地。

地理分布 共2个亚种，分布于印度次大陆至中南半岛东北部。国内有1个亚种，普通亚种 *coccineipes* 主要分布于东南地区。

种群状况 多型种。夏候鸟，留鸟。不常见。

红脚苦恶鸟

Brown Crake *Amaurornis akool* 体长：25~28 cm LC（低度关注）

鹤形目 GRUIFORMES　　秧鸡科 Rallidae (Rails, Crakes, Coots)

白胸苦恶鸟 \ 摄影：陈承光

白胸苦恶鸟 \ 摄影：关克

白胸苦恶鸟 \ 摄影：胡敬林

白胸苦恶鸟 \ 摄影：冯启文

白胸苦恶鸟 \ 摄影：王安青

形态特征 上体青灰色，脸、喉部、胸部及下体白色。腹部和尾下覆羽栗红色。嘴黄绿色，基部偏红。脚黄绿色。

生态习性 栖息于沼泽、溪流、水塘、稻田等地，也出现于水域附近的灌丛、竹林、甘蔗地等。

地理分布 共4个亚种，分布于印度、东南亚。国内有1个亚种，指名亚种 *phoenicurus* 分布于东南沿海及西南地区，沿长江流域东抵上海、北达陕西与河南南部；偶见于山西、山东、河北。

种群状况 多型种。夏候鸟，留鸟。常见。

白胸苦恶鸟

White-breasted Waterhen　　*Amaurornis phoenicurus*　　体长：26~35 cm　　LC（低度关注）

姬田鸡 \ 摄影：向文军

姬田鸡 \ 摄影：杨廷松

姬田鸡 \ 摄影：杨廷松

姬田鸡 \ 摄影：向文军

形态特征 上体褐色，具宽的暗色条纹和少许窄的白色条纹，颈部和下体灰色，下腹部具白色横斑。嘴偏绿，基部红色；脚绿色。

生态习性 栖息于植被丰富的湖泊、河流、水塘和沼泽地带。可至海拔2000米的山地湖泊沼泽。

地理分布 繁殖于古北界西部至中亚；越冬于非洲的撒哈拉、中东及巴基斯坦。在中国分布于新疆西部和北部。

种群状况 单型种。旅鸟，夏候鸟。罕见。

姬田鸡

Little Crake *Porzana parva* 体长：18~21 cm 国家Ⅱ级重点保护野生动物 LC（低度关注）

鹤形目 GRUIFORMES　　秧鸡科 Rallidae (Rails, Crakes, Coots)

小田鸡 \ 摄影：朱英

小田鸡 \ 摄影：冯启文

小田鸡 \ 摄影：沈强

形态特征 头顶及上体红褐色，具黑色纵纹和白色斑点。脸、喉部和胸部灰色，两胁及尾下具白色细横纹。翅上覆羽具白色条纹。嘴暗绿色，脚黄绿色。

生态习性 栖息于山地森林和平原草地的湖泊、水塘、河流、沼泽等湿地生境，尤喜富有芦苇等植物而又有开阔水面的湖沼。

地理分布 共6个亚种，分布于非洲北部和欧亚大陆，南迁至印度尼西亚、菲律宾、新几内亚及澳大利亚。国内有1个亚种，指名亚种 *pusilla* 分布于除西藏和海南以外的全国各地。

种群状况 多型种。夏候鸟，冬候鸟，旅鸟。较常见。

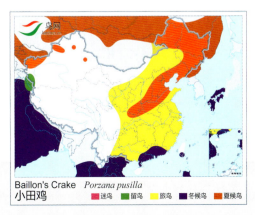

Baillon's Crake　*Porzana pusilla*
小田鸡

小田鸡

Baillon's Crake　　*Porzana pusilla*　　　体长：15~19 cm　　　LC（低度关注）

309

斑胸田鸡 \摄影：唐黎明

斑胸田鸡 \摄影：唐黎明

形态特征 喙黄色，端部染绿色，上喙基部具橙红色斑。上体褐色，具黑色条纹及白色斑点。下体橄榄灰色，具白色斑点；尾下覆羽皮黄色。腿黄绿色。

生态习性 栖息于淡水湿地、稻田。

地理分布 分布于非洲、欧洲、西亚、中亚、南亚。中国见于新疆西部。

种群状况 单型种。冬候鸟，夏候鸟，旅鸟。不常见。

斑胸田鸡
Spotted Crake　　*Porzana porzana*　　体长：24~27 cm　　LC（低度关注）

斑胁田鸡 \摄影：邢涛

斑胁田鸡 \摄影：冯振中

斑胁田鸡 \摄影：邢涛

形态特征 嘴短，腿红色。上体深橄榄褐色。颏、喉部白色。头侧及胸部栗红色。两胁及尾下近黑色，具白色细横纹。

生态习性 栖息于海拔800米以下的低山丘陵和平原地带的湖泊、溪流、水塘岸边及附近的沼泽与草地。

地理分布 繁殖于东北亚，冬季南迁至东南亚及大巽他群岛。在中国见于东北、华北、西南地区及长江中下游地区和东南沿海各地。

种群状况 单型种。夏候鸟，旅鸟，迷鸟。不常见。

斑胁田鸡
Band-bellied Crake　　*Porzana paykullii*　　体长：22~27 cm　　NT（近危）

鹤形目 GRUIFORMES　秧鸡科 Rallidae (Rails, Crakes, Coots)

普通亚种 *erythrothorax* \ 摄影：赵俊青

普通亚种 *erythrothorax* \ 摄影：朱英

普通亚种 *erythrothorax* \ 摄影：孙晓明

台湾亚种 *phaeopyga* \ 摄影：冯启文

台湾亚种 *phaeopyga* \ 摄影：陈承光

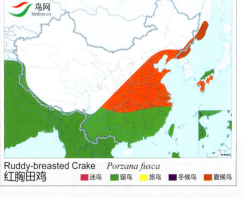
普通亚种 *erythrothorax* \ 摄影：闫军

形态特征 上体赭褐色，头侧、胸部和上腹红栗色，颏、喉部白色，腹部及尾下近黑并具白色细横纹。嘴偏褐色；脚红色。

生态习性 栖息于沼泽、湖滨、水塘、稻田、沿海滩涂与河岸草丛与灌丛，也出现于低山丘陵、林缘和林中沼泽。

地理分布 共5个亚种，繁殖于印度次大陆、东亚、菲律宾、苏拉威西岛及大巽他群岛，冬季北方鸟南下越冬于婆罗洲。国内有3个亚种，台湾亚种 *phaeopyga* 为台湾的地方性常见留鸟，体稍小，喉色淡近白；下腹至尾下覆羽灰黑，有白色横斑。普通亚种 *erythrothorax* 分布于东北、华北、西北、西南(除新疆、西藏)、华东、华中及华南地区，翅长♂10.7~12厘米，头顶和下体的栗红色最浅淡。云南亚种 *bakeri* 见于云南、四川西南部，翅长♂9.4~10厘米，头顶和下体的栗红色较淡。

种群状况 多型种。留鸟，夏候鸟，旅鸟。常见。

红胸田鸡

Ruddy-breasted Crake　　*Porzana fusca*　　体长：19~23 cm　　LC（低度关注）

棕背田鸡 \ 摄影：罗永川

棕背田鸡 \ 摄影：张波

棕背田鸡 \ 摄影：俞春江

棕背田鸡 \ 摄影：俞春江

形态特征 头、颈和下体深烟灰色，上体暗棕褐色。颏白色。尾近黑色。嘴绿色，嘴基红色。脚红色。

生态习性 栖息地与斑胁田鸡相似。

地理分布 分布于喜马拉雅山脉东部、缅甸北部、泰国北部、中南半岛北部。在中国分布于云南、四川和贵州。

种群状况 单型种。留鸟。不常见。

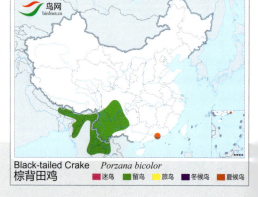

棕背田鸡

Black-tailed Crake *Porzana bicolor* 体长：19~25 cm 国家 II 级重点保护野生动物 LC（低度关注）

鹤形目 GRUIFORMES　　　秧鸡科 Rallidae (Rails, Crakes, Coots)

白眉田鸡 \ 摄影：陈承光

白眉田鸡 \ 摄影：薛敏

白眉田鸡 \ 摄影：陈承光

形态特征 嘴短，头部斑纹明显。贯眼纹黑色，上下均具白色条纹。上体暗褐色，具黑色斑点。脸及胸灰色，腹部偏白，两胁及尾下黄褐色。嘴基红色，嘴尖黄色。脚橄榄绿色。

生态习性 栖息于沼泽、草地、稻田、湖边等。常在早晨和傍晚活动。

地理分布 分布于东南亚的南部、澳大利亚北部及太平洋岛屿。在中国仅偶见于台湾和香港。

种群状况 单型种。迷鸟。罕见。

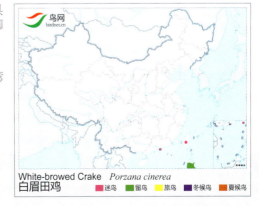

白眉田鸡

White-browed Crake　*Porzana cinerea*　体长：19~21 cm　　LC（低度关注）

董鸡 \ 摄影：孙晓明

董鸡 \ 摄影：李继仁

求偶 \ 摄影：张建国

董鸡（雌）\ 摄影：张建国

董鸡 \ 摄影：肖显志

形态特征 雄鸟繁殖期通体黑色，具红色的尖形角状额甲；脚红色，嘴黄色。雌鸟体型较小，额甲不显著；上体褐色，具宽阔的黄褐色羽缘，下体具细密横纹；脚黄绿色。雄鸟与雌鸟的冬羽相似。

生态习性 栖息于水稻田、池塘、芦苇沼泽、湖滨草丛及富有水生植物的浅水渠中。性机警。

地理分布 留鸟见于印度次大陆、东南亚南部、苏门答腊及菲律宾；夏季繁殖于喜马拉雅山脉、东北亚、东南亚的东北部；越冬于日本、马来半岛、婆罗洲、爪哇、苏拉威西及小巽他群岛。在中国除黑龙江、宁夏、新疆、西藏、青海外，见于全国各地。

种群状况 单型种。夏候鸟。常见。

董鸡

Watercock　*Gallicrex cinerea*　体长：31~53 cm　LC（低度关注）

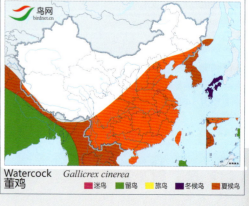

鹤形目 GRUIFORMES　　秧鸡科 Rallidae (Rails, Crakes, Coots)

云南亚种 *poliocephalus* \ 摄影：汪光武

华南亚种 *viridis* \ 摄影：吴振河

云南亚种 *poliocephalus* \ 摄影：李全民

形态特征 通体紫蓝色，具紫色及绿色金属光泽。鲜红色的嘴膨大而短粗，具鲜红色额甲，尾下覆羽白色，活动时尾频频向上扭动。

生态习性 栖息于芦苇沼泽和富有水生植物的湖泊、溪流、水渠、水中岛屿及沿海沼泽灌丛地带，有时也出入于水稻田中。

地理分布 共22个亚种，分布于古北界至非洲、东亚地区、澳大利亚及大洋洲。国内有2个亚种，云南亚种 *poliocephalus* 分布于西藏东南部、云南西南部、四川、贵州、湖北、上海、广东、香港、广西、海南。华南亚种 *viridis* 见于福建和广东。

种群状况 多型种。留鸟。罕见。

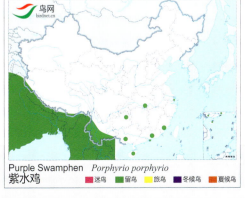

紫水鸡

Purple Swamphen　　*Porphyrio porphyrio*　　体长：45~50 cm　　LC（低度关注）

黑水鸡 \ 摄影：秦玉平

黑水鸡（白化）\ 摄影：雷小勇

黑水鸡 \ 摄影：程军

形态特征 通体青黑色，仅两胁有白色细纹而形成的线条；尾下有两块白斑，尾上翘时此白斑尽显。嘴黄色，嘴基与额甲红色；脚黄绿色。

生态习性 栖息于植被丰富的沼泽、湖泊、水库、水稻田中，也出现于林缘和路边水渠与疏林中的湖泊沼泽地带。

地理分布 共12个亚种，除澳大利亚及大洋洲外，几乎遍及全世界。国内有1个亚种，指名亚种 *chloropus* 见于全国各地。

种群状况 多型种。夏候鸟，旅鸟，留鸟。较常见。

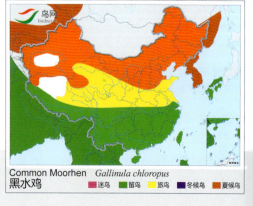

黑水鸡

Common Moorhen　　*Gallinula chloropus*　　体长：24~35 cm　　LC（低度关注）

鹤形目 GRUIFORMES   秧鸡科 Rallidae (Rails, Crakes, Coots)

育雏 \ 摄影：张岩

白骨顶 \ 摄影：关克

白骨顶 \ 摄影：张代富

形态特征 通体黑色，具醒目的白色嘴和额甲，脚绿色，趾间具波形瓣状蹼。次级飞羽具白色羽端，飞行时可见翼上狭窄近白色后缘。

生态习性 栖息于低山丘陵和平原草地，甚至荒漠与半荒漠地带的各类水域中，其中尤以富有芦苇等挺水植物的水域最为常见。

地理分布 共4个亚种，分布于古北界、中东、印度次大陆。北方鸟南迁至非洲、东南亚越冬，鲜至印度尼西亚，也见于新几内亚、澳大利亚及新西兰。国内有1个亚种，指名亚种 *atra* 全国各地可见。

种群状况 多型种。夏候鸟，冬候鸟，留鸟，旅鸟。较常见。

白骨顶（骨顶鸡）

Common Coot　　*Fulica atra*　　　　体长：35~43 cm　　　　LC（低度关注）

鸨科

Otidiae
(Bustards)

本科为大型陆栖鸟类。颈长而粗，嘴短，身体粗胖，脚长而强健，仅具3趾。

善奔跑，翅宽阔，飞行有力，多在地上奔走。栖息于无林的开阔平原草地、荒漠或半荒漠地带。常成小群活动。性胆小而机警。行动时步履沉着稳健，昂首阔步，无论是站立、下蹲、行走或受惊后奔跑，颈都垂直向上伸得很直，头嘴平伸，明显有别于其他科鸟类。飞行时头、颈和脚分别向前后伸直，体、颈均较鹤类粗胖，脚亦较鹤短，不突出于尾后，也是与鹤类明显的区别。食物主要为植物种子和嫩叶，也吃昆虫、蛙、蜥蜴等动物性食物。

营巢于地上凹处。每窝产卵2~5枚。雏鸟早成性。

全世界共9属22种，分布于非洲、欧洲、亚洲和澳大利亚。中国有3属3种，主要分布于新疆、东北和华北地区、内蒙古。

大鸨指名亚种 *tarda* ＼摄影：许传辉

鹤形目 GRUIFORMES　　鸨科 Otididae (Bustards)

普通亚种 *dybowskii* \ 摄影：鄂万威

普通亚种 *dybowskii*（求偶）\ 摄影：关克

普通亚种 *dybowskii* \ 摄影：张岩

指名亚种 *tarda* \ 摄影：周奇志

形态特征 体型粗壮，颈长而粗，脚粗。头灰色，颈棕色。上体淡棕色，具黑色横斑，下体灰白色。雄鸟繁殖期颈前有白色丝状羽，后颈基部至胸两侧有栗色横带，形成半领圈状。飞行时翼偏白，次级飞羽黑色，初级飞羽具深色羽尖。雌鸟无须状羽。

生态习性 栖息于开阔平原、草地和半荒漠地区，也出现于河流、湖泊沿岸和邻近的干湿草地。

地理分布 共2个亚种，分布于欧洲、西北非至中东、中亚，在巴基斯坦为迷鸟。国内有2个亚种，指名亚种 *tarda* 分布于新疆北部，头顶较暗灰，翅上灰色较少。普通亚种 *dybowskii* 繁殖于内蒙古东部及黑龙江，越冬于甘肃至山东，南可及福建，头顶较浅灰，翅上灰色较多。

种群状况 多型种。夏候鸟，冬候鸟，旅鸟，留鸟。罕见。

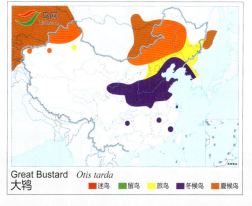

大鸨

Great Bustard　　*Otis tarda*　　体长：75~105 cm　　国家 I 级重点保护野生动物　　VU（易危）

波斑鸨 \ 摄影：许传辉

波斑鸨 \ 摄影：陈添平

波斑鸨 \ 摄影：王尧天

波斑鸨 \ 摄影：许传辉

形态特征 上体褐色，头颈部色较淡，背具黑色斑点，头具黑白色的长形羽冠，下体偏白色。繁殖期雄鸟颈灰色，颈侧具黑色松软丝状羽。雌鸟颈部无花纹。飞行时双翼可见黑色粗大横纹，初级飞羽羽尖黑色，基部具大的白色斑块。

生态习性 栖息于开阔平原、草地及荒漠和半荒漠地区。

地理分布 分布于中东至中亚及印度西北部。中国仅在内蒙古西部、新疆可见。

种群状况 单型种。夏候鸟，旅鸟。罕见。

波斑鸨

Macqueen's Bustard *Chlamydotis macqueenii* 体长：55~65 cm 国家 I 级重点保护野生动物 VU（易危）

鹤形目 GRUIFORMES　鸨科 Otididae (Bustards)

小鸨 \ 摄影：Yves Adams

小鸨 \ 摄影：王尧天

小鸨 \ 摄影：许传辉

形态特征 雄鸟繁殖季具黑色翎颌，其上的白色条纹于颈前呈"V"字形，下颈基部具一较宽的白色领环；颊部灰色；上体为黄褐色，有黑色细斑；下体偏白色；飞羽主要为白色，外侧飞羽尖端和羽缘黑色。雌鸟颊部无灰色，无白色翎环。雄鸟冬羽似雌鸟。

生态习性 栖息于平原草地、牧场、开阔的麦田、谷底及半荒漠地区，有时会出现在稀疏树木和灌丛的平原草地和荒漠地区。常成群活动。

地理分布 分布于中东及中亚，迷鸟至印度西北部。国内分布于宁夏、甘肃、新疆北部和西部、四川东北部。

种群状况 单型种。夏候鸟，旅鸟，迷鸟。罕见。

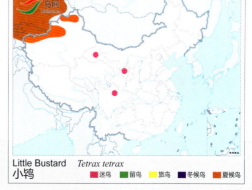

小鸨

Little Bustard　*Tetrax tetrax*　体长：40~45 cm　国家 I 级重点保护野生动物　NT（近危）

321

鸻形目
CHARADRIIFORMES

- 本目为中小型的水域鸟类
- 主要栖息于海滨、湖畔、河漫滩等水域沼泽地带。主要以甲壳类、软体动物和昆虫等动物性食物为食。营巢于地上。雏鸟早成性。多为迁徙鸟类
- 全世界计有16科84属341种,分布于世界各地
- 中国有14科49属134种,分布于全国各省区

水雉科
Jacanidae
(Jacanas)

本科为小型至中型沼泽水域鸟类。脚长,尤其是脚趾和爪特长,能在漂浮于水面的植物叶片上行走。有的种类具额甲,翼角有骨质刺突。翅短,飞翔力弱。

行走轻盈缓慢,举步较高,但危急时也能迅速奔跑。善游泳和潜水,有时在水中藏匿。觅食在较为开阔的水面。常成小群活动,食物主要为水生昆虫、小鱼和水生植物叶与种子。营巢在莲叶或其他水生植物上,属浮巢。每窝产卵2~7枚,多为4枚。孵化期22~24天。

全世界计有6属8种,主要分布于全球热带及亚热带地区。中国有2属2种,多分布于长江以南和东南沿海及台湾。

水雉 \ 摄影:冯江

鸻形目 CHARADRIIFORMES　水雉科 Jacanidae (Jacanas)

水雉 \ 摄影：马林

暖雏 \ 摄影：沈强

成鸟与幼鸟 \ 摄影：李秋禾

形态特征 头和前颈白色，后颈金黄色。翅白色。尾长而呈深褐色，飞行时白色翼明显，仅初级飞羽黑色。冬季上体绿褐至灰褐色，下体白色，尾较夏季短。

生态习性 栖息于浮游挺水植物和漂浮植物的淡水湖泊、池塘和沼泽地带，冬季有时集大群。能在浮于水面的水生植物上奔走和停歇。筑巢于水面的植物上。

地理分布 国外分布于印度至东南亚，南迁至菲律宾及大巽他群岛越冬。国内分布于长江以南的多数省份，偶见于华北地区。

种群状况 单型种。夏候鸟，留鸟。曾经数量多而常见，现因适宜栖息生境丧失已相当罕见。

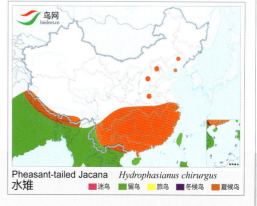

水雉

Pheasant-tailed Jacana　*Hydrophasianus chirurgus*　体长：31~58 cm　LC（低度关注）

铜翅水雉 \ 摄影：唐承贵

铜翅水雉 \ 摄影：张岩

铜翅水雉 \ 摄影：姜效敏

亚成体 \ 摄影：张岩

形态特征 体羽褐色及黑色。头、颈及下体黑色而带绿色金属光泽。背和翼上覆羽橄榄青铜色，腰和尾栗色。具粗大的白色眉纹。
生态习性 与其他水雉相似。
地理分布 分布于印度、东南亚。国内分布于云南西双版纳和广西东部。
种群状况 单型种。留鸟。罕见。

铜翅水雉

Bronze-winged Jacana *Metopidius indicus* 体长：28~31 cm 国家Ⅱ级重点保护野生动物 LC（低度关注）

彩鹬科
Rostratulidae
(Painted Snipes)

本科为小型水鸟。体羽艳丽，嘴较细长，在近先端处向下弯曲。鼻孔直裂，鼻沟长度不及嘴长之半。翅短圆。尾较短。雌鸟较雄鸟大，体色亦较雄鸟艳丽。

主要栖息于芦苇沼泽、池塘、水稻田、河边、湖畔沙滩、草丛中。多在夜间活动，飞行能力较弱，飞行时两脚悬垂于下。主要以昆虫、甲壳类、软体动物等小型无脊椎动物为食。营巢于湿地上或漂浮于水草丛中。每窝产卵2~6枚，通常4枚，雄鸟孵卵和哺育幼鸟。

全世界共2属2种，分布于非洲、大洋洲、南美洲和亚洲东南部地区。中国仅有1属1种，分布于华北东部、长江流域、东南沿海以及海南、台湾。

配偶对 \ 摄影：陈承光

形态特征 体羽色彩艳丽。嘴细长，先端膨大并向下弯曲。雌鸟头及胸深栗色，顶纹黄色，眼周白色并向后延伸似戴着眼镜；背两侧具黄色纵带；胸、尾下覆羽白色，胸至背有一白色"V"形，绕肩至白色的下体。雄鸟体型较雌鸟小而色暗，多具杂斑而少皮黄色，翼覆羽具淡黄色眼镜斑；眼斑黄色。

生态习性 栖息于平原、丘陵和山地中的芦苇水塘，沼泽等。性隐蔽而胆怯，多在晨昏和夜间活动，白天隐藏在草丛中。一雌多雄制，一只雌鸟与数只雄鸟交配，产数窝卵由不同雄鸟孵化。

地理分布 国外分布于非洲、印度及日本、东南亚。国内除黑龙江、宁夏、新疆外见于全国各地。繁殖于辽宁南部、河北至华东地区及长江以南所有地区，包括海南和台湾；迁至长江以南地区越冬；漂鸟至西藏南部，在西藏东南部为留鸟。

种群状况 单型种。留鸟，夏候鸟，冬候鸟。不常见。

彩鹬（雌）\ 摄影：卢立群

彩鹬 \ 摄影：陈承光

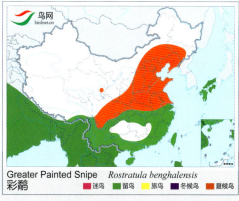

Greater Painted Snipe *Rostratula benghalensis*
彩鹬

彩鹬
Greater Painted Snipe   *Rostratula benghalensis*   体长：23~28 cm   LC（低度关注）

蛎鹬科
Haematopodidae
(Oystercatchers)

中型水边鸟类。体形粗胖,脚亦粗短。嘴长直而粗,甚锋利,适于开启贝壳。体羽为黑白两色。

主要栖息于海滨沙滩、海岸附近岩礁及河口地带。善飞行。常成小群活动。食物主要为贝类、牡蛎等动物性食物。营巢于开阔海滨沙地上。每窝产卵2~4枚。雌雄轮流孵卵,孵化期24~27天。

全世界共1属11种,分布于除南北极以外的世界各地。中国仅1属1种,分布于东北、华北、华东、华南以及新疆、西藏等地区。

蛎鹬 \ 摄影:段文科

鸻形目 CHARADRIIFORMES　　蛎鹬科 Haematopodidae (Oystercatchers)

蛎鹬 \ 摄影：廖玉基

蛎鹬 \ 摄影：孙晓明

蛎鹬 \ 摄影：段文举

形态特征 体羽黑白色。头、颈、胸和整个上体黑色，胸以下白色。嘴红色，长直而端钝；腿粉红。飞行时可见黑色翼上的次级飞羽基部有白色宽带；翼下白色并具狭窄的黑色后缘。

生态习性 沿岩石型海滩取食。食物为软体动物，用錾形嘴錾开。成小群活动。

地理分布 共4个亚种，繁殖于欧洲至西伯利亚，在非洲、西亚、南亚沿岸越冬。国内 osculans 亚种繁殖于东北地区及山东、新疆，越冬在华南和东南沿海地区及台湾，迷鸟见于西藏西部。

种群状况 多型种。夏候鸟，冬候鸟，迷鸟，留鸟。不常见。

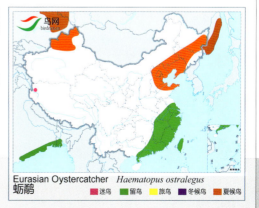

蛎鹬

Eurasian Oystercatcher　　*Haematopus ostralegus*　　体长：40~47.5 cm　　NT（近危）

鹮嘴鹬科
Ibidorhynchidae
(Ibisbill)

本科仅1属1种。分类地位一直有争议，有时被归入蛎鹬科(Haematopodidae)或鸻科(Charadriidae)。现将其独立为鹮嘴鹬科(Ibidorhynchidae)，或者被定为鹮嘴鹬亚科(Ibidorhynchinae)。无亚种分化。嘴长，色红，向下弯曲，与鹮嘴相似。体长约40厘米。炫耀时姿势下蹲，头前伸，黑色顶冠的后部耸起。分布于喜马拉雅山脉及中亚。中国多见于西部地区。栖于海拔1700～4400米间多石头、流速快的河流浅滩。觅食溪流和池塘砾石下的小型无脊椎动物。

鹮嘴鹬 \ 摄影：雷洪

鸻形目 CHARADRIIFORMES　　鹮嘴鹬科 Ibidorhynchidae (Ibisbill)

鹮嘴鹬 \ 摄影：关克

鹮嘴鹬 \ 摄影：曹敏

鹮嘴鹬 \ 摄影：王尧天

形态特征 腿及嘴红色，嘴细长且下弯。上体和胸灰色，胸以下腹部白色，一道黑白色的横带将胸与腹部隔开。翼下白色，中心具大片白色斑。

生态习性 栖息于山地、高原和丘陵地区的溪流和多石的河流沿岸。性机警，有声响即蹲下不动。垂直性迁移。

地理分布 分布于喜马拉雅山脉及中亚。国内见于河北、北京、天津、河南、山西、内蒙古、宁夏、甘肃、新疆西部、西藏(西部、南部及东部)、青海、四川、陕西、云南北部。

种群状况 单型种。留鸟，冬候鸟。数量稀少。

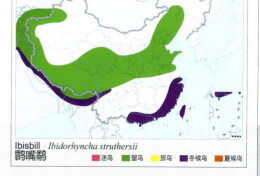

Ibisbill　*Ibidorhyncha struthersii*
鹮嘴鹬

鹮嘴鹬

Ibisbill　*Ibidorhyncha struthersii*　　体长：39~41 cm　　LC（低度关注）

反嘴鹬科

Recurvirostridae
(Avocets, Stilts)

中型涉禽。嘴细长，嘴端不隆起；嘴尖直，或向上翘，或向下弯曲。鼻孔呈直裂状，鼻沟较长。头较小，颈稍长。翅长而尖。尾短小，呈平尾状。脚细长，胫部裸出，跗蹠具网状鳞。无后趾或后趾短小，前趾间基部具蹼，两性羽色相似，体羽大多为黑白两色。

栖息于海岸、湖泊、河流、沼泽等水域岸边，主要以甲壳类、昆虫、软体动物为食，偶尔吃小鱼和植物种子。营巢于水边草丛中地上，每窝产卵2~9枚，多为4枚。

本科与其他涉禽的区别主要在于其细长的脚，以及长而上翘或下弯的嘴。

本科计有3属13种。分布遍及全球热带、亚热带和温带地区。中国计有2属2种，遍及全国各地。

黑翅长脚鹬 \ 摄影：王尧天

鸻形目 CHARADRIIFORMES　　反嘴鹬科 Recurvirostridae (Avocets, Stilts)

黑翅长脚鹬 \ 摄影：段文举

交配 \ 摄影：郝夏宁

育雏 \ 摄影：段文科

形态特征　体羽黑白色。脚粉红色，特别细长；嘴黑色，长而尖。雄鸟夏季从头顶至背，包括两翅在内为黑色，其余均为白色。雌鸟与雄鸟相似，但头顶至后颈多为白色。

生态习性　栖息于湖泊、池塘和沼泽地带，主要以软体动物、虾、环节动物、昆虫等为食。行走缓慢，轻盈，当有干扰者接近时常不断点头示威，然后飞走。

地理分布　共5个亚种，广布于除南北极之外的各大洲。国内有1个亚种，指名亚种 *himantopus* 繁殖在新疆西部、青海东部及内蒙古西北部。越冬于台湾、广东、香港。我国其余地区均有过境记录。

种群状况　多型种。夏候鸟，旅鸟，冬候鸟。常见。

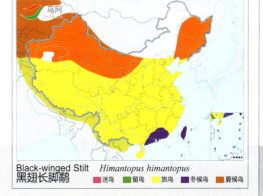

黑翅长脚鹬

Black-winged Stilt　　*Himantopus himantopus*　　体长：35~40 cm　　LC（低度关注）

雏鸟 \ 摄影：段文科

反嘴鹬 \ 摄影：段文举

反嘴鹬 \ 摄影：王尧天

形态特征 嘴黑色，细长而上翘，两翼黑，腿长而呈青灰色。头顶、后颈黑色，翼尖和翼上及肩部两条带斑黑色，其余体羽白色。

生态习性 栖息于湖泊、沼泽、池塘、河口及海岸等湿地生境，繁殖期常单独或成对活动。迁徙时常大量集群，可达数万只。常将嘴伸入水中或稀泥里左右扫动觅食。

地理分布 国外分布于印度及东南亚。国内除海南外见于各地，繁殖于新疆西部、青海东部及内蒙古西北部。越冬于台湾、广东、香港，国内其余地区均有过境记录。

种群状况 单型种。夏候鸟，旅鸟，冬候鸟。常见。

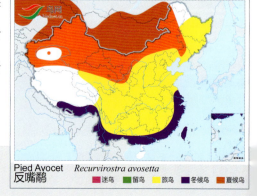

反嘴鹬

Pied Avocet *Recurvirostra avosetta* 体长：42～45 cm LC（低度关注）

石鸻科
Burhinidae
(Thick Knee)

本科为大型鸻类。嘴长而粗厚。脚长,仅3趾,后趾缺失。膝关节膨大,跗蹠前后缘均被网状鳞。眼非常大,多为黄色。

夜行性。主要栖息于海滨沙洲、大的河流与湖泊岸边沙石地上,以及多石的原野和半荒漠地区。性羞怯,主要在夜间活动,常在夜间发出一种奇特的、像哭声的叫声。食物主要为甲壳类、昆虫和其他无脊椎动物。不营巢,产卵于裸露地上。每窝产卵1~3枚,主要由雌鸟孵卵,雄鸟仅偶尔参与孵卵活动,孵化期26~27天。

全世界共2属9种,主要分布于非洲、亚洲、美洲和大洋洲。中国仅2属2种,主要分布于新疆、西藏、广东、云南和海南。

石鸻 \ 摄影:王尧天

形态特征 上体灰褐色带黑褐色纵纹,下体污白色。眼特别大,黄色外有一窄的黑圈和宽的白圈,并向后延伸,似戴着眼镜。飞翔时黑色的初级飞羽上有白斑,翅下白色。多取卧伏姿态。

生态习性 栖于开阔干燥而多灌丛的砂石地带,也出现于海滨沙滩和潮间带。常单独或小群活动,夜行性。

地理分布 共5个亚种,分布于南欧、北非、中东至中亚。国内指名亚种 oedicnemus 见于新疆西部、西藏东南部,广东沿海有迷鸟记录。

种群状况 多型种。夏候鸟,迷鸟。非常罕见。

石鸻 \ 摄影:梁长久

Eurasian Stone Curlew Burhinus oedicnemus
石鸻 迷鸟 留鸟 旅鸟 冬候鸟 夏候鸟

石鸻(欧石鸻)

Eurasian Stone Curlew *Burhinus oedicnemus* 体长:40~44 cm LC(低度关注)

大石鸻 \ 摄影：李慰曾

大石鸻 \ 摄影：邓嗣光

大石鸻 \ 摄影：李慰曾

大石鸻 \ 摄影：宋迎涛

形态特征 嘴粗厚而直；眼黄色且大，具显著白色眉纹。前额、下颏和喉白色，颚纹黑色如八字胡。上体灰褐色，翼上具黑白色粗横纹。下体白色。飞行时初级飞羽及次级飞羽黑色并具白色粗斑纹。

生态习性 栖于大型河流及海边的沙滩和砾石带。常成对或集小群在夜间和黄昏活动。食物主要以虾、螃蟹、蛙、软体动物及昆虫为食。

地理分布 分布于缅甸、印度、斯里兰卡、巴基斯坦南部。越冬至东南亚。国内见于云南西南部和南部、海南。

种群状况 单型种。冬候鸟。罕见。

Great Thick-knee *Esacus recurvirostris*
大石鸻　■迷鸟　■留鸟　■旅鸟　■冬候鸟　■夏候鸟

大石鸻

Great Thick Knee　*Esacus recurvirostris*　体长：41.5~54 cm　NT（近危）

燕鸻科
Glareolidae
(Pratincoles)

中小型涉禽。嘴短而宽，尖端较窄，微向下曲。鼻孔多少被膜，位于嘴基凹处。

翅狭长而尖，折合时翅端长达或超过尾端，第一枚初级飞羽最长。叉尾或近平尾。腿短，跗蹠被盾状鳞，后趾发达，较前趾位置高，外趾与中趾间微具蹼，中爪具栉缘。

主要栖息于海滨、湖岸、河边以及附近水塘、稻田和沼泽地带。善飞行，在空中飞行和在地上栖息的姿势很像家燕，既能在空中飞行捕食，也能在地上捕捉食物。食物主要为昆虫等动物性食物。繁殖期4~7月。营巢于地面凹处，每窝产卵2~4枚。

本科共有5属17种，分布于欧亚大陆、非洲和澳大利亚等温暖地区。中国有1属4种，主要分布于东北、华北、华东、中南和西南地区。

领燕鸻 \ 摄影：沈强

形态特征 形似燕鸥，嘴短，上体淡褐色，初级飞羽黑褐色；喉皮黄色，缘以黑色领圈；胸和两胁黄橄榄褐色；腹和尾下、尾上覆羽白色，叉尾白色，具黑色端带。繁殖季节腋羽及翼下覆羽深栗色。

生态习性 栖息于开阔平原、草地、沼泽，常成群活动，善于奔跑，在地上或空中捕食。

地理分布 共2个亚种，分布于欧洲、非洲和亚洲。国内有1个亚种，指名亚种 *pratincola* 见于新疆西部和西南部。迷鸟曾到香港。

种群状况 多型种。夏候鸟。罕见。

领燕鸻 \ 摄影：刘哲青

领燕鸻 \ 摄影：王尧天

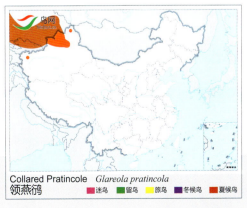

Collared Pratincole *Glareola pratincola*
领燕鸻 迷鸟 留鸟 旅鸟 冬候鸟 夏候鸟

领燕鸻
Collared Pratincole   *Glareola pratincola*   体长：22~25 cm   LC（低度关注）

普通燕鸻 \ 摄影：王军

普通燕鸻 \ 摄影：朱英

普通燕鸻 \ 摄影：张振昌

普通燕鸻 \ 摄影：关克

形态特征 嘴短，基部红色；翼长；尾叉形，黑色，喉乳黄色，具黑色边缘。夏季上体茶褐色，腰白色，颊、颈、胸黄褐色，腹白色，翼下覆羽棕红色。冬季嘴基无红色，喉斑色淡。

生态习性 性喧闹，常长时间地在水域上空飞翔，发出尖锐叫声。善走，头不停点动。飞行优雅似家燕。

地理分布 繁殖于亚洲东部；冬季南迁经印度尼西亚至澳大利亚。国内除新疆、贵州、西藏外见于各地，繁殖于东北、华北地区至福建、台湾、海南。

种群状况 单型种。夏候鸟，旅鸟。常见。

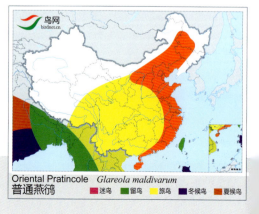

普通燕鸻

Oriental Pratincole *Glareola maldivarum* 体长：23~25 cm LC（低度关注）

鸻形目 CHARADRIIFORMES　　燕鸻科 Glareolidae (Pratincoles)

黑翅燕鸻 \ 摄影：张新　　　　　　　　　　　　　　　　黑翅燕鸻 \ 摄影：邢睿

形态特征 喙黑色，基部红色。喉乳黄色，具黑色边缘。上体棕色沾淡橄榄色，飞羽黑色。胸棕红色。下腹及尾上尾、下覆羽白色。尾黑色，叉形。
生态习性 栖息于草原、草甸、耕地、河谷、海岸湿地。具有长距离迁徙习性。捕食昆虫为生。
地理分布 国外分布于罗马尼亚、乌克兰、俄罗斯南、非洲。国内见于新疆。
种群状况 单型种。夏候鸟。不常见。

黑翅燕鸻

Black-winged Pratincole　*Glareola nordmanni*　　体长：23~26 cm　　　　　　NT（近危）

灰燕鸻 \ 摄影：冯江　　　　　灰燕鸻 \ 摄影：沈强　　　　　灰燕鸻 \ 摄影：朱英

形态特征 嘴黑色，基部有红斑点；上体石板灰色，下体白色。翼下覆羽黑色，初级飞羽黑色，次级飞羽白而端黑色；尾黑色，浅叉状；外侧尾羽白色，尖端黑色。
生态习性 栖息于大型河流的沙滩、沿岸裸露地区以及附近的沼泽和农田。成群活动，黄昏飞行，有时同雨燕和蝙蝠一道巡猎捕食。
地理分布 分布于阿富汗东部、印度、斯里兰卡至东南亚。国内见于西藏东南部、云南南部和西南部。
种群状况 单型种。夏候鸟。不常见。

灰燕鸻

Small Pratincole　*Glareola lactea*　　体长：17~18 cm　　国家Ⅱ级重点保护野生动物　　LC（低度关注）

鸻科

Charadriidae
(Plovers, Lapwings)

中、小型涉禽。嘴短而直,先端隆起。鼻沟长。翅较尖短,初级飞羽11枚,尾短。跗蹠细长,后趾短小或缺如,趾间无蹼。

栖息于海滨、湖畔、河边等水域浅水地带及其附近沼泽和草地上。喜集群,除繁殖期外常成群活动。行走轻快敏捷,常不停地在河边地上来回奔跑。飞行快而有力。

食物主要为水边小型无脊椎动物,如甲壳类、软体动物、昆虫等。营巢于地面凹处。每窝产卵3~5枚,多为4枚。雌雄轮流孵卵,孵化期20~30天。雏鸟早成性。

全世界计9属66种,分布于除南北极以外的世界各地水域。中国有3属17种,分布于全国各地。

凤头麦鸡 \ 摄影:关克

鸻形目 CHARADRIIFORMES　　鸻科 Charadriidae (Plovers, Lapwings)

凤头麦鸡 \ 摄影：段文举

凤头麦鸡 \ 摄影：雷洪

雏鸟 \ 摄影：许传辉

凤头麦鸡 \ 摄影：王尧天

形态特征 头、前颈、胸部黑色，头侧及喉部污白；顶具细长而前弯的黑色冠羽。上体具绿黑色金属光泽。下体白色。肛周及枕部棕色；尾白色，具宽的黑色次端带。

生态习性 栖息于丘陵、平原、农田，秋冬季集大群，飞行速度缓慢。取食昆虫、蛙类、小型无脊椎动物及植物种子等。

地理分布 古北界鸟类。繁殖于欧亚大陆北部至俄罗斯远东，冬季南迁至印度及东南亚的北部。国内各地可见。繁殖于北方地区，在长江以南越冬。

种群状况 单型种。夏候鸟，旅鸟，冬候鸟。常见。

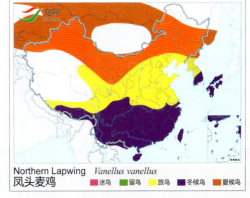

凤头麦鸡

Northern Lapwing　　*Vanellus vanellus*　　体长：28~31 cm　　NT（近危）

距翅麦鸡 \ 摄影：王尧天

距翅麦鸡 \ 摄影：田穗兴

距翅麦鸡 \ 摄影：魏东

距翅麦鸡 \ 摄影：邓嗣光

形态特征 体羽黑、白、灰色。头黑白两色，黑色的顶部具细长凤头，头侧、背及胸部为灰褐色，腹部、腰及尾下白色，腹中心有黑色块斑。初级飞羽黑色，翼角有黑色肉质距伸出于翼前段。

生态习性 栖息于平原河滩，成对或成家族群活动，飞行扇翅较慢，机警。

地理分布 分布于喜马拉雅山脉东部、印度东北部及东南亚。国内仅分布于西藏东南部、云南。福州和海南曾有记录(现估计已绝迹)。

种群状况 单型种。留鸟。不常见。

距翅麦鸡

River Lapwing *Vanellus duvaucelii* 体长：29.5~31.5 cm NT（近危）

鸻形目 CHARADRIIFORMES　　鸻科 Charadriidae (Plovers, Lapwings)

求偶 \ 摄影：关克

灰头麦鸡 \ 摄影：毛建国

配偶对 \ 摄影：关克

灰头麦鸡 \ 摄影：段文科

形态特征　体羽黑、白、灰色。头、颈及胸部灰色，下胸具黑色横带；背褐色，腰、尾及腹部白色；翼尖及尾部横斑黑色。

生态习性　栖息于平原草地、沼泽、水塘及农田。主要以昆虫、蚯蚓、种子等为食。

地理分布　繁殖于朝鲜、日本；冬季南迁至印度东北部、东南亚。国内越冬于云南、贵州、广西、广东、香港，繁殖在东北地区，迁徙时除新疆、西藏外见于全国各地。

种群状况　单型种。夏候鸟，旅鸟，冬候鸟。常见。

灰头麦鸡

Grey-headed Lapwing　*Vanellus cinereus*　　体长：34~37 cm　　LC（低度关注）

肉垂麦鸡 \ 摄影：马林

肉垂麦鸡 \ 摄影：刘马力

肉垂麦鸡 \ 摄影：桑新华

肉垂麦鸡 \ 摄影：王尧天

形态特征 体羽黑、白、褐色。头、颈和上胸黑色。眼周红色，眼前有以红色肉垂（故而得名），眼后有白色宽带，有些亚种宽带一直延伸连接至腹部。上体浅褐色，下体白色。翼尖、尾后缘及尾的次端斑黑色。

生态习性 栖息于草地、牧场、水塘和农田，多在晚上活动，以快速振翅的飞行显示告警。繁殖期6~8月，营巢于水域附近的草地。

地理分布 共4个亚种，分布于波斯湾及印度次大陆至东南亚。国内有1个亚种，云南亚种 *atronuchalis* 分布于云南西部和西南部。

种群状况 多型种。留鸟。不常见。

肉垂麦鸡

Red-watteled Lapwing *Vanellus indicus* 体长：32~35 cm LC（低度关注）

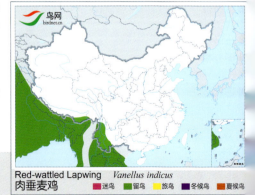

鸻形目 CHARADRIIFORMES　　鸻科 Charadriidae (Plovers, Lapwings)

黄颊麦鸡 \摄影：Goetz Eichhorn

黄颊麦鸡 \摄影：M Schaef

形态特征 喙黑色，头顶黑色，过眼纹黑色，前额和眉纹白色。上体橄榄褐色，腹部黑色和棕红色，尾下覆羽白色。腿黑色。
生态习性 栖息于耕地、干旱荒地、多沙平原、草地。
地理分布 国外分布于乌克兰、俄罗斯西南部、非洲、阿拉伯半岛、巴基斯坦、印度。国内见于新疆，在北戴河也有记录。
种群状况 单型种。迷鸟。罕见。

黄颊麦鸡
Sociable Plover　　*Vanellus gregarius*　　体长：27~30 cm　　CR（极危）

白尾麦鸡 \摄影：丁进清

白尾麦鸡 \摄影：丁进清

白尾麦鸡 \摄影：丁进清

形态特征 喙黑色，头、上体和前胸浅灰褐色，初级飞羽黑色，次级飞羽白色。下体白色，腿橙黄色。
生态习性 栖息于湿地环境，如湖泊、河流附近、荒漠、半荒漠中的湿地等。
地理分布 分布于土耳其、西亚、中亚、巴基斯坦到印度、非洲。国内仅见于新疆莎东县。
种群状况 单型种。旅鸟。罕见。2012年中国鸟类新记录。

白尾麦鸡
White-tailed Lapwing　　*Vanellus leucurus*　　体长：26~29 cm　　LC（低度关注）

非繁殖羽 \ 摄影：王尧天

金鸻 \ 摄影：陈林

金鸻 \ 摄影：关克

金鸻 \ 摄影：关克

形态特征 夏季上体黑色，密布金黄色斑点，下体黑色；自额经眉纹、眼、颈侧到胸侧有一条"Z"形白带。冬羽上体灰褐色，边缘淡黄色，下体灰白，眉纹黄白色。翼上无白色横纹，飞行时翼衬不成对照。雌鸟下体也有黑色，但不如雄鸟多。

生态习性 单独或成群活动。栖于湖泊、河流、沿海滩涂、沙滩及农田等开阔多草地区。主要取食昆虫、软体动物、甲壳动物等。

地理分布 繁殖于俄罗斯北部、西伯利亚北部及阿拉斯加西北部。越冬于非洲东部、印度、东南亚及马来西亚至大洋洲并太平洋岛屿。国内见于各省份，在南方一些省份越冬。

种群状况 单型种。旅鸟，冬候鸟。常见。

金鸻（金斑鸻）

Pacific Golden Plover *Pluvialis fulva* 体长：23~26 cm LC（低度关注）

鸻形目 CHARADRIIFORMES　　鸻科 Charadriidae (Plovers, Lapwings)

欧金鸻 \摄影：John Cancalosi

欧金鸻 \摄影：Winfried Wisniewski

形态特征 形与金鸻相似，但个体更大，脚短，羽色不如其金黄；翼下白色而不是金鸻的棕灰色；翼合拢后刚及尾，不如金鸻的长。
生态习性 繁殖于湿润苔原，迁徙和越冬时利用草地和开阔农田。
地理分布 繁殖于欧亚大陆西北，越冬于欧洲南部和非洲北部。中国仅2006年在河北东北部有过记录。
种群状况 单型种。迷鸟。罕见。

Eurasian Golden Plover　*Pluvialis apricaria*
欧金鸻　　迷鸟　留鸟　旅鸟　冬候鸟　夏候鸟

欧金鸻
Eurasian Golden Plover　　*Pluvialis apricaria*　　体长：26~29 cm　　LC（低度关注）

美洲金鸻 \摄影：Norbert Rosing

美洲金鸻 \摄影：Rich Reid

形态特征 中型涉禽。冬羽上体满布褐色、白色和金黄色杂斑，夏羽额白色，向后与眼上方宽阔的白斑汇合。嘴峰长度与头等长，端部稍微隆起。鼻孔线形，位于鼻沟内，鼻沟约等于嘴长的2/3。翅尖形。后趾细小或缺失。翅形尖长，第1枚初级飞羽退化，形狭窄，甚短小，第2枚初级飞羽较第3枚长或者等长。三级飞羽特长。尾形短圆。
生态习性 迁徙性鸟类，具有极强的飞行能力。通常沿海岸线、河道迁徙。生活环境多样与湿地有关。栖息于海滨、岛屿、河滩、湖泊、池塘、沼泽、水田、盐湖等湿地之中。
地理分布 2013年中国(台湾)新纪录，仅见于台湾。
种群状况 迷鸟。罕见。

American Golden Plover　*Pluvialis dominica*
美洲金鸻　　迷鸟　留鸟　旅鸟　冬候鸟　夏候鸟

美洲金鸻
American Golden Plover　　*Pluvialis dominica*　　体长：23~26 cm　　LC（低度关注）

灰鸻 \ 摄影：冯启文　　　灰鸻 \ 摄影：雷大勇　　　灰鸻 \ 摄影：郑小明

形态特征 形似金鸻，但体型更大，上体为黑色带白点。下体从眼眉到腹部全为黑色，上下之间夹有白色，肛周白色。白色的下翼基部成黑色块斑。飞行时翼下白色，翼尖黑色。

生态习性 与金鸻相似。栖息于海滨、岛屿、湖泊、池塘、沼泽、盐池等湿地中，具有极强的飞行能力。

地理分布 繁殖于全北界北部，越冬于热带及亚热带沿海地带。国内有1个亚种，指名亚种 squatarola 见于全国各地，在东南沿海越冬。

种群状况 多型种。旅鸟，冬候鸟。常见。

灰鸻（灰斑鸻）

Grey Plover　　*Pluvialis squatarola*　　体长：27~32 cm　　LC（低度关注）

剑鸻 \ 摄影：范怀良　　　剑鸻 \ 摄影：高宏颖　　　剑鸻 \ 摄影：文志敏

形态特征 喙橙红色，尖端黑色。前额白色，后有黑带。眼圈暗橙红色，眼先黑色，过眼纹黑色；眼后具短白色眉斑。喉白色，与颈部白色颈圈相连，后接黑环。上体沙褐色，翅具白斑。下体白色。

生态习性 栖息于湿地环境，如海岸、河口、湖泊、草地。多集群活动。

地理分布 分布于北欧、北美洲、俄罗斯、亚洲西南部、非洲。国内有1个亚种，苔原亚种 tundrae 分布于黑龙江、河北、内蒙古东北部、新疆、青海、上海、广东、香港、台湾。

种群状况 多型种。旅鸟。不常见。

剑鸻

Common Ringed Plover　　*Charadrius hiaticula*　　体长：19~21 cm　　LC（低度关注）

鸻形目 CHARADRIIFORMES　鸻科 Charadriidae (Plovers, Lapwings)

长嘴剑鸻 \ 摄影：关克

长嘴剑鸻 \ 摄影：孙晓明

长嘴剑鸻 \ 摄影：张前

形态特征 夏季上体灰褐色，下体白色。颈具黑、白两道颈环，白色环宽，在前颈与白色喉部相连。额部下白上黑；眼后方有白色眉纹。嘴黑色，略长；尾较剑鸻及金眶鸻长，白色的翼上横纹不及剑鸻粗而明显。

生态习性 栖息于河流、湖泊、河口、农田、沼泽等生境，常急跑几步又停下观望。

地理分布 繁殖于俄罗斯远东地区、朝鲜、日本；越冬至东南亚。国内除新疆外见于各地，繁殖于华东及华中地区，越冬于长江以南。

种群状况 单型种。夏候鸟，冬候鸟。常见。

长嘴剑鸻

Long-billed Plover　*Charadrius placidus*　体长：19~23 cm　LC（低度关注）

普通亚种 *curonicus* \ 摄影：沈强

西南亚种 *jerdoni* \ 摄影：王军

普通亚种 *curonicus* \ 摄影：桑新华

普通亚种 *curonicus* \ 摄影：黄邦华

形态特征 夏羽上体沙褐色，眼周金黄色，嘴黑色，额具一宽阔的黑色横带，颈部有白色颈环。与环颈鸻的区别在于本种具黑或褐色的全胸带，腿黄色。与剑鸻区别在于本种黄色眼圈明显，翼上无横纹。飞行时翼上无白色横纹。

生态习性 栖息于湖泊、河流、沼泽地带及沿海滩涂。

地理分布 分布于北非、古北界、东南亚至新几内亚。国内有2个亚种，普通亚种 *curonicus* 除云南、贵州外见于全国各地，体型较大，翅长。西南亚种 *jerdoni* 见于西藏东南部、云南、四川西南部、贵州、广西，体型较小，翅稍短。

种群状况 多型种。夏候鸟，留鸟，旅鸟，冬候鸟。常见。

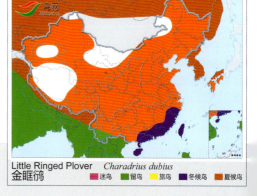

金眶鸻

Little Ringed Plover　　*Charadrius dubius*　　体长：14~17 cm　　LC（低度关注）

鸻形目 CHARADRIIFORMES　　鸻科　Charadriidae (Plovers, Lapwings)

指名亚种 *alexandrinus* \ 摄影：关克

环颈鸻 \ 摄影：王尧天

环颈鸻 \ 摄影：简廷谋

指名亚种 *alexandrinus* \ 摄影：关克

形态特征 上体沙褐色，下体白色。前额和眉纹白色并彼此相连。与金眶鸻的区别在本种腿黑色，黑色领环在胸前断开，夏季雄性顶冠红色。飞行时翼上具白色横纹，尾羽外侧更白。雌鸟领环为褐色，顶冠无红色。

生态习性 栖息于沿海海岸、河口沙洲、内陆河流。

地理分布 共4个亚种，分布于非洲及古北界的南部。国内有3个亚种指名亚种 *alexandrinus* 繁殖于我国西北及北部，越冬于四川、贵州、云南西北部及西藏东南部，背部在繁殖期中无棕色，嘴稍短。华东亚种 *dealbatus*、东方亚种 *nihonensis* 繁殖于整个华东及华南沿海（包括海南、台湾），在河北也有分布，华东亚种背部在繁衍期中沾棕色，嘴长；东方亚种背部在繁殖期中无棕色，嘴长。

种群状况 多型种。夏候鸟，冬候鸟，旅鸟，留鸟。常见。

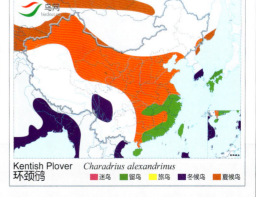

环颈鸻

Kentish Plover　　*Charadrius alexandrinus*　　　　　　体长：16~20 cm　　　　　　　　　　　LC（低度关注）

蒙古沙鸻 \ 摄影：段文举

蒙古沙鸻 \ 摄影：许传辉

蒙古沙鸻 \ 摄影：梁长久

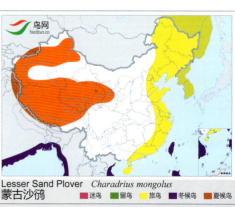

蒙古沙鸻 \ 摄影：雷大勇

形态特征 上体灰褐色；嘴黑色粗短。夏季雄鸟颊和喉白色，额有黑带，胸和颈棕红色，甚似铁嘴沙鸻，常与之混群但体较短小，嘴短而纤细，飞行时白色的翼上横纹较模糊不清，野外不易区别。冬季羽色淡，胸部棕红色消失，眉纹白色。

生态习性 似其他鸻类。栖息于沿海海岸、沙滩、河口、湖泊、河流及沼泽地，常在水边沙滩上边走边觅食，食物包括昆虫、软体动物、螺类等小型动物。

地理分布 共5个亚种，繁殖于中亚至东北亚，越冬于非洲沿海、印度、东南亚、马来西亚及澳大利亚。国内有5个亚种，新疆亚种 *pamirensis* 见于新疆西部天山及喀什地区，上体羽色灰褐，额白，头顶前部、眼周及耳羽黑色；颈、胸棕栗色，前颈有不显著黑环，腹白色。西藏亚种 *atrifrons* 分布于宁夏、西藏，上体羽毛较淡，胸带不很发达，其栗色亦较淡。青海亚种 *schafer* 分布于甘肃、新疆、青海，上体羽色较暗，胸带较发达，其栗色亦较浓，上体羽色暗灰褐。指名亚种 *mongolus* 繁殖于西伯利亚但迁徙经过中国东部，少量鸟在中国南部沿海越冬，上体羽色较暗，胸带较发达，其栗色亦较浓，上体羽色暗褐。台湾亚种 *stegmanni* 在台湾越冬，夏羽上胸赤褐色，带较浓且宽，边缘有细小黑带。

种群状况 多型种。夏候鸟，冬候鸟，旅鸟。常见。

蒙古沙鸻

Lesser Sand Plover　　*Charadrius mongolus*　　体长：18~20 cm　　LC（低度关注）

鸻形目 CHARADRIIFORMES　　鸻科 Charadriidae (Plovers, Lapwings)

铁嘴沙鸻 \ 摄影：朱英

铁嘴沙鸻 \ 摄影：陈峰

铁嘴沙鸻 \ 摄影：梁长久

形态特征 形与蒙古沙鸻非常像，但体型较大，嘴较长较厚，腿较长而偏黄色。飞翔时翅上白色翼带明显。此外，与其他越冬鸻类的区别在于本种缺少胸横纹或领环。

生态习性 与其他鸻类相似。栖息于海滨、河口、内陆湖泊、沼泽、水田及盐碱滩，常集群活动，善在地上奔跑，以软体动物、甲壳动物、昆虫等为食。

地理分布 共3个亚种，繁殖于亚洲东部、红海，越冬于非洲沿海、印度、东南亚至澳大利亚。国内有1个亚种，指名亚种 *leschenaultii* 全国各地可见，繁殖于新疆西部天山及喀什地区、内蒙古中部乌拉特中后旗，少量在台湾、广东、香港沿海越冬。

种群状况 多型种。夏候鸟，冬候鸟，旅鸟。常见。

铁嘴沙鸻
Greater Sand Plover　　*Charadrius leschenaultii*　　体长：22~25 cm　　LC（低度关注）

红胸鸻 \ 摄影：张新

红胸鸻 \ 摄影：Danie Pettersson

形态特征 雄鸟夏季头顶和上体灰褐色，额、头侧、颏和喉白色，眼后有一褐色条纹；胸部栗红色，下有一黑色横带；下体白色。形似东方鸻但体型较小，腿多灰色，翼上白带明显，翼下多为白色。分布区无重叠。

生态习性 栖息于荒漠、半荒漠和开阔草原。常单只或成对活动，偶尔集成小群，多活动于水边沙滩或沙石地上，边走边觅食，食物多为昆虫及其幼虫。

地理分布 繁殖于里海至亚洲中部天山，越冬在非洲。国内繁殖于西疆天山和准格尔盆地。

种群状况 单型种。旅鸟。罕见。

红胸鸻
Caspian Plover　　*Charadrius asiaticus*　　体长：18~20 cm　　LC（低度关注）

东方鸻 \ 摄影：张雪峰

东方鸻 \ 摄影：邹强

东方鸻 \ 摄影：孙晓明

东方鸻 \ 摄影：段文科

形态特征 夏季前额、眉纹和头的两侧白色，头顶、背褐色，颏、喉白色，前颈棕色，胸棕栗色，下有一宽的黑色条带，下体白色。形与红胸鸻相似，但本种个体较大，头和颈色较淡，胸带较宽，飞行时翼上白斑不明显，翼下覆羽褐色。

生态习性 栖息于干旱平原、岩石荒漠、盐碱沼泽、淡水湖泊。

地理分布 国外繁殖于蒙古，越冬于马来西亚及澳大利亚。国内除宁夏、西藏、云南外见于各地，繁殖于内蒙古东北部和辽宁。

种群状况 单型种。夏候鸟，旅鸟。不常见。

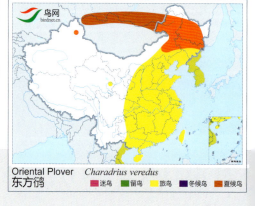

Oriental Plover *Charadrius veredus*
东方鸻

东方鸻

Oriental Plover *Charadrius veredus*   体长：22~26 cm   LC（低度关注）

鸻形目 CHARADRIIFORMES　　鸻科 Charadriidae (Plovers, Lapwings)

小嘴鸻 \ 摄影：王尧天

小嘴鸻 \ 摄影：王尧天

小嘴鸻 \ 摄影：梁长久

小嘴鸻 \ 摄影：邢睿

形态特征 外形独特。夏季头顶黑褐色，宽眉纹，喉白色，上体灰褐色，具赤褐色边缘；胸灰褐色，腹栗色，胸腹之间夹有白色和黑色两道横纹，下腹黑色。雌鸟色彩比雄鸟鲜艳。冬羽暗淡，腹部皮黄色，但眉纹及白色胸带仍反差明显。头顶及背杂白色斑点。

生态习性 栖息于高山苔原，盐碱平原和多石的冻原地带。

地理分布 国外繁殖于古北界北部石楠丛生的地区，越冬于地中海、非洲北部、波斯湾及里海。国内分布于内蒙古和新疆西部天山地区。

种群状况 单型种。旅鸟。罕见。

小嘴鸻

Eurasian Dotterel　　*Charadrius morinellus*　　体长：20~22 cm　　LC（低度关注）

鹬科

Scolopacidae
(Snipes, Woodcocks, Sandpipers)

本科主要为中小型涉禽。体色多较淡而富有条纹。嘴细长，随取食方式不同嘴形有较大变化，或长直而尖，或向上弯曲，或向下弯曲，且多数都具柔软的革质，先端稍微膨大。鼻沟较长，通常超过上嘴长度之半。脚一般较细长，跗蹠前缘被盾状鳞，大多具4趾，趾间无蹼，或仅趾基微具蹼膜。

主要栖息于海滨、湖畔、河边、沼泽等水边浅水处和沙地上。善于长途飞行，飞行时头颈前伸，两脚向后伸直，常边飞边叫。主要以昆虫、蠕虫、甲壳类和软体动物为食。营巢于水边地上草丛中。每窝产卵多为4枚。

全世界计有23属86种，广泛分布于世界各地水域。中国有18属49种，遍布于全国各地。

丘鹬 \ 摄影：王尧天

鸻形目 CHARADRIIFORMES　　鹬科 Scolopacidae (Snipes, Woodcocks, Sandpipers)

丘鹬 \ 摄影：朱英

丘鹬 \ 摄影：王尧天

丘鹬 \ 摄影：许传辉

形态特征 体形肥胖，长嘴，短腿。比沙锥大，翼更宽且圆。头顶及枕部有宽的深棕色与窄的浅黄色条纹相间，前额浅黄色，上体暖棕色；翼上覆羽、肩羽、特别是三级飞羽带有黑灰色复杂图案；下体有暗棕色窄横纹。尾的次端斑暗棕色，端部浅灰色。

生态习性 繁殖于低地和山地落叶林和混交林，冬季迁至低海拔、接近溪流或湿润林地、甘蔗地。起飞时振翅"嗖嗖"作响，飞行时看似笨重。

地理分布 广泛分布于自亚速尔群岛、马德拉群岛、加纳利和英国本岛，穿过欧洲北部和中部及亚洲中部至库页岛和日本。也分布于高加索山脉、印度北部。越冬地从欧洲西部和南部、非洲北部到东南亚。国内见于各地区。

种群状况 单型种。夏候鸟，冬候鸟，旅鸟。常见。

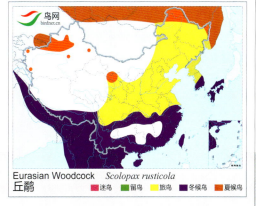

Eurasian Woodcock　Scolopax rusticola
丘鹬

丘鹬

Eurasian Woodcock　*Scolopax rusticola*　　体长：33~35 cm　　LC（低度关注）

姬鹬 \ 摄影：Yael Shiff

姬鹬 \ 摄影：林维农

姬鹬 \ 摄影：Yael Shiff

形态特征 头大，喙相对短，头部缺少中间的浅色条带，翅膀窄，带有白色后缘；尾楔形，不同于其他所有沙锥。背部黑色，具有深绿色及紫色金属光泽。雌雄相似，亚成体非常像成体，但尾下覆羽白色，具有浅棕色小条纹。飞行时，暗色的翼尖略圆，上背部有两条浅黄色条带。

生态习性 繁殖于稀疏的泰加林和苔原中的沼泽和池塘，冬天单独活动。喜欢茂密的湿润植被、沼泽和田地。夜行性森林鸟类。性孤僻，取食时身体上下缓慢抖动。受惊时，蹲下静止不动。

地理分布 繁殖地从斯堪的纳维亚到西伯利亚中部和东北部，越冬于欧洲南部、非洲、中东、印度及东南亚。少量迁徙经过中国东北地区及东部沿海，偶见于台湾。另有一群在新疆西部喀什及天山地区越冬。

种群状况 单型种。冬候鸟，旅鸟，迷鸟。罕见。

姬鹬
Jack Snipe *Lymnocryptes minimus* 体长：17~19 cm LC（低度关注）

东北亚种 *japonica* \ 摄影：郭志军

东北亚种 *japonica* \ 摄影：张永

指名亚种 *solitaria* \ 摄影：王尧天

形态特征 由于其独特的生境偏好，不容易与其他种混淆。体羽暗色，喙长。上体及胸部姜棕色，其上有似蠕虫状的斑状，头灰白色，头顶条纹细，有时断裂，脸部发白，白色条纹宽。胁部腹部横纹多，尾栗色。飞行比其他小型沙锥慢。

生态习性 栖息于潮湿的峡谷、溪流和高山池塘，冬季仍留在高海拔的有雪区域、树林间没封冻的溪流泉水或小沼泽地，也下至海拔150米，但很少到农田中的泥地。偶尔与扇尾沙锥、丘鹬的生境重叠。通常单独活动，取食时身体上下抖动。

地理分布 共2个亚种，分布于亚洲中部的高海拔地区，从西伯利亚中南部穿过阿尔泰山、天山、帕米尔高原至喜马拉雅山脉。可能在中国西藏南部也有分布。国内有2个亚种。指名亚种 *solitaria* 见于中国西部地区，上体黑褐色，各羽具棕黄色横斑和浅棕白色羽缘；尾羽黑色，具栗棕色次端宽斑和钱棕白色端缘。东北亚种 *japonica* 见于中国东部地区，上体黑褐色，满杂以白色和栗色斑纹；尾上覆羽淡栗色。

种群状况 多型种。留鸟，冬候鸟，旅鸟。隐蔽而罕见。

孤沙锥
Solitary Snipe *Gallinago solitaria* 体长：26~32 cm LC（低度关注）

鸻形目 CHARADRIIFORMES　　鹬科 Scolopacidae (Snipes, Woodcocks, Sandpipers)

形态特征 喙肉色或绿褐色，前端黑色。头中央冠纹绿褐色，眉纹和颊淡白色，侧冠纹、过眼纹、颊纹黑褐色。上体淡褐色，具黑色纵纹，有4条黄白色纵带。下体白色。尾羽次端斑棕红色。脚近绿色。

生态习性 栖息于低山、平原草地、湖泊、河流、农田。单独活动。性胆怯，受惊时常蹲伏于地，危险临近时才突然飞起，并发出高声鸣叫。主要以环节动物、昆虫等无脊椎动物为食。

地理分布 国外分布于东北亚、大洋洲。国内见于黑龙江、吉林、河北及台湾。

种群状况 单型种。旅鸟。不常见。

拉氏沙锥 \ 摄影：Margaret Leggoe

拉氏沙锥 \ 摄影：Margaret Leggoe

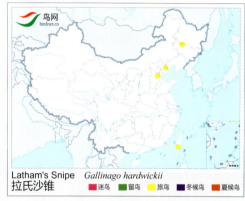
Latham's Snipe　*Gallinago hardwickii*
拉氏沙锥

拉氏沙锥（澳南沙锥）

Latham's Snipe　*Gallinago hardwickii*　　体长：25~30 cm　　LC（低度关注）

林沙锥 \ 摄影：唐军　　　　　林沙锥 \ 摄影：James Eaton

形态特征 喙褐色，尖端黑色。眉纹白色，中央冠羽棕色，颏、喉白色，上体羽缘皮黄色。胸黄白色，具褐色横斑；腹部白色，具褐色横斑。脚铅灰色。

生态习性 栖息于高山森林、河流、沼泽、草地。受惊后突然飞起，但飞行距离不远便冲入草丛内。

地理分布 国外分布于南亚。国内见于云南、四川及西藏。

种群状况 单型种。留鸟。不常见。

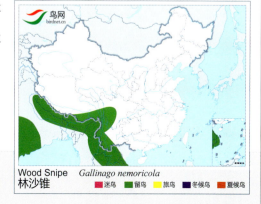
Wood Snipe　*Gallinago nemoricola*
林沙锥

林沙锥

Wood Snipe　*Gallinago nemoricola*　　体长：28~32 cm　　VU（易危）

中国鸟类图志 The Encyclopedia of Birds in China

针尾沙锥 \ 摄影：李宗丰

针尾沙锥 \ 摄影：隋春治

针尾沙锥 \ 摄影：陈永江

针尾沙锥 \ 摄影：隋春治

形态特征 喙和尾较扇尾沙锥相对短，翼更尖。比大沙锥和扇尾沙锥颜色略浅，更灰。延伸至上体的颜色类似孤沙锥。头部暗灰棕色，带有浅赭色中间条带、眉纹及眼下的条纹。过眼纹在喙基部窄于眉纹。上体棕色，上背部有两条浅黄色条纹。4枚外侧尾羽非常窄(小于中央尾羽的1/2)。休息时翅膀和尾都短，翼尖比扇尾沙锥圆，初级飞羽不及尾端，三级飞羽几乎盖住初级飞羽，而大沙锥的尾超出三级飞羽很多，扇尾沙锥露出中等长度的尾。逃跑迅速，飞行缓慢，不如扇尾沙锥飘忽。飞行时，脚露出尾后。与扇尾沙锥区别在于本种翼无白色后缘，翼下无白色宽横纹。

生态习性 栖于泰加林、森林苔原和西伯利亚东部的山林。迁徙及越冬时利用湿地。比扇尾沙锥栖息环境稍干燥。习性似其他沙锥。

地理分布 分布于欧洲东北至鄂霍次克海、雅库特南部、楚科奇半岛，向南至阿尔泰山，也可至蒙古北部。越冬于中国南部、亚洲东部，迁徙时在中国东部常见。国内见于各地区。

种群状况 单型种。单型种。冬候鸟，旅鸟。常见。

针尾沙锥

Pintail Snipe *Gallinago stenura* 体长：21~28 cm LC（低度关注）

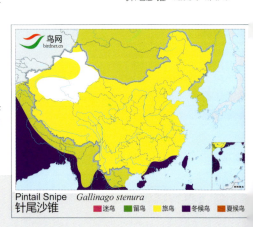

鸻形目 CHARADRIIFORMES　　鹬科 Scolopacidae (Snipes, Woodcocks, Sandpipers)

大沙锥 \ 摄影：陈承光

大沙锥 \ 摄影：邢新国

大沙锥 \ 摄影：王大庆

大沙锥 \ 摄影：李宗丰

形态特征 形似扇尾沙锥和针尾沙锥，但体型更大。与拉氏沙锥难区别。初级飞羽超过三级飞羽少许，超出部分较针尾沙锥更多。尾超出初级飞羽，也较针尾沙锥更多，但比拉氏沙锥要少。黑色的过眼纹在基部非常窄，眉纹很宽；外侧尾羽色浅，比针尾沙锥宽，但比扇尾沙锥窄。飞行时，与针尾沙锥相比脚趾超出尾较少。与扇尾沙锥区别在于本种尾端两侧白色较多，飞行时尾长于脚，翼下缺少白色宽横纹，飞行时翼上无白色后缘。

生态习性 栖息于开阔的草地、沼泽及稻田等湿地。迁徙和越冬利用扇尾沙锥、针尾沙锥相同的生境。惊飞时大多直线向上飞去，且扇翅缓慢。

地理分布 分布于俄罗斯的中南部和远东地区南部，越冬于亚洲的南部和东南至澳大利亚北部。国内除云南外，各地可见。我国东部常见，台湾罕见（有越冬）。

种群状况 单型种。旅鸟，冬候鸟。常见。

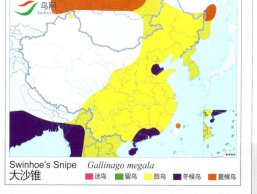

大沙锥

Swinhoe's Snipe　　*Gallinago megala*　　体长：27~29 cm　　LC（低度关注）

扇尾沙锥 \ 摄影：翁发祥

扇尾沙锥 \ 摄影：李宗丰

扇尾沙锥 \ 摄影：沈黎忠

扇尾沙锥 \ 摄影：王强

形态特征 喙长，翼尖，头冠黑棕色，带浅赭色中央条纹；眼部上下条纹及冠眼纹色深；在喙的基部眉纹浅于冠眼纹。上体棕色，上背带有两条浅棕色的条纹。肩羽边缘浅色，比内缘宽；肩部线条较居中线条为浅。下体暗棕色，胁部密布纵纹，但腹部白色。外侧尾羽锈红色，与中央尾羽一样宽。

生态习性 栖于苔原、湖泊、河流、沼泽到草原等多种生境，喜爱阴暗潮湿的地方。常单独或成3~5只小群活动，多在夜间或晨昏觅食，白天常隐藏在植物丛中。

地理分布 共2个亚种，分布于从西欧至雅库特、楚科奇半岛、堪察加半岛和科曼多尔群岛。还有一个孤立种群位于阿富汗的东北部。越冬从欧洲西部地中海穿过赤道非洲、中东、阿拉伯半岛、印度次大陆、朝鲜南部、日本南部、菲律宾和印度尼西亚西部。国内有1个亚种，指名亚种 *gallinago* 见于全国各地。

种群状况 多型种。夏候鸟，冬候鸟，旅鸟。常见。

扇尾沙锥

Common Snipe *Gallinago gallinago* 体长：25~29 cm LC（低度关注）

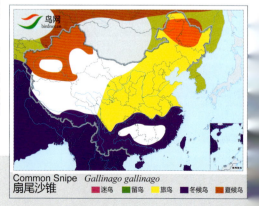

鸻形目 CHARADRIIFORMES　　鹬科 Scolopacidae (Snipes, Woodcocks, Sandpipers)

半蹼鹬 \ 摄影：李强

半蹼鹬 \ 摄影：赵国君

半蹼鹬 \ 摄影：毛建国

半蹼鹬 \ 摄影：李宗丰

形态特征 腿黑色，有别于其他的半蹼鹬。与塍鹬的区别在于本种嘴的大小和形状。繁殖羽整体锈棕色，与其他半蹼鹬和塍鹬相比，缺少浅色眉纹。但眼先有暗色条纹，嘴、下颏部有白斑。上体暗棕色，所有羽毛都有窄到宽的褐色边缘。非繁殖羽浅灰棕色，上体羽毛具浅色边缘，下体具浅横纹。脸颊色浅，具黑色眼先和浅色眉纹。亚成体体羽似非繁殖羽，但整体暖棕色调，上体羽毛具浅黄色边缘。飞行可见初级飞羽和次级飞羽内侧色浅，初级飞羽后缘色浅，翼下白色。腰和尾灰色，带暗色横纹。

生态习性 栖息于草地沼泽。集群建巢，巢小而松散。迁徙时利用海岸湿地。有特征鲜明的快速取食动作。径直朝前行走，每走一步把嘴扎入泥土找食，动作机械，节奏较塍鹬略慢。

地理分布 国外繁殖于西伯利亚西南部、蒙古、俄罗斯东南，越冬在东南亚、澳大利亚北部。国内见于东部沿海各地，繁殖于东北地区，迁徙路过我国东部，越冬于黑龙江。

种群状况 单型种。夏候鸟，冬候鸟，迷鸟。不常见。

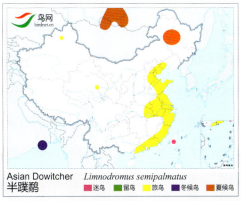

半蹼鹬

Asian Dowitcher　　*Limnodromus semipalmatus*　　体长：31~36 cm　　NT（近危）

长嘴半蹼鹬 \ 摄影：习靖

长嘴半蹼鹬 \ 摄影：steugor

长嘴半蹼鹬 \ 摄影：陈洁

形态特征 体羽繁殖羽整体呈棕褐色。胸侧及胁部有暗色横纹。非繁殖羽浅灰色，白色的腹部与灰色胸部分界明显。浅色的眉纹明显，上背、肩部和翼上覆羽有暗色羽轴。飞行时背部白色，呈楔形，无横斑，次级飞羽白色后缘明显。亚成体羽色似非繁殖羽，但呈暖黄色。肩部及翼上覆羽羽缘浅黄色。三级飞羽边缘锈红色。与短嘴半蹼鹬非常相似，但本种的嘴和跗跖骨略长。繁殖羽下体颜色较深，几乎无白色。尾上的黑色横纹更宽。

生态习性 偏好湿润苔原地带的沼泽区域。越冬于淡水泥地或咸水湿地，偶尔去海边滩涂。

地理分布 为新北界鸟类，也繁殖于西伯利亚苔原，从楚科奇东部到勒拿河。大部分越冬于美国南部和西部。少量迁徙和越冬出现于亚洲东部。罕见于日本、中国台湾和北戴河。国内见于天津、青海、上海、广东、香港、台湾。

种群状况 单型种。旅鸟，冬候鸟，迷鸟。罕见。

长嘴半蹼鹬（长嘴鹬）

Long-billed Dowitcher *Limnodromus scolopaceus* 体长：24~30 cm LC（低度关注）

鸻形目 CHARADRIIFORMES　　鹬科 Scolopacidae (Snipes, Woodcocks, Sandpipers)

黑尾塍鹬 \ 摄影：田穗兴

黑尾塍鹬 \ 摄影：李宗丰

黑尾塍鹬 \ 摄影：梁长久

黑尾塍鹬 \ 摄影：王尧天

形态特征 嘴直而不上翘，过眼线明显。夏羽胸及上腹栗色，腹部暗色横纹，下腹白色。尾羽明显呈黑色，白色尾上覆羽和翼斑与斑尾塍鹬有别。雌鸟颜色稍淡，斑纹较少。冬季上体灰下体白。

生态习性 觅食于草地、沿海泥滩、沼泽、盐池等。以无脊椎动物为食，如昆虫及其幼虫、环节动物、软体动物、沙蚕等。有些地区以植物性食物为主。

地理分布 共3个亚种，繁殖于古北界北部，冬季南迁至非洲并远至澳大利亚。国内有1个亚种，普通亚种 *melanuroides* 亚种繁殖于新疆西北部天山及内蒙古的呼伦池及达赉湖地区，迁徙途径中国大部分地区，少量个体于南方沿海及台湾越冬，翼斑较窄。而罕见的指名亚种 *limosa* 翼斑较宽。

种群状况 多型种。夏候鸟，旅鸟、冬候鸟。常见。

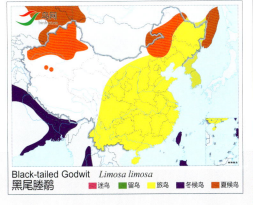

Black-tailed Godwit　*Limosa limosa*
黑尾塍鹬　迷鸟　留鸟　旅鸟　冬候鸟　夏候鸟

黑尾塍鹬

Black-tailed Godwit　*Limosa limosa*　　体长：36~44 cm　　NT（近危）

斑尾塍鹬 \ 摄影：段文科

斑尾塍鹬 \ 摄影：孙晓明

斑尾塍鹬 \ 摄影：孙晓明

斑尾塍鹬 \ 摄影：李宗丰

形态特征 形似黑尾塍鹬，但喙上弯，尾带横纹，腿略短而显敦实。夏羽栗色，白色眉纹显著，冬羽灰色。飞行缺少白色翼斑，翼下为白色，上体的羽毛边缘栗色，站姿不如其他塍鹬笔直。雌性比雄性个体大，喙更长而更显暗淡。

生态习性 喜潮间带、河口、沙洲及浅滩。进食时头部动作快，大口吞食，头深插入水中。

地理分布 共3个亚种，繁殖于北极苔原；冬季南迁至东南亚、澳大利亚及新西兰，路过中国东部许多省份。国内有1个亚种，东北亚种 baueri 的腰为灰色，带有横纹，在阿拉斯加繁殖，越冬于新西兰，春季迁徙时路过中国沿海，曾有秋季从阿拉斯加直飞新西兰超过10000千米的记录，是目前为止最远的不间断飞行记录。

种群状况 多型种。旅鸟，冬候鸟。常见。

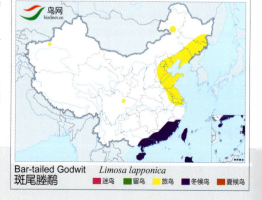

斑尾塍鹬

Bar-tailed Godwit   *Limosa lapponica*   体长：37~42 cm   LC（低度关注）

鸻形目 CHARADRIIFORMES　　鹬科 Scolopacidae (Snipes, Woodcocks, Sandpipers)

小杓鹬 \ 摄影：雷大勇

小杓鹬 \ 摄影：朱英

小杓鹬 \ 摄影：毛建国

小杓鹬 \ 摄影：闫军

形态特征 喙短，在几种杓鹬中弯曲最不明显。整体棕灰色，颈部和胸部有暗色纵纹。背部颜色较深，羽毛边缘色浅。形似中杓鹬，头部条纹显著。有非常窄而暗色的过眼纹，宽而浅色的眉纹，头顶两道暗色侧冠纹。收拢时翼不及尾长。

生态习性 在泰加林地区繁殖，通常在河谷地带栖息。偏好再生植被环境。迁徙时喜干燥、开阔的内陆及草地，接近淡水区域，如湖泊、沼泽，极少至沿海泥滩。冬天大量集群。主要以昆虫为食。

地理分布 繁殖于亚洲北部山地泰加林，越冬于新几内亚和澳大利亚，迁徙路过中国东部各地，从黑龙江、吉林、辽宁、内蒙古、河北至广东、广西、台湾均可见。也见于青海、新疆。

种群状况 单型种。旅鸟。罕见。

小杓鹬

Little Curlew　　*Numenius minutus*　　体长：28~32 cm　　国家 II 级重点保护野生动物　　LC（低度关注）

中杓鹬 \ 摄影：毛建国

中杓鹬 \ 摄影：冯启文

中杓鹬 \ 摄影：郑小明

中杓鹬 \ 摄影：段文科

形态特征 体型介于小杓鹬与白腰杓鹬之间，与后者相比喙和腿相对短些。头顶有两道显著的暗色侧冠纹，被中间浅色的冠纹所隔开。浅棕色的眉纹和窄而暗色过眼纹显著。上体暗棕色，下体浅黄色。

生态习性 繁殖地广阔，繁殖于苔原地区，迁徙利用海岸滩涂、礁石海岸、草地等，常与其他涉禽混群。

地理分布 广布于欧洲北部及亚洲，冬季南迁至东南亚、澳大利亚及新西兰。国内有2个亚种。指名亚种 phaeopus 见于新疆和西藏，体色较淡，斑纹较细。华东亚种 variegatus 迁徙时常见于除新疆、云南、贵州外的其余各地，少数个体在台湾及广东越冬，体色较暗，斑纹较多而粗。

种群状况 多型种。旅鸟，冬候鸟。常见。

中杓鹬

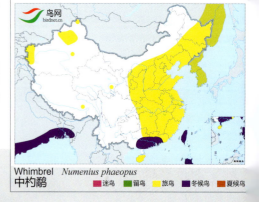

Whimbrel *Numenius phaeopus*

体长：40~46 cm

LC（低度关注）

鸻形目 CHARADRIIFORMES　鹬科 Scolopacidae (Snipes, Woodcocks, Sandpipers)

白腰杓鹬 \ 摄影：段文科

白腰杓鹬 \ 摄影：梁长久

白腰杓鹬 \ 摄影：刘哲青

白腰杓鹬 \ 摄影：冯启文

形态特征 嘴甚长而下弯。腰部白，渐变成尾部色及褐色横纹。与大杓鹬区别在于腰及尾较白；与中杓鹬区别在体型较大，头部无图纹，嘴相应较长。雌鸟通常比雄鸟体型更大，喙更长。

生态习性 繁殖于泥炭沼泽、高原沼泽、农田、海岸沼泽、畜牧草地。非繁殖季节主要利用海岸泥滩、河口、内陆湖泊、河流的泥岸等，也见于草地及耕地。雄性比雌性更喜在内陆草地取食。以无脊椎动物为食，也包括浆果和种子，偶尔取食鱼和两栖类。偶尔抢食其他个体的食物。喙长的雌性更喜在潮间带取食软体动物、蟹和多毛类动物。

地理分布 共2个亚种，指名亚种 arquata 分布于欧洲，越冬于欧洲南部、非洲西北及波斯湾、印度西部等。东方亚种 orientalis 亚种比指名亚种颜色淡，翼下无明显斑纹，繁殖于俄罗斯东北部，迁徙经过中国东部和台湾，朝鲜半岛、日本等，越冬于非洲西部、东部和南部以及亚洲南部地区。我国除贵州外，见于全国各地。

种群状况 多型种。夏候鸟，冬候鸟，旅鸟。常见。全球数量估计为77000~1065000只。

白腰杓鹬

Eurasian Curlew　　*Numenius arquata*　　体长：50~60 cm　　NT（近危）

大杓鹬 \ 摄影：段文科

大杓鹬 \ 摄影：顾云芳

大杓鹬 \ 摄影：段文科

形态特征 喙长，雌性的喙长超过其他所有鹬鹬。整体黄棕色，胸部和胁部多纵纹，翼下密布棕色横纹。本种与白腰杓鹬不同的是腰、下体皆深色。

生态习性 与白腰杓鹬相似。

地理分布 分布于亚洲东部，繁殖于俄罗斯东南向北至雅拿河和堪察加，越冬于大洋洲，迁徙经过中国东部(包括台湾)、朝鲜半岛、日本，通常与白腰杓鹬混群，不常见。国内除西疆、西藏、云南、贵州外见于各地。

种群状况 单型种。旅鸟。不常见。全球数量估计为21000只。

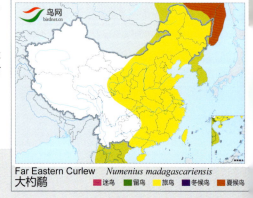

Far Eastern Curlew　*Numenius madagascariensis*
大杓鹬

大杓鹬

Far Eastern Curlew　　*Numenius madagascariensis*　　体长：53~66 cm　　EN（濒危）

鸻形目 CHARADRIIFORMES　　鹬科 Scolopacidae (Snipes, Woodcocks, Sandpipers)

非繁殖羽 \ 摄影：关克　　　　　　　　　　　　　　　　　　　　　　　　鹤鹬 \ 摄影：陈小强

鹤鹬 \ 摄影：梁长久　　鹤鹬 \ 摄影：段文举

鹤鹬 \ 摄影：王兴娥

形态特征 繁殖季节整体黑色，上体带白点。非繁殖季节有对比鲜明的黑色眼纹和白色眉纹。上体灰色，胸部和下体浅灰色。与红脚鹬非常像，但腿更长，喙更长，且下喙基部红色，而上喙基部黑色。亚成体体羽比非繁殖羽颜色更深，棕色而条纹多。

生态习性 繁殖于湿润苔原和森林苔原，非繁殖季节利用各种淡水和咸水湿地，包括灌溉稻田、半咸水泻湖、盐沼、盐池和沿海岸滩涂。主要以水生昆虫及其幼体、陆生昆虫、小型蟹类等为食。常在水中将头和脖子完全没入水中取食。以啄戳或扫食。常结小群。

地理分布 繁殖于古北界北部，从斯堪的纳维亚北部、俄罗斯西北到西伯利亚北部、楚科奇半岛。越冬从欧洲西部到地中海、赤道非洲、波斯湾、印度、东南亚及中国东南部(包括台湾)。国内见于各地。

种群状况 单型种。旅鸟，冬候鸟。常见。全球数量估计为110000~350000只。

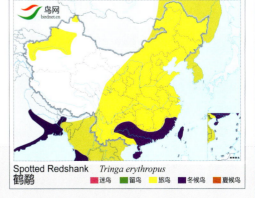

Spotted Redshank　　*Tringa erythropus*
鹤鹬

鹤鹬

Spotted Redshank　　*Tringa erythropus*　　　　体长：29~32 cm　　　　LC（低度关注）

指名亚种 totanus \ 摄影：王尧天

红脚鹬 \ 摄影：晋之良田

红脚鹬 \ 摄影：翟铁民

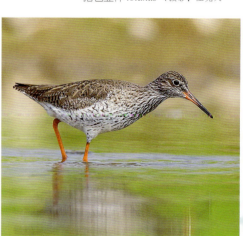

红脚鹬 \ 摄影：王军

形态特征 红腿、红嘴，似鹤鹬的冬羽，但喙稍短，体型较矮胖，喙基部红色。飞行可见白色的腰部和次级飞羽外缘。繁殖季节上体棕色，下体白色有明显纵纹。非繁殖季节上体棕灰，下体纵纹较淡。亚成体似冬羽，但上体棕色更明显，边缘浅黄色，腿浅橘黄色。

生态习性 繁殖于广泛而多样的沿海和内陆湿地，包括沿海盐沼、内陆湿润草地、草地沼泽和沼泽荒原。常边走边啄食，偶尔会探食、戳或扫食。

地理分布 共6个亚种，国内可见5个亚种。指名亚种 totanus 繁殖于中国西北地区、青藏高原及内蒙古东部。乌苏里亚种 ussuriensis 在中国为过境鸟。东北亚种 terrignotae 见于东北及华东地区，越冬于亚洲东南和东部。新疆亚种 craggi 繁殖于新疆西北部。克什米尔亚种 eurhinus 见于中国西部，越冬于印度。

种群状况 多型种。夏候鸟，冬候鸟，旅鸟。常见。全球数量估计960000~2600000只。

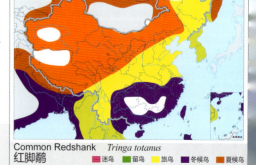

红脚鹬

Common Redshank   *Tringa totanus*   体长：27~29 cm   LC（低度关注）

鸻形目 CHARADRIIFORMES　　鹬科 Scolopacidae (Snipes, Woodcocks, Sandpipers)

泽鹬 \ 摄影：张代富

泽鹬 \ 摄影：毛建国

泽鹬 \ 摄影：皇舰

泽鹬 \ 摄影：段文科

形态特征 长脚挺直而优雅的鹬类。喙细尖。上体灰色，下体白色，翼黑色，腰和背白色。似青脚鹬，但个体小，喙不上翘。与林鹬和白腰草鹬相比头小而颈长。繁殖期上体浅灰棕色，胸部和胁部有条纹。非繁殖期上体灰色，可见浅色眉纹。亚成体似非繁殖羽，但上体更棕而带浅黄的斑点和条纹。

生态习性 繁殖于草原和寒带湿地，内陆深处，偏好鲜草覆盖的开阔沼泽地、浅层微咸水沼泽。迁徙期常常与青脚鹬一同进食。常在浅水和水面啄食。

地理分布 繁殖于俄罗斯西部和乌克兰东部，至西伯利亚中东部。在乌苏里江和黑龙江西部有孤立的种群。越冬于地中海和非洲撒哈拉以南，波斯湾和南亚地区，印度尼西亚和澳大利亚。少量越冬于日本西南部、中国东南部（包括台湾）。国内除西藏、云南、贵州外，见于各地区。

种群状况 单型种。旅鸟，夏候鸟，冬候鸟。常见。全球数量估计为260000~1200000只。

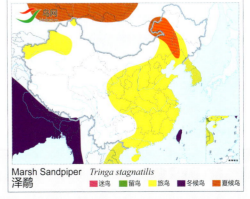

泽鹬

Marsh Sandpiper　　*Tringa stagnatilis*　　体长：22~26 cm　　LC（低度关注）

青脚鹬 \ 摄影：段文科

青脚鹬 \ 摄影：关克

青脚鹬 \ 摄影：王军

形态特征 体羽偏灰色，上体灰而下体白。繁殖季节头部、颈部密布条纹。上体灰棕色，有些羽毛带黑色。非繁殖季节颜色浅而均一，条纹少，不明显。飞行可见黑色的翅膀和白色的背和腰。亚成体似非繁殖羽，但上体显棕色，羽毛边缘浅黄色，颈部和胸部条纹更多。与泽鹬相比个体大，头大，喙粗而略微上翘。比小青脚鹬腿长脖子长。

生态习性 繁殖于东北北部针叶林，开阔沼泽湿地。迁移时利用水淹草地、干涸的湖泊及沙洲和沼泽。越冬于各种淡水和海洋湿地。

地理分布 迁徙通常经过中国东部(含台湾)、朝鲜半岛、日本。国内见于全国各地。

种群状况 单型种。旅鸟，冬候鸟。常见。全球数量估计为440000~1500000只。

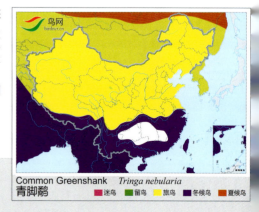

青脚鹬

Common Greenshank　　*Tringa nebularia*　　体长：30~35 cm　　LC（低度关注）

鸻形目 CHARADRIIFORMES　　鹬科 Scolopacidae (Snipes, Woodcocks, Sandpipers)

小青脚鹬 \ 摄影：沈强

小青脚鹬 \ 摄影：郝夏宁

小青脚鹬 \ 摄影：郝夏宁

形态特征 形似青脚鹬，但腿为黄色而较短；喙直而基部为黄色，端部黑色。繁殖期胸部和胁部有黑色斑点，非繁殖期与青脚鹬相比，上体鳞状纹较多，细纹较少。两者叫声也不同。

生态习性 偏好靠近海岸草地，带有沼泽湿地的落叶松林。迁徙、越冬时利用滩涂。取食时快速跑动追逐猎物。

地理分布 繁殖地非常狭窄，只分布于鄂霍次克海的西岸，可能也包括北岸以及库页岛西部。越冬于东南亚。迁徙路过日本、朝鲜半岛、中国东部沿海各地区（包括台湾）。

种群状况 单型种。旅鸟。非常罕见。

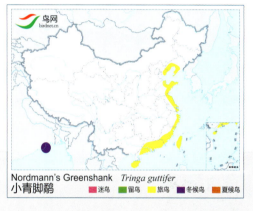
Nordmann's Greenshank　*Tringa guttifer*
小青脚鹬

小青脚鹬

Nordmann's Greenshank　　*Tringa guttifer*　　　体长：29~32 cm　　国家II级重点保护野生动物　　EN（濒危）

小黄脚鹬 \ 摄影：Jim Zipp

小黄脚鹬 \ 摄影：Glenn Bartley

形态特征 体型纤细。喙短而直，腿呈明显黄色。繁殖期背、肩羽褐黑色，有很多白色斑点；头、颈部和胸部有纵纹。非常像黄脚鹬但体型小。非繁殖季体羽褐灰色，带有白色斑点，胸部有少许纵纹。飞行可见方形的白色腰部。

生态习性 栖息于淡水河海岸湿地。在繁殖地，取食大蚊幼虫、甲虫、双翅目卵和幼虫、蜗牛和蜘蛛等。非繁殖期的食物包括各种陆地和水生昆虫及其幼虫、蠕虫、甲壳类、腹足类和小鱼。常涉到齐腹深的水中或泥表面啄水。

地理分布 主要分布在美洲。偶尔来到亚洲东部，在日本有记录。国内记录于香港、台湾。

种群状况 单型种。迷鸟。非常罕见。

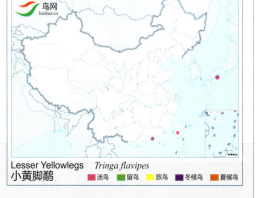
Lesser Yellowlegs　*Tringa flavipes*
小黄脚鹬

小黄脚鹬

Lesser Yellowlegs　　*Tringa flavipes*　　　体长：23~25 cm　　　　　　LC（低度关注）

白腰草鹬 \摄影：张前

白腰草鹬 \摄影：管思杰

白腰草鹬 \摄影：关克

形态特征 体羽深色。前颈、胸和上胁部有灰棕色条纹，下体白色。腰白色，尾白色带黑色横斑。上体绿褐色杂白斑，两翼及下背几乎全黑色。似矶鹬、林鹬，区别在于本种个体较大，上体色较深，翼下黑色。非繁殖羽白点少，胸和胁部无条纹。亚成体似非繁殖羽，上带浅黄斑点，白色眼圈明显。

生态习性 栖息于带有湖泊的森林，迁徙和越冬利用河流、淡水湿地，极少到海边。主要以陆生和水生昆虫及幼虫为食。主要在浅水或从地面的植物表面啄食，有时用脚踩踏搅起食物。通常单独进食。

地理分布 繁殖于欧亚大陆北部，从欧洲至阿穆尔河。鄂霍次克海。越冬至东南亚。部分越冬于日本本州岛、朝鲜半岛至中国东南部。国内见于各地区。

种群状况 单型种。夏候鸟，冬候鸟，旅鸟。全球数量估计为1200000~3600000只。

白腰草鹬
Green Sandpiper *Tringa ochropus* 体长：21~24 cm LC（低度关注）

林鹬 \摄影：陈添平

林鹬 \摄影：段文科

形态特征 体羽褐灰色，纤细。头、颈和胸密布灰棕色条纹，眉纹和喉部白色，上体黑棕色而密布白斑。下体及腰白色。似白腰草鹬，但色浅，腿长不如其敦实。与矶鹬相比本种的腿和脖子更长，色泽不如其均一。非繁殖羽斑点和条纹少，眉纹更明显。

生态习性 繁殖于沼泽森林苔原、泰加林沼泽。迁徙时利用内陆淡水和海岸咸水湿地、田地、河流和泥滩。

地理分布 繁殖于欧亚大陆北部，从欧洲到西伯利亚到堪察加半岛，越冬于非洲、印度次大陆、东南亚、澳大利亚。部分越冬于琉球群岛。国内见于各地区，越冬在东部海岸（台湾）。

种群状况 单型种。夏候鸟，冬候鸟，旅鸟。常见。全球数量估计约为3100000~3600000只，数量稳定。

林鹬
Wood Sandpiper *Tringa glareola* 体长：19~23 cm LC（低度关注）

鸻形目 CHARADRIIFORMES　　鹬科 Scolopacidae (Snipes, Woodcocks, Sandpipers)

翘嘴鹬 \摄影：冯启文

翘嘴鹬 \摄影：毛建国

翘嘴鹬 \摄影：段文科

形态特征 腿短，橘黄色；喙长而上翘；体羽灰色。上体灰棕色，肩部羽毛有黑色条带。头冠、后颈、脸颊和胸侧有纵纹。飞行可见次级飞羽边缘白色。白色眉纹不明显。非繁殖羽色淡，条纹少。

生态习性 繁殖于苔原的森林草原，特别是位于低地泰加林的河流和湖泊。迁徙利用咸水和淡水湿地。跑动时弯腰，身体前倾。常在水边或潮汐线上取食。

地理分布 繁殖于欧亚大陆北部，从芬兰一直到堪察加半岛北部；越冬于非洲西南、南部和东部，亚洲南部和东南部，澳大利亚西部和北部。常与其他种类一同迁徙，但数量不多。国内各地区可见。少量在台湾越冬。

种群状况 单型种。旅鸟，冬候鸟。常见。

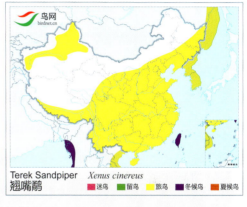
Terek Sandpiper　Xenus cinereus
翘嘴鹬

翘嘴鹬
Terek Sandpiper　*Xenus cinereus*　　体长：22~25 cm　　LC（低度关注）

矶鹬 \摄影：王兴娥

矶鹬 \摄影：王尧天

矶鹬 \摄影：刘哲青

形态特征 眼圈浅色，上体绿棕色，下体白色，胸侧暗色，肩部的白色狭窄条带明显。嘴短，腿短，翼不及尾。飞羽近黑色，飞行时翼上具白色横纹，翼下具黑色及白色横纹。腰灰色。非繁殖羽上体为橄榄棕色，条带不明显。脚为浅橄榄绿色。

生态习性 繁殖于水域附近，利用各种生境的河流、小溪，从森林苔原到草原。迁徙和越冬通常单独活动，利用咸水或淡水及海岸湿地。活跃，走动时尾部频繁上下抖动。

地理分布 繁殖于古北界，从英国一直到堪察加半岛，往南一直到喜马拉雅山脉。越冬从非洲到澳大利亚，从日本到中国东南部（包括台湾）。国内见于各地区。

种群状况 单型种。夏候鸟，冬候鸟，旅鸟。常见。

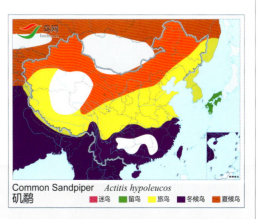
Common Sandpiper　Actitis hypoleucos
矶鹬

矶鹬
Common Sandpiper　*Actitis hypoleucos*　　体长：16~21 cm　　LC（低度关注）

灰尾漂鹬 \ 摄影：李宗丰　　灰尾漂鹬 \ 摄影：梁长久　　灰尾漂鹬 \ 摄影：范怀良

形态特征 脚黄色，上体暗灰色，下体白色，胸及腰具横纹，嘴粗且直，过眼纹黑色，眉纹白色，颏近白色，飞行时翼下色深。极似漂鹬，但本种翅膀颜色较浅，也略短，胸及腰的条纹较淡，腹部和肛周的白色更多，更偏好滩涂生境；多以叫声区分。非繁殖羽胸部条纹少，亚成体似非繁殖羽，但上体带白点。

生态习性 栖息于山地森林多石的河流、山地泰加林，迁徙利用海岸湿地、湖泊、河流、滩涂，偶尔利用多石头海岸。取食时经常跑动，尾巴上下抖动。

地理分布 越冬于非洲、印度次大陆、东南亚，少量在日本西南部越冬。国内见于绝大多数省份，包括台湾、香港、澳门。

种群状况 单型种。旅鸟，冬候鸟。常见。

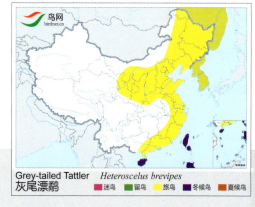

灰尾漂鹬
Grey-tailed Tattler　　*Heteroscelus brevipes*　　体长：23~27 cm　　NT（近危）

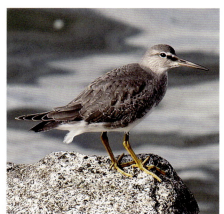

漂鹬 \ 摄影：东木　　漂鹬 \ 摄影：东木　　漂鹬 \ 摄影：东木

形态特征 与灰尾漂鹬相似，区别在于本种的颜色更暗，翅膀更长，下体的条纹更多、更宽。比灰尾漂鹬更喜岩石和礁石的海岸。多以声音区分。

生态习性 与灰尾漂鹬相似，但越冬的生境狭窄。繁殖只限于高山生境，在流速较快的山地溪流取食。是大洋孤岛上的典型鸟类。极少到河口滩涂。

地理分布 繁殖于西伯利亚东北、阿拉斯加南部到加拿大西部。越冬于美国西南、墨西哥西部、厄瓜多尔、加拉帕戈斯、夏威夷、太平洋中部和南部到新几内亚、澳大利亚。在我国偶见于台湾越冬。

种群状况 单型种。旅鸟，冬候鸟。罕见。

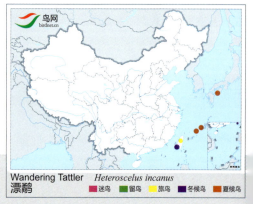

漂鹬
Wandering Tattler　　*Heteroscelus incanus*　　体长：26~29 cm　　LC（低度关注）

鸻形目 CHARADRIIFORMES　　鹬科 Scolopacidae (Snipes, Woodcocks, Sandpipers)

翻石鹬 \ 摄影：雷大勇

翻石鹬 \ 摄影：关克

翻石鹬 \ 摄影：简廷谋

形态特征 嘴、腿及脚均短，头部、颈部和胸部有黑白复杂图案；上体棕栗色带有黑色图案，下体白色。飞行可见黑白的腰，白色翼斑。雌鸟头冠条纹更多，颈部棕色。非繁殖羽颜色较暗淡。亚成体似非繁殖羽，但上体棕色，羽毛带浅黄色边缘，头部色浅。

生态习性 栖息于岩石海岸、海滨沙滩、泥地和潮间带。有时在内陆或近海开阔处进食。通常不与其他种类混群。在海滩上翻动石头及其他物体找食甲壳类。奔走迅速。

地理分布 共2个亚种，繁殖于全北界纬度较高地区，冬季南迁至南美洲、非洲及亚洲的热带地区至澳大利亚及新西兰。国内有1个亚种，指名亚种 interpres 见于除云南、贵州、四川外各地区。

种群状况 多型种。旅鸟，冬候鸟。常见。

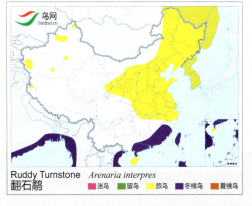

翻石鹬

Ruddy Turnstone　　*Arenaria interpres*　　体长：21~26 cm　　LC（低度关注）

大滨鹬 \摄影：段文科

大滨鹬 \摄影：毛建国

大滨鹬 \摄影：段文科

形态特征 喙长，胸和两肋有密集的斑点，肩部有栗色和黑色的斑块，尾上覆羽大部分白色，尾羽黑色。非繁殖羽上体和胸部浅灰，上体、头和颈部、胸部密布暗色条纹。翼斑白色。与红腹滨鹬相似，但个体更大，喙更长，翅膀超过尾。亚成体，体羽似冬羽，但黑色和棕色更多，上体羽毛有浅色边缘，头冠黑色，胸部弥漫棕色、浅黄色。

生态习性 繁殖季节主要以浆果为食，也食用松仁，只有雏鸟专门以昆虫为食。非繁殖季节以双壳类为食物，用喙在泥中探寻。集大群取食。通常与红腹滨鹬、斑尾塍鹬、灰尾漂鹬在一起。

地理分布 繁殖于西伯利亚东北部，主要越冬于东南亚和澳大利亚，也有少数在阿拉伯半岛、巴基斯坦、印度、孟加拉国越冬。国内见于东北、东部和东南沿海等地。

种群状况 单型种。旅鸟，冬候鸟。常见。2006年估计数量为380000只，但韩国新万锦填海直接导致了9万只大滨鹬的消失。

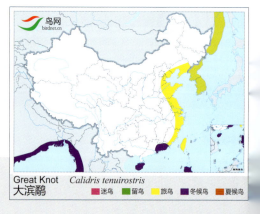

大滨鹬

Great Knot *Calidris tenuirostris* 体长：26~28 cm EN（濒危）

鸻形目 CHARADRIIFORMES　　鹬科 Scolopacidae (Snipes, Woodcocks, Sandpipers)

红腹滨鹬 \ 摄影：雷大勇

红腹滨鹬 \ 摄影：李宗丰

红腹滨鹬 \ 摄影：孙公三

形态特征 繁殖羽下体栗色，上体具黑色混有灰色及栗色的图案。非繁殖羽上体灰色，羽带有白色边缘，下体白色，胸部有纵纹；具浅色眉纹。似大滨鹬，但腰部颜色均为灰色。亚成体，体羽似冬羽，但胸部有浅黄色。嘴短且厚。飞行时翼具狭窄的白色横纹。不同亚种的繁殖羽栗色深度不相同。国内可见的 *piersmai* 亚种颜色比 *rogersi* 亚种深。

生态习性 繁殖于北极高纬度的海岸和山地苔原，集大群迁徙和越冬，并常与其他鸻鹬类混群，喜海岸潮间带滩涂。以软体动物、昆虫等为食。

地理分布 共6个亚种。西伯利亚亚种 *piersmai* 繁殖于新西伯利亚岛，楚科奇亚种 *rogersi* 繁殖于楚科奇半岛东北，两者在大洋洲的越冬地有重叠。其余亚种越冬于美洲南部、非洲、印度次大陆。国内有2个亚种，河北滦南沿海滩涂为该物种最重要的迁徙中间停歇地。

种群状况 多型种。旅鸟，冬候鸟。常见。整体数量在下降。

红腹滨鹬

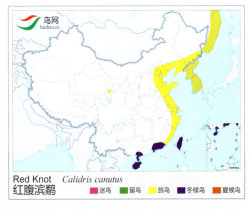

Red Knot　　*Calidris canutus*　　体长：23~25 cm　　NT（近危）

三趾滨鹬 \ 摄影：段文科

三趾滨鹬 \ 摄影：李俊彦

三趾滨鹬 \ 摄影：李伟

三趾滨鹬 \ 摄影：李俊彦

形态特征 脚上无后趾。喙端而粗。繁殖羽颜色变化多，头、上体及胸部浅黄至栗色（似红颈滨鹬），上背和翼上覆羽灰色带有黑色羽轴和羽尖（有些带有锈红色，其他的边缘为白色），下体白色。非繁殖羽比其他滨鹬白，肩部黑色明显。飞行时翼上具白色宽纹。尾中央色暗，两侧白。

生态习性 繁殖于北极高纬度石质苔原，非繁殖季节以紧密的小群取食于沙滩，偶尔与其他鸻鹬类在泥滩共同取食。

地理分布 分布于全北界。繁殖于勒拿河三角洲和新西伯利亚岛；越冬于澳大利亚及新西兰；迁徙经过整个东亚海岸。有些在日本、朝鲜半岛及中国南部包括台湾越冬。rubida 亚种除了黑龙江、内蒙古、云南、四川外，见于各地区。

种群状况 多型种。旅鸟，冬候鸟。常见。

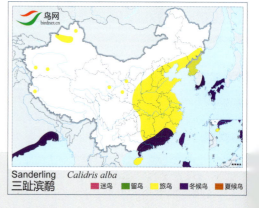

三趾滨鹬（三趾鹬）

Sanderling *Calidris alba* 体长：20~21 cm LC（低度关注）

鸻形目 CHARADRIIFORMES　　鹬科 Scolopacidae (Snipes, Woodcocks, Sandpipers)

西滨鹬 \ 摄影：东木

西滨鹬 \ 摄影：东木

形态特征 喙黑色，尖端微下弯。头侧、耳羽红褐色。眉纹白色，头颈具黑褐色纵纹。颊至胸灰色。背、肩红褐色，具黑色斑和白色羽缘。
生态习性 栖息于苔原、沼泽、海岸泥滩。常成群活动于河口沙洲、海岸滩涂或泥地上，以水生昆虫、甲壳类、软体动物等为食。
地理分布 分布于西伯利亚、北美洲及日本。国内偶见于台湾。
种群状况 单型种。迷鸟。罕见。

西滨鹬（西方滨鹬）

Western Sandpiper　　*Calidris mauri*　　体长：14~17 cm　　LC（低度关注）

红颈滨鹬 \ 摄影：卢玉辉

红颈滨鹬 \ 摄影：张代富

形态特征 繁殖期头、胸、喉部锈红色，头冠有条纹；上背、翼上覆羽栗色，中间黑色；三级飞羽色浅，中间灰棕色，肩羽红褐色，下体白色，腿黑，嘴黑；极似小滨鹬，区别在于小滨鹬喉白色，三级飞羽中间黑色、中央尾羽边缘橘黄色。非繁殖期上体灰色，下体白色。亚成体上背羽毛带橘黄色边缘。
生态习性 繁殖于干燥苔原地带，主要在低山地区。迁徙及越冬时利用潮间带滩涂、海岸湿地及内陆沼泽湿地。
地理分布 见于亚洲东北部，繁殖于西伯利亚中部和东部，从泰米尔半岛和勒拿河三角洲到楚科奇半岛和科里亚克区。越冬从东南亚到大洋洲。国内见于全国各地区。
种群状况 单型种。旅鸟，冬候鸟。常见。

红颈滨鹬

Red-necked Stint　　*Calidris ruficollis*　　体长：13~16 cm　　NT（近危）

381

小滨鹬 \ 摄影：梁长久

小滨鹬 \ 摄影：王尧天

小滨鹬 \ 摄影：刘哲青

小滨鹬 \ 摄影：李新维

形态特征 略小于红颈滨鹬，但非常容易混淆。繁殖羽脸颊、胸部红色，带有黑色点状斑纹。下颊、喉部白色。上体似红颈滨鹬，但更显橘黄色。上背、翼上覆羽及三级飞羽黑色，具有橘黄色边缘，上背具有浅黄色"V"形图案。非繁殖羽极似红颈滨鹬，上体灰色，下体白色。

生态习性 繁殖于北极高纬度低海拔苔原地带，迁徙时利用内陆湿地，越冬通常与其他鸻鹬类混群，利用海岸滩涂和湿地。以无脊椎动物为食。取食时快速跑动。

地理分布 繁殖地从斯堪的纳维亚北部向东至北极雅库特海岸。越冬于非洲和亚洲南部，偶尔出现于库页岛、朝鲜半岛及日本。罕见迁徙路过中国东部海岸，罕见。国内见于天津、河北、内蒙古、新疆、青海以及江苏、上海至香港的沿海地带。

种群状况 单型种。旅鸟，冬候鸟。不常见。

小滨鹬

Little Stint *Calidris minuta*   体长：12~14 cm   LC（低度关注）

鸻形目 CHARADRIIFORMES　　鹬科 Scolopacidae (Snipes, Woodcocks, Sandpipers)

青脚滨鹬 \ 摄影：毛建国

青脚滨鹬 \ 摄影：关克

青脚滨鹬 \ 摄影：关克

青脚滨鹬 \ 摄影：王尧天

形态特征 繁殖期上体棕色，缺少红颈滨鹬、长趾滨鹬、小滨鹬的锈红色。胸部圆形灰色图案，带条纹。肩部羽毛中间黑色，翼上覆羽和三级飞羽边缘棕色和灰色。下体白色；脚黄色。非繁殖羽色浅，胸部颜色为灰棕色，下颌及喉部白色，似小型的矶鹬。亚成体羽轴、羽毛近边缘黑色。与其他滨鹬区别在于外侧尾羽纯白色。

生态习性 繁殖于森林苔原和稀疏的草地，迁徙时常与其他鸻鹬在滩涂和海岸湿地取食，但更偏好内陆淡水湿地，尤其植被良好的地区。

地理分布 繁殖地从斯堪的纳维亚穿过俄罗斯到雅库特北部、楚科奇半岛和科里亚克区；越冬主要位于非洲及亚洲的南部及东南部。罕见路过朝鲜半岛、日本、中国东部。少量越冬于日本及中国台湾、福建。国内见于各地区。

种群状况 单型种。旅鸟，冬候鸟。常见。

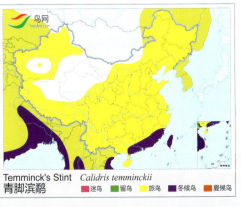

青脚滨鹬

Temminck's Stint　　*Calidris temminckii*　　体长：13~15 cm　　LC（低度关注）

长趾滨鹬 \ 摄影：顾云芳

长趾滨鹬 \ 摄影：沈强

长趾滨鹬 \ 摄影：毛建国

长趾滨鹬 \ 摄影：李宗丰

形态特征 小型、纤细、腿长。繁殖羽头顶棕红色，具黑色条纹。白色眉纹宽，脸颊、颈部和胸侧有黑色纵纹，上体大部黑色，但肩部、覆羽和三级飞羽边缘褐色。非繁殖羽灰色，肩部羽毛中间黑色。亚成体耳斑暗色，肩部和三级飞羽边缘红棕色，中覆羽和小覆羽边缘灰色。腿黄绿色，腹部白色，腰部中央及尾深褐色，外侧尾羽浅褐色。冬季与红颈滨鹬区别在于本种腿色淡；与青脚滨鹬区别在于本种上体具粗斑纹。站姿比其他滨鹬直。

生态习性 繁殖于多种生境的亚北极地区，草地、沼泽、山地苔原及泰加林地区。迁徙通常以小群混在其他鹬滨鹬类中，在植被良好的淡水湿地、泥池、河流、水稻田等。很少到潮间带滩涂。

地理分布 繁殖间断分布于西伯利亚地区，越冬从印度东部、印度支那到中国台湾，往南穿过菲律宾到达印度尼西亚及澳大利亚的东南部和西部。国内见于各地区。

种群状况 单型种。旅鸟，冬候鸟。不常见。

长趾滨鹬

Long-toed Stint *Calidris subminuta* 体长：13~16 cm LC（低度关注）

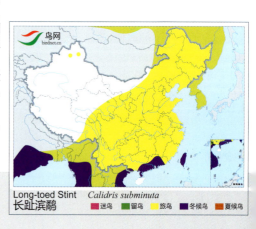

鸻形目 CHARADRIIFORMES　　鹬科 Scolopacidae (Snipes, Woodcocks, Sandpipers)

斑胸滨鹬 \ 摄影：高正华

斑胸滨鹬 \ 摄影：李宗丰

斑胸滨鹬 \ 摄影：王传兵

形态特征 站姿直立。喙两色，略微下弯，像小型的流苏鹬。繁殖羽非常像尖尾滨鹬，上体羽毛边缘浅黄色，中间黑色。头顶、颈部和胸部浅黄色，密布黑色纵纹，并突然止于白色腹部。下体白色，眉纹白色。非繁殖羽灰色，胸部与腹部分界非常明显。腰及尾上覆羽中间黑色宽。嘴比尖尾滨鹬略长。雄性个体大于雌性，胸部比雌性颜色深。

生态习性 繁殖于苔原地带湿润和植被良好的地区；迁徙偏好淡水湿地，如水稻田、沼泽。也会光顾长有草的海岸湿地。

地理分布 繁殖于加拿大苔原地带、阿拉斯加北部和西部、西伯利亚北部，从泰米尔半岛到库页岛东部。越冬主要位于美洲南部，但也会到达澳大利亚和新西兰。国内偶尔出现于河北北戴河、天津、上海、香港、澳门及台湾。

种群状况 单型种。旅鸟。非常罕见。

斑胸滨鹬
Pectoral Sandpiper　*Calidris melanotos*　体长：19~23 cm　　LC（低度关注）

尖尾滨鹬 \ 摄影：毛建国

尖尾滨鹬 \ 摄影：李宗丰

尖尾滨鹬 \ 摄影：田穗兴

形态特征 大小及外形似斑胸滨鹬。繁殖羽头顶有棕色条纹，脸颊图案比斑胸滨鹬明显，眉纹在眼后延伸更多，颈部和胸部浅黄色，具黑色纵纹，并一直延伸到腹部；尾中央黑色，两侧白色。非繁殖羽灰色，但头顶橘黄色。亚成体条纹较少，上体羽毛边缘浅黄色、栗色和白色。

生态习性 繁殖于北极和亚北极苔原地带及长有灌丛的山丘苔原。越冬区的生境包括潮间带淤涂、稻田，只有成体在内陆迁徙，而亚成体多出现于海边。

地理分布 繁殖于亚洲东北部，从泰米尔半岛过雅库特北部到 Chaun Gulf。迁徙路过东亚，越冬于新几内亚、澳大利亚和新西兰。有一些在中国台湾越冬。国内大部分地区可见。

种群状况 单型种。旅鸟，冬候鸟。常见。

尖尾滨鹬
Sharp-tailed Sandpiper　*Calidris acuminata*　体长：17~22 cm　　LC（低度关注）

弯嘴滨鹬 \ 摄影：梁长久

弯嘴滨鹬 \ 摄影：王尧天

弯嘴滨鹬 \ 摄影：毛建国

形态特征 嘴长而下弯。繁殖羽与非繁殖羽差别较大。繁殖期喙基、额、颏白色，胸部及体羽深棕色。冬羽灰白色为主，上体大部灰色，具有明显的白色腰部，下体、眉纹、翼上横纹及尾上覆羽的横斑均为白色。

生态习性 栖息于海岸沼泽、湿地及盐田，常在浅水区活动，取食沙蚕、螺类、虾蟹及昆虫。

地理分布 繁殖于西伯利亚，经东部沿海迁徙至中南半岛、南洋群岛及大洋洲越冬。中国除云南、贵州外，见于各地区。渤海湾地区为其长途迁徙的重要中间停歇地。

种群状况 单型种。旅鸟，冬候鸟。常见。

弯嘴滨鹬

Curlew Sandpiper *Calidris ferruginea* 体长：21 cm NT（近危）

鸻形目 CHARADRIIFORMES　　鹬科 Scolopacidae (Snipes, Woodcocks, Sandpipers)

岩滨鹬 \摄影：Enrique Aguirre

岩滨鹬 \摄影：Enrique Aguirre

形态特征 喙黄绿色，头和背黑色，上体具黄色条纹，翅具白斑。下体具黑斑，尾黑色，尾下覆羽白色。
生态习性 栖息于沿海裸岩、低山平原。喜群栖，常与翻石鹬等涉禽混群觅食。
地理分布 共4个亚种，主要分布于西伯利亚、阿拉斯加等地。国内有1个亚种，堪察加亚种 quarta 仅见于河北。
种群状况 多型种。迷鸟。罕见。

岩滨鹬

Rock Sandpiper　　*Calidris ptilocnemis*　　体长：20~23 cm　　LC（低度关注）

黑腹滨鹬 \摄影：雷大勇

黑腹滨鹬 \摄影：朱英

黑腹滨鹬 \摄影：段文科

形态特征 喙长，端部下弯。繁殖期头和颈部灰色，有暗色条纹，上体红褐色，胸部具黑色纵纹，腹部黑色，眉纹白色，尾中间黑而两侧白。非繁殖羽上体淡棕灰色，下体白色，似弯嘴滨鹬，但腿和翅均短。亚成体比冬羽色黄，下体纵纹多，上背和肩部羽毛黑色，具浅黄色边缘。
生态习性 繁殖于北极苔原，常散布于有水泡的湿润沼泽地水面。迁徙和越冬出现于海岸湿地及内陆淡水湿地，包括水稻田。常集大群活动。快速跑动取食。
地理分布 共10个亚种，繁殖于北界北部；越冬于北美洲西部南部、非洲西部北部、中东、朝鲜半岛及日本。国内可见的是北方亚种 *centralis* 和东方亚种 *sakhalina* 两个亚种，但在亚洲海岸迁徙的大部分是后者。也有人认为中国有5个亚种，其亚种的分布状况待进一步研究。国内除西部外大部分地区可见。
种群状况 多型种。旅鸟，冬候鸟。常见。

黑腹滨鹬

Dunlin　　*Calidris alpina*　　体长：16~22 cm　　LC（低度关注）

勺嘴鹬 \ 摄影：孙华金

勺嘴鹬 \ 摄影：李全民

勺嘴鹬 \ 摄影：孙华金

勺嘴鹬 \ 摄影：梁长久

形态特征 具有独特的勺状喙。繁殖羽砖红色，头和颈部橘黄色。上体羽毛黑色，具浅黄色边缘。非繁殖羽上体灰色，下体白色，白色眉纹明显。亚成体背部羽毛、翼上覆羽具棕色边缘，浅色眉纹下有深色的耳覆羽。

生态习性 繁殖于有少量植被的海岸苔原，接近湖泊或沼泽，迁徙时利用海岸泻湖、河口和潮间带滩涂，常与红颈滨鹬混群。取食时嘴左右扫荡，滤食泥中食物。

地理分布 国外繁殖于库页岛和科里亚克区东部，越冬于印度、东南亚。国内迁徙时经过河北、天津、山东、江苏、浙江、福建、广东、香港、澳门、台湾、海南等沿海地区及岛屿。江苏以东为该濒危物种的重要中间停歇地。

种群状况 单型种。旅鸟，冬候鸟。非常罕见。

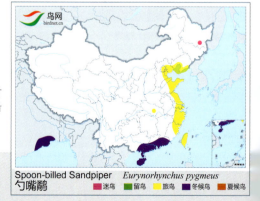

勺嘴鹬

Spoon-billed Sandpiper *Eurynorhynchus pygmeus* 体长：14~16 cm CR（极危）

鸻形目 CHARADRIIFORMES　　鹬科 Scolopacidae (Snipes, Woodcocks, Sandpipers)

阔嘴鹬 \ 摄影：赵俊清

阔嘴鹬 \ 摄影：梁长久

阔嘴鹬 \ 摄影：朱英

阔嘴鹬 \ 摄影：雷大勇

形态特征 繁殖期羽毛与长趾滨鹬相似，但冬羽期又像弯嘴滨鹬。喙长而直，端部突然下弯。繁殖期上体黑色，两条浅色眉纹，翼角常具黑色斑块，头顶有条纹，颈部及上胸部和上背有细条纹；翼上覆羽和三级飞羽边缘橘黄色，腹部白色。非繁殖期上体浅灰色，灰色延伸至上胸部。冬季与黑腹滨鹬的区别在于眉纹分叉，腿短。

生态习性 繁殖于北极湿润苔原；迁徙时常与红颈滨鹬和黑腹滨鹬共同出现于海边、稻田和泥滩。取食懒散，行为看起来像沙锥。

地理分布 共2个亚种，指名亚种 *falcinellus* 繁殖于斯堪的纳维亚和俄罗斯的西北，越冬从非洲东部、南部穿过阿拉伯半岛，至印度的西部和南部及斯里兰卡。普通亚种 *sibirica* 繁殖于泰米尔半岛和勒拿河以东至科累马河，越冬从印度东北通过亚洲东南、菲律宾、印度尼西亚至澳大利亚。国内有2个亚种，指名亚种 *falcinellus* 见于新疆，上体在繁殖期棕色较淡。普通亚种 *sibirica* 见于东部大部分地区，上体在繁殖期棕色较艳亮。

种群状况 多型种。旅鸟，冬候鸟。常见。

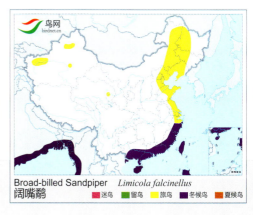

阔嘴鹬

Broad-billed Sandpiper　　*Limicola falcinellus*　　体长：16~18 cm　　LC（低度关注）

高跷鹬 \ 摄影：Arthur Morris

高跷鹬 \ 摄影：Arthur Morris

形态特征 喙黑色，微下弯。眉纹白色，耳羽红褐色，头红褐色具黑色纵纹。上体褐色，具黑色羽干和淡色羽缘。腹部白色。腿甚长，色浅。
生态习性 栖息于开阔的极地苔原等湿地环境。具有长途迁徙的习性。地面营巢，窝卵数3~4枚。
地理分布 分布于美洲。偶尔见于中国台湾。
种群状况 单型种。迷鸟。罕见。

高跷鹬

Stilt Sandpiper *Micropalama himantopus* 体长：18~23 cm LC（低度关注）

黄胸鹬 \ 摄影：Arthur Morris

黄胸鹬 \ 摄影：GettyImages

形态特征 喙黄绿色，脸淡黄色，头圆，头顶具黑点斑，颈长。上体深棕色具黑色斑点。下体淡黄色。腿橘黄色。
生态习性 栖息于北极圈的苔原、沼泽。主要以蚯蚓等无脊椎动物为食。
地理分布 分布于俄罗斯东北部、北美洲。偶见于中国台湾。
种群状况 单型种。迷鸟。罕见。

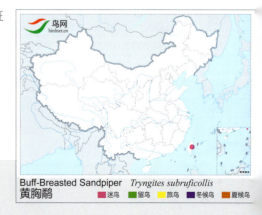

黄胸鹬（饰胸鹬）

Buff-breasted Sandpiper *Tryngites subruficollis* 体长：14 cm NT（近危）

鸻形目 CHARADRIIFORMES　　鹬科 Scolopacidae (Snipes, Woodcocks, Sandpipers)

繁殖羽 \ 摄影：顾莹

流苏鹬 \ 摄影：孙晓明

流苏鹬 \ 摄影：段文科

流苏鹬 \ 摄影：陈承光

形态特征 长脚，长颈的鹬类。头小而喙短，繁殖羽呈性二型。雄性比雌性大20%，雄鸟具颜色多样的蓬松翎领(白色、黑色、橘黄色、铁锈色或棕色等)，用于求偶炫耀。上体橘黄至黑色，羽毛具白色边缘。雌鸟背部具鳞片状羽毛，翼上覆羽和上背肩部羽毛中间黑色，边缘浅棕色。非繁殖期雄鸟很快褪去饰羽，而像雌性。冬季两性都比雌性的繁殖羽色淡，上体仍可见鳞状羽毛。亚成体上体也有鳞状羽毛，整体浅黄色。

生态习性 繁殖地从苔原到高原；迁徙时利用海岸、淡水湿地及湿润草地。

地理分布 繁殖地从欧洲北部穿过俄罗斯，到达鄂霍次克海。主要越冬于非洲及亚洲南部。部分越冬于中国台湾及福建沿海。国内东部地区大多可见。

种群状况 单型种。旅鸟，冬候鸟。常见。

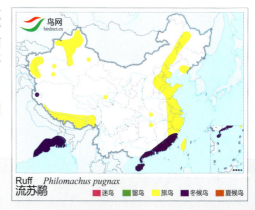

流苏鹬

Ruff　*Philomachus pugnax*　　　　　体长：26~32 cm　　　　　LC (低度关注)

红颈瓣蹼鹬 \ 摄影：赵国君

红颈瓣蹼鹬 \ 摄影：程威信

红颈瓣蹼鹬 \ 摄影：毛建国

红颈瓣蹼鹬 \ 摄影：张代富

形态特征 雌性繁殖羽鲜艳，头和上体灰色，上背及颈部和肩部具橘黄色到棕色的条带，颈侧和上胸部有鲜艳的红色，喉部、眉纹白色；下胸和胁部灰色，过渡到白色的腹部和肛周。雄性灰红色的颜色对比没有雌性鲜明。非繁殖羽上体浅灰色，头顶黑色，眼斑黑色连接至耳覆羽。亚成体上体似繁殖羽，但脸部似冬羽。

生态习性 繁殖于湿润的苔原、湖泊和沼泽；迁徙时经过淡水湿地、咸水和海岸湿地；冬季在海上集大群活动。

地理分布 繁殖于北极圈附近、北冰洋海岸区域，往南可至阿留申群岛及英国西北部。越冬于南美洲的西部海域、阿拉伯海、印度尼西亚中部和马来西亚西部。国内可见于东部大多省份。

种群状况 单型种。旅鸟，冬候鸟。不常见。

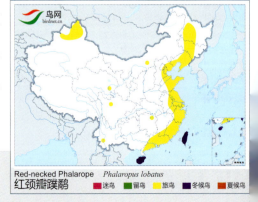

红颈瓣蹼鹬

Red-necked Phalarope *Phalaropus lobatus* 体长：18~19 cm LC（低度关注）

鸻形目 CHARADRIIFORMES　　鹬科 Scolopacidae (Snipes, Woodcocks, Sandpipers)

灰瓣蹼鹬 \ 摄影：高宏颖

灰瓣蹼鹬 \ 摄影：邢睿

灰瓣蹼鹬 \ 摄影：邢睿

灰瓣蹼鹬 \ 摄影：李振仓

形态特征 个体比红颈瓣蹼鹬略大，颈略粗。繁殖期雌性有黑白色脸罩，深红褐色的胸部和下体，上体羽毛黑色带宽的橘黄色边缘。雄性繁殖羽边缘颜色不清晰，下体有白色斑块。非繁殖羽上体色浅，下体白色，头顶黑色，眼斑至耳覆羽黑色；有时嘴基黄色。亚成体似冬羽但上体黑色。

生态习性 繁殖于接近海岸的沼泽、苔原中的湖泊；迁徙时利用盐水和海岸湿地，海湾。善游泳、繁殖期6~8月。孵卵和育雏皆由雄鸟完成。

地理分布 繁殖于北极地区，越冬于南美洲西部及非洲西部和南部海域。国内见于黑龙江、天津、山西、新疆、上海、浙江及台湾。

种群状况 单型种。旅鸟，冬候鸟。非常罕见。

灰瓣蹼鹬

Red Phalarope　*Phalaropus fulicarius*　　体长：20~22 cm　　LC（低度关注）

贼鸥科

Stercorariidae
(Skuas，Jaegers)

本科鸟类为中型水鸟。嘴强，上嘴基部具蜡膜，嘴尖端显著向下钩曲。翅长而尖，第一枚初级飞羽最长，依次渐短。中央尾羽长，明显突出于外侧尾羽，呈圆尾状。跗蹠长而强，前面具盾状鳞，后面具网状鳞。前3趾长而具蹼，后趾较小，爪小而弯曲、锐利。

主要栖息于沿海地区，繁殖在极地海岸，冬季到较温暖的地区，主要通过抢劫鸥类和其他水鸟的食物，也捕食鱼、鸟卵和雏鸟。有时还吃动物尸体，是海岸清道夫。营巢于地面上。

全世界有2属7种，分布于海洋、滩涂等湿地生境。中国有2属4种，分布于广东和江苏沿海，也见于山西和黑龙江等内陆地区。

南极贼鸥 \ 摄影：史立新

鸻形目 CHARADRIIFORMES　　贼鸥科 Stercorariidae (Skuas, Jaegers)

南极贼鸥 \摄影：周新桐

南极贼鸥 \摄影：周新桐

南极贼鸥 \摄影：can079

形态特征 身体黑色，初级飞羽上下基部为白色，翼上的黑色比头及腹部的浅。中央尾羽略尖出。浅色型鸟无黑色顶冠，深色型鸟脸上带白色。

生态习性 在空中逼迫其他海鸟吐出食物而抢食，会掠夺其他繁殖期海鸟的巢、卵及幼雏。在自己巢附近对其他入侵者发起攻击。

地理分布 分布于南极地区及南半球的大洋。国内曾见于海南的南沙及台湾。原记录的大贼鸥实为本种。

种群状况 单型种。迷鸟。罕见。

南极贼鸥（麦氏贼鸥）

South-polar Skua　　*Catharacta maccormicki*　　体长：50~55 cm　　LC（低度关注）

中贼鸥 \摄影：Marcel Gil Velasco

中贼鸥 \摄影：Gerard De Hoog

形态特征 有两种色型。浅色型头顶黑色，颈和枕部偏黄色；上体黑褐色，下体白色，体侧和胸杂有灰色，初级飞羽基部淡灰色；中央尾羽呈勺状，末端钝而宽。深色型通体灰褐色。

生态习性 主要栖息于近海岸的河流与湖泊，迁徙期也利用内陆湿地。善飞行，喜游泳，单独或成群活动。常夺取其他鸟类的食物。

地理分布 繁殖在北极地区；越冬于印度洋、太平洋，南至新西兰沿海。国内定期出现于南沙群岛。在华南沿海、香港、江苏南部及内陆的山西南部均有过记录。

种群状况 单型种。旅鸟。偶见。

Pomarine Skua *Stercorarius pomarinus*
中贼鸥

中贼鸥

Pomarine Skua　　*Stercorarius pomarinus*　　体长：46~51 cm　　LC（低度关注）

长尾贼鸥 \摄影：Chris Schenk

长尾贼鸥 \摄影：Morales

形态特征 中央尾羽特别长（比尾端长出14~20厘米）。有两种色型。暗色型通体黑褐色，罕见。浅色型上体灰褐色，额、头顶和枕黑褐色；下体白色，无灰色胸带。与短尾贼鸥相比体型较小，较纤细，性较活跃。

生态习性 与其他贼鸥相似。主要靠自己觅食，但也抢夺其他海鸟的食物。

地理分布 共2个亚种，繁殖于北极地区；越冬于太平洋、大西洋、印度洋的南部。国内有1个亚种，格陵兰亚种 *pallescens* 曾在青海、香港、台湾有过记录。

种群状况 多型种。旅鸟。罕见。

Long-tailed Jaeger *Stercorarius longicaudus*
长尾贼鸥

长尾贼鸥

Long-tailed Jaeger　　*Stercorarius longicaudus*　　体长：50~58 cm　　LC（低度关注）

鸻形目 CHARADRIIFORMES　贼鸥科 Stercorariidae (Skuas, Jaegers)

短尾贼鸥 \ 摄影：牛蜀军

短尾贼鸥 \ 摄影：东木

短尾贼鸥 \ 摄影：王尧天

形态特征 两种色型。暗色型通体黑褐色，仅初级飞羽基部偏白。浅色型头顶黑色，颈和枕偏黄色，下体白色，有的具有灰色的胸带，上体黑褐，仅初级飞羽基部偏白。比中贼鸥体型小、嘴细、两翼基处较狭窄，中央尾羽延长成尖。

生态习性 栖息于北极苔原地带或开阔的沿海地区，常单独或成对活动，偶尔集成近百只的大群。善飞行，具有抢夺其他鸟类食物的习性。常伴随船只飞行。

地理分布 繁殖于北极地区；越冬于南非南部沿岸、澳大利亚、新西兰及南美洲沿海地区。国内在新疆、青海、广东、香港、海南和台湾有过记录。

种群状况 单型种。旅鸟。罕见。

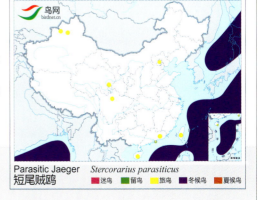

短尾贼鸥

Parasitic Jaeger　*Stercorarius parasiticus*　体长：41~45 cm　LC（低度关注）

鸥科

Laridae
(Gulls)

本科主要为中小型水鸟。嘴直而尖或尖端微向下钩曲。鼻孔裸出，呈线状或椭圆形。翅长而尖，第一或第二枚初级飞羽最长，翅折合时一般超过尾端。尾长，多为圆尾或叉状尾。尾羽通常12枚。前3趾间具蹼，后趾短小，位置稍较前趾为高。

主要栖息于近海海洋、海岸、岛屿、河口以及内陆湖泊、河流和沼泽等各类水体中。营巢于地上、悬岩和树上，常成群营巢，巢较简陋。雏鸟孵出时被有绒羽，留巢由亲鸟抚养。杂食性。主要以鱼、甲壳类、软体动物、昆虫为食。

全世界17属91种，几遍及全球水域中。中国有4属23种，分布于全国各地。

黑尾鸥 \ 摄影：梁长久

鸻形目 CHARADRIIFORMES　　鸥科 Laridae (Gulls)

黑尾鸥 \ 摄影：段文科

黑尾鸥 \ 摄影：马林

黑尾鸥 \ 摄影：王兴娥

黑尾鸥 \ 摄影：张永

形态特征 上体深灰色，下体白，嘴黄色，尖端红色，后有黑色环带；腰部白色，尾部白而具有黑色次端斑。合拢的翼尖有白色斑点。冬季枕部带有灰褐色。

生态习性 栖息于沿海沙滩、悬崖以及内陆湖泊、沼泽湿地。营巢于海岸或岛屿的悬崖峭壁或沙丘上。常集群活动，主要捕食鱼类、甲壳类及软体动物。

地理分布 分布于日本沿海及中国海域。国内繁殖于山东至福建沿海；越冬于华南及华东沿海和台湾，在云南及沿长江有分布；迁徙时路过辽宁、河北等地。

种群状况 单型种。旅鸟，冬候鸟，夏候鸟。常见。

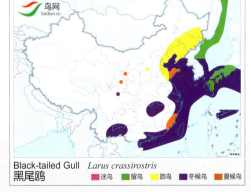

黑尾鸥

Black-tailed Gull　　*Larus crassirostris*　　　体长：43~51 cm　　　LC（低度关注）

普通海鸥 \ 摄影：王尧天

普通海鸥 \ 摄影：谷国强

形态特征 背、肩和翅灰色，头、颈和下体白色，嘴和脚黄色，初级飞羽末端黑色，具白色翼斑，尾白色。冬季头和颈具淡褐色纵纹，有时嘴尖有黑色。

生态习性 繁殖于北极苔原；越冬于海岸、河口；迁徙见于内陆河流和湖泊。以昆虫、软体动物、甲壳类、鱼类等为食，喜集群，善飞行。

地理分布 共4个亚种，分布于欧洲、亚洲至阿拉斯加及北美洲西部。国内有2个亚种，堪察加亚种 *kamtschatschensis* 除宁夏、西藏外，全国各地可见。俄罗斯亚种 *heinei* 在上海和香港有过记录。

种群状况 多型种。旅鸟，冬候鸟。常见。

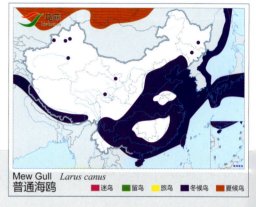

普通海鸥（海鸥）

Mew Gull　　*Larus canus*　　体长：45~51 cm　　LC（低度关注）

灰翅鸥 \ 摄影：Roberta Olenick

灰翅鸥 \ 摄影：独荣国

形态特征 喙黄绿色，脸淡黄色；头圆，头顶具黑点斑，颈长。上体具黑色斑点；下体淡黄色。腿橘黄色。

生态习性 栖息于北极圈苔原、沼泽。常成对或成小群活动，以鱼类、虾类、软体动物等为食。

地理分布 分布于俄罗斯东北部、北美洲。偶见于中国台湾。

种群状况 单型种。迷鸟。罕见。

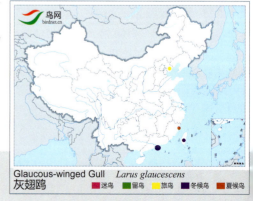

灰翅鸥

Glaucous-winged Gull　　*Larus glaucescens*　　体长：65 cm　　LC（低度关注）

鸻形目 CHARADRIIFORMES　　鸥科 Laridae (Gulls)

北极鸥 \ 摄影：Chris Schenk

北极鸥 \ 摄影：Lancy Cheng

形态特征 嘴黄色，端部红色；背及两翼浅灰色。比国内分布的其他鸥类色彩都浅许多。冬季成鸟头顶、颈背及颈侧具褐色纵纹。腿粉红色。

生态习性 与银鸥相似。繁殖于苔原、海岸或岛屿。常成对或集小群活动，善于飞行和游泳，主要以鱼类、甲壳类、软体动物及昆虫为食，也捕食鸟卵和雏鸟。

地理分布 共4个亚种，繁殖于亚北极北部；越冬于繁殖区以南地区。国内有1个亚种，阿拉斯加亚种 *barrovianus* 分布于黑龙江、吉林、辽宁、河北、北京、天津、山东、江苏、上海、浙江、福建、广东、香港和台湾。

种群状况 多型种。冬候鸟，旅鸟，迷鸟。不常见。

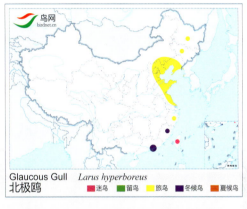

北极鸥

Glaucous Gull　　*Larus hyperboreus*　　体长：71 cm　　LC（低度关注）

银鸥 \ 摄影：张永

银鸥 \ 摄影：王尧天

银鸥 \ 摄影：王尧天

形态特征 大型鸥类。背浅灰色，头、颈和下体白色，腰、尾上覆羽和尾白色，嘴黄色，尖端有红斑，脚淡粉红色。冬季头颈具纵纹，飞行时可见初级飞羽外侧具小块白色翼镜，翅合拢至少可见翼尖白斑。

生态习性 繁殖于悬崖或苔原地上，越冬于海岸和河口地区。主要以鱼类和水生无脊椎动物为食，也捡食垃圾或啄食动物尸体，偶尔偷食鸟卵和雏鸟。

地理分布 共4个亚种，繁殖于北美洲、欧洲及地中海；在繁殖区以南地区越冬。亚种情况复杂，美洲亚种 *smithsonianus* 见于国内东部大多数地区。

种群状况 多型种。旅鸟，冬候鸟。不常见。

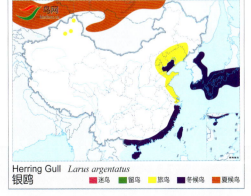

银鸥

Herring Gull　　*Larus argentatus*　　体长：55~67 cm　　LC（低度关注）

401

西伯利亚银鸥 \ 摄影：徐克阳

西伯利亚银鸥（第一冬）\ 摄影：徐克阳

西伯利亚银鸥 \ 摄影：徐克阳

形态特征 形似银鸥。背部蓝灰色，嘴端红色明显，脚粉色。冬季头、枕密布灰色纵纹，并及胸部，头部整体发灰。

生态习性 与银鸥相似。

地理分布 繁殖于俄罗斯北部及西伯利亚北部，在繁殖地以南地区越冬。国内除宁夏、青海、西藏外，见于全国各地。

种群状况 单型种。旅鸟，冬候鸟。常见。

西伯利亚银鸥
Siberian Gull *Larus vegae*　　　　体长：55~67 cm　　　　NE（未评估）

小黑背银鸥 \ 摄影：Winfried Wisniewski

小黑背银鸥 \ 摄影：Lancy Cheng

小黑背银鸥 \ 摄影：Lancy Cheng

形态特征 上体灰至深灰，比其他银鸥复合体中其他种及海鸥色深。腿鲜黄色。冬季成鸟头具少量至中量的纵纹，介于西伯利亚银鸥和黄脚银鸥之间。

生态习性 与银鸥相似。

地理分布 共5个亚种，繁殖于俄罗斯西北部及北欧沿海，越冬在南欧、非洲、南亚、东亚。国内有1个亚种，普通亚种 *heuglini* 见于新疆北部、云南、上海、福建、广东、香港和台湾。

种群状况 多型种。旅鸟，冬候鸟。常见。

小黑背银鸥
Lesser Black-backed Gull *Larus fuscus*　　　　体长：51~61 cm　　　　LC（低度关注）

鸻形目 CHARADRIIFORMES　　鸥科 Laridae (Gulls)

黄腿银鸥 \ 摄影：王尧天

黄腿银鸥 \ 摄影：关克

黄腿银鸥 \ 摄影：徐克阳

形态特征　大型鸥类。上体浅灰至中灰色，脚浅粉色，冬季头和颈背无褐色纵纹。
生态习性　与银鸥相似。
地理分布　共5个亚种，繁殖从黑海至哈萨克斯坦、俄罗斯南部。冬季南移至以色列、波斯湾、印度洋及东亚国家。国内有3个亚种，新疆亚种 *cachinnans* 分布于新疆东部和中部、广东、香港、澳门，翕部蓝灰，脚辉黄色。华南亚种 *barabensis* 见于香港。内蒙亚种 *mongolicus* 分布于内蒙古北部、宁夏、上海、福建、广东、香港、台湾。另在中国中部和东部可能也有分布。
种群状况　多型种。夏候鸟，旅鸟，冬候鸟。常见。

黄腿银鸥
Yellow-legged Gull　　*Larus cachinnans*　　　　体长：58~68 cm　　　　　LC（低度关注）

灰林银鸥 \ 摄影：李全江

灰林银鸥（第一冬）\ 摄影：徐克阳

灰林银鸥 \ 摄影：徐克阳

形态特征　大型鸥类。喙强壮。繁殖期成鸟头颈、下体及尾纯白色，背及翅上深灰黑色(颜色深于中国其他银鸥但是仍浅于黑背鸥)，具黑色翼尖，近前缘处有一小白斑；翼具白色前缘和后缘。非繁殖期头顶及颈部、颈侧具少量深灰色细纹。虹膜浅黄色；喙黄色而下喙近末端具红点；脚黄色，但个别脚粉红色。
生态习性　每年4月中旬至6月下旬集群在俄罗斯和北欧北部的苔原繁殖。
地理分布　国外见于俄罗斯和北欧，冬季南迁至东南亚、南亚和东非越冬。中国冬季常见于华南沿海。
种群状况　单型种。冬候鸟。地区性常见。

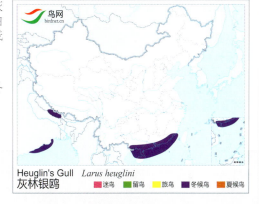

灰林银鸥（乌灰银欧）
Heuglin's Gull　　*Larus heuglini*　　　　体长：53~70 cm　　　　　NE（未评估）

403

渔鸥 \ 摄影：关克

渔鸥 \ 摄影：王尧天

渔鸥 \ 摄影：田穗兴

渔鸥 \ 摄影：王尧天

形态特征 大型鸥类。背灰色，夏季头黑色，上下眼睑白色；嘴黄色，尖端红色及黑色环带。冬季头白色，眼周仍有黑色，嘴尖红色几乎消失，头至后颈有暗色纵纹。
生态习性 栖息于海岸、海岛、咸水湖泊、河流等。
地理分布 繁殖地从黑海至蒙古部分湖泊，不连续分布；越冬于地中海东部、红海至缅甸沿海及泰国西部。国内繁殖于青海湖、内蒙古乌梁素海；迁徙经过新疆西部、四川等地。
种群状况 单型种。夏候鸟，旅鸟，冬候鸟。局部地方常见。

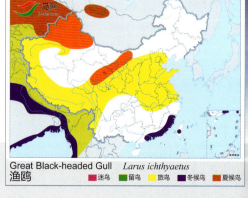

渔鸥

Great Black-headed Gull　　*Larus ichthyaetus*　　体长：63~70 cm　　LC（低度关注）

鸻形目 CHARADRIIFORMES　　鸥科 Laridae (Gulls)

家族群 \ 摄影：关克

棕头鸥 \ 摄影：罗永川

棕头鸥 \ 摄影：田穗兴

棕头鸥 \ 摄影：向文军

形态特征 背灰色，下体白色，嘴和脚红色。夏季头部褐色，初级飞羽基部有白斑，翼尖黑色，具白斑。冬季头、颈白色，眼后具一暗色斑。
生态习性 繁殖期栖息于高原湖泊、河流和沼泽，非繁殖期栖息于海岸、河口等。
地理分布 国内繁殖于青海、西藏和内蒙古，越冬于云南、香港等地，迁徙时还见于新疆、辽宁、甘肃、河北、北京、天津、陕西、四川。
种群状况 单型种。夏候鸟，旅鸟，冬候鸟。地方性常见。

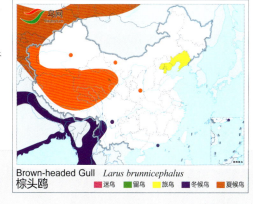

棕头鸥

Brown-headed Gull　　*Larus brunnicephalus*　　体长：41~46 cm　　LC（低度关注）

红嘴鸥 \ 摄影：段文科

红嘴鸥 \ 摄影：段文科

红嘴鸥 \ 摄影：王尧天

红嘴鸥 \ 摄影：王尧天

形态特征 最常见的鸥类。形似棕头鸥，但体型较小，头部羽色较淡，初级飞羽仅具黑色尖端而无白色翼镜，翼前缘白色明显。

生态习性 栖息于平原和低山丘陵地带的湖泊、河流、水库等，冬季集大群，亦出现于城市公园湖泊。

地理分布 国外繁殖于欧洲、西伯利亚，越冬于北大西洋、印度洋、西太平洋沿岸。在我国各地都有分布，繁殖于新疆和东北的湿地，主要越冬于我国东部沿海以及北纬32°以南的湖泊、河流等湿地。

种群状况 单型种。夏候鸟，旅鸟，冬候鸟。常见。

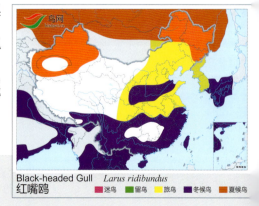

红嘴鸥

Black-headed Gull *Larus ridibundus* 体长：35~43 cm LC（低度关注）

鸻形目 CHARADRIIFORMES　鸥科 Laridae (Gulls)

大洋洲红嘴鸥 \ 摄影：Craig P. Jewell

大洋洲红嘴鸥 \ 摄影：Theo Allofs

形态特征 成鸟背部及翅浅灰色，深色的初级飞羽末端具较小白斑；其余周身白色。巩膜白色，眼周红色；喙红色；脚红色。需经3年时间内的6次换羽才到繁殖期成鸟羽色。
生态习性 栖息于各类水体，群居，食腐动物。
地理分布 分布于大洋洲。2010年冬天在中国台湾曾有记录。
种群状况 单型种。迷鸟。2010年中国鸟类新纪录。

澳洲红嘴鸥
Silver Gull　　*Chroicocephalus novaehollandiae*　　体长：38~42 cm　　LC（低度关注）

细嘴鸥 \ 摄影：张岩

细嘴鸥 \ 摄影：张岩

细嘴鸥 \ 摄影：罗伟

形态特征 嘴纤细，红色，脚红，下体偏粉红。飞行时初级飞羽白而羽端黑色。颈部短粗，头前倾而下斜。非繁殖期耳羽上具灰点。与红嘴鸥越冬鸟的区别在于本种耳羽上深色点斑模糊，嘴端无黑色，嘴纤细，颈较僵硬，嘴及腿的橘黄色较深。
生态习性 在海岸、海滩、沙洲等处栖息。以鱼类为主要食物。
地理分布 繁殖于地中海、红海及波斯湾；冬季偶见于东南亚。国内见于河北、天津、新疆、四川、云南和香港。台湾偶有记录。
种群状况 单型种。夏候鸟，旅鸟，冬候鸟，迷鸟。罕见。

细嘴鸥
Slender-billed Gull　　*Larus genei*　　体长：42 cm　　LC（低度关注）

黑嘴鸥 \ 摄影：段文科

黑嘴鸥 \ 摄影：段文科

黑嘴鸥 \ 摄影：段文科

黑嘴鸥 \ 摄影：张福龙

形态特征 嘴黑色，脚红色。夏季头黑色，似红嘴鸥，但体型较小，喙短，初级飞羽末端具黑色斑点。翼合拢可见白色斑点，翼下部分初级飞羽黑色。冬季头白色，耳后有黑斑。

生态习性 栖息于沿海滩涂、沼泽和河口地带。

地理分布 国外见于日本、朝鲜。我国繁殖于辽宁盘锦、山东黄河三角洲以及江苏盐城，越冬于长江下游、浙江、福建、广东、香港、台湾和海南，最北可达天津沿海。

种群状况 单型种。夏候鸟，旅鸟，冬候鸟。偶见。

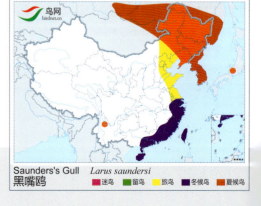

黑嘴鸥

Saunders's Gull *Larus saundersi* 体长：31~39 cm VU（易危）

鸻形目 CHARADRIIFORMES　　鸥科 Laridae (Gulls)

求偶 \ 摄影：王中强

育雏 \ 摄影：关克

繁殖地 \ 摄影：王中强

形态特征 形似红嘴鸥，但体型较大，翼合拢时翼尖具数个白点，飞行时前几枚初级飞羽黑色，白色翼镜适中。似放大版的黑嘴鸥，但嘴的颜色与之不同，与棕头鸥的区别是本种头少褐色而近黑色。

生态习性 栖息于开阔平原和荒漠、半荒漠的咸水、淡水湖泊中，在湖心岛营巢。

地理分布 国外繁殖于俄罗斯、蒙古，越冬于韩国。国内原繁殖于内蒙古西部的鄂尔多斯高原，后转移至陕西北部红碱淖湿地营巢。主要越冬于渤海湾以及江苏、浙江、福建等东部沿海湿地。

种群状况 单型种。夏候鸟，旅鸟，冬候鸟。罕见。

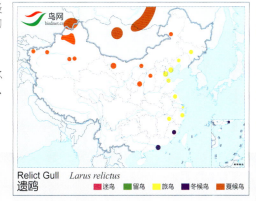

遗鸥

Relict Gull　　*Larus relictus*　　　　体长：39~46 cm　　国家 I 级重点保护野生动物　　VU（易危）

小鸥 \ 摄影：Jaak Sarv

小鸥 \ 摄影：周志奇

小鸥 \ 摄影：邢睿

小鸥 \ 摄影：文志敏

形态特征 嘴细窄，暗红色近黑色；脚红色。头部夏季黑色，可至颈部；上体灰色，飞羽末端白色，形成明显白色后缘，翼下色深。冬季头白色，眼后有暗色斑。尾略微凹。

生态习性 栖息于森林和开阔平原上的湖泊、河口、沼泽，飞行轻盈如燕鸥。

地理分布 繁殖于内蒙古东北部额尔根河；迁徙期见于黑龙江、河北、天津、陕西、山西、内蒙古、新疆、青海、四川、江苏、台湾、香港。

种群状况 单型种。夏候鸟，冬候鸟，旅鸟，迷鸟。罕见。

小鸥

Little Gull   *Larus minutus*   体长：28~31 cm   国家Ⅱ级重点保护野生动物   LC（低度关注）

鸻形目 CHARADRIIFORMES　　鸥科 Laridae (Gulls)

楔尾鸥 \ 摄影：Cangoose

楔尾鸥 \ 摄影：Chris Schenk

形态特征 喙黑色，翅灰色，翅下暗灰色。夏羽具黑色窄颈圈。尾楔形。
生态习性 栖息于河流、沼泽、湖泊等湿地，以甲壳类和鱼类为食。飞行敏捷，善于游泳。
地理分布 分布于俄罗斯远东、格陵兰、加拿大。国内分布于辽宁、青海。
种群状况 单型种。迷鸟。罕见。

楔尾鸥
Ross's Gull　　*Rhodostethia rosea*　　体长：29~32 cm　　LC（低度关注）

叉尾鸥 \ 摄影：Glenn Bartley

叉尾鸥 \ 摄影：Glenn Bartley

形态特征 喙黑色，端部黄色。头深灰色。上背纯灰色。尾浅叉形，白色。腰部、下体及翼下白色。
生态习性 栖息于远洋。以鱼虾为食，也偷食鸟卵。集群在沿海和苔原繁殖，窝卵数2~3枚。
地理分布 分布于北极圈、东大西洋及东太平洋。中国记录于台湾及海南南沙群岛。
种群状况 单型种。迷鸟。罕见。

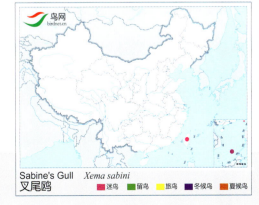

叉尾鸥
Sabine's Gull　　*Xema sabini*　　体长：27~33 cm　　LC（低度关注）

三趾鸥 \摄影：罗伟　　三趾鸥 \摄影：张锡贤　　三趾鸥 \摄影：白涛

形态特征 喙黄色，端近黑色。头颈、尾和下体白色。上体灰色。最外侧飞羽端黑色，内侧飞羽端白色。

生态习性 栖息于极地海岸、海岛及大型水域。

地理分布 分布于北美洲西北部、非洲西部、墨西哥、日本。国内见于辽宁、河北、北京、天津、甘肃、云南、四川、江苏、上海、浙江、广东、香港、海南、台湾。

种群状况 单型种。冬候鸟。不常见。

三趾鸥
Black-legged Kittiwake　　*Rissa tridactyla*　　体长：55~67 cm　　LC（低度关注）

灰背鸥 \摄影：谷国强　　灰背鸥 \摄影：徐克阳　　灰背鸥 \摄影：徐克阳

形态特征 大型鸥类。背部深灰色，腿暗粉色至粉红色；嘴黄色，上具红点。似银鸥但上体灰色更深，腿更显粉红。冬季头后及颈部具褐色纵纹。

生态习性 栖息于沿海滩涂、岛屿及河口地带，迁徙时也见于内陆河流与湖泊。常成对或成小群活动，以捕食鱼类、软体动物、环节动物等为食。

地理分布 繁殖于西伯利亚北部；越冬在日本及朝鲜沿海。国内分布于从黑龙江至广西的广大地区，南至台湾。

种群状况 单型种。旅鸟，冬候鸟。常见。

灰背鸥
Slaty-backed Gull　　*Larus schistisagus*　　体长：55~67 cm　　LC（低度关注）

鸻形目 CHARADRIIFORMES　　鸥科 Laridae (Gulls)

弗氏鸥 \ 摄影：东木　　　　弗氏鸥 \ 摄影：东木　　　　弗氏鸥 \ 摄影：东木

形态特征　喙暗红色。额、头、喉黑色，具光泽。眼上下具白斑。背、翅覆羽及腰蓝灰色；次级飞羽羽端白色。颈和腹部白色。尾灰白色。
生态习性　栖息于海岸、沼泽、湖泊。
地理分布　分布于北美洲及智利、秘鲁沿海。国内偶见于台湾、香港、河北、天津。
种群状况　单型种。迷鸟。罕见。

Franklin's Gull *Leucophaeus pipixcan*
弗氏鸥

弗氏鸥
Franklin's Gull　*Leucophaeus pipixcan*　　体长：32~38 cm　　LC（低度关注）

笑鸥 \ 摄影：Russell Burden　　　　　笑鸥 \ 摄影：Brian E. Kushner

形态特征　喙较长，末端稍有下垂。成鸟繁殖期具黑色头罩，眼后具半月形白斑。背及翅上深灰黑色，下体纯白色，尾白色，飞行时可见背及双翼上部全灰黑色。非繁殖期耳后有灰黑色斑，深色的初级飞羽末端常可见若干白点。虹膜深褐色。喙繁殖期深红而越冬期黑色，脚深红色。
生态习性　海岸性鸥类，食性庞杂，包括鱼类、水生无脊椎动物、昆虫，甚至人类垃圾。因其叫声似人类高声大笑而得名，常追随海上船只。
地理分布　国外分布于美洲大陆。在中国台湾为罕见迷鸟。
种群状况　单型种。迷鸟。罕见。

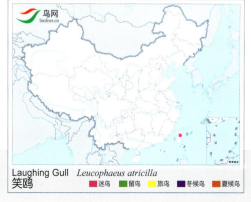

Laughing Gull *Leucophaeus atricilla*
笑鸥

笑鸥
Laughing Gull　*Leucophaeus atricilla*　　体长：36~41 cm　　LC（低度关注）

燕鸥科

Sternidae
(Terns)

本科鸟类具有翅型尖长、尾羽呈叉尾型、嘴形尖细等显著特征,可与鸥科鸟类相区别。

燕鸥科鸟类具有南北及东西方向迁徙的习性。具有东西迁徙习性的有乌燕鸥和红嘴巨鸥。普通燕鸥、白额燕鸥以及须浮鸥等常见种繁殖范围在中国北方,迁徙至东部沿海越冬。红嘴巨鸥繁殖于中亚、西伯利亚中部以及中国的东部,越冬于中国东部以及印度支那。白翅浮鸥繁殖于南欧及波斯湾,横跨亚洲至俄罗斯中部及中国,冬季南迁至非洲南部,并经印度尼西亚至澳大利亚,偶至新西兰。

繁殖于中国北方或更北地区的有鸥嘴噪鸥、须浮鸥及黑浮鸥,大多在中国东部沿海越冬,每年3月下旬迁到繁殖地,4月下旬至7月上旬为繁殖期,9月中下旬陆续迁飞至东部沿海越冬。繁殖范围广布的物种有普通燕鸥、白额燕鸥及内翅浮鸥,繁殖期为4月下旬至7月中下旬,9月中下旬陆续迁飞至越冬地。

燕鸥科为广布全球的水鸟,世界上共10属44种,中国有7属20种。

鸥嘴噪鸥 \ 摄影:徐永春

鸻形目 CHARADRIIFORMES　　燕鸥科 Sternidae (Terns)

鸥嘴噪鸥 \ 摄影：段文科

鸥嘴噪鸥 \ 摄影：段文科

鸥嘴噪鸥 \ 摄影：陈峰

形态特征 嘴、脚黑色，尾白色而呈深叉状。夏季头顶全黑色，背和中央尾羽淡灰色，两侧尾羽白色。冬季头顶黑色褪去，但颈背具灰色杂斑，黑色块斑过眼。

生态习性 栖息于内陆淡水和咸水湖泊、河流和沼泽地带，非繁殖期栖息于海岸及河口地区。

地理分布 共6个亚种，国外分布于欧洲、北非、亚洲、澳大利亚和北美洲。国内有2个亚种，指名亚种 *nilotica* 见于辽宁、内蒙古、陕西、新疆，体型较大，翅长大都在30厘米以上，嘴长3.5厘米或以上。华东亚种 *affinis* 繁殖于渤海及中国东南部包括台湾，越冬于中国东南部、台湾，或海南岛，体型较小，翅长在30厘米以下，嘴长大都在3.5厘米以下。

种群状况 多型种。夏候鸟，旅鸟，留鸟。不常见。

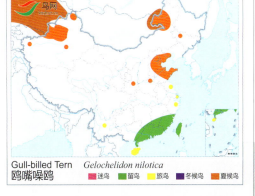

鸥嘴噪鸥

Gull-billed Tern　*Gelochelidon nilotica*　　体长：31~39 cm　　LC（低度关注）

红嘴巨鸥 \ 摄影：郭连福

红嘴巨鸥 \ 摄影：邢睿

红嘴巨鸥 \ 摄影：梁长久

红嘴巨鸥 \ 摄影：王尧天

形态特征 嘴粗大红色，尖端黑色。脚黑色。夏季头顶黑色，具短冠羽，颈白色，背灰色，初级飞羽下面黑色，翼上其余白色。冬羽头顶有黑白纵纹。

生态习性 栖息于海岸沙滩、平坦泥地、岛屿、沿海沼泽、河口、内湖湿地。

地理分布 国外分布于北美洲、非洲、中亚、西亚、南亚、大洋洲，繁殖于东部沿海，从渤海到海南及长江上游。北方南下的迁徙种群及南方留鸟都在华南、东南地区及台湾、海南岛越冬。

种群状况 单型种。夏候鸟，旅鸟，冬候鸟。不常见。

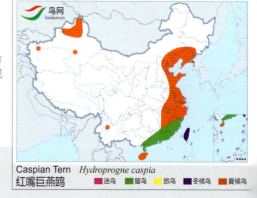

红嘴巨燕鸥（红嘴巨鸥）

Caspian Tern　　*Hydroprogne caspia*　　体长：47~55 cm　　LC（低度关注）

鸻形目 CHARADRIIFORMES　　燕鸥科 Sternidae (Terns)

小凤头燕鸥 \ 摄影：高宏颖

小凤头燕鸥 \ 摄影：高宏颖

形态特征　形似大凤头燕鸥，但体型较小。繁殖期前额黑色，嘴橙红色。冬羽仅前额变白，凤头仍为黑色。幼鸟似非繁殖期成鸟，但上体具近褐色杂斑，飞羽深灰色。
生态习性　海洋性鸟类，主要栖息于海洋、岛屿、海岸岩石等处，成群活动，常与其他种类尤其是与大凤头燕鸥混群。
地理分布　共3个亚种，繁殖于北非、红海、波斯湾、印度、菲律宾、马来西亚至澳大利亚北部。国内有1个亚种，指名亚种 *bengalensis* 分布于福建、广东及香港海上，且在中国南沙群岛可见。
种群状况　多型种。旅鸟。罕见。

Lesser Crested Tern　*Thalasseus bengalensis*
小凤头燕鸥　■迷鸟　■留鸟　■旅鸟　■冬候鸟　■夏候鸟

小凤头燕鸥
Lesser Crested Tern　　*Thalasseus bengalensis*　　　　体长：38~42 cm　　　　LC（低度关注）

黄嘴凤头燕鸥 \ 摄影：boilingpics

警示 \ 摄影：boilingpics

黄嘴凤头燕鸥 \ 摄影：boilingpics

形态特征　形似小凤头燕鸥，但嘴为黄色或黑色而尖端带黄色。脚黑色，偶尔有黄色。
生态习性　栖息于海岸和温暖水域。
地理分布　共2个亚种。指名亚种 *sandvicensis* 在黑海、里海、波罗的海和北海繁殖，在印度西海岸和斯里兰卡越冬。美洲亚种 *acuflavidus* 分布于美洲。国内台湾偶有记录。
种群状况　多型种。迷鸟。罕见。

Sandwich Tern　*Thalasseus sandvicensis*
黄嘴凤头燕鸥　■迷鸟　■留鸟　■旅鸟　■冬候鸟　■夏候鸟

黄嘴凤头燕鸥（白嘴端凤头燕鸥）
Sandwich Tern　　*Thalasseus sandvicensis*　　　　体长：36~46 cm　　　　LC（低度关注）

中华凤头燕鸥 \ 摄影：陈林

中华凤头燕鸥 \ 摄影：储静兰

中华凤头燕鸥 \ 摄影：蔡卫和

中华凤头燕鸥 \ 摄影：冯江

形态特征 嘴黄色，尖端黑色；脚黑色，繁殖期头顶黑色，具短冠羽；上体淡灰色，翅灰色，外侧初级飞羽外翈黑色。冬季前额和头顶白色，枕部成"U"形黑色斑块。

生态习性 栖息于海岸岛屿。具有迁徙习性。

地理分布 在浙江象山韭山列岛、舟山五峙山列岛及台湾马祖岛上有繁殖，迁徙时曾见于河北、天津、山东、上海、浙江、福建、广东、海南西沙群岛。

种群状况 单型种。夏候鸟、旅鸟、冬候鸟。全球数量少于100只。极罕见。

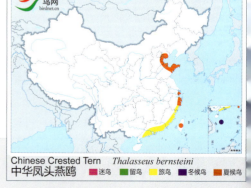

中华凤头燕鸥（黑嘴端凤头燕鸥）

Chinese Crested Tern　　*Thalasseus bernsteini*　　体长：38~42 cm　　国家Ⅱ级重点保护野生动物　　CR（极危）

鸻形目 CHARADRIIFORMES　　燕鸥科 Sternidae (Terns)

大凤头燕鸥 \ 摄影：张代富

大凤头燕鸥 \ 摄影：冯江

大凤头燕鸥 \ 摄影：陈添平

大凤头燕鸥 \ 摄影：冯江

形态特征 嘴黄色，脚黑色；夏季头顶及冠羽黑色，前额及眼先白色；上体灰色，下体白色，初级飞羽黑色。冬羽头顶缀有白色纵纹。

生态习性 栖息于海岸和海岛岩石、悬崖、沙滩和海洋上。

地理分布 共6个亚种。国内有1个亚种，普通亚种 cristatus 见于浙江、福建、广东、香港、广西、海南及台湾。

种群状况 多型种。夏候鸟，留鸟。常见于中国南海及浙江舟山群岛。

Great Crested-Tern　*Thalasseus bergii*
大凤头燕鸥

大凤头燕鸥

Greater Crested Tern　　*Thalasseus bergii*　　　体长：45~51 cm　　　LC（低度关注）

河燕鸥 \ 摄影：冯江

河燕鸥 \ 摄影：田穗兴

河燕鸥 \ 摄影：沈强

河燕鸥 \ 摄影：冯江

形态特征 夏季嘴黄色，脚橘黄色，头顶黑色，眼下缘有一淡的星月形斑。背部、翅灰色，下体白色；翼尖略带黑色，尾长而深叉。冬季嘴尖端黑色。

生态习性 栖息于山地和平原上的江河地带。

地理分布 国外分布于伊朗向东至南亚、东南亚。国内见于云南西部及西南部。

种群状况 单型种。留鸟。近危。罕见。

河燕鸥（黄嘴河燕鸥）

River Tern *Sterna aurantia* 体长：37~43 cm 国家Ⅱ级重点保护野生动物 NT（近危）

鸻形目 CHARADRIIFORMES　　燕鸥科 Sternidae (Terns)

粉红燕鸥 \ 摄影：袁崇伟　　　　　　　　　　　　　　　　粉红燕鸥 \ 摄影：田穗兴

形态特征 夏季嘴暗红色，先端黑色；头顶至后颈黑色，翼上及背部浅灰色，下体白色，胸部粉红色。冬羽前额白色，头顶具杂斑；嘴黑色，脚褐色。初级飞羽外侧近黑色。站立时尾显著超过翼尖。
生态习性 栖息于海岸、岩礁、岛屿上，俯冲入水捕鱼，也会侵袭其他浮鸥。
地理分布 共5个亚种。国内有1个亚种，东南亚种 *bangsi* 见于浙江、福建、广东、香港、广西、海南和台湾。
种群状况 多型种。夏候鸟，留鸟。罕见。

粉红燕鸥

Roseate Tern　*Sterna dougallii*　　　　体长：31~38 cm　　　　LC（低度关注）

黑枕燕鸥 \ 摄影：邱小宁　　　　　　黑枕燕鸥 \ 摄影：陈峰　　　　　　黑枕燕鸥 \ 摄影：邱小宁

形态特征 全身白色，仅眼先有一黑带向后延伸在枕部相连。嘴、脚黑色。
生态习性 典型海洋鸟类，从不到内陆。
地理分布 共2个亚种。国内有1个亚种，指名亚种 *sumatrana* 见于河北、山东、江苏、上海、浙江、福建、广东、香港、海南和台湾。
种群状况 多型种。夏候鸟，旅鸟，留鸟。不常见。

黑枕燕鸥

Black-naped Tern　*Sterna sumatrana*　　　　体长：30~35 cm　　　　LC（低度关注）

西藏亚种 *tibetana* ＼摄影：段文科

指名亚种 *hirundo* ＼摄影：王尧天

东北亚种 *longipennis* ＼摄影：许崇山

西藏亚种 *tibetana* ＼摄影：关克

形态特征 夏季头顶、后颈黑色；嘴红色，端部黑色；脚红色。非繁殖期前额白色，头顶具黑白色杂斑；前翼具近黑色的横纹，外侧尾羽羽缘近黑色。站立时翼尖刚好及尾。

生态习性 栖息于沿海及内陆水域。

地理分布 共4个亚种，国外分布于欧亚大陆、美洲大陆、大洋洲。国内有3个亚种，指名亚种 *hirundo* 繁殖于中国西北地区，嘴红色，仅先端黑色，嘴峰有时全黑；脚红色，背灰色，下体较淡灰而沾浅葡萄色。东北亚种 *longipennis* 见于东北及华北地区的东部，嘴纯黑色，脚乌褐色。西藏亚种 *tibetana* 见于中国北部及中部地区、青海及西藏。后2个亚种迁徙时经华南及东南地区，包括台湾及海南。嘴红色，仅先端黑色，嘴峰有时全黑，脚红色，背较暗灰而沾褐色，下体葡萄灰色，较深浓。

种群状况 多型种。夏候鸟，旅鸟，冬候鸟。常见。数量较多。

普通燕鸥

Common Tern   *Sterna hirundo*   体长：31~38 cm   LC（低度关注）

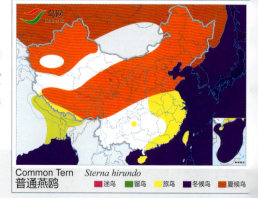

鸻形目 CHARADRIIFORMES　　燕鸥科 Sternidae (Terns)

普通亚种 *sinensis* \ 摄影：梁长久

普通亚种 *sinensis* \ 摄影：雷大勇

普通亚种 *sinensis* \ 摄影：关克

指名亚种 *albifrons* \ 摄影：王尧天

形态特征 夏季头顶、颈背黑色，额白色；嘴黄色，尖端黑色；脚橙黄色。冬季前顶及额白色，仅后顶和枕全为黑色。嘴黑色，脚暗红色。
生态习性 栖息于海岸、岛屿、内陆湖泊等。常在水面上空悬停，伺机潜入水中。
地理分布 共6个亚种。国内有2个亚种。指名亚种 *albifrons* 见于新疆，第一枚初级飞羽的羽干淡褐色，第二至第三枚具暗褐色羽干。普通亚种 *sinensis* 除新疆、西藏、广西外见于全国各地，第一枚初级飞羽的羽干纯白，第二至第三枚具淡褐色羽干。
种群状况 多型种。夏候鸟，留鸟。常见。

白额燕鸥

Little Tern　　*Sterna albifrons*　　体长：23~28 cm　　LC（低度关注）

黑腹燕鸥 \ 摄影：Ramki Sreenivasan

黑腹燕鸥 \ 摄影：Eduardo de Juana

形态特征 夏季头顶黑色，嘴及腿橘黄色，腹部具黑色斑块。冬季嘴端黑色，额具白色杂斑，腹部黑色缩小或不见。
生态习性 栖息于内陆河流、湖泊、水库等。
地理分布 国外分布于南亚。国内见于云南西南部。
种群状况 单型种。留鸟。罕见。

黑腹燕鸥
Black-bellied Tern *Sterna acuticauda* 体长：29~30 cm EN（濒危）

白腰燕鸥 \ 摄影：刘文华

白腰燕鸥 \ 摄影：田穗兴

白腰燕鸥 \ 摄影：刘文华

形态特征 夏季头顶和枕黑色，额白色，嘴和脚黑色，背和翅上覆羽灰色。冬季头部有白色纵纹，翼下可见次级飞羽后缘黑色。
生态习性 栖息于沿海岛屿和海岸地区及邻近的内陆河流、湖泊、河口等。
地理分布 国外繁殖于西伯利亚、阿留申群岛及阿拉斯加。国内见于福建、香港和台湾。
种群状况 单型种。冬候鸟，旅鸟。罕见。

白腰燕鸥
Aleutian Tern *Sterna aleutica* 体长：35~38 cm LC（低度关注）

鸻形目 CHARADRIIFORMES　燕鸥科 Sternidae (Terns)

褐翅燕鸥 \ 摄影：陈峰

褐翅燕鸥 \ 摄影：袁崇伟

褐翅燕鸥 \ 摄影：付杰

形态特征 背深色，嘴、脚黑色，额至枕黑色，眉纹白色。贯眼纹黑色，脸部、颈侧和下体白色。飞行时上体除翼前缘和外侧尾羽外为白色外，其余都呈黑色；下体除飞羽为黑色外，其余都为白色。
生态习性 栖息于外海，如海中岛屿的悬崖峭壁上，天气不好时才来海岸。
地理分布 共6个亚种，国内有1个亚种，指名亚种 anaethetus 见于浙江、福建、广东、香港、广西、海南和台湾。
种群状况 多型种。夏候鸟，留鸟。不常见。

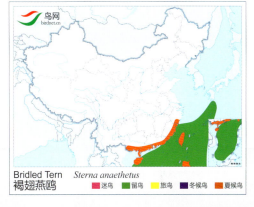

褐翅燕鸥

Bridled Tern　　*Sterna anaethetus*　　　　体长：36~37 cm　　　　　　　　　　　　　　　LC（低度关注）

育雏 \ 摄影：胡斌

乌燕鸥 \ 摄影：胡斌

乌燕鸥 \ 摄影：胡斌

形态特征 喙黑色。额白色，头、后颈黑色。过眼纹黑色。上体黑色。颊、颈侧和下体白色。尾叉形。
生态习性 栖息于极地海岸、海岛。
地理分布 共8个亚种，分布于热带海区。国内有1个亚种，华东亚种 nubilosa 分布于湖北、江苏、浙江、福建、香港、海南西沙、台湾。
种群状况 多型种。夏候鸟，迷鸟。不常见。

乌燕鸥

Sooty Tern　　*Sterna fuscata*　　　　体长：36~45 cm　　　　　　　　　　　　　　　LC（低度关注）

筑巢 \ 摄影：关克

育雏 \ 摄影：孙晓明

求偶 \ 摄影：李强

灰翅浮鸥 \ 摄影：段文举

形态特征 喙淡紫红色。额至头顶黑色。颊、颈侧、喉白色。前颈、胸暗灰色，腹部黑色。尾下覆羽白色。背至尾灰色。尾叉形。

生态习性 栖息于海岸、河口、湿地。在空中定点悬停，俯冲入水捕食。

地理分布 共6个亚种，分布于欧洲、亚洲中部和南部、大洋洲、非洲。国内有1个亚种，普通亚种 hybrida 除西藏、贵州外见于全国各地。

种群状况 多型种。夏候鸟，冬候鸟，旅鸟。常见。

灰翅浮鸥（须浮鸥）

Whiskered Tern *Chlidonias hybrida* 体长：23~28 cm LC（低度关注）

鸻形目 CHARADRIIFORMES　　燕鸥科 Sternidae (Terns)

白翅浮鸥 \ 摄影：邢睿

白翅浮鸥 \ 摄影：关克

白翅浮鸥 \ 摄影：关克

白翅浮鸥 \ 摄影：王尧天

白翅浮鸥 \ 摄影：毛建国

形态特征 夏季嘴暗红色，脚红色，头、颈、背和下体黑色；翅灰色，翅上小覆羽、腰、尾白色，飞行时除尾和飞羽为白色外，其余均为黑色。冬季嘴黑色，脚暗红色；头、颈和下体白色，头顶和枕有黑斑并与眼后黑斑相连，延伸至眼下。
生态习性 栖息于内陆河流、湖泊、沼泽、河口等湿地。
地理分布 国外分布于欧洲、亚洲、非洲及澳大利亚。国内见于全国各地。
种群状况 单型种。夏候鸟，旅鸟，冬候鸟。常见。

白翅浮鸥

White-winged Tern　　*Chlidonias leucopterus*　　体长：20~26 cm　　LC（低度关注）

黑浮鸥 \ 摄影：邢睿

黑浮鸥 \ 摄影：王尧天

黑浮鸥 \ 摄影：王尧天

黑浮鸥 \ 摄影：杨峻

形态特征 喙黑色。头、颈、下体黑色。背黑色。尾黑色、叉形。尾下覆羽白色。脚红色。

生态习性 栖息于海岸、河口、湿地、池塘。

地理分布 共2个亚种，分布于欧洲、北美洲、南美洲、非洲。国内有1个亚种，指名亚种 niger 分布于北京、天津、内蒙古、宁夏、新疆、香港、台湾。

种群状况 多型种。夏候鸟、旅鸟、迷鸟。不常见。

Black Tern *Chlidonias niger*
黑浮鸥

黑浮鸥

Black Tern   *Chlidonias niger*   体长：24~27 cm   国家Ⅱ级重点保护野生动物   LC（低度关注）

鸻形目 CHARADRIIFORMES　　燕鸥科 Sternidae (Terns)

白顶玄燕鸥 \ 摄影：桑新华

白顶玄燕鸥 \ 摄影：桑新华

白顶玄燕鸥 \ 摄影：陈东明

形态特征 喙黑色。眼下有细白斑。额至头顶白色，枕部紫灰色。体羽暗褐色。尾浅叉形。脚黑色。
生态习性 栖息于海岸、海岛。在海上长时间漂移和游泳。
地理分布 共5个亚种，分布于热带海域。国内有1个亚种，太平洋亚种 *pileatus* 见于浙江、福建、广东、海南、台湾。
种群状况 多型种。夏候鸟。不常见。

白顶玄燕鸥

Brown Noddy　*Anous stolidus*　　体长：38~45 cm　　LC（低度关注）

白燕鸥 \ 摄影：宋迎涛

白燕鸥 \ 摄影：胡斌

育雏 \ 摄影：宋迎涛

形态特征 喙黑色，尖端细，基部蓝色。眼圈黑色。体羽白色。尾叉形。脚黑色。
生态习性 栖息于海岸、海岛。集群活动。
地理分布 共4个亚种，主要分布于热带海域。国内有1个亚种，广东亚种 *candida* 见于广东、澳门、海南。
种群状况 多型种。迷鸟。不常见。

白燕鸥（白玄鸥）

White Tern　*Gygis alba*　　体长：25~30 cm　　LC（低度关注）

剪嘴鸥科
Rynchopidae
(Skimmers)

本科鸟类为海洋性鸟类，中等大小。嘴上下侧扁，基部较宽，下嘴较上嘴长。翅长、窄而尖，第一枚初级飞羽最长。尾较短，微呈叉状。

主要栖息于海洋和大的河流与湖泊中。常成群活动。飞行能力极强，频繁地在海面低空飞翔。在飞行中觅食，觅食时常将突出的下嘴插入水中，一边飞翔一边摄取水表面的食物。营巢于水边沙砾地上，每窝产卵2~3枚，偶尔4~5枚。雌雄两性孵卵。

全世界有1属3种，分布于热带地区海洋和淡水水体中（亦有学者将本科合并于鸥科）。中国有1属1种，分布于华南沿海。

剪嘴鸥 \ 摄影：习靖

形态特征 嘴粗大，橙黄色，长而侧扁，基部宽，下嘴较上嘴显著长，尖端黄色。脚红色，较短，头顶至枕黑色；嘴基、颊、后颈和整个下体白色；上体和翅黑褐色。

生态习性 栖息于海岸、岛屿和大的河流与湖泊中。近水面低空飞行，频繁贴近水面用下嘴插入水中捕食水面食物。

地理分布 国外分布于印度及东南亚。国内只见于广东。

种群状况 单型种。旅鸟。罕见。

剪嘴鸥 \ 摄影：杰西

剪嘴鸥 \ 摄影：习靖

Indian Skimmer　*Rynchops albicollis*
剪嘴鸥

剪嘴鸥
Indian Skimmer　*Rynchops albicollis*　　体长：40~43 cm　　VU（易危）

海雀科
Alcidae (Auks)

本科鸟类嘴粗短而侧扁，体短而肥胖。颈短，翅较短尖，尾短而圆；跗蹠短，位于身体后方，站立时呈直立姿势。无后趾，前3趾间具蹼。繁殖期嘴上常长出各种突出物，颈上亦多有饰羽。

主要栖息于海上，除繁殖期外，几乎全在海上生活。在水中时身体露出水面很高。极善游泳和潜水，潜水时主要用翅膀推进。飞行快而直，但在地上行走笨拙。主要通过潜水捕食，食物多为鱼类、乌贼、甲壳类等海洋动物。常成群营巢于海岛岩石和岩礁上。雏鸟早成性。

全世界有12属21种，主要分布于北半球海洋和淡水水体中。中国有4属5种，主要分布于东北部沿海。

崖海鸦 \ 摄影：Glenn Bartley

形态特征 典型的海鸟。前趾间有蹼膜，后趾缺如。翅窄而短小，尾短。体羽黑白两色，雌雄羽色相似。

生态习性 以鱼类、甲壳类动物和其他海洋无脊椎动物为食。直线飞行速度快，不擅长转弯，擅长潜水，一般情况下可潜到水下30~60米，最大记录是水下180米。

地理分布 共5个亚种，国外分布于太平洋及北大西洋。国内仅在台湾有记录。

种群状况 多型种。迷鸟。数量稀少。罕见。

崖海鸦 \ 摄影：David Tipling

Common Murre *Uria aalge*
崖海鸦

崖海鸦
Common Murre *Uria aalge* 体长：38~43 cm LC（低度关注）

斑海雀 \ 摄影：Tim Zurowski　　斑海雀 \ 摄影：李宗丰　　斑海雀 \ 摄影：Tim Zurowski

形态特征 嘴黑色，细长，尾黑而短。夏季上体暗褐色，腰和肩杂有棕色或黄褐色横斑。下体白色而杂有黑褐色斑。冬季上体黑灰色，颏、喉、颈、颈背和下体白色，眼周有一白圈。

生态习性 繁殖期主要栖息于海岸、岛屿，非繁殖期主要栖息于海洋和沿海地区。

地理分布 国外分布于北太平洋。国内见于黑龙江、辽宁、山东。

种群状况 单型种。旅鸟。罕见。

斑海雀

Marbled Murrelet　*Brachyramphus marmoratus*　　体长：25~29 cm　　NT（近危）

扁嘴海雀 \ 摄影：桑新华　　扁嘴海雀 \ 摄影：桑新华

形态特征 形似企鹅，浅色的嘴粗短而呈圆锥形。夏季头无羽冠，头和喉黑色，白色的眉纹呈散开形；背蓝灰色，下体白色。冬季上体褐色，无白色眉纹；颏灰色，喉部白色；飞行时翼下白色，前后缘均色深，腋羽色暗。

生态习性 集群营巢于海岸和海岛悬崖上或岩石缝隙间。

地理分布 共2个亚种，国外分布于阿拉斯加、西伯利亚东部沿海及日本、朝鲜海域。国内有1个亚种，指名亚种 antiquus 见于黑龙江、吉林、辽宁、山东、上海、浙江、广东、香港、海南、台湾。

种群状况 多型种。旅鸟，夏候鸟，冬候鸟，迷鸟。罕见。

扁嘴海雀

Ancient Murrelet　*Synthliboramphus antiquus*　　体长：21~27 cm　　LC（低度关注）

鸻形目 CHARADRIIFORMES　　海雀科 Alcidae (Auks)

冠海雀 \ 摄影：陈承光

冠海雀 \ 摄影：赖健豪

冠海雀 \ 摄影：赖健豪

形态特征 夏季前额和头顶羽冠黑色，眼周一圈白色。颊及上喉灰色。眼上部头侧有白色条纹延至上枕部相交。上体灰黑，下体近白色，两胁灰黑色。冬羽冠羽较短，其头部的黑白色分布不同。嘴极短。

生态习性 繁殖于海岛和海岸上。

地理分布 国外分布于日本、俄罗斯远东地区沿海。国内见于香港和台湾。

种群状况 单型种。迷鸟。罕见。

Japanese Murrelet *Synthliboramphus wumizusume*
冠海雀

冠海雀
Japanese Murrelet　*Synthliboramphus wumizusume*　　体长：25~26 cm　　VU（易危）

角嘴海雀 \ 摄影：Glenn Bartley

角嘴海雀 \ 摄影：Tim Zurowsk

形态特征 嘴粗短，呈圆锥状，橘黄色。夏季可见眼后白色眉纹及眼下的白色髭纹修饰羽。上体灰黑色，胸褐灰色，腹白色。上颚基部具一小的浅色角状物，因此得名。嘴及脚的橘黄色较浓。冬季嘴上角状物消失，头侧修羽消失。

生态习性 夏季栖息于海岛、海岸和洋面上，营巢于洞穴中。

地理分布 国外分布于东亚、俄罗斯远东、美国、加拿大西海岸。国内见于辽宁。

种群状况 单型种。冬候鸟。罕见。

Rhinoceros Auklet *Cerorhinca monocerata*
角嘴海雀

角嘴海雀
Rhinoceros Auklet　*Cerorhinca monocerata*　　体长：32~41 cm　　LC（低度关注）

沙鸡目
PTEROCLIFORMES

- 色彩灰暗,外形似鸽
- 栖息于荒漠、半荒漠。多为群栖性,有较强的行走和飞翔能力
- 全世界有1科2属16种,分布于欧亚大陆及非洲
- 中国有1科2属3种。主要分布于西部和北部地区

沙鸡科
Pteroclidae (Sandgrouse)

本科鸟类体型中等,大小与斑鸠类鸟类相似。嘴似家鸡,但小而弱。翅尖长,初级飞羽1枚,尾羽14~16枚。中央一对尾羽特形延长且羽端尖细。脚短,仅3趾,后趾缺。跗蹠及趾全被羽,脚底生有细鳞片。雏鸟早成性。

主要栖息于草原、荒漠和半荒漠地区。非繁殖期常成群活动。飞翔迅速,两翅扇动很快,并有声响。营巢于灌丛间沙地上。每窝产卵3~4枚。主要以植物种子、嫩芽和昆虫为食。

本科全世界有2属16种,分布于欧亚大陆及非洲。中国有2属3种,主要分布于西部和北部地区。

西藏毛腿沙鸡 \ 摄影:刘爱华

沙鸡目 PTEROCLIFORMES　沙鸡科 Pteroclidae (Sandgrouse)

西藏毛腿沙鸡 \ 摄影：刘爱华

西藏毛腿沙鸡 \ 摄影：刘爱华

西藏毛腿沙鸡 \ 摄影：邢睿

形态特征 上体沙棕色。翅上初级飞羽黑色，肩羽具黑色点状斑。翅下覆羽和腋羽黑色，腹部白色。腿及前趾被羽，无后趾。雄鸟喙淡青色，头侧和喉部橙黄色，头顶、颈、胸、颏具黑色细点横条纹；中央尾羽尖长。雌鸟喙灰色，上体和翅上覆羽布满黑色细横条纹；中央尾羽稍短。

生态习性 多在空旷多岩石的滩地、荒漠草原、高山草原、平原边缘地带集小群活动。冬季向低海拔迁徙。飞行敏捷，扇翅较快，不太怕人。惊飞后近处落地。

地理分布 国外分布于塔吉克斯坦、印度。国内见于新疆的帕米尔高原及昆仑山、西藏、青海东部、四川西北部。

种群状况 单型种。留鸟。地区性常见。

西藏毛腿沙鸡

Tibetan Sandgrouse　*Syrrhaptes tibetanus*　体长：40 cm　LC（低度关注）

毛腿沙鸡 \ 摄影：段文科

集群 \ 摄影：肖怀民

毛腿沙鸡 \ 摄影：张雪峰

形态特征 上体沙棕色，翅下覆羽沙灰色，下体腹部具明显黑色大斑；腿及前三趾被羽，后趾缺；中央尾羽尖长，其他尾羽端斑白色。雄鸟胸部有黑色细横斑，形成胸带。雌鸟喉部具一条黑色细横线。

生态习性 栖息在草原和半沙漠、稀疏草本或灌木区、农田区。多集群于水源处饮水。飞行速度快，飞行距离短。

地理分布 分布于哈萨克斯坦、乌兹别克斯坦、蒙古和西伯利亚。国内见于东北、华北及西北地区、山东。偶见于四川及广西。

种群状况 单型种。留鸟，夏候鸟，冬候鸟。地区性常见，冬季多无规律游荡。

毛腿沙鸡

Pallas's Sandgrouse   *Syrrhaptes paradoxus*   体长：36 cm   LC（低度关注）

沙鸡目 PTEROCLIFORMES　　沙鸡科 Pteroclidae (Sandgrouse)

黑腹沙鸡 \ 摄影：许传辉

黑腹沙鸡 \ 摄影：陈添平

黑腹沙鸡 \ 摄影：王尧天

形态特征 下胸具黑色带斑，腹部楔状斑黑色，中央尾羽比其他沙鸡短；飞羽黑色，与翅下覆羽白色对比明显；尾下覆羽白色。雌鸟黑色斑多。

生态习性 栖息于荒漠、半荒漠草原地区。常成小群活动，冬季集大群。善于奔跑和飞行。以植物种子、叶、芽等为食。繁殖期5~6月，营巢于地面凹坑处。

地理分布 共2个亚种，分布于北非、中亚和西亚。国内有1个亚种，新疆亚种 *arenarius* 见于新疆北部和西部。

种群状况 多型种。留鸟。稀少。

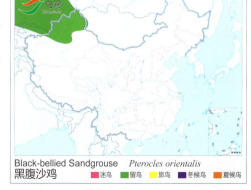

黑腹沙鸡

Black-bellied Sandgrouse　　*Pterocles orientalis*　　体长：34 cm　　国家Ⅱ级重点保护野生动物　　LC（低度关注）

鸽形目
COLUMBIFORMES

- 中小型鸟类。外形似家鸽。头小、颈粗短,多数种嘴短细
- 栖息于森林、平原、荒漠、山地等各类生境中。成对或成群活动。营巢于岩穴或树枝杈间,亦有在地面草丛中营巢
- 全世界计有2科43属317种,分布几遍全球
- 中国有1科7属32种,广泛分布于全国各地

鸠鸽科
Columbidae
(Doves, Pigeons)

本科鸟类体型大小不一,一般如家鸽,雌雄大都相似。体较肥胖,头稍小,羽毛柔软而稠密。嘴短,嘴基有由软的皮肤形成的蜡膜,上嘴先端膨大而坚硬。翅长而尖,初级飞羽11枚。尾圆形或楔形。脚短而强,适于地面行走。趾4枚,同在一平面上。趾间无蹼。尾脂腺裸出或退化。

大都树栖,少数栖于地上或岩石间,善飞行,迁徙性强,常成群栖息或活动,有的集群繁殖。营巢于树上或灌丛间,也在岩石缝隙或建筑物上营巢。每窝产卵2枚,有的1年繁殖2次,孵化期14~18天。雏鸟晚成性,亲鸟用"鸽乳"育雏。成鸟主要以种子、果实、植物芽、叶等植物性食物为食,也吃昆虫和小型无脊椎动物。

全世界计有40属280种,分布于全球热带和温带地区,尤以东洋界和大洋洲种类较多。中国有7属32种,分布于全国各地。

原鸽新疆亚种 *neglecta* \ 摄影:王尧天

鸽形目 COLUMBIFORMES　　鸠鸽科 Columbidae (Doves, Pigeons)

新疆亚种 *neglecta* \ 摄影：邢睿

华北亚种 *nigricans* \ 摄影：孙晓明

新疆亚种 *neglecta* \ 摄影：王尧天

形态特征 外形似家鸽。体羽灰色。颈、上胸、上肩具紫绿色金属光泽。翅具两道黑色横斑。尾端斑黑色，外侧尾羽白色。嘴黑色，脚深红色。

生态习性 栖息于山地悬崖峡谷、荒漠、平原。集群活动，地面取食。

地理分布 共9个亚种，分布于南欧、北非、西亚、中亚、南亚及蒙古。国内有2个亚种，新疆亚种 *neglecta* 见于甘肃、新疆、西藏南部、澳门，翅上覆羽灰色，次级飞羽有黑缘。华北亚种 *nigricans* 见于内蒙古西部、宁夏、甘肃、青海，翅上覆羽近黑色，次级飞羽无黑缘。

种群状况 多型种。留鸟。地区性常见。

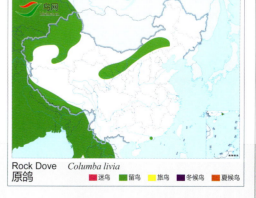

Rock Dove　　*Columba livia*
原鸽

原鸽

Rock Dove　　*Columba livia*　　　　体长：32 cm　　　　LC（低度关注）

指名亚种 *rupestris* ／摄影：段文科

新疆亚种 *turkestanica* ／摄影：王尧天

指名亚种 *rupestris* ／摄影：施文斌

指名亚种 *rupestris* ／摄影：孙晓明

形态特征 体羽灰色。颈、上胸、上肩具紫绿色金属光泽。翅具两道黑色横斑。下背和尾部次端斑白色。

生态习性 白天常在悬崖处短暂停息，多成群夜宿于悬崖缝或石块洞穴中。在地上行走时频频点头鸣叫似家鸽。

地理分布 共2个亚种，分布于中亚、西伯利亚、蒙古到朝鲜半岛。国内有2个亚种，指名亚种 *rupestris* 见于秦岭以北的北方地区，体色较暗灰，翅长 ♂22厘米。新疆亚种 *turkestanica* 见于青海西部、新疆、西藏，体色较淡，特别是腹面，呈灰白色，体羽白色；翅长 ♂23.2厘米。

种群状况 多型种。夏候鸟，留鸟。地区性常见。

岩鸽

Hill Pigeon　　*Columba rupestris*　　体长：31 cm　　LC（低度关注）

Hill Pigeon　*Columba rupestris*
岩鸽

鸽形目 COLUMBIFORMES　　鸠鸽科 Columbidae (Doves, Pigeons)

华西亚种 gradaria \摄影：肖克坚

指名亚种 leuconota \摄影：丁玉祥

华西亚种 gradaria \摄影：关克

指名亚种 leuconota \摄影：向文军

形态特征 体羽淡灰棕色。头灰黑色，颈及下体白色，上体淡灰棕色。翅瓦灰色，具两条黑色横带。尾羽黑灰色，尾中部具白色横带。

生态习性 栖息于高山裸岩河谷，雪线以上。集群活动。

地理分布 共2个亚种，分布于帕米尔高原到喜马拉雅山脉、缅甸。国内有2个亚种，华西亚种 gradaria 见于甘肃南部、新疆西部、西藏东部和东南部、青海、云南西北部、四川西部，头呈乌灰色，翕羽色较灰。指名亚种 leuconota 见于西藏南部，头呈暗灰色而沾褐色，翕羽色较褐。

种群状况 多型种。留鸟。地区性常见。

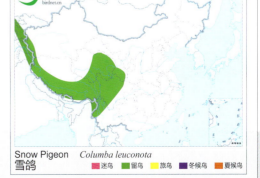

Snow Pigeon　　Columba leuconota
雪鸽

雪鸽

Snow　Pigeon　　*Columba leuconota*　　　　体长：35 cm　　　　LC（低度关注）

441

欧鸽 \ 摄影：王尧天　　　　欧鸽 \ 摄影：童光琦　　　　欧鸽 \ 摄影：李全民

形态特征 体羽灰色。颈侧羽毛具金属紫绿色光泽。上胸葡萄红色。腰及尾灰色，尾端斑黑色。
生态习性 栖息于山地森林。飞行较快，有振翅声。
地理分布 共2亚种，分布于欧洲及中亚。国内有1个亚种，新疆亚种 *yarkandensis* 见于新疆喀什和天山。
种群状况 多型种。留鸟。罕见。

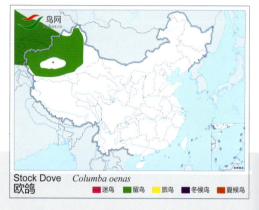

欧鸽
Stock Dove　　*Columba oenas*　　　体长：31~34 cm　　　　　　LC（低度关注）

中亚鸽 \ 摄影：Arka Sarkar　　　　中亚鸽 \ 摄影：James Eaton

形态特征 体羽蓝灰色。眼圈奶黄色，颈侧羽毛具金属紫绿色光泽。头和上胸葡萄红色。下背白色。尾羽具宽阔黑色端斑。
生态习性 栖息于山地森林，荒漠、山间平原、水源低地。多栖息于树上。
地理分布 分布于中亚、伊朗、印度。国内见于甘肃、新疆西部和北部。
种群状况 单型种。夏候鸟。不常见。

中亚鸽
Pale-backed Pigeon　　*Columba eversmanni*　　　体长：26 cm　　　　　　VU（易危）

鸽形目 COLUMBIFORMES　　鸠鸽科 Columbidae (Doves, Pigeons)

指名亚种 palumbus ＼摄影：王尧天

指名亚种 palumbus ＼摄影：王尧天

新疆亚种 casiotis ＼摄影：向文军

形态特征 雄雌鸟羽色相似，整个头部和颈部均为暗灰色，额部和喉部颜色稍淡，后颈的下部具绿色或紫铜色的金属光泽。颈侧有一个皮黄色斑，是其独有的特征之一。体羽灰蓝色，胸葡萄红色。翅缘白色，尾灰色，具黑色宽端斑。

生态习性 栖息山地林地。集群活动，飞行缓慢。

地理分布 共4个亚种，分布于欧洲、非洲北部、西亚和中亚。国内有2个亚种，新疆亚种 casiotis 见于新疆伊犁河谷。指名亚种 palumbus 见于新疆北部。

种群状况 多型种。留鸟，旅鸟。罕见。

Common Wood Pigeon　Columba palumbus
斑尾林鸽　■迷鸟　■留鸟　■旅鸟　■冬候鸟　■夏候鸟

斑尾林鸽

Common Wood Pigeon　　*Columba palumbus*　　体长：42 cm　　国家Ⅱ级重点保护野生动物　　LC（低度关注）

斑林鸽 ＼摄影：关克

斑林鸽 ＼摄影：李维新

斑林鸽 ＼摄影：李维新

形态特征 头、颈和上胸银灰色，颈侧和后颈羽毛长尖形，下胸布满淡红褐色斑点和斑纹，上背和肩褐红色，翅上有白色斑点。

生态习性 栖息于海拔3000米以上山区林地。集群于树冠层活动。

地理分布 分布从喜马拉雅山脉到缅甸、老挝、泰国。国内见于陕西南部、甘肃东南部、西藏东南部、云南西部、四川。

种群状况 单型种。留鸟。常见。

Speckled Wood Pigeon　Columba hodgsonii
斑林鸽　■迷鸟　■留鸟　■旅鸟　■冬候鸟　■夏候鸟

斑林鸽（点斑林鸽）

Speckled Wood Pigeon　　*Columba hodgsonii*　　体长：38~40 cm　　LC（低度关注）

灰林鸽 \ 摄影：张明强　　　　　　　　　　灰林鸽 \ 摄影：张明强

形态特征 头淡灰色，喉白色，颈部为肉黄色伴有后颈黑色和淡棕色鳞状羽斑形成的宽颈环。胸羽有绿色和紫色闪光。上背黑褐色，具金属光泽。翅和尾深灰色。
生态习性 栖息于海拔3000米以下山区林地。胆怯，常躲藏林中活动。
地理分布 分布于尼泊尔、印度、缅甸、老挝、越南。国内见于西藏、云南西部及台湾。
种群状况 单型种。留鸟。罕见。

灰林鸽

Ashy Wood Pigeon　　*Columba pulchricollis*　　体长：31~36 cm　　LC（低度关注）

紫林鸽 \ 摄影：Bird Photography India　　紫林鸽 \ 摄影：Bird Photography India　　紫林鸽 \ 摄影：Bird Photography India

形态特征 喉和胸具金属光泽。额、头顶及枕部银灰色，背紫褐色，具紫、绿色金属光泽。下体暗栗色，尾羽黑色。
生态习性 栖息于山地林缘。飞行快而有力。
地理分布 分布于印度、孟加拉国、缅甸、泰国、老挝、越南。国内见于西藏南部、海南。
种群状况 单型种。留鸟。罕见。稀有。

紫林鸽

Pale-capped Pigeon　　*Columba punicea*　　体长：36~41 cm　　VU（易危）

鸽形目 COLUMBIFORMES　　鸠鸽科 Columbidae (Doves, Pigeons)

黑林鸽 \摄影：叶思伦　　　　　　　　　　　　　　黑林鸽 \摄影：yuji

形态特征 通体为炭黑色。头、上体具紫色金属光泽，颈和胸具金属绿色光泽。雌鸟光泽淡。
生态习性 栖息于海岛或海岸林区。多单独活动。
地理分布 共3个亚种，分布于日本、韩国。国内有1个亚种，指名亚种 *janthina* 见于山东东部与台湾。
种群状况 多型种。留鸟，迷鸟。稀少。

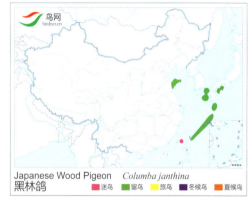

Japanese Wood Pigeon　*Columba janthina*
黑林鸽

黑林鸽

Japanese Wood Pigeon　　*Columba janthina*　　体长：43 cm　　国家 II 级重点保护野生动物　　NT（近危）

鸥斑鸽 \摄影：王尧天　　　　　　　　　　　　　　鸥斑鸽 \摄影：王尧天

形态特征 体羽粉褐色。头顶及枕部蓝灰色，颈侧具黑白色条形斑块。翅覆羽褐色。下体淡粉棕色。尾羽端斑白色，由里向外白色逐渐增多。
生态习性 栖息于各种林地和农田。
地理分布 共4个亚种，分布于欧洲、非洲、西亚、中亚。国内有1个亚种，新疆亚种 *arenicola* 见于内蒙古西部、甘肃东北部、新疆、西藏西部及青海西南部。
种群状况 多型种。留鸟。常见。

European Turtle Dove　*Streptopelia turtur*
欧斑鸠

欧斑鸠

European Turtle Dove　　*Streptopelia turtur*　　体长：27~29 cm　　VU（易危）

指名亚种 orientalis \ 摄影：关克

指名亚种 orientalis \ 摄影：孙晓明

云南亚种 agricola \ 摄影：王尧天

台湾亚种 orii \ 摄影：童光琦

形态特征 上体深棕色，颈侧具黑白色条斑块。翅羽缘红棕色。腰灰色。尾黑色具白色端斑。下体为葡萄红色。

生态习性 栖息于低山丘陵、平原、林地、果园和农田。落地时常有滑翔动作。

地理分布 共6个亚种，分布于西伯利亚、中亚、南亚和东亚。国内有4个亚种，云南亚种 agricola 见于云南西部和南部，腹部葡萄红色最浓，尾下覆羽和尾羽端斑的鸠灰色较多蓝辉，翅长 ♂17~19.1 厘米，♀17.4~18 厘米。新疆亚种 meena 见于新疆西部和北部、西藏西部，腹部较淡，下腹近白，尾下覆羽及尾羽端斑均纯白，翅长与指名亚种相似。指名亚种 orientalis 见于除新疆、台湾外全国各地，腹部较多葡萄红色，尾下覆羽淡鸠灰色，尾羽端斑亦为此色，翅长 ♂19~20.3 厘米，♀18~20.3 厘米。台湾亚种 orii 见于台湾，腹部较多葡萄色，较多灰色，因而比较暗，体型较指名亚种小，翅长 ♂18.8~19.5 厘米，♀179~185 厘米。

种群状况 多型种。留鸟，旅鸟，夏候鸟。常见。

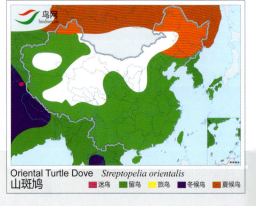

Oriental Turtle Dove Streptopelia orientalis
山斑鸠

山斑鸠

Oriental Turtle Dove   *Streptopelia orientalis*   体长：32~35 cm   LC（低度关注）

鸽形目 COLUMBIFORMES　　鸠鸽科 Columbidae (Doves, Pigeons)

指名亚种 decaocto \ 摄影：王尧天

缅甸亚种 xanthocycla \ 摄影：雷魁

指名亚种 decaocto \ 摄影：段文科

形态特征 头顶灰色。胸与后颈具半月形黑领。上体粉灰色，下体灰色。
生态习性 栖息于平原、丘陵林地和农田。以各种植物果实和种子为食。
地理分布 共3个亚种，分布于欧洲、中亚、东亚。国内有2个亚种，指名亚种 decaocto 见于黑龙江、辽宁、河北、北京、天津、山东、河南、山西、陕西、内蒙古、宁夏、甘肃、新疆，眼周裸出部白色或淡灰色；上体羽色较淡。缅甸亚种 xanthocycla 见于云南、安徽、福建、澳门，眼周裸出部辉黄，上体羽色较浓而辉亮。
种群状况 多型种。留鸟。常见。

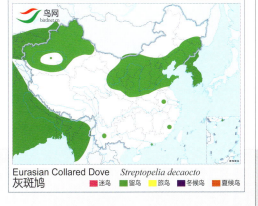

灰斑鸠

Eurasian Collared Dove　　*Streptopelia decaocto*　　体长：30~32 cm　　LC（低度关注）

火斑鸠 \ 摄影：沈强

火斑鸠 \ 摄影：张前

火斑鸠 \ 摄影：关克

火斑鸠（雌）\ 摄影：关克

形态特征 头蓝灰色，颈有半月形黑斑。喉白色。上背、肩、翅覆羽红褐色。腰灰色，中央尾羽暗褐色，外侧尾羽灰黑色具白色端斑。雌鸟色浅，头褐色沾灰。

生态习性 栖息于平原、丘陵林地和农田。通常晨昏活动。

地理分布 共2个亚种，分布于南亚、中南半岛、菲律宾。国内有1个亚种，普通亚种 humilis 见于除新疆外全国各地。

种群状况 多型种。留鸟，旅鸟，夏候鸟。常见。

火斑鸠

Red Turtle Dove *Streptopelia tranquebarica* 体长：25 cm LC（低度关注）

鸽形目 COLUMBIFORMES　　鸠鸽科 Columbidae (Doves, Pigeons)

指名亚种 chinensis \ 摄影：孙晓明

海南亚种 hainana \ 摄影：梁佩卿

滇西亚种 tigrina \ 摄影：王尧天

滇西亚种 tigrina \ 摄影：关克

形态特征 上体褐色，下体粉红色。后颈宽阔黑斑上具有白色点斑。外侧尾羽黑色具白色端斑。

生态习性 栖息于山岳丘陵林地、平原和农田。多在地面取食。

地理分布 共5个亚种，分布于印度、东南亚。国内有3个亚种，指名亚种 chinensis 见于贵州、广西、台湾及华北、华中、华南、华东地区，翅上覆羽无黑色羽干纹。海南亚种 hainana 见于海南，翅上覆羽无黑色羽干纹。滇西亚种 tigrina 见于云南、四川西南部，翅上覆羽具明显的黑色羽干纹，尾下覆羽白或淡黄色。

种群状况 多型种。留鸟。常见。

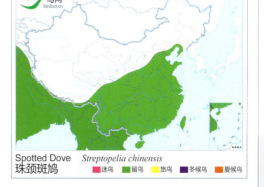

珠颈斑鸠

Spotted Dove　　*Streptopelia chinensis*　　体长：27~30 cm　　LC（低度关注）

棕斑鸠 \ 摄影：邢睿

棕斑鸠 \ 摄影：田穗兴

棕斑鸠 \ 摄影：王尧天

棕斑鸠 \ 摄影：刘哲青

形态特征 体羽粉褐色，头颈粉红色，颈侧有黑色斑点。中央尾羽褐色，外侧尾羽白色端斑。

生态习性 栖息于沙漠、半沙漠绿洲。地上奔走迅速。

地理分布 共6个亚种，分布于非洲、西亚、中亚、南亚。国内有1个亚种，新疆亚种 ermanni 见于新疆伊犁河谷、塔里木盆地和吐鲁番盆地。

种群状况 多型种。留鸟。不常见。

棕斑鸠

Laughing Dove *Streptopelia senegalensis*   体长：25~27 cm   LC（低度关注）

鸽形目 COLUMBIFORMES　鸠鸽科 Columbidae (Doves, Pigeons)

华南亚种 minor \ 摄影：王秉瑞

西南亚种 tusalia \ 摄影：谢金平

西南亚种 tusalia \ 摄影：王尧天

形态特征 体羽红棕色。额和喉浅黄色，头顶粉灰色，后颈及上背有绿褐粉色金属光泽。胸具粉红色金属光泽，腹部淡黄色。翅和尾暗棕色，具黑色横纹。尾长。雌鸟黑色横纹从头顶直到尾部。

生态习性 栖息于常绿阔叶林。

地理分布 共3个亚种，分布于东南亚。国内有2个亚种，华南亚种 minor 见于河南、上海、江西、福建、广东、香港、海南，后颈的金属绿紫色部分较小，胸部紫色较淡。西南亚种 tusalia 见于云南西部和南部、四川中部，后颈的金属绿紫色部分较大，胸部棕红而呈较浓的紫色。

种群状况 多型种。留鸟，夏候鸟。不常见。稀少。

斑尾鹃鸠

Barred Cuckoo Dove　*Macropygia unchall*　体长：37~41 cm　国家Ⅱ级重点保护野生动物　LC（低度关注）

栗褐鹃鸠 \ 摄影：牛蜀军

栗褐鹃鸠 \ 摄影：童光琦

形态特征 尾长，体羽褐色。头及下体粉褐色。雄鸟与斑尾鹃鸠区别为上体无黑色横纹，颈背无绿色，尾下覆羽黄褐色。雌鸟具浅黄褐色的前额和头顶，下体具黑色细横纹。

生态习性 栖息于海拔2000米以下的山地森林、林缘及山脚平原，以植物种子、果实和嫩芽为食。

地理分布 共18个亚种，国外分布于菲律宾及印度尼西亚。国内仅见于台湾。

种群状况 单型种。留鸟。国内罕见。

栗褐鹃鸠

Brown Cuckoo Dove　*Macropygia amboinensis*　体长：38 cm　国家Ⅱ级重点保护野生动物　LC（低度关注）

451

菲律宾鹃鸠 \摄影：Rey Sta. Ana

形态特征 体羽褐色，喉部皮黄色，后颈、胸具粉紫红色金属光泽。上体橄榄棕色，下体红褐色，尾长。
生态习性 栖息于茂密雨林。极少集群，树冠层活动。
地理分布 共2个亚种，分布于菲律宾。国内有1个亚种，台湾亚种 phaea 见于台湾。
种群状况 多型种。留鸟，迷鸟。不常见。

菲律宾鹃鸠 \摄影：Rey Sta. Ana

Philippine Cuckoo Dove　Macropygia tenuirostris
菲律宾鹃鸠

菲律宾鹃鸠

Philippine Cuckoo Dove　*Macropygia tenuirostris*　体长：38 cm　国家Ⅱ级重点保护野生动物　LC（低度关注）

小鹃鸠 \摄影：陈东明

小鹃鸠 \摄影：陈东明

小鹃鸠 \摄影：陈东明

形态特征 体羽红棕色，上体和翅覆羽红褐色，具浅色条纹，头和脸淡红褐色，喉灰白色，颈和胸具红色斑纹。尾羽栗红色，外侧尾羽次端斑黑色。
生态习性 共6个亚种，分布于东南亚。国内有1个亚种，云南亚种 assimilis 见于云南南部。
地理分布 栖息于山地森林、林缘。
种群状况 多型种。留鸟。稀少。稀有。

Little Cuckoo Dove　*Macropygia ruficeps*
小鹃鸠

小鹃鸠（棕头鹃鸠）

Little Cuckoo Dove　*Macropygia ruficeps*　体长：27~30 cm　国家Ⅱ级重点保护野生动物　LC（低度关注）

鸽形目 COLUMBIFORMES　　鸠鸽科 Columbidae (Doves, Pigeons)

指名亚种 indica \ 摄影：简廷谋

绿翅金鸠 \ 摄影：戴锦超

指名亚种 indica \ 摄影：关克

形态特征 前额和眉纹白色，头顶至后颈红褐色中泛蓝灰色，喙红色；头侧、颈及胸红褐色，腰有灰色横带；翅覆羽翠绿色，具金属光泽，肩部小覆羽形成白斑；尾和飞羽黑色。雌鸟头顶与后颈红褐色，无蓝灰色。

生态习性 栖息于山地森林。常在路上、沟边活动，奔走迅速，曲线飞行。

地理分布 共6个亚种，分布于印度、东南亚。国内有1个亚种，指名亚种 indica 见于西藏东南部、云南南部、四川、广东、香港、澳门、广西、海南及台湾。

种群状况 多型种。留鸟。不常见。

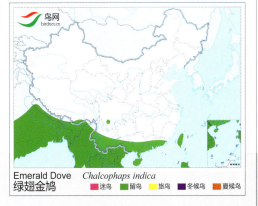

Emerald Dove　绿翅金鸠　Chalcophaps indica

绿翅金鸠

Emerald Dove　　*Chalcophaps indica*　　体长：23~27 cm　　LC（低度关注）

橙胸绿鸠 \ 摄影：桑新华

橙胸绿鸠 \ 摄影：王彩连

橙胸绿鸠 \ 摄影：简廷谋

橙胸绿鸠 \ 摄影：刘马力

形态特征 前头、喉、颈侧黄绿色，后头、后颈灰色，胸橙红色。下腹黄绿色。翅覆羽绿褐色，飞羽黑色。尾羽灰色，具两块黑斑。尾下覆羽棕色。雌鸟胸部无橙红色。

生态习性 栖息于热带森林。多在光秃树木上活动。

地理分布 共4个亚种，分布于印度、东南亚。国内有1个亚种，海南亚种 *domvilii* 见于海南、台湾。

种群状况 多型种。留鸟，迷鸟。罕见。

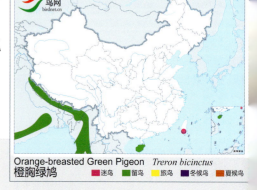

橙胸绿鸠

Orange-breasted Green Pigeon *Treron bicinctus* 体长：29 cm 国家Ⅱ级重点保护野生动物 LC（低度关注）

鸽形目 COLUMBIFORMES 鸠鸽科 Columbidae (Doves, Pigeons)

灰头绿鸠 \ 摄影：罗永川

灰头绿鸠 \ 摄影：金显利

灰头绿鸠 \ 摄影：金显利

灰头绿鸠 \ 摄影：金显利

形态特征 额、脸、颈部亮黄绿色，头顶灰蓝色，胸部染有橙红色，翅覆羽紫栗色。雌鸟胸无橙红色，翅上覆羽暗绿色，中央尾羽绿色。

生态习性 栖息于热带雨林和次生林。多集群。

地理分布 共9个亚种，分布于斯里兰卡、印度、菲律宾。国内有1个亚种，云南亚种 *phayrei* 见于云南南部。

种群状况 多型种。留鸟。罕见。稀有。

灰头绿鸠

Pompadour Green Pigeon *Treron pompadora* 体长：26 cm 国家Ⅱ级重点保护野生动物 LC（低度关注）

群栖 \ 摄影：魏东

厚嘴绿鸠 \ 摄影：李慰曾

厚嘴绿鸠 \ 摄影：闫军

形态特征 体羽绿色，眼周蓝绿色明显，喙黄色，基部红色。额及头顶灰色，翅上覆羽紫色，边缘具黄斑。雌鸟翅上覆羽深绿色。

生态习性 栖息于热带雨林、榕树区。

地理分布 共10个亚种，分布于印度、东南亚。国内有2个亚种，海南亚种 *hainana* 见于广西、香港、海南，头顶灰色多沾绿色，枕部大都呈污绿色；嘴的厚度一般较大。云南亚种 *nipalensis* 见于云南西部和南部，头顶至枕大都呈较纯的蓝灰色，嘴的厚度一般较小。

种群状况 多型种。留鸟。罕见。

厚嘴绿鸠

Thick-billed Green Pigeon　　*Treron curvirostra*　　体长：24~31 cm　　国家 II 级重点保护野生动物　　LC（低度关注）

鸽形目 COLUMBIFORMES　　鸠鸽科 Columbidae (Doves, Pigeons)

黄脚绿鸠 \ 摄影：顾云芳

黄脚绿鸠 \ 摄影：张岩

黄脚绿鸠 \ 摄影：张岩

黄脚绿鸠 \ 摄影：张岩

形态特征 额及颏绿黄色，脸侧及头顶灰色。上胸及颈黄橙色，上背橄榄绿色。肩具紫色斑。下腹灰白色。尾绿色，端斑暗色。
生态习性 栖息于热带雨林。冬季集群。
地理分布 共5个亚种，分布于南亚及中南半岛。国内有1个亚种，云南亚种 *viridifrons* 见于云南西部和南部。
种群状况 多型种。留鸟。不常见。

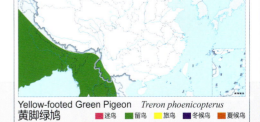

Yellow-footed Green Pigeon　*Treron phoenicopterus*
黄脚绿鸠　　迷鸟　留鸟　旅鸟　冬候鸟　夏候鸟

黄脚绿鸠

Yellow-footed Green Pigeon　　*Treron phoenicopterus*　　体长：33 cm　　国家 II 级重点保护野生动物　　LC（低度关注）

指名亚种 *apicauda* ／摄影：刘璐

指名亚种 *apicauda* ／摄影：关克

滇西亚种 *laotinus* ／摄影：田穗兴

滇西亚种 *laotinus* ／摄影：杜雄

形态特征 体羽橄榄绿色，头、颈和尾上覆羽沾黄，上胸具橘黄色，中央尾羽尖长，外侧尾羽具黑斑。雌鸟尾羽短，不具橙黄色胸带。

生态习性 栖息于热带雨林。

地理分布 共3个亚种，分布于喜马拉雅山脉、中南半岛。国内有2个亚种，指名亚种 *apicauda* 见于云南西部和中部、四川西部和南部，头部草绿色较偏绿，尾呈较暗的葡萄灰(或鸠灰)色。滇西亚种 *laotinus* 见于云南南部，头部草绿色较偏黄，尾灰色较淡。

种群状况 多型种。留鸟。罕见。

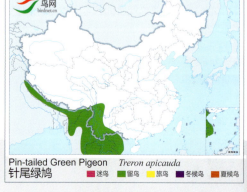

针尾绿鸠

Pin-tailed Green Pigeon　　*Treron apicauda*　　体长：30～32 cm　　国家Ⅱ级重点保护野生动物　　LC（低度关注）

鸽形目 COLUMBIFORMES　　鸠鸽科 Columbidae (Doves, Pigeons)

楔尾绿鸠 \ 摄影：王次初

楔尾绿鸠 \ 摄影：田穗兴

楔尾绿鸠 \ 摄影：刘涛声

楔尾绿鸠 \ 摄影：杜英

形态特征 头顶和下体具金黄色，胸沾橙色，上体黄绿色，翅上部覆羽及上背紫栗色；中央尾羽与背部颜色相同，外侧尾羽沾灰白，最外侧两尾羽次端斑黑色。雌鸟胸部不沾橙色。

生态习性 栖息于森林和次生林。在树冠层活动。

地理分布 共5个亚种，分布于喜马拉雅山脉、中南半岛。国内有1个亚种，指名亚种 sphenurus 见于西藏南部、云南、四川中部和西南部、湖北西部。

种群状况 多型种。留鸟。罕见。

Wedge-tailed Green Pigeon　*Treron sphenurus*
楔尾绿鸠

楔尾绿鸠

Wedge-tailed Green Pigeon　*Treron sphenurus*　体长：30~33 cm　国家 II 级重点保护野生动物　LC（低度关注）

海南亚种 *murielae* \ 摄影：徐逸新

海南亚种 *murielae* \ 摄影：王尧天

佛坪亚种 *fopingensis* \ 摄影：胡敬林

台湾亚种 *sororius* \ 摄影：桑新华

台湾亚种 *sororius* \ 摄影：宋爱军

形态特征 形与楔尾绿鸠相似，腹部苍白。

生态习性 栖息于森林和次生林。快速直线飞行，有时突然转向。

地理分布 共4个亚种，分布于日本、越南、老挝、泰国。国内有3个亚种，佛坪亚种 *fopingensis* 见于陕西南部、四川、重庆、湖北西部，背部无栗红色或较稀淡，上胸部橙棕色，或胸带状，下胸为与上腹一样的黄绿色或白色。海南亚种 *murielae* 见于贵州、广西南部、海南，背部有栗红色，腹橙黄至棕黄色，翅长大都不及18.5厘米。台湾亚种 *sororius* 见于江苏、上海、福建、台湾，背部无栗红色，上下胸一致为淡橙黄色。

种群状况 多型种。留鸟。不常见。

红翅绿鸠

White-bellied Green Pigeon　　*Treron sieboldii*　　体长：33 cm　　国家Ⅱ级重点保护野生动物　　LC（低度关注）

鸽形目 COLUMBIFORMES　　鸠鸽科 Columbidae (Doves, Pigeons)

红顶绿鸠 \摄影：童光琦

红顶绿鸠 \摄影：童光琦

红顶绿鸠 \摄影：yparagraphj_911

形态特征 头顶及枕部橙红色，后颈橄榄色，上背及肩羽深绿色，翅覆羽及上背带紫红色，腹部绿黄色；尾羽绿色，尾下覆羽具淡黄色鳞斑。雌鸟头顶无橙红色。
生态习性 栖息于热带岛屿常绿阔叶林。
地理分布 共2个亚种，分布于菲律宾。国内有1个亚种，指名亚种 *formosae* 见于台湾。
种群状况 多型种。留鸟。不常见。

红顶绿鸠
Whistling Green Pigeon　　*Treron formosae*　　体长：33~35 cm　　国家 II 级重点保护野生动物　　NT（近危）

黑颏果鸠 \摄影：Stan Osolinski

黑颏果鸠 \摄影：Stan Osolinski

形态特征 喙黄色，下喙基红色；头、前颈和上胸灰白色，颏深紫褐色，枕部和后颈绿色；下胸有紫褐色横带；上体、翅为绿色，尾端灰绿色；尾下覆羽红褐色。雌鸟与雄鸟相似，但头、前颈和上胸灰绿色。
生态习性 栖息于热带常绿阔叶林。在树冠层活动。
地理分布 共4个亚种，分布于菲律宾群岛。国内有2个亚种，台湾亚种 *taiwanus* 和菲律宾亚种 *longialis* 均见于台湾。
种群状况 多型种。留鸟、迷鸟。罕见。

黑颏果鸠
Black-chinned Fruit Dove　　*Ptilinopus leclancheri*　　体长：28 cm　　国家 II 级重点保护野生动物　　LC（低度关注）

绿皇鸠 \ 摄影：李慰曾

绿皇鸠 \ 摄影：李慰曾

绿皇鸠 \ 摄影：刘马力

绿皇鸠 \ 摄影：桑新华

形态特征 头、颈和下体蓝灰色，翅、背和尾墨绿色并具金属铜光泽。尾下覆羽栗色。
生态习性 栖息于低地热带常绿阔叶林。
地理分布 共12个亚种，分布于印度、斯里兰卡及东南亚。国内有1个亚种，云南亚种 sylvatica 见于云南南部、广东、海南。
种群状况 多型种。留鸟。罕见。

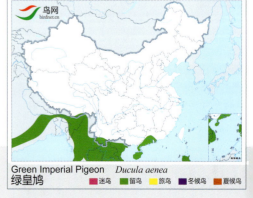

绿皇鸠

Green Imperial Pigeon *Ducula aenea* 体长：40~47 cm 国家Ⅱ级重点保护野生动物 LC（低度关注）

鸽形目 COLUMBIFORMES   鸠鸽科 Columbidae (Doves, Pigeons)

山皇鸠 \ 摄影：李书

山皇鸠 \ 摄影：梁长久

山皇鸠 \ 摄影：杜雄

山皇鸠 \ 摄影：杜雄

形态特征 颏、喉灰白。头、下体灰色。后颈大面积沾有淡粉色，背及翅覆羽紫红色。尾羽黑褐色，端部灰黑色，尾下覆羽奶黄色。
生态习性 栖息于高山阔叶林区。
地理分布 共3个亚种，分布于东南亚。国内有2个亚种，云南亚种 *griseicapilla* 见于云南西部和南部、海南。西藏亚种 *insignis* 见于西藏东部和南部。
种群状况 多型种。留鸟。罕见。

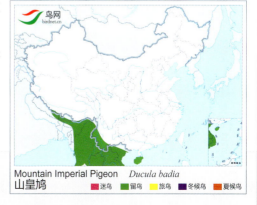

Mountain Imperial Pigeon *Ducula badia*
山皇鸠

山皇鸠

Mountain Imperial Pigeon   *Ducula badia*   体长：43~51 cm   国家 II 级重点保护野生动物   LC（低度关注）

鹦形目
PSITTACIFORMES

- 多为中小型鸟类。体羽艳丽，是著名的观赏鸟
- 主要栖息于森林中，多为树栖性，能用脚和嘴攀树
- 全世界共3科343种，主要分布于南半球热带和亚热带地区
- 中国仅有1科4属11种，主要分布于云南、广东、广西、海南

鹦鹉科
Psittacidae
(Parrots)

本科为中小型鸟类。羽色艳丽。嘴粗厚而强壮，上嘴向下钩曲。嘴基部具蜡膜。舌多为肉质而柔软。翅形稍尖，初级飞羽10枚。尾羽12枚，或长或短。脚4趾，对趾型，适于攀树。

主要生活于热带和亚热带森林中。喜集群，常成群生活。叫声嘈杂粗粝，经驯化后能模仿人语和其他鸟鸣。通常营巢于树洞或石隙中。每窝产卵多为2~5枚。雌雄两性孵卵，孵化期21~28天。雏鸟晚成性，主要以植物果实与种子为食，也吃昆虫。

全世界计有81属270种，主要分布于热带和亚热带地区。中国有4属11种，主要分布于广东、广西、海南岛和云南等地。

小葵花鹦鹉 ／摄影：冯启文

鹦形目 PSITTACIFORMES　　鹦鹉科 Psittacidae (Parrots)

短尾鹦鹉 \ 摄影：宋迎涛

短尾鹦鹉 \ 摄影：李慰曾

短尾鹦鹉 \ 摄影：马明元

形态特征 体羽绿色，下体淡黄绿色，喙橙红色，喉部为淡蓝色斑块；翅长，翅下覆羽蓝绿色。腰及尾上覆羽红色，尾短而方，尾羽上绿色下蓝色；脚橙色。雌鸟喉部蓝斑淡而不显。
生态习性 在常绿森林、潮湿或干燥林地、荒地、竹林灌丛、林缘或果园活动。
地理分布 共2个亚种，分布于印度、尼泊尔、中南半岛。国内有1个亚种，指名亚种 *vernalis* 见于云南西盟山。
种群状况 多型种。留鸟。罕见。

短尾鹦鹉
Vernal Hanging Parrot　　*Loriculus vernalis*　　体长：13 cm　　国家Ⅱ级重点保护野生动物　　LC（低度关注）

小葵花鹦鹉 \ 摄影：冯启文

小葵花鹦鹉 \ 摄影：李超海

小葵花鹦鹉 \ 摄影：陈东明

形态特征 体白色。喙黑色；眼周裸露，淡蓝色；头上耸立长而向前弯曲的黄色凤头冠羽，耳羽黄色，翅下覆羽和尾下覆羽黄色，腿灰色。雄鸟眼黑色，雌鸟眼红棕色。
生态习性 见于常绿林地、公园。成对及以小群活动，喧闹。扇翅沉重，常有点头动作。
地理分布 共6个亚种，原分布于印度尼西亚、东帝汶等地方。橘冠亚种 *citrinocrictata* 被引种至香港。
种群状况 多型种。留鸟。稀少。

小葵花鹦鹉
Lesser Sulphur-crested Cockatoo　　*Cacatua sulphurea*　　体长：33 cm　　国家Ⅱ级重点保护野生动物　　CR（极危）

蓝腰鹦鹉 \ 摄影：Zul Ya

蓝腰鹦鹉 \ 摄影：Zul Ya

蓝腰鹦鹉 \ 摄影：Cyril Laubscher

形态特征 头蓝色，上喙红色，下喙棕色，眼黄色；上背黑色，下背到尾上覆羽亮蓝色；下体淡棕色，翅下覆羽红色，静止时翅前缘黄色；尾羽绿色。雌鸟头棕色，喙棕色，眼白色。

生态习性 见于热带雨林、果园或农场。

地理分布 共2个亚种，分布于马来群岛、缅甸、泰国、印度尼西亚等地。国内有1个亚种，指名亚种 *cyanurus* 见于云南思茅。仅有一次记录。

种群状况 多型种。迷鸟。

蓝腰鹦鹉
Blue-rumped Parrot　*Psittinus cyanurus*　　体长：18~19 cm　　国家Ⅱ级重点保护野生动物　　NT（近危）

亚历山大鹦鹉 \ 摄影：桑新华

亚历山大鹦鹉 \ 摄影：桑新华

亚历山大鹦鹉 \ 摄影：东木

形态特征 体羽绿色，喙红色，头大部为绿色，枕部和下脸蓝灰色，黑色颊纹从粗到细上斜到枕下，后接粉色颈圈；具红色肩斑；尾绿色底逐渐变淡蓝绿色，到尾尖过渡到淡黄色。雌鸟头部绿色。

生态习性 栖息于各种林地区域。小群活动。

地理分布 共5个亚种，分布于南亚和中南半岛。国内分布于云南西部的瑞丽、盈江、保山。被引种至香港。

种群状况 多型种。留鸟。罕见。

亚历山大鹦鹉
Alexandrine Parakeet　*Psittacula eupatria*　　体长：50~62 cm　　国家Ⅱ级重点保护野生动物　　NT（近危）

鹦形目 PSITTACIFORMES　　鹦鹉科 Psittacidae (Parrots)

红领绿鹦鹉 \摄影：刘马力

红领绿鹦鹉 \摄影：张岩

红领绿鹦鹉 \摄影：邓嗣光

红领绿鹦鹉 \摄影：桑新华

形态特征 体羽淡黄绿色，喙红珊瑚色，尖缘黑色；头大部为绿色，枕部蓝灰色，黑色颊纹从粗到细上斜到颈侧，下具粉色细颈圈；尾绿色底逐渐变淡蓝绿色，到尾尖过渡到淡黄色。雌鸟头部绿色。

生态习性 栖息在热带雨林及林缘。

地理分布 共4个亚种，分布于南亚、非洲。国内有1个亚种，广东亚种 borealis 见于云南西部、西藏、广东和香港。

种群状况 多型种。留鸟。稀少。

红领绿鹦鹉

Rose-ringed Parakeet　　*Psittacula krameri*　　体长：37~43 cm　　国家 II 级重点保护野生动物　　LC（低度关注）

中国鸟类图志 *The Encyclopedia of Birds in China*

灰头鹦鹉 \ 摄影：王进

灰头鹦鹉 \ 摄影：桑新华

灰头鹦鹉 \ 摄影：桑新华

形态特征 体羽黄绿色。头深灰色；上喙红色，下喙蛋黄色；黑色颊纹从粗到细上斜形成颈圈，将灰色头部和绿色体羽分开。翅覆羽具红色斑块。长尾，中央尾羽最长；尾端黄色。
生态习性 栖息于阔叶林。
地理分布 分布于印度、孟加拉国、中南半岛。国内分布于云南、四川西部和南部。
种群状况 单型种。留鸟。稀少。

Grey-headed Parakeet *Psittacula finschii*

灰头鹦鹉

Grey-headed Parakeet *Psittacula finschii* 体长：40 cm 国家 II 级重点保护野生动物 NT（近危）

鹦形目 PSITTACIFORMES　鹦鹉科 Psittacidae (Parrots)

花头鹦鹉 \ 摄影：唐承贵

花头鹦鹉 \ 摄影：杜英

花头鹦鹉 \ 摄影：王进

形态特征 体羽绿色。头粉红色，向头后渐变为蓝紫色；上喙橙红色，下喙蛋黄色；黑色颊纹从粗到细上斜形成颈圈；翅覆羽具葡萄红色斑块。雌鸟头部淡紫灰色，无黑色环。
生态习性 栖息在森林、农耕区。飞行直速，边飞边鸣。
地理分布 共2个亚种，分布于尼泊尔到中南半岛。国内有1个亚种，指名亚种 *roseata* 见于云南西部、广东和广西。
种群状况 多型种。留鸟。稀少。

花头鹦鹉
Blossom-headed Parakeet　*Psittacula roseata*　　体长：30~36 cm　　国家Ⅱ级重点保护野生动物　　NT（近危）

大紫胸鹦鹉 \ 摄影：唐万玲

大紫胸鹦鹉 \ 摄影：段文举

大紫胸鹦鹉 \ 摄影：王尧天

形态特征 上体绿色，下体葡萄紫色。雄鸟上喙红色，尖端黄色，下喙黑色；眼先及额基部具黑色线，额及眼周蓝紫色，头紫灰色；颏及喉部黑色；翅下覆羽葡萄红色；尾羽绿色，中央尾羽蓝色。雌鸟喙黑色，尾羽短。
生态习性 栖息在林区。常集群。
地理分布 分布于印度。国内见于西藏东南部、云南、四川西部、广西西南部。
种群状况 单型种。留鸟。常见。

大紫胸鹦鹉
Derbyan Parakeet　*Psittacula derbiana*　　体长：43~50 cm　　国家Ⅱ级重点保护野生动物　　NT（近危）

绯胸鹦鹉 \ 摄影:梁长久

绯胸鹦鹉 \ 摄影:童光琦

绯胸鹦鹉 \ 摄影:徐晓东

绯胸鹦鹉 \ 摄影:桑新华

形态特征 上体绿色,眼先及额基部具黑色线,颏及喉部黑色;胸部及上腹紫灰色,下腹部绿色;翅下覆羽绿色。雄鸟上喙红色,下喙黑色。雌鸟喙黑色。

生态习性 栖息在林地开阔区。常集群活动。

地理分布 共8个亚种,分布于尼泊尔、印度到东南亚。国内有1个亚种,华南亚种 *fasciata* 见于西藏东南部、云南南部、广西西部和南部、海南。

种群状况 多型种。留鸟。地区性常见。

绯胸鹦鹉

Red-breasted Parakeet *Psittacula alexandri* 体长:33~38 cm 国家Ⅱ级重点保护野生动物 NT(近危)

鹦形目 PSITTACIFORMES　　鹦鹉科 Psittacidae (Parrots)

青头鹦鹉 \摄影：Deepak Dewan

青头鹦鹉 \摄影：Mayur Shinde

青头鹦鹉 \摄影：Dr. Pankaj Kumar

形态特征 外形甚似灰头鹦鹉，仅头部颜色较浅而喙较小。
生态习性 与灰头鹦鹉相似，具有垂直迁徙习性。
地理分布 国外分布于喜马拉雅山南坡西端至东段。中国见于西藏南部。
种群状况 单型种。留鸟。数量稀少。罕见。

Slaty-headed Parakeet　*Psittacula himalayana*
青头鹦鹉

青头鹦鹉

Slaty-headed Parakeet　*Psittacula himalayana*　　体长：35 cm　　国家Ⅱ级重点保护野生动物　　LC（低度关注）

长尾鹦鹉 \摄影：Zul Ya

长尾鹦鹉 \摄影：Zul Ya

长尾鹦鹉 \摄影：Zul Ya

形态特征 尾特长而尾端渐细，胸绿色。雄鸟顶冠绿色，头侧红色并具醒目的黑色颊纹，上背沾浅蓝色，尾尖端黄色，两翼淡蓝色。雌鸟色较黯淡，具偏绿的髭须，背上无蓝色，飞行时翼衬为黄色。本种雄鸟与绯胸鹦鹉雄鸟区别在下体绿色，头侧红色。
生态习性 快速往返飞行于取食地和停栖处。成极大群聚于沿海栖宿地。
地理分布 共5个亚种，分布在马来半岛、印度尼西亚。国内有2个亚种记录，四川亚种 *modesta* 在四川有过记录。指名亚种 *longicauda* 在广西有过记录。两个记录都具可疑性（参见 M. de Shauensee，1984），或为花头鹦鹉的误识，或为逃逸之鸟。
种群状况 多型种。留鸟。稀少。罕见。

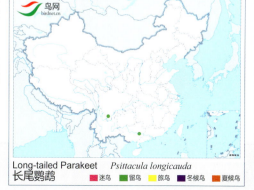
Long-tailed Parakeet　*Psittacula longicauda*
长尾鹦鹉

长尾鹦鹉

Long-tailed Parakeet　*Psittacula longicauda*　　体长：40 cm　　国家Ⅱ级重点保护野生动物　　NT（近危）

鹃形目
CUCULIFORMES

▼ 中小型鸟类，体形似鸽而瘦长
▼ 主要栖息于森林中。不营巢，通常由其他鸟代孵和喂养后代
▼ 本目共有2科34属159种，蕉鹃科主要分布于非洲，杜鹃科几乎遍布全球
▼ 中国仅有杜鹃科，计8属20种，遍布全国

杜鹃科
Cuculidae
(Cuckoos)

本科为中小型鸟类。外形似鸽，但较细长，嘴基无蜡膜，嘴长度中等，微向下弯曲，但不具嘴钩，尾较长，呈凸状。翅较短圆或尖长，初级飞羽10枚。跗蹠短弱，前缘被盾状鳞。具4趾，对趾型，无副羽，尾脂腺裸露。两性羽色相似。雏鸟晚成性。

主要栖息于山地和平原森林中，多树栖生活。常单独活动。食物主要为昆虫，尤其喜吃毛虫。多为寄生性，自己不营巢，而将卵偷偷产于其他鸟巢中，由别的鸟代孵代育。

本科计有28属136种，几遍全球。中国有8属20种，遍布全国各地。

斑翅凤头鹃 \ 摄影：李书

鹃形目 CUCULIFORMES　　杜鹃科 Cuculidae (Cuckoos)

斑翅凤头鹃 \ 摄影：James Hager

形态特征 体羽黑白色。冠羽黑色，具光泽。上体黑色，下体白色。翅上有白斑。尾长，尾端斑白色。
生态习性 栖息于林地和灌木区。
地理分布 共3个亚种，分布于非洲、斯里兰卡、印度、尼泊尔及缅甸。国内有1个亚种，指名亚种 *jacobinus* 见于西藏南部。
种群状况 多型种。夏候鸟。不常见。

斑翅凤头鹃

Pied Cuckoo　　*Clamator jacobinus*　　体长：30~34 cm　　LC（低度关注）

红翅凤头鹃 \ 摄影：韩东方

红翅凤头鹃 \ 摄影：沈强

红翅凤头鹃 \ 摄影：戴锦超

红翅凤头鹃 \ 摄影：王进

形态特征 上体黑色，尾具金属光泽，尖状冠羽黑色；颏和喉锈红色，后颈具白色半环。翅栗红色，腹部白色。

生态习性 栖息于山间林地。飞行力不强，多单独活动。

地理分布 分布于斯里兰卡、印度、尼泊尔到东南亚。国内分布于华北地区、陕西、四川、云南、海南及以东的中东部地区。

种群状况 单型种。夏候鸟，留鸟，旅鸟。地区性常见。

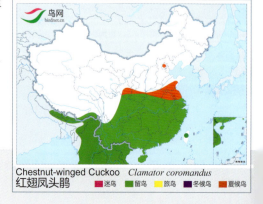

红翅凤头鹃

Chestnut-winged Cuckoo *Clamator coromandus* 体长：38~46 cm LC（低度关注）

鹃形目 CUCULIFORMES　　杜鹃科 Cuculidae (Cuckoos)

大鹰鹃 \ 摄影：陈小平

大鹰鹃 \ 摄影：唐承贵

大鹰鹃 \ 摄影：朱英

大鹰鹃 \ 摄影：王进

形态特征 上体灰褐色。头、后颈灰色。颏黑色；前颈、胸白色，具红褐色纵条纹；腹部白色，具黑色横纹。尾灰褐色，具5条褐色或黑色宽横带，端斑白色。
生态习性 栖息山地、平原树林。单独活动，隐蔽树中鸣叫。
地理分布 共2个亚种，分布于南亚、东南亚。国内有1个亚种，指名亚种 sparverioides 除东北、青海、新疆外见于全国各地。
种群状况 多型种。夏候鸟，留鸟。不常见。

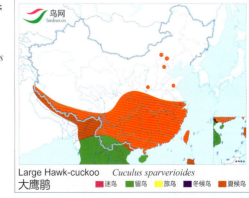

大鹰鹃（鹰鹃）

Large Hawk-cuckoo　　*Cuculus sparverioides*　　体长：38 cm　　LC（低度关注）

普通鹰鹃 \ 摄影：郝夏宁

普通鹰鹃 \ 摄影：郝夏宁

普通鹰鹃 \ 摄影：李剑志

普通鹰鹃 \ 摄影：胡伟宁

形态特征 体羽灰褐色，头淡，端斑红褐色，下体黑灰白色，胸淡红褐色，尾具4条黑和白色条斑。雌鸟腹部和翅具栗色条纹。

生态习性 栖息于落叶和常绿林区、丘陵和平原。

地理分布 共2个亚种，分布于喜马拉雅山脉、斯里兰卡、缅甸、孟加拉国、菲律宾。国内有1个亚种，指名亚种 *varius* 见于西藏东南部。

种群状况 多型种。夏候鸟。不常见。

普通鹰鹃

Common Hawk-cuckoo *Cuculus varius* 体长：33 cm LC（低度关注）

鹃形目 CUCULIFORMES　　杜鹃科 Cuculidae (Cuckoos)

棕腹杜鹃 \ 摄影：温跃东

棕腹杜鹃 \ 摄影：李剑志

棕腹杜鹃 \ 摄影：李剑志

形态特征 上体石板灰色，颏灰色，喉白色。胸具红褐色纵条纹。翅淡红褐色。腰及尾上覆羽深灰色，基部灰褐色。尾羽淡灰褐，具数道黑褐色和浅棕色横斑。尾下覆羽白色。

生态习性 栖息于阔叶林。

地理分布 分布于尼泊尔到东南亚。国内见于华东、华南、华中地区及云南。

种群状况 单型种。夏候鸟。不常见。

Hodgson's Hawk-cuckoo　*Cuculus nisicolor*
棕腹杜鹃　■迷鸟 ■留鸟 ■旅鸟 ■冬候鸟 ■夏候鸟

棕腹杜鹃（霍氏鹰鹃）

Hodgson's Hawk-cuckoo　*Cuculus nisicolor*　体长：28 cm　LC（低度关注）

北棕腹杜鹃 \ 摄影：杜英

形态特征 与棕腹杜鹃相似，但体大，翅更尖长，颈后具白斑；下体红棕色，具细淡灰色条纹。

生态习性 繁殖于北方落叶林，越冬于南方常绿林。

地理分布 分布于东北亚，越冬于马来西亚、婆罗岛。国内见于东北、华北和华东地区以及福建、广东和台湾。

种群状况 单型种。夏候鸟，旅鸟，留鸟。不常见。

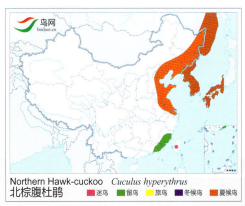
Northern Hawk-cuckoo　*Cuculus hyperythrus*
北棕腹杜鹃　■迷鸟 ■留鸟 ■旅鸟 ■冬候鸟 ■夏候鸟

北棕腹杜鹃（北鹰鹃）

Northern Hawk-cuckoo　*Cuculus hyperythrus*　体长：30 cm　LC（低度关注）

四声杜鹃 \摄影：唐承贵

四声杜鹃 \摄影：朱英

四声杜鹃 \摄影：朱英

形态特征 头、颈深灰色，背淡褐色，下体淡灰色具黑色粗横带；尾有白斑，近端斑为黑色宽带。雌鸟喉灰色，胸棕色。

生态习性 栖息于山地和平原地区，多在落叶林和常绿林，也在城乡林木处。常四处游荡。

地理分布 共2个亚种，分布于喜马拉雅山脉、斯里兰卡、东南亚。国内有1个亚种，指名亚种 *micropterus* 见于除新疆、西藏、青海外的全国各地。

种群状况 多型种。夏候鸟，迷鸟。常见。

Indian Cuckoo *Cuculus micropterus* 四声杜鹃

四声杜鹃

Indian Cuckoo *Cuculus micropterus* 体长：30~33 cm LC（低度关注）

华西亚种 *bakeri* \摄影：王军

新疆亚种 *subtelephonus* \摄影：王尧天

新疆亚种 \摄影：刘哲青

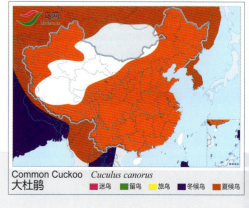
指名亚种 *canorus* \摄影：段文科

形态特征 雄鸟头后、前颈灰白色，腹部横斑窄，翅缘白色具褐色细横斑，翅下横斑整齐；尾黑棕色，有不显条纹，无黑色次端斑，端白色。雌鸟上胸沾红褐色；棕色型的上体为红褐色，具横条纹，腰部无条纹。

生态习性 栖息于山地和平原地区林地，也在城乡林木处及各种湿地水域活动。直线无声飞行。

地理分布 共4个亚种，分布于欧洲、非洲、亚洲中南半岛以北。国内有3个亚种，指名亚种 *canorus* 见于东北、华北、西北地区和台湾，下体横斑完整，上体色稍较前者暗；下体横斑较密，横斑宽度大都不及0.1厘米；翼缘横斑显著。新疆亚种 *subtelephonus* 见于内蒙古中部、新疆中西部，下体横斑完整，上体色最淡；下体横斑较指名亚种疏，而且粗细相似；翼缘横斑不显。华西亚种 *bakeri* 见于除东北、西北地区外的其他地区，下体横斑完整，较粗；宽度达0.2厘米；上体色更为暗黑；翼缘横斑显著。

种群状况 多型种。夏候鸟。常见。

Common Cuckoo *Cuculus canorus* 大杜鹃

大杜鹃

Common Cuckoo *Cuculus canorus* 体长：32~33 cm LC（低度关注）

鹃形目 CUCULIFORMES　　杜鹃科 Cuculidae (Cuckoos)

大杜鹃对家燕的"巢寄生" \ 摄影：高友兴

苇莺代大杜鹃育幼 \ 摄影：肖显志

大杜鹃遭遇苇莺抵抗 \ 摄影：李小栋

伯劳代大杜鹃育幼 \ 摄影：关克

震旦鸦雀代大杜鹃育幼 \ 摄影：高友兴

中国鸟类图志 *The Encyclopedia of Birds in China*

中杜鹃 \ 摄影：冯启文

中杜鹃 \ 摄影：陈承光

中杜鹃 \ 摄影：张岩

中杜鹃 \ 摄影：简廷谋

形态特征 上体深灰色，翅缘白色，不具横斑，颏至腹部淡灰色，腹部具黑色横带；尾黑棕色，端部白色，尾下覆羽红褐色。雌鸟胸部沾红褐色；棕色型的通体具黑色横条纹。

生态习性 栖息于山地林地的树冠。

地理分布 共2个亚种，分布于俄罗斯、蒙古、中亚、东亚、喜马拉雅山脉、东南亚。国内有1个亚种，指名亚种 *saturatus* 见于华东、华中、华南、西南地区及台湾。

种群状况 多型种。夏候鸟。常见。

Himalayan Cuckoo *Cuculus saturatus*
中杜鹃

中杜鹃

Himalayan Cuckoo *Cuculus saturatus* 体长：26~29 cm LC（低度关注）

鹃形目 CUCULIFORMES　　杜鹃科 Cuculidae (Cuckoos)

东方中杜鹃 \摄影：关克

东方中杜鹃 \摄影：张永

东方中杜鹃 \摄影：邢睿

东方中杜鹃 \摄影：邢睿

形态特征 形与中杜鹃相似，但比其大。眼圈黄色，腿黄色；上体灰色，下体具横斑粗，腹部沾棕白色；尾部无斑。雌鸟棕色型的腰部也具横斑，与大杜鹃相区别。
生态习性 栖息于山地林区，特别是针叶林和混交林。
地理分布 分布于俄罗斯、蒙古、东亚、东南亚和澳大利亚。国内见于东北、华北、华东、华中、华南地区及广西、陕西南部、新疆东北部。
种群状况 单型种。夏候鸟。常见。

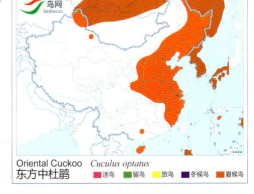

Oriental Cuckoo　*Cuculus optatus*
东方中杜鹃　迷鸟　留鸟　旅鸟　冬候鸟　夏候鸟

东方中杜鹃

Oriental Cuckoo　　*Cuculus optatus*　　体长：30~32 cm　　LC（低度关注）

小杜鹃 \ 摄影：关克

小杜鹃 \ 摄影：陈云江

小杜鹃 \ 摄影：朱英

小杜鹃 \ 摄影：关克

形态特征 上体灰色，喉和胸淡灰色，腹部白色，具黑横斑；翅下白色，尾和尾上覆羽黑灰色，无横斑，尾端斑白色，尾下覆羽具黑条纹。雌鸟小，胸部沾少许红褐色；棕色型的除腰外全身具黑色横纹。
生态习性 栖于低山、谷地、湿地环境。常低飞，性隐匿。
地理分布 分布于喜马拉雅山脉、东亚，越冬于非洲、斯里兰卡。国内除宁夏、新疆、青海外见于全国各地。
种群状况 单型种。夏候鸟。不常见。

小杜鹃

Lesser Cuckoo　　*Cuculus poliocephalus*　　体长：25~26 cm　　LC（低度关注）

鹃形目 CUCULIFORMES　　杜鹃科 Cuculidae (Cuckoos)

栗斑杜鹃 \ 摄影：邓嗣光

栗斑杜鹃 \ 摄影：杜英

栗斑杜鹃 \ 摄影：邓嗣光

形态特征 上体红褐色，有褐色横纹，下体灰白色，具黑色横斑；过眼纹红褐色，白色眉纹线连接到颈部。尾红褐色，具黑斑，尾端斑白色。
生态习性 栖息于阔叶林、针叶林、开阔地林缘。
地理分布 共4个亚种，分布于喜马拉雅山脉、南亚、东南亚。国内有1个亚种，指名亚种 sonneratii 见于云南南部、四川西南部、广西东北部。
种群状况 多型种。夏候鸟。罕见。

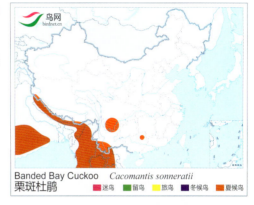

栗斑杜鹃
Banded Bay Cuckoo　*Cacomantis sonneratii*　　体长：22 cm　　LC（低度关注）

八声杜鹃 \ 摄影：肖克坚

八声杜鹃 \ 摄影：邓嗣光

八声杜鹃 \ 摄影：邓嗣光

形态特征 头、颈、喉灰色，上体暗灰色，下体红棕色；翅黑灰色；尾羽黑灰色，羽缘具棕斑。雌鸟棕色型，胸腹部白色，翅、背、胸腹部具黑色条纹。
生态习性 栖于开放林地、次生林、城乡地区。较其他杜鹃活跃。
地理分布 共4个亚种，分布于东南亚、印度。国内有1个亚种，华南亚种 querulus 见于华南、西南地区及台湾。
种群状况 多型种。夏候鸟，旅鸟，留鸟。常见。

八声杜鹃
Plaintive Cuckoo　*Cacomantis merulinus*　　体长：18~23 cm　　LC（低度关注）

483

翠金鹃 \ 摄影：唐承贵

翠金鹃 \ 摄影：唐承贵

翠金鹃（雌） \ 摄影：沈强

翠金鹃（雌） \ 摄影：朱英

形态特征 喙黄色，具黑色端。雄鸟头、颈、胸、上体、尾呈金属绿色，腹部白色，具绿青色横斑。雌鸟头顶、上背亮红褐色；上体铜绿色；喉和上胸淡红褐色，具青铜色横纹。

生态习性 栖息于常绿林和次生阔叶林、果园。

地理分布 分布于喜马拉雅山脉、斯里兰卡、中南半岛、马来西亚。国内见于湖北西部、湖南、广东、广西、海南、贵州、重庆、四川、云南西南部。

种群状况 单型种。留鸟。不常见。

翠金鹃

Asian Emerald Cuckoo　　*Chrysococcyx maculatus*　　体长：17 cm　　LC（低度关注）

鹃形目 CUCULIFORMES　杜鹃科 Cuculidae (Cuckoos)

紫金鹃（雌）\ 摄影：唐英

紫金鹃 \ 摄影：高正华

紫金鹃 \ 摄影：高正华

形态特征 雄鸟喙黄色，基部红色；虹膜红色；头和上体紫罗兰色光泽，尾偏黑色，端斑白色；喉及上胸亮紫罗兰色，腹部白色具黑色、紫色或绿色横带。雌鸟喙黑色基部红色，上体古铜绿色，眉纹及脸颊白色；下体白色具古铜色横纹；外侧尾羽具黑白色斑。

生态习性 栖息于常绿林和次生林、针叶林、果园。

地理分布 共2个亚种，分布于印度东北、不丹到东南亚。国内有1个亚种，指名亚种 *xanthorhynchus* 见于云南西南部。

种群状况 多型种。留鸟。稀少。

紫金鹃

Violet Cuckoo　*Chrysococcyx xanthorhynchus*　体长：16 cm　LC（低度关注）

乌鹃 \ 摄影：宋迎涛

乌鹃 \ 摄影：陈锡昌

乌鹃 \ 摄影：关克

形态特征 周身黑色体羽具光泽，尾有轻微分叉，尾下覆羽有白斑。

生态习性 栖于山地林缘、竹林、灌木和耕地。波浪式无声飞行，停歇时姿势直立。

地理分布 共2个亚种，分布于南亚、中南半岛、马来半岛。国内有1个亚种，华南亚种 *dicruroides* 见于华南、华中和西南地区。

种群状况 多型种。留鸟，旅鸟，夏候鸟。不常见。

乌鹃

Asian Drongo Cuckoo　*Surniculus dicruroides*　体长：23~25 cm　LC（低度关注）

噪鹃（雌） \摄影：陈小平

噪鹃（雌） \摄影：陈德智

噪鹃 \摄影：朱英

噪鹃 \摄影：汪光武

形态特征 虹膜红色。雄鸟通体黑色具蓝色光泽。雌鸟周身布满白色斑点。
生态习性 栖息于山地、平原密林区。隐蔽于树顶叶下。
地理分布 共7个亚种，分布于南亚、东南亚。国内有2个亚种，华南亚种 *chinensis* 见于华北及以南地区，海南亚种 *harterti* 见于海南。
种群状况 多型种。留鸟，旅鸟，夏候鸟。常见。

噪鹃

Common Koel　　*Eudynamys scolopacea*　　体长：39~46 cm　　LC（低度关注）

鹃形目 CUCULIFORMES　杜鹃科 Cuculidae (Cuckoos)

海南亚种 hainanus \ 摄影：关克

海南亚种 hainanu \ 摄影：董栓柱

云南亚种 saliens \ 摄影：隐形金翰

云南亚种 saliens \ 摄影：王尧天

形态特征 喙绿色，眼周裸皮红色。体羽暗灰色，具绿色光泽，下体褐灰色。尾长，端斑白色。

生态习性 栖息于森林、灌木林和竹林中。多短距离飞行。

地理分布 共6个亚种，分布于喜马拉雅山脉、中南半岛和马来半岛。国内有2个亚种，云南亚种 saliens 见于西藏东南部、云南、广西西南部，中央尾羽最宽处较宽，腹部一般沾较少和较淡的棕色。海南亚种 hainanus 见于广东、海南，中央尾羽最宽处稍窄，腹部沾较暗浓且范围较广的棕色。

种群状况 多型种。留鸟。不常见。

绿嘴地鹃

Green-billed Malkoha　　*Phaenicophaeus tristis*　　体长：50~55 cm　　LC（低度关注）

褐翅鸦鹃 \ 摄影：陈东明

褐翅鸦鹃 \ 摄影：冯启文

褐翅鸦鹃 \ 摄影：冯启文

褐翅鸦鹃 \ 摄影：陈东明

形态特征 体羽黑色，带紫蓝色光泽，翅和背栗红色，翅下覆羽黑色。尾长，黑色。
生态习性 栖息于次生林、竹林和灌木林。多地面活动。
地理分布 共6个亚种，分布于南亚和东南亚。国内有2个亚种，指名亚种 sinensis 见于河南、四川、贵州南部、安徽、浙江、福建、广东、香港、澳门、广西，翅长一般超过20厘米。云南亚种 intermedius 见于云南西部和南部、海南，翅长一般不及20厘米。
种群状况 多型种。留鸟。不常见。

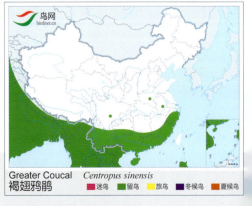

褐翅鸦鹃

Greater Coucal   *Centropus sinensis*   体长：47~52 cm   国家 II 级重点保护野生动物   LC（低度关注）

鹃形目 CUCULIFORMES　　杜鹃科 Cuculidae (Cuckoos)

小鸦鹃 \ 摄影：沈俊杰

小鸦鹃 \ 摄影：牛蜀军

小鸦鹃 \ 摄影：朱英

小鸦鹃 \ 摄影：简廷谋

形态特征 虹膜黑色，体羽黑色，翅淡红褐色，翅下覆羽褐色；尾黑色，具金属光泽、细端斑白色。
生态习性 栖息于低山丘陵灌丛、次生林、果园。性机警。
地理分布 共6个亚种，分布于喜马拉雅山、东南亚。国内有1个亚种，普通亚种 lignator 见于河北、河南及长江以南地区。
种群状况 多型种。留鸟。不常见。

小鸦鹃

Lesser Coucal　　*Centropus bengalensis*　　体长：34~42 cm　　国家 II 级重点保护野生动物　　LC（低度关注）

鸮形目
STRIGIFORMES

▶ 俗称猫头鹰。大多具有面盘
▶ 多为夜行性鸟类,白天匿伏于树洞、岩穴或稠密的枝叶间,晚上才出来活动
▶ 全世界计有2科24属174种,遍布全世界
▶ 中国有2科13属31种,遍布于全国各地

草鸮科
Tytonidae
(Barn Owls)

本科鸟类面盘明显而完整,围以硬羽组成的皱领,下方变狭,呈心脏形。头顶两侧无耳簇羽。嘴侧扁,基部较直,并具蜡膜,端部稍曲呈钩状。鼻孔椭圆形。两眼较小而向前。翅形尖或稍圆,较尾为长。尾呈凹尾状,较短或中等长。腿较长,跗蹠上部被羽,下部和趾仅有稀疏的羽毛。外趾能反转,爪长而锐利,中爪内侧具栉缘。两性羽色相似。

大多夜间活动。不喜结群。营巢于树洞或建筑物上,有时亦在岩石洞穴中营巢。每窝产卵3~11枚,通常4~7枚。卵白色,雌鸟孵卵。以鼠类、蛙和昆虫为食。

全世界共有2属14种,分布于美洲、欧洲、亚洲南部和大洋洲。中国有2属3种,主要分布于长江以南各地。

仓鸮云南亚种 *Javanica* \ 摄影:原巍

鸮形目 STRIGIFORMES　　草鸮科 Tytonidae (Barn Owls)

云南亚种 *javanica* ＼摄影：原巍

印度亚种 *stertens* ＼摄影：高正华

云南亚种 *javanica* ＼摄影：黄文华

印度亚种 *stertens* ＼摄影：冯江

形态特征 头大而圆，面盘污白色，呈心脏形。眼先栗棕色，皱领棕褐色。上体淡灰或棕黄色，具黑、白色斑点。翅覆羽端白。下体白色具黑色小斑点。

生态习性 栖息于高大乔木或洞中。

地理分布 共28个亚种，分布于北美洲、南美洲、欧洲、非洲、大洋洲、南亚、中南半岛、马来半岛。国内有2个亚种，云南亚种 *javanica* 见于云南南部，面盘白色，周围也有一棕色环；上体浅灰，羽缘棕黄，各羽遍布浅褐色虫蠹细斑；下体棕黄色。印度亚种 *stertens* 见于云南中部、广西，面盘污白色，上体羽毛主要为灰色；下体为洁白色，不是棕黄色。

种群状况 多型种。留鸟，罕见。

仓鸮

Barn Owl　　*Tyto alba*　　体长：29~44 cm　　国家Ⅱ级重点保护野生动物　　LC（低度关注）

Barn Owl　*Tyto alba*
仓鸮

华南亚种 chinensis \ 摄影：陈久桐

华南亚种 chinensis \ 摄影：邓宇

华南亚种 chinensis \ 摄影：梁长久

华南亚种 chinensis \ 摄影：冯江

形态特征 面盘棕白色，心形。上体深褐色，具皮黄色斑块，下体皮黄色。

生态习性 栖于林地、灌木草丛。有伸头挺立和低头俯视、双翅张开的警戒形态。

地理分布 共5个亚种，分布于喜马拉雅山、东南亚到澳大利亚。国内有2个亚种，华南亚种 chinensis 见于河北及以南、云贵及以东地区，面盘辉棕色，周围有暗栗色翎领镶边；眼先有一黑色大斑，上体暗褐色，颈侧的泥黄色较多；下体黄白色，在胸及两肋较显著。台湾亚种 pithecops 见于台湾，面盘淡黄至灰白色，盘缘有细小黑点；上体土色，带深褐色；嘴白色，略显紫色；下体由喉至尾下覆羽淡白色。

种群状况 多型种。留鸟，旅鸟，冬候鸟。稀少。

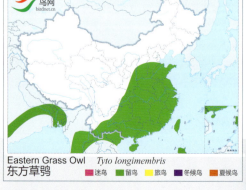

东方草鸮（草鸮）

Eastern Grass Owl　　*Tyto longimembris*　　体长：32~36 cm　　国家Ⅱ级重点保护野生动物　　LC（低度关注）

鸮形目 STRIGIFORMES　草鸮科 Tytonidae (Barn Owls)

栗鸮 \ 摄影：原巍

栗鸮 \ 摄影：黄文华

栗鸮 \ 摄影：唐万玲

栗鸮 \ 摄影：陈久桐

形态特征 方形面盘，浅葡萄红色，周围有黑褐色皱领，在额前分开，耳羽羽簇突出。上体栗红色具黑白色点斑，下体葡萄红色，具暗栗色斑点。栗色尾短具黑色横带。
生态习性 栖息于山地常绿阔叶林、针叶林和次生林。
地理分布 共35个亚种，分布于印度、东南亚。国内有1个亚种，华南亚种 saturatus 见于云南南部、广西、海南。
种群状况 多型种。留鸟。稀少。

栗鸮

Bay Owl　　*Phodilus badius*　　体长：22~27 cm　　国家 II 级重点保护野生动物　　LC（低度关注）

鸱鸮科
Strigidae
(Typical Owls)

本科鸟类头大而圆，嘴侧扁而强壮，先端钩曲，嘴基被蜡膜，且多被硬羽所掩盖。面盘存在或缺少，存在时面盘几成圆形。眼大位置向前，眼周围以细羽毛，形成一圈皱领。有的种类头顶前端两侧有耳状簇羽。翅宽而稍圆，初级飞羽11枚。尾羽或短或长，尾羽12枚。脚粗壮而强，多数全部被羽，外趾能反转。爪弯曲而锐利。羽毛松软，飞时无声。

夜行性。主要栖息于森林和旷野，通常昼伏夜出。以鼠类、昆虫、鸟、蛙、鱼等动物为食。营巢于树洞或岩石缝隙中。雏鸟晚成性。

全世界有22属160种，几遍及全球。中国分布有11属28种，遍布于全国各地。

黄嘴角鸮华南亚种 *latouchi* ＼摄影：范怀良

鸮形目 STRIGIFORMES　鸱鸮科 Strigidae (Typical Owls)

台湾亚种 *hambroecki* \ 摄影：陈承光

华南亚种 *latouchi* \ 摄影：杜维

台湾亚种 *hambroecki* \ 摄影：简廷谋

华南亚种 *latouchi* \ 摄影：梁长久

形态特征 面盘褐色，有暗褐色横斑，周围有黑褐色皱领，耳羽内侧黄色，外侧黑褐色。眼和喙黄色。后颈具米色横斑。上体棕褐色，有深褐色蠹食斑；下体灰褐色。肩羽具白色斑。尾羽有7条横斑。

生态习性 栖息于山地常绿阔叶林和混交林。

地理分布 共8个亚种，分布于喜马拉雅山脉、东南亚。国内有2个亚种，台湾亚种 *hambroecki* 见于台湾，后颈有显著的白色颈圈，下体白色有淡褐色虫蠹斑。华南亚种 *latouchi* 见于云南西南部、福建、广东、澳门、广西、海南，体羽红棕色更浓，后颈圈不明显，下体灰黄褐色，比较斑杂。

种群状况 多型种。留鸟。稀少。

黄嘴角鸮

Mountain Scops Owl　　*Otus spilocephalus*　　体长：17~21 cm　　国家Ⅱ级重点保护野生动物　　LC（低度关注）

台湾亚种 glabripes \ 摄影：简廷谋

台湾亚种 glabripes \ 摄影：陈承光

海南亚种 umbratilis \ 摄影：张和平

华南亚种 erythrocampe \ 摄影：宁于新

东北亚种 ussuriensis \ 摄影：徐阳

形态特征 有灰棕色和红褐色二型。面盘灰色至亮红褐色，眉纹浅黄色。虹膜深褐色。颏和喉灰白色。后颈具淡白色领圈。上体具灰或红褐色斑驳纵纹；下体灰红褐色，具黑色条纹。

生态习性 栖息于各类林地。

地理分布 共5个亚种，分布于喜马拉雅山脉、中南半岛。国内有5个亚种，华南亚种 erythrocampe 见于山西及以南、云贵川以东地区，上体较棕褐色，黑斑不明显；下体纵纹较细，横枝较密；趾不被羽。台湾亚种 glabripes 见于台湾，上体较灰褐色，黑斑较显著；下体纵纹较粗，横枝较疏；翅长18～18.3厘米；体色较暗。滇西亚种 lettia 分布于西藏东南部，体色较暗，更多皮黄色；翅长15.6～17.5厘米。海南亚种 umbratilis 见于海南，体色较淡，下体皮黄色，翅长16.1～18.3厘米。东北亚种 ussuriensis 分布于东北、华北地区和陕西、甘肃东南部，上体灰褐色，腹部中央及覆腿羽白色；趾被羽。

种群状况 多型种。留鸟。常见。

领角鸮

Collared Scops Owl *Otus lettia* 体长：24 cm 国家Ⅱ级重点保护野生动物 NE（未评估）

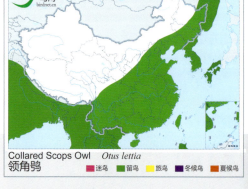

Collared Scops Owl *Otus lettia*
领角鸮

鸮形目 STRIGIFORMES　　鸱鸮科 Strigidae (Typical Owls)

幼鸟 \ 摄影：邢睿

纵纹角鸮 \ 摄影：张岩

纵纹角鸮 \ 摄影：丁进清

纵纹角鸮 \ 摄影：王尧天

形态特征 虹膜黄色，耳羽簇短，面盘淡灰白色，边缘深褐色。体羽深黄赭石色，具黑色蠹纹和纵纹。
生态习性 栖息于有植物覆盖的荒野和半荒漠地区。
地理分布 共4个亚种，分布于西亚、中亚、南亚。国内有1个亚种，新疆亚种 semenowi 见于新疆塔里木盆地以北。
种群状况 多型种。夏候鸟。罕见。

纵纹角鸮

Pallid Scops Owl　　*Otus brucei*　　体长：21 cm　　国家Ⅱ级重点保护野生动物　　LC（低度关注）

西红角鸮 \ 摄影：吕自捷

西红角鸮 \ 摄影：许传辉

西红角鸮 \ 摄影：吕自捷

形态特征 有褐色和灰色型两种。虹膜黄色，脸灰色，眼周灰褐色，眉纹淡白色。耳羽小。体羽灰红褐色，多窄纵条纹。颈后白斑大。
生态习性 栖息于山地和平原林阔叶林和混交林区。
地理分布 共6个亚种，分布于欧洲、非洲、西亚、中亚。国内有1个亚种，新疆亚种 pulchellus 见于新疆天山、准格尔盆地、塔里木盆地和帕米尔。
种群状况 多型种。夏候鸟。不常见。

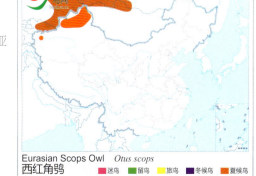

西红角鸮

Eurasian Scops Owl　　*Otus scops*　　体长：16~21 cm　　国家Ⅱ级重点保护野生动物　　LC（低度关注）

东北亚种 stictonotus \ 摄影：梁长久

华南亚种 malayanus \ 摄影：冯江

华南亚种 malayanus \ 摄影：孙华金

东北亚种 stictonotus \ 摄影：王安青

形态特征 有褐色和灰色型两种。虹膜黄色，面盘灰褐色，边缘黑褐色。眉于耳羽内侧淡黄色。颈后具淡黄色横带。上体具蠹状斑，下体具蠹带。

生态习性 栖息于低地林区。

地理分布 共9个亚种，分布于喜马拉雅山脉、南亚、中南半岛、马来半岛。国内有3个亚种，台湾亚种 japonicus 见于台湾，第一枚飞羽较短，一般与第七枚等长，第四枚飞羽最长，上体羽色以灰褐色为显著，下体黑褐色与干纹较少而细。华南亚种 malayanus 见于华东、华中、华南地区及云南、贵州、四川，上体羽色以黑褐色为显著，并散缀以栗棕色羽缘，下体黑褐色羽干纹较多而显著。东北亚种 stictonotus 见于东北、华北地区和陕西、四川、重庆，第一枚飞羽较短，一般与第七枚等长，第四枚飞羽最长；上体羽色以灰褐色为显著，下体黑褐色羽干纹较少而细。

种群状况 多型种。夏候鸟，旅鸟。常见。

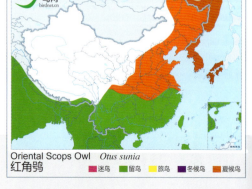

Oriental Scops Owl　Otus sunia
红角鸮

红角鸮（东方角鸮）

Oriental Scops Owl　*Otus sunia*　体长：18~21 cm　国家 II 级重点保护野生动物　LC（低度关注）

鸮形目 STRIGIFORMES　　鸱鸮科 Strigidae (Typical Owls)

兰屿角鸮 \ 摄影：焦庆利

兰屿角鸮 \ 摄影：唐万玲　　兰屿角鸮 \ 摄影：童光琦　　兰屿角鸮 \ 摄影：陈承光

形态特征 虹膜黄色，体羽褐色具灰黄色或深褐色斑，耳羽端斑橘黄色。胸部褐色斑密显颜色深，肩部具多个白斑点，腹部稀疏。
生态习性 多栖息于岛屿茂密、高大树木上。
地理分布 共4个亚种，分布于日本、菲律宾。国内有1个亚种，台湾亚种 *botelensis* 见于台湾兰屿岛。
种群状况 多型种。留鸟。稀少。

兰屿角鸮

Elegant Scops Owl　　*Otus elegans*　　体长：22 cm　　国家 II 级重点保护野生动物　　NT（近危）

东北亚种 ussuriensis \ 摄影：梁长久

天山亚种 hemachalanus \ 摄影：邢睿

北疆亚种 yenisseensis \ 摄影：夏咏

华南亚种 kiautschensis \ 摄影：赵军

形态特征 虹膜黄色，耳羽簇长，喉白色。胸及胁具黑色纵条纹，腹部具细小黑色条纹。体羽黄褐色，具黑色斑点和纵纹。

生态习性 栖息于山地林地、悬崖处。

地理分布 共16个亚种，分布于欧亚大陆。国内有5个亚种，天山亚种 hemachalanus 见于内蒙古、宁夏、甘肃北部、新疆、西藏、青海、云南西部、四川西部，体色较西藏亚种为浅，而与北疆亚种相似，但上体较黄，少灰色，腰、外侧尾羽及尾下覆羽黄色较浓，下体近白色。华南亚种 kiautschensis 见于华东、华中、华南地区及云南、贵州、四川、陕西、甘肃，体色较东北亚种为暗，棕色较深，黑褐色纵纹多而显著。塔里木亚种 turcomanus 见于新疆的塔里木盆地和东疆，体色最淡黄，暗褐色条纹及虫蠹斑较少。东北亚种 ussuriensis 见于东北和华北地区，体色较北疆亚种为暗，上体的黑褐色纵纹较多，下体淡棕色近黄。北疆亚种 yenisseensis 见于新疆北部的阿尔泰山，体色最淡，呈灰茶黄色，上体的黑褐色纵纹较少，下体棕色较淡。

种群状况 多型种。留鸟。不常见。

雕鸮

Eurasian Eagle-owl　　*Bubo bubo*　　体长：60~75 cm　　国家 II 级重点保护野生动物　　LC（低度关注）

Eurasian Eagle-owl　*Bubo bubo*
雕鸮

鸮形目 STRIGIFORMES　　鸱鸮科 Strigidae (Typical Owls)

林雕鸮 \ 摄影：吴波

林雕鸮 \ 摄影：吴波

林雕鸮 \ 摄影：吴波

林雕鸮 \ 摄影：Chihjung Chen

形态特征 虹膜褐色。体羽深褐色，具显著的黑白两色耳羽簇，面盘发白色。上体暗褐色，具斑驳条纹。下体淡黄白色，喉到胸具黑色条纹，下胸到腹部具"V"形暗褐色斑点。

生态习性 栖息于常绿阔叶林。

地理分布 共2个亚种，分布于喜马拉雅山脉、中南半岛。国内有1个亚种，指名亚种 nipalensis 见于云南东南部、四川。

种群状况 多型种。留鸟。罕见。

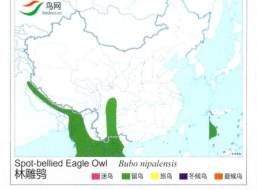

林雕鸮

Spot-bellied Eagle Owl　　*Bubo nipalensis*　　体长：51~64 cm　　国家 II 级重点保护野生动物　　LC（低度关注）

雪鸮 \ 摄影：段文科

雪鸮 \ 摄影：桑新华

雪鸮（雌）\ 摄影：梁长久

形态特征 虹膜黄色。体羽白色，具褐斑。面盘稍染浅褐色，头顶有少量黑褐色斑点。腹部有窄的褐色横斑。雌鸟体大，斑点多。

生态习性 栖息于开阔地带。地栖，白天活动。以鼠类、鸟类、昆虫为食。

地理分布 分布于北半球北部。国内见于黑龙江、吉林、河北、陕西、内蒙古东北部、新疆。

种群状况 单型种。冬候鸟。稀少。

雪鸮

Snowy Owl　*Bubo scandiacus*　　体长：55~64 cm　　国家 II 级重点保护野生动物　　LC（低度关注）

鸮形目 STRIGIFORMES　　鸱鸮科 Strigidae (Typical Owls)

毛脚渔鸮 \摄影：吴振诃

毛脚渔鸮 \摄影：吴振诃

毛脚渔鸮 \摄影：马林

形态特征 虹膜黄色。喉白色，耳簇羽宽、长而水平状。额具白色斑点。面盘淡灰棕色，上体浅黄棕色，条纹明显。下体淡具棕色细长条纹。跗蹠被羽。
生态习性 栖息于水源附近林中。静立河岸石头上，也在水中涉行。
地理分布 共2个亚种，分布于俄罗斯远东，日本、朝鲜半岛。国内有1个亚种，东北亚种 *boerriesi* 见于黑龙江、吉林、内蒙古东北部。
种群状况 多型种。留鸟。稀少。全球性濒危。

毛腿渔鸮
Blakiston's Fish Owl　*Ketupa blakistoni*　　体长：60~72 cm　　国家 II 级重点保护野生动物　　EN（濒危）

褐渔鸮 \摄影：张岩

褐渔鸮 \摄影：顾云芳

褐渔鸮 \摄影：赵少勇

形态特征 虹膜黄色。喉白色。耳簇羽水平状，具黑色纵纹；面盘浅黄色，脸深褐色；额及上体栗色，具深褐色粗条纹。下体黄白色，具黑色条纹和细波状横纹。
生态习性 栖息于水源附近林中，也出现在海岸、湖泊、鱼塘附近，常单独活动，半昼性鸟类，常在下午出来捕食。主要以鱼类、蛙类及水生昆虫为食。
地理分布 共4个亚种，分布于喜马拉雅山脉、中南半岛。国内有2个亚种，西藏亚种 *leschenaulti* 见于云南西部，上体羽色较淡，斑纹较细，色较褐。华南亚种 *orientalis* 见于云南南部和西南部、广东、香港、澳门、广西、海南，上体较暗，斑纹较显著、较黑。
种群状况 多型种。留鸟。稀少。

褐渔鸮
Brown Fish Owl　*Ketupa zeylonensis*　　体长：48~58 cm　　国家 II 级重点保护野生动物　　LC（低度关注）

黄腿渔鸮 \ 摄影：张永文

黄腿渔鸮 \ 摄影：关克

黄腿渔鸮 \ 摄影：叶守仁

黄腿渔鸮 \ 摄影：冯江

形态特征 虹膜黄色。耳簇羽大而水平状，面盘棕红色，边缘黑色。上体棕红色，具醒目深褐色纵纹。翅和尾具棕红色横纹。下体棕红色，具暗褐色纵条纹。

生态习性 栖息于水源附近森林中。昼夜活动，常到溪流边捕食鱼类，也吃蛙类、蜥蜴等。

地理分布 分布于喜马拉雅山脉、中南半岛的部和东部。国内见于云南、贵州、四川、陕西、湖北以南地区、台湾。

种群状况 单型种。留鸟。罕见。稀有。

黄腿渔鸮

Tawny Fish Owl *Ketupa flavipes* 体长：48~61 cm 国家Ⅱ级重点保护野生动物 LC（低度关注）

鸮形目 STRIGIFORMES　　鸱鸮科 Strigidae (Typical Owls)

褐林鸮 \ 摄影：叶守仁

褐林鸮 \ 摄影：胡斌

褐林鸮 \ 摄影：叶守仁

褐林鸮 \ 摄影：panest

形态特征 虹膜深褐色。头圆形，无耳羽簇。面盘棕褐色，眼圈黑色，外白色，缘部棕色。有白色或灰色眉纹。喉白色。体羽栗褐色，翅和肩具白色条斑。胸红褐色。下体皮黄色，具褐色细横纹。

生态习性 栖息于山地林区。多活动于沟谷与河岸森林地带，捕食鼠类、鸟类、蛙类，偶尔捕食鱼类。

地理分布 共14个亚种，分布于南亚和东南亚。国内有3个亚种，台湾亚种 Caligata 见于海南、台湾，面盘浅淡近白色，下体横斑浅而细密。西藏亚种 newarensis 见于西藏南部和东南部。华南亚种 ticehursti 见于云贵川及华中、华东和华南地区，面盘较棕褐色，下体横斑较深和较粗。

种群状况 多型种。留鸟。稀少。

褐林鸮

Brown Wood Owl　　*Strix leptogrammica*　　体长：40~55 cm　　国家 II 级重点保护野生动物　　LC（低度关注）

华南亚种 nivicola ╲摄影：杜雄

华南亚种 nivicola ╲摄影：唐万玲

华南亚种 nivicola ╲摄影：傅聪

华南亚种 nivicola ╲摄影：杜雄

形态特征 虹膜深褐色。头圆形，无耳羽簇，面盘橙棕色或黑褐色，上缘灰白色。眉纹偏白色。喙上至头顶有黑褐色线。体羽深褐色，具杂斑和纵纹。

生态习性 栖息于中、低山地林区。夜间活动，主要捕食啮齿类。

地理分布 共8个亚种，分布于中亚、西亚、欧洲、非洲。国内有3个亚种，河北亚种 ma 见于东北、河北、北京和山东，体色较浅淡，羽缘近白色。华南亚种 nivicola 见于西藏东南部、云贵川、华东、华中和华南地区，体型较大，翅长29～31.5厘米。台湾亚种 yamadae 见于台湾，体型较小，翅长25.6～28.2厘米。

种群状况 多型种。留鸟。不常见。

灰林鸮

Tawny Owl　　*Strix aluco*　　　　体长：37~43 cm　　国家Ⅱ级重点保护野生动物　　LC（低度关注）

鸮形目 STRIGIFORMES　　鸱鸮科 Strigidae (Typical Owls)

北方亚种 *nikolskii* \ 摄影：梁长久

北方亚种 *nikolskii* \ 摄影：李全民

叶塞尼亚亚种 *yenisseensis*（幼鸟）\ 摄影：王尧天

叶塞尼亚亚种 *yenisseensis* \ 摄影：许传辉

形态特征 大型鸮类。虹膜褐色。头圆形，无耳羽簇，面盘灰白色，具黑褐色羽干纹。体羽灰褐色或浅灰色，有暗褐色条纹。下体白色，具深褐色粗大纵纹。尾羽较长，具显著的横斑和白色的端斑。

生态习性 栖息于山地阔叶林、针叶林和针阔混交林。常直立于树的水平枝上，颜色与树皮相仿。以各种鼠类为食，也吃昆虫、蛙及鸟类。

地理分布 共9个亚种，分布于从欧洲到俄罗斯远东及东北亚。国内有2个亚种，新疆亚种 *yenisseensis* 见于新疆阿尔泰山。北方亚种 *nikolskii* 见于黑龙江、吉林、辽宁、北京、内蒙古东北部，背白，杂以暗褐纵纹；体型较大，翅长31.5厘米以上。

种群状况 多型种。留鸟。不常见。

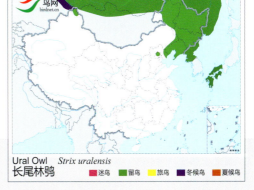

长尾林鸮

Ural Owl　　*Strix uralensis*　　体长：50~62 cm　　国家 II 级重点保护野生动物　　LC（低度关注）

中国鸟类图志 *The Encyclopedia of Birds in China*

四川林鸮 \ 摄影：唐万玲

四川林鸮 \ 摄影：蔡琼

形态特征 虹膜褐色。喙黄色。面盘有暗色同心圆纹，边缘暗色。上体褐色，杂有黑棕色带斑，翅覆羽有白色点斑，飞羽与尾羽具褐色条纹。胸腹具黑褐色纵纹。
生态习性 栖息于海拔4000米到5000米针叶林和针阔混交林。
地理分布 中国鸟类特有种。分布于甘肃南部、青海东南部、四川西部。
种群状况 单型种。留鸟。不常见。

四川林鸮
Sichuan Wood Owl　*Strix davidi*　体长：54~58 cm　国家II级重点保护野生动物　NE（未评估）

乌林鸮 \ 摄影：梁长久

乌林鸮 \ 摄影：王安青

形态特征 虹膜黄色。喙黄色。头大而圆，面盘有暗白色相间的同心圆纹，边缘暗色。两眼间具白色半月形斑纹。颏黑色。上体灰褐色，杂有暗色和白色点斑。
生态习性 栖息于山地阔叶林、针叶林和针阔混交林。性机警，昼伏夜出，飞翔迅速而无声。常停歇在高大乔木顶端，观察和等待猎物。
地理分布 共2个亚种，分布于北美洲、欧洲北部到俄罗斯远东、蒙古。国内有1个亚种，东北亚种 *lapponica* 见于东北、内蒙古东北部和新疆西北部。
种群状况 多型种。留鸟。罕见。

乌林鸮
Great Grey Owl　*Strix nebulosa*　体长：59~69 cm　国家II级重点保护野生动物　LC（低度关注）

鸮形目 STRIGIFORMES　　鸱鸮科 Strigidae (Typical Owls)

乌林鸮 \ 摄影：顾莹

乌林鸮 \ 摄影：冯江

乌林鸮 \ 摄影：王安青

乌林鸮 \ 摄影：桑新华

指名亚种 *ulula* \ 摄影：张代富

指名亚种 *ulula* \ 摄影：顾莹

指名亚种 *ulula* \ 摄影：翟铁民

天山亚种 *tianschanica* \ 摄影：王晓丽

形态特征 虹膜黄色。头圆形，无耳羽簇，颏深褐色。面盘白色，缘边深褐色宽。额部具白色斑点。上胸白色。上体棕褐色，具白色斑点。尾长。

生态习性 栖息于针叶林、混交林和白桦林。可在白天活动和觅食，但晨昏活动更为频繁。飞行迅速，鸣叫悦耳动听，以捕食啮齿类为生。

地理分布 共3个亚种，分布于北欧到俄罗斯远东、北美。国内有2个亚种，天山亚种 *tianschanica* 见于新疆西部和北部，体色较暗，体型较大，翅长（♂♂）24.3（23.8～25.1）厘米，（9♀♀）24.8（24.3～25.2）厘米。指名亚种 *ulula* 见于黑龙江、吉林北部、内蒙古东北部，体色较淡，体型较小，翅长（♂♂）23.3（22.3～24.1）厘米，（14♀♀）23.6（22.8～24.2）厘米。

种群状况 多型种。留鸟。不常见。

猛鸮

Hawk Owl *Surnia ulula* 体长：38 cm 国家 II 级重点保护野生动物 LC（低度关注）

鸮形目 STRIGIFORMES　　鸱鸮科 Strigidae (Typical Owls)

花头鸺鹠 \摄影：Matti Suopajrvi mattisj

花头鸺鹠 \摄影：Leo Leo

形态特征 虹膜黄色。头圆形，无耳羽簇。两眼间及眉纹白色，后颈部有不明显的浅色半领环。上体灰褐色，头、背和肩具白色斑点。下体白色，具褐色条纹。

生态习性 栖息于针叶林、混交林。停息时有翘尾巴动作。

地理分布 共2个亚种，分布于北欧到俄罗斯远东。国内有2个亚种，东北亚种 *Orientale* 见于东北、内蒙古东北部和河北北部。新疆亚种 *passerinum* 见于新疆阿尔泰山。

种群状况 多型种。留鸟。不常见。

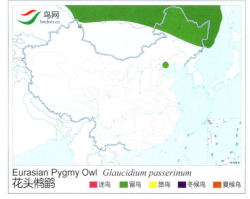

Eurasian Pygmy Owl *Glaucidium passerinum*
花头鸺鹠

花头鸺鹠

Eurasian Pygmy Owl　　*Glaucidium passerinum*　　体长：16~18 cm　　国家 II 级重点保护野生动物　　LC（低度关注）

指名亚种 *brodiei* \摄影：朱英

指名亚种 *brodiei*（背面）\摄影：朱英

台湾亚种 *paradalotum* \摄影：简廷谋

形态特征 虹膜黄色。头圆形，无耳羽簇。后颈部有明显的浅黄色领斑，中央黑色。喉白色，带褐色横斑。上体灰褐色，具浅黄色横纹。下体白色，具褐色条纹。

生态习性 栖息于山地森林。多白天活动，常左右摆尾。

地理分布 共4个亚种，分布于喜马拉雅山脉及东南亚。国内有2个亚种，指名亚种 *brodiei* 见于陕西南部、甘肃南部、河南以南地区。台湾亚种 *paradalotum* 见于台湾。

种群状况 多型种。留鸟。常见。

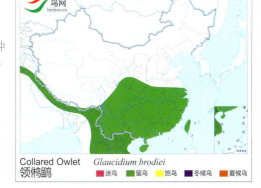

Collared Owlet *Glaucidium brodiei*
领鸺鹠

领鸺鹠

Collared Owlet　　*Glaucidium brodiei*　　体长：16 cm　　国家 II 级重点保护野生动物　　LC（低度关注）

511

华南亚种 whitelyi \ 摄影：文超凡

滇西亚种 rufescens \ 摄影：张新

海南亚种 persimilie \ 摄影：邱小宁

华南亚种 whitelyi \ 摄影：王尧天

形态特征 虹膜黄色。头圆形，无耳羽簇。体羽褐色，头及下体具细的白色横纹。翅上具白色条斑。腹部白色。

生态习性 栖息于阔叶林、混交林、次生林、农田。有时白天活动。

地理分布 共8个亚种，分布于喜马拉雅山脉、中南半岛。国内有5个亚种。墨脱亚种 austerum 见于西藏东南部，上体暗褐色最深，横斑棕白色或白色，下腹纵纹宽阔，并杂以横斑。滇南亚种 brugeli 见于云南南部，上体为棕褐色，横斑土黄色，下腹白，棕褐色纵纹粗著而稀疏。海南亚种 persimilie 见于海南，上体不为暗褐色且羽色较淡，呈淡棕色，而杂以淡棕色横斑；喉部白色块斑较小。滇西亚种 rufescens 见于云南西部，上体不为暗褐色；上体较滇南亚种稍暗，下腹棕褐色纵纹几成片状。华南亚种 whitelyi 见于云贵川、河南及以南地区，上体暗褐色，较墨脱亚种稍浅，横斑浅黄色，下腹纵纹，不杂以横斑。

种群状况 多型种。留鸟，夏候鸟。常见。

斑头鸺鹠

Asian Barred Owlet *Glaucidium cuculoides* 体长：22~25 cm 国家 II 级重点保护野生动物 LC（低度关注）

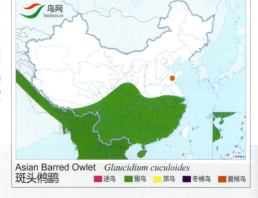

鸮形目 STRIGIFORMES　　鸱鸮科 Strigidae (Typical Owls)

普通亚种 *plumipes* \ 摄影：简廷谋

新疆亚种 *orientalis* \ 摄影：王尧天

普通亚种 *plumipes* \ 摄影：朱英

普通亚种 *plumipes* \ 摄影：张建军（脚印无痕）

形态特征 虹膜黄色。无耳羽簇。眼周及两眼间白色，颏部白色。上体灰褐色或沙褐色，具白色点斑。下体棕白色，具褐色条纹。

生态习性 栖于低山丘陵、开阔原野。白天地面活动。有挺胸抬头和猛回头动作。

地理分布 共13个亚种，分布于非洲、欧洲、西亚、中亚及东亚。国内有5个亚种，青海亚种 *impasta* 见于甘肃、青海、四川北部，体型较大，翅长(♂♂) 17(16.8～17.5)厘米，(10♀♀) 17.2 (16.7～17.5)厘米；上体暗沙褐色，头上白斑较细，背上白斑细而明显，有时沾棕色，下体褐色纵纹较暗、较多。西藏亚种 *ludlow* 见于新疆西南部、西藏南部和东部、云南西北部、四川西部、湖北西北部，体型较大，翅长17.5厘米以上。新疆亚种 *orientalis* 见于新疆中部和北部，体型较小，翅长在17.5厘米以下；上体淡沙褐色，头上白纹较粗，背上白斑大而模糊，下体褐色纵纹较淡、较少。普通亚种 *plumipes* 见于东北、华北、陕西、甘肃南部、新疆西部和北部、江苏北部、台湾，上体暗沙褐色，头上白斑较细，背上白斑细而明显，有时沾棕色，下体褐色纵纹较暗较多；体型较小，翅长(♂♂) 15.4 (15.1～15.6)厘米，(4♀♀) 15.7(15.4～16.4)厘米。

种群状况 多型种。留鸟。常见。

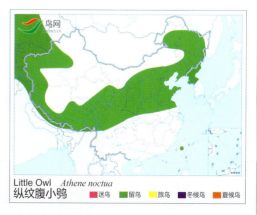

Little Owl　*Athene noctua*
纵纹腹小鸮

纵纹腹小鸮

Little Owl　　*Athene noctua*　　体长：23 cm　　国家 II 级重点保护野生动物　　LC（低度关注）

横斑腹小鸮 \ 摄影：桑新华

横斑腹小鸮 \ 摄影：张岩

横斑腹小鸮 \ 摄影：姜效敏

形态特征 虹膜黄色。无耳羽簇。头圆，顶有点斑。眉纹白色，深色面盘边缘白色。上体羽灰棕色，翅上具白点斑。胸奶白色，具深灰色或褐色斑。
生态习性 栖息于开阔林地。也出现于花园、果园和村镇附近，以各种昆虫为食。
地理分布 共5个亚种，分布于南亚、中南半岛。国内有2个亚种，西藏亚种 *ultra* 见于西藏东南部，云南亚种 *pulchra* 见于云南南部。
种群状况 多型种。留鸟。不常见。

Spotted Owlet *Athene brama*

横斑腹小鸮

Spotted Owlet   *Athene brama*   体长：19~21 cm   国家 II 级重点保护野生动物   LC（低度关注）

鸮形目 STRIGIFORMES　　鸱鸮科 Strigidae (Typical Owls)

甘肃亚种 *beickianus*（幼鸟）\ 摄影：赵军

新疆亚种 *pallens* \ 摄影：王尧天

甘肃亚种 *beickianus* \ 摄影：赵军

东北亚种 *sibiricus* \ 摄影：汪光武

形态特征 虹膜黄色。无耳羽簇。头显方形，顶有点斑。眉纹白色，面盘灰白色，边缘褐黑色。头顶有白斑。上体棕色，肩具大白斑，背有小白斑。下体白色具褐色条斑。

生态习性 栖息于针叶林、混交林地。大多单独活动，叫声多变，飞行敏捷，主要以鼠类为食。

地理分布 共6个亚种，分布于北美洲、欧洲到俄罗斯远东。国内有3个亚种，甘肃亚种 *beickianus* 见于甘肃南部、青海东部、四川北部，体色较暗，上体较多朱古力褐色，白斑较少。新疆亚种 *pallens* 见于新疆西北部，体色较淡，上体呈淡灰褐色，白斑较多。东北亚种 *sibiricus* 见于黑龙江、吉林、内蒙古东北部，体色较淡，上体褐色较淡，白斑较多，体型较大。

种群状况 多型种。留鸟。不常见。

鬼鸮

Boreal Owl　　*Aegolius funereus*　　体长：21~25 cm　　国家Ⅱ级重点保护野生动物　　LC（低度关注）

鹰鸮 \ 摄影：关克

鹰鸮 \ 摄影：蔡琼

鹰鸮 \ 摄影：陈勇

鹰鸮 \ 摄影：张代富

形态特征 虹膜黄色。无耳羽簇。头圆，头部完全暗色，两眼间有白斑。上体深褐色，肩具白斑。下体白色，具宽红褐色条斑。尾具横斑，端斑白色。

生态习性 栖息于各种林地。白天在树林中休息，黄昏和晚上活动，主要以鼠类、鸟类及昆虫为食。

地理分布 共9个亚种，分布于南亚、东南亚。国内有2个亚种，华南亚种 burmanica 见于河南南部、云南西部和南部、四川、湖南、安徽、江西、广东、香港、广西、海南，上体纯浓棕褐色，下体褐色条纹稍浅，微沾棕色。西藏亚种 lugubris 见于西藏东南部。

种群状况 多型种。留鸟。不常见。

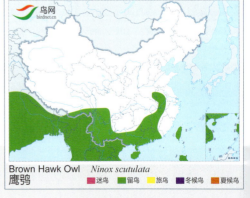

Brown Hawk Owl *Ninox scutulata*
鹰鸮

■迷鸟　■留鸟　■旅鸟　■冬候鸟　■夏候鸟

鹰鸮

Brown Hawk Owl *Ninox scutulata*   体长：27~33 cm   国家 II 级重点保护野生动物   LC（低度关注）

鸮形目 STRIGIFORMES　　鸱鸮科 Strigidae (Typical Owls)

日本鹰鸮 \ 摄影：陈承光

日本鹰鸮 \ 摄影：岳东训

日本鹰鸮 \ 摄影：赖健豪

日本鹰鸮 \ 摄影：李全民

形态特征 形与鹰鸮相似。无明显面盘。体色较暗，头部色暗，眼间具白斑。虹膜黄色，腹部白色，具褐色粗纵纹。

生态习性 栖息于各种林地。喜欢夜晚和晨昏外出捕食，食物主要为昆虫、鼠类及小鸟。营巢于树洞或岩隙中。

地理分布 共2个亚种，分布于东亚、菲律宾、印度尼西亚。国内有2个亚种，日本亚种 *japonica* 见于东北、华北及华东地区，台湾亚种 *totogo* 见于台湾。

种群状况 多型种。留鸟，旅鸟，夏候鸟，冬候鸟。不常见。

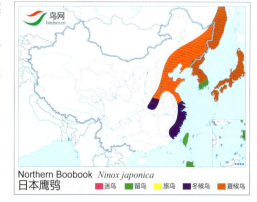

日本鹰鸮（北鹰鸮）

Northern Boobook　　*Ninox japonica*　　体长：30 cm　　国家 II 级重点保护野生动物　　LC（低度关注）

长耳鸮 \ 摄影：冯江

长耳鸮 \ 摄影：刘哲青

长耳鸮 \ 摄影：王尧天

形态特征 虹膜橙黄色。耳羽簇长，黑褐色外侧棕色。面盘棕黄色，皱领白黑色。上体褐色，具斑驳块；下体皮黄色，具褐色纵纹。

生态习性 栖息于各种林地、农田、城市。夜行性，以鼠类、蝙蝠及鸟类为主食，也捕食一些大型昆虫。

地理分布 共4个亚种，分布于欧亚大陆、北美洲。国内有1个亚种，指名亚种 otus 分布于除海南外全国各地。

种群状况 多型种。留鸟，旅鸟，夏候鸟，冬候鸟。常见。

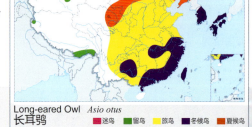

长耳鸮

Long-eared Owl *Asio otus*   体长：35~38 cm   国家Ⅱ级重点保护野生动物   LC（低度关注）

鸮形目 STRIGIFORMES　　鸱鸮科 Strigidae (Typical Owls)

短耳鸮 \ 摄影：张建国

短耳鸮 \ 摄影：关克

短耳鸮 \ 摄影：王尧天

形态特征 虹膜橙黄色，耳羽簇短，眼圈黑色，体羽棕黄色，上体有褐色和黑色点斑和条斑，下体具褐色纵条斑。
生态习性 栖息于各种生境。多贴地面飞行。多在黄昏和夜晚外出捕食，也可在白天活动。食物以鼠类为主，兼食一些鸟类、蜥蜴和昆虫。
地理分布 共11个亚种，分布于非洲北部、北美洲、南美洲、亚洲。国内有1个亚种，指名亚种 *flammeus* 见于全国各地。
种群状况 多型种。旅鸟，夏候鸟，留鸟。不常见。

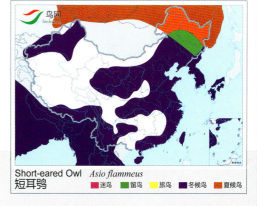

短耳鸮

Short-eared Owl　　*Asio flammeus*　　体长：38 cm　　国家Ⅱ级重点保护野生动物　　LC（低度关注）

夜鹰目
CAPRIMULGIFORMES

▶ 中小型鸟类。头大而较平扁。嘴短弱,基部宽阔
▶ 主要栖息于森林中。夜行性,白天多隐伏于森林中树上,黄昏以后才开始活动
▶ 全世界共有5科110种,主要分布于全球热带和温带地区
▶ 中国有2科3属8种,分布几遍及全国各地

蛙口夜鹰科
Podargidae
(Frogmouths)

本科鸟类嘴强,宽阔而扁平,嘴裂宽大,上嘴先端呈钩状,无嘴须,但嘴基部有长的须状羽,向前伸掩盖呈缝隙状的鼻孔。翅圆,长度中等,第四至第五枚初级飞羽最长。无尾脂腺。

主要栖息于茂密的森林中。多成对活动。夜行性,白天多伏于树枝上,由于羽色和树枝颜色很相似,一般很难看见,黄昏和晚上才开始活动。食物主要为甲虫、蛾等昆虫,也吃小型鼠类。营巢于树上树杈间,巢由树皮、地衣和苔藓构成。每窝产卵1~3枚。卵白色,雌雄共同孵卵。雏鸟晚成性。

本科全世界共2属13种,主要分布于印度、缅甸、泰国、马来西亚、菲律宾及印度尼西亚,一直到澳大利亚。中国仅1属1种,分布于云南。

黑顶蛙口夜鹰 \ 摄影:宋迎涛

夜鹰目 CAPRIMULGIFORMES　蛙口夜鹰科 Podargidae (Frogmouths)

黑顶蛙口夜鹰 \ 摄影：宋迎涛

黑顶蛙口夜鹰 \ 摄影：胡斌

黑顶蛙口夜鹰 \ 摄影：宋迎涛

黑顶蛙口夜鹰 \ 摄影：胡斌

形态特征 嘴扁平，颏白色，眉纹棕白色。具白色后颈圈。两性异色。雄鸟上体棕褐色，带有黑色和白色斑点，肩部具白带。雌鸟体羽红棕色，少许白斑，肩和胸具大白斑。

生态习性 栖息于山地亚热带常绿林。常平卧在树干上，依保护色伪装避敌。夜晚活动，飞行轻快无声。食物主要为昆虫。

地理分布 共2个亚种，分布于印度东北部、中南半岛北部。国内有1个亚种，指名亚种 *hodgsoni* 见于云南南部、西藏东南部。

种群状况 多型种。留鸟。罕见。

黑顶蛙口夜鹰（黑顶蟆口鸱）

Hodgson's Frogmouth　　*Batrachostomus hodgsoni*　　体长：25~28 cm　　LC（低度关注）

夜鹰科
Caprimulgidae
(Nightjars)

本科鸟类嘴短弱而软，嘴裂宽阔，嘴须甚长。鼻呈管状。翅长而尖，初级飞羽10枚，通常第二或第三枚初级飞羽最长。尾长而呈凸尾状，尾羽10枚，尾脂腺裸出。跗蹠被羽或裸出，中爪具栉缘。体羽蓬松而柔软。

主要栖息于山地森林中。夜行性，多在黄昏和夜间活动，白天多栖息于林间草地或树上。在飞行中捕食，食物主要为蚊虫和昆虫。通常产卵于地面上。每窝卵数1~3枚，卵白色或粉黄色。雌雄孵卵和育雏。雏鸟晚成性。

全世界计有18属83种，分布于全球温带和热带地区。中国有2属7种，几乎遍及全国各地。

形态特征 具黑色耳羽簇，头顶有皮黄色斑。眉纹红褐色。脸及喉黑色。颈有一白色带，飞行时明显。上体黑色杂有褐色及沙色。胸黑色，翅栗色，具蠹状斑。下体皮黄色，具黑色带。

生态习性 栖息于低山阔叶林、次生林山谷地区。夜行性。

地理分布 共5个亚种，分布于印度、东南亚。国内有1个亚种，云南亚种 *cerviniceps* 见于云南西部和南部。

种群状况 多型种。留鸟。稀少。

毛腿夜鹰 \ 摄影：nvoaden

毛脚夜鹰 \ 摄影：slr

毛腿夜鹰
Great Eared Nightjar *Eurostopodus macrotis* 体长：31~40 cm LC（低度关注）

夜鹰目 CAPRIMULGIFORMES　夜鹰科 Caprimulgidae (Nightjars)

普通夜鹰 \ 摄影：梁长久

普通夜鹰 \ 摄影：沈强

普通夜鹰 \ 摄影：沈强

普通夜鹰 \ 摄影：高宏颖

形态特征 喙扁而黑。上体灰褐色，杂以黑褐色和白色蠹状斑；喉具白斑。雄鸟飞羽具白斑，中央尾羽黑色，外侧两对尾羽有白色次端斑。雌鸟飞羽具黄斑，外侧尾羽无白斑。

生态习性 栖息于开阔的阔叶林、针阔混交林地区。白天卧伏于树干或地面枯叶上。夜晚空中旋捕食昆虫。繁殖期间彻夜鸣叫。

地理分布 共2个亚种，分布于印度、斯里兰卡。国内有2个亚种，西藏亚种 *hazarae* 见于西藏东南部、云南西北部，体色较暗，翼端较圆。普通亚种 *jotaka* 见于除新疆、青海外全国各地，体色较淡，翼端较尖。

种群状况 多型种。留鸟，旅鸟，夏候鸟。不常见。

普通夜鹰

Indian Jungle Nightjar　*Caprimulgus indicus*　体长：28~32 cm　LC（低度关注）

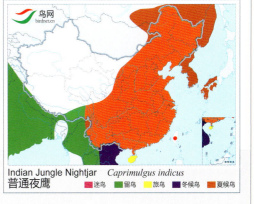

欧夜鹰 \ 摄影：王尧天

欧夜鹰 \ 摄影：王兴娥

欧夜鹰 \ 摄影：许传辉

欧夜鹰 \ 摄影：王尧天

形态特征 头宽阔，颈短。上体淡灰褐色，杂以灰色和黑色斑。喉具白斑、条纹。下体暗褐色，具皮黄色横斑。雄鸟飞羽具白斑，外侧尾羽有白色端斑。雌鸟外侧尾羽无白斑。

生态习性 栖息于阔叶林、针阔混交林、荒漠灌丛地区。常单独或成对活动，迁徙时集群。夜行性，以昆虫为食。

地理分布 共6个亚种，分布于非洲、欧洲、西亚、中亚、蒙古。国内有3个亚种，指名亚种 *europaeus* 见于新疆北部，体色最暗，雄鸟第二枚初级飞羽的白斑不伸达于外翈，尾下覆羽，具斑较多，翅长(29♂) 18.8 (18.2～20) 厘米，(32♀) 18.8(17.7～20.4) 厘米。疆东亚种 *plumipes* 见于内蒙古西部、宁夏、甘肃西北部、新疆，体色似疆西亚种，但较少灰色而多沙色，尾下覆羽不具斑，翅长(15♂♀) 18～19.5厘米，跗蹠几乎完全被羽。疆西亚种 *unwini* 见于甘肃西北部、新疆西部，体色较淡，雄鸟第二枚初级飞羽白斑伸达于外翈，尾下覆羽，具斑较少，翅长(10♂) 18.5 (17.8～19.1)厘米。

种群状况 多型种。夏候鸟。不常见。

欧夜鹰

European Nightjar *Caprimulgus europaeus* 体长：27 cm LC（低度关注）

European Nightjar *Caprimulgus europaeus*
欧夜鹰

夜鹰目 CAPRIMULGIFORMES 夜鹰科 Caprimulgidae (Nightjars)

埃及夜鹰 \ 摄影: Everster

埃及夜鹰 \ 摄影: Everster

形态特征 后颈具浅黄色圈。喉白色。翅下灰色。体羽沙灰色或淡黄色，具淡黑褐色斑点和纹。
生态习性 栖息于接近水域附近的荒漠与半荒漠的灌丛地区。常蹲伏于灌丛阴影处。
地理分布 共2个亚种，分布于非洲北部、西亚、中亚。国内有1个亚种，指名亚种 aegyptius 见于新疆西部。
种群状况 多型种。夏候鸟。罕见。

埃及夜鹰

Egyptian Nightjar *Caprimulgus aegyptius* 体长: 25 cm LC（低度关注）

长尾夜鹰 \ 摄影：宋迎涛

长尾夜鹰 \ 摄影：魏骏

长尾夜鹰 \ 摄影：高宏颖

长尾夜鹰 \ 摄影：呼晓宏

形态特征 头顶有一条黑带。脸棕红色。喉部具大块白色斑。翅具3条皮黄色带。体羽灰褐色，具蠹状斑。雄鸟飞羽具白色翅斑，外侧两枚尾羽端斑白色。雌鸟飞羽具皮黄色斑，外侧两枚尾羽端斑皮黄色。

生态习性 栖息于山地丘陵及山间平原的开阔林区。多在黄昏和夜晚外出觅食，食物以蛾类、金龟子等昆虫为主。

地理分布 共6个亚种，分布于喜马拉雅山脉、东南亚、澳大利亚。国内有1个亚种，滇南亚种 *bimaculatus* 见于云南南部、海南。

种群状况 多型种。留鸟。稀少。

长尾夜鹰

Large-tailed Nightjar *Caprimulgus macrurus* 体长：25~30 cm LC（低度关注）

夜鹰目 CAPRIMULGIFORMES　夜鹰科 Caprimulgidae (Nightjars)

林夜鹰 \ 摄影：宋迎涛

林夜鹰 \ 摄影：宋迎涛

林夜鹰 \ 摄影：田穗兴

形态特征 体羽灰褐色，喉两侧各具白斑。翅内侧具白斑。最外侧两对尾羽除端部外均为白色。雌鸟无白色。

生态习性 栖息于开阔干燥低山阔叶林、林缘地带、河滩。贴地栖息，近垂直起降，有忽上忽下、扇翅缓慢地飞行。

地理分布 共10个亚种，分布于喜马拉雅山脉、东南亚。国内有2个亚种，厦门亚种 *amoyensis* 见于云南东南部和中部、福建、广东、香港、澳门、广西、海南，前额较多棕色；下体棕色较深。台湾亚种 *stictomus* 见于台湾，前额棕色较少；下体棕白色。

种群状况 多型种。留鸟，夏候鸟。稀少。

林夜鹰

Savanna Nightjar　　*Caprimulgus affinis*　　体长：20~26 cm　　LC（低度关注）

雨燕目
APODIFORMES

- 本目均为小型鸟类
- 主要在空中生活，常成群在空中飞翔和捕食
- 全世界共3科134属428种，遍布于世界各地
- 中国有2科6属14种，几遍布于全国各地

雨燕科
Apodidae
(Swifts)

本科鸟类嘴短阔而平扁，无嘴须。嘴尖、稍向下曲，口裂甚宽阔。翅尖长，初级飞羽10枚。双翅折合时翅尖远超过尾端，尾为叉尾、平尾或方尾；尾羽10枚，末端尖或具针刺突。脚和趾均甚短弱，跗蹠被羽或裸出，4趾均向前或后趾能向前转动。

主要在空中飞翔，休息时多挂在垂直的岩壁上，而不落在树上，也不像燕子那样落在电线上和地上。主要在空中飞行捕食，食物主要为昆虫，通常营巢于悬崖石壁上，或建筑物、树洞和岩穴洞中。每窝产卵1~6枚，多为2枚，卵白色，雌雄孵卵，雏鸟晚成性。

本科全世界有21属92种，几遍布于全世界。中国有5属13种，遍布于全国。

爪哇金丝燕 \ 摄影：宋迎涛

形态特征 喙细弱下弯，喉灰白色。翅尖长。上体黑褐色，头顶、翅、尾稍暗。下体灰褐色，腰灰白色。尾稍凹。

生态习性 栖息于海岛及沿海地区。栖居岩石洞中。繁殖期4~6月，每窝产2枚卵。

地理分布 共8个亚种，分布于东南亚。国内仅海南亚种 *germani* 见于海南。

种群状况 多型种。留鸟。稀少。

爪哇金丝燕 \ 摄影：宋迎涛

爪哇金丝燕
Edible-nest Swiftlet *Aerodramus fuciphagus* 体长：12 cm LC（低度关注）

雨燕目 APODIFORMES　雨燕科 Apodidae (Swifts)

短嘴金丝燕 \ 摄影：王尧天

短嘴金丝燕 \ 摄影：杜英

短嘴金丝燕 \ 摄影：梁长久

形态特征 上体烟褐色，下体淡灰褐色，具纵纹。尾浅叉状。嘴黑色，虹膜褐色或暗褐色。

生态习性 生活在山区高空、河流山谷地区。集群栖居岩石洞中。在空中飞捕昆虫为食。

地理分布 共3个亚种，分布于喜马拉雅山脉、中南半岛、马来半岛。国内3个亚种均有分布。指名亚种 brevirostris 见于西藏东南部、云南西北部，体型较小，翅长（5♂）12.6(11.8～12.8)厘米；上体褐色较暗浓；跗蹠常裸出。云南亚种 rogersi 见于云南西南部，跗蹠大都裸出。四川亚种 innominata 见于云南、四川东北部和中部、贵州北部、湖北西部、湖南、上海、香港、广西。体型较大，翅长（10♂）13.2(12.7～13.6)厘米；上体褐色较淡；跗蹠被羽。

种群状况 多型种。夏候鸟，留鸟。局部常见。

短嘴金丝燕

Himalayan Swiftlet　*Aerodramus brevirostris*　体长：14 cm　LC（低度关注）

大金丝燕 \ 摄影: Chien C.Lee

大金丝燕 \ 摄影: Philiprs Quentin

大金丝燕 \ 摄影: Dave Irving

形态特征 上体黑褐色，下体色淡，腹深色。腰稍淡。翅长而宽。尾分叉不明显。
生态习性 生活于林区高空、河流山谷地区。集群栖居岩石洞中。
地理分布 共3个亚种，分布于东南亚。国内有1个亚种，西藏亚种 *maximus* 见于西藏东南部。
种群状况 多型种。留鸟。稀少。

Black-nest Swiftlet *Aerodramus maximus*
大金丝燕

大金丝燕
Black-nest Swiftlet *Aerodramus maximus*   体长: 14 cm   LC（低度关注）

白喉针尾雨燕 \ 摄影: 孙晓明

白喉针尾雨燕 \ 摄影: 孙晓明

白喉针尾雨燕 \ 摄影: 田穗兴

形态特征 额有白色。颏和喉白色。翅黑色，狭长，具紫绿色金属光泽。尾短，具金属光泽，末端呈针状。尾下覆羽白色。
生态习性 生活于山地林区、河流山谷高空地区。集群栖居岩石洞中。飞行速度快，有翱翔、单摆各种飞行姿势，单只或成对飞翔。
地理分布 共2个亚种，分布于俄罗斯远东、蒙古、东亚、马来半岛、澳大利亚。国内2个亚种，指名亚种 *caudacutus* 见于甘肃、青海、贵州、广西，前额近白色。西南亚种 *nudipes* 见于西藏东部、云南西北部、四川，前额无白色。
种群状况 多型种。夏候鸟，旅鸟，留鸟。局部地区常见。

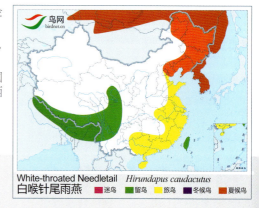
White-throated Needletail *Hirundapus caudacutus*
白喉针尾雨燕

白喉针尾雨燕
White-throated Needletail *Hirundapus caudacutus*   体长: 20~21 cm   LC（低度关注）

雨燕目 APODIFORMES　　雨燕科 Apodidae (Swifts)

灰喉针尾雨燕 \摄影：焦庆利

灰喉针尾雨燕 \摄影：焦庆利

灰喉针尾雨燕 \摄影：焦庆利

形态特征 颏和喉灰色。体羽黑色具蓝色金属光泽，翅狭长。尾下覆羽白色。嘴黑色，跗蹠和趾红褐色。

生态习性 栖息于海岛、海岸及山地林区。常集小群，在森林或水域上空飞翔，食物以蚊、蛾等各种飞行昆虫为主。

地理分布 分布于尼泊尔、中南半岛及马来半岛。国内见于云南南部、上海、广西、香港、海南、台湾。

种群状况 单型种。夏候鸟，留鸟。稀少。

灰喉针尾雨燕
Silver-backed Needletail　　*Hirundapus cochinchinensis*　　体长：18 cm　　国家Ⅱ级重点保护野生动物　　LC（低度关注）

棕雨燕 \摄影：梁长久

棕雨燕 \摄影：王尧天

棕雨燕 \摄影：王尧天

形态特征 上体灰褐色，下体及腰淡灰色，翅下覆羽暗，尾深叉状。嘴黑色，跗蹠被羽，趾和爪黑色。

生态习性 栖息于低地、村庄。傍晚活跃。常成群在旷野上空飞翔，在飞行中捕食各种昆虫。

地理分布 共4个亚种，分布于南亚、东南亚。国内有1个亚种，华南亚种 *infumatus* 见于云南、海南。

种群状况 多型种。留鸟。稀少。

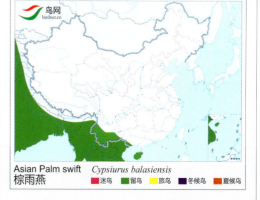

棕雨燕
Asian Palm swift　　*Cypsiurus balasiensis*　　体长：11~12 cm　　LC（低度关注）

531

普通雨燕 \摄影：关克

普通雨燕 \摄影：关克

普通雨燕 \摄影：孙晓明

形态特征 额和喉部沾淡灰色，头和上体黑褐色。胸有灰色细横带。翅镰刀形，尾分叉。
生态习性 栖息于高大建筑的屋檐下，在空旷空中飞行捕食。飞行姿势多变，速度快。
地理分布 共2个亚种，在欧亚大陆繁殖，在非洲越冬。国内有1个亚种，北京亚种 *pekinensis* 见于东北、华北、华中、西北、四川。
种群状况 多型种。夏候鸟，旅鸟。常见。

普通雨燕（普通楼燕、北京雨燕）

Common Swift *Apus apus* 体长：17~21 cm LC（低度关注）

雨燕目 APODIFORMES   雨燕科 Apodidae (Swifts)

暗背雨燕 \ 摄影: James Eaton

暗背雨燕 \ 摄影: Manoj Sharma

形态特征 上体羽黑色。胸部沾棕黄色。翅下覆羽端白。腹部有较多的黑褐色与白色点斑。尾分叉，尾下覆羽黑色。
生态习性 栖息于有悬崖峭壁和瀑布的山区。
地理分布 分布于尼泊尔、缅甸、泰国。国内见于云南西南部。
种群状况 单型种。冬候鸟。罕见。

Dark-rumped Swift *Apus acuticauda*
暗背雨燕

暗背雨燕
Dark-rumped Swift   *Apus acuticauda*   体长: 17~18 cm   VU (易危)

白腰雨燕 \ 摄影: 李全江

白腰雨燕 \ 摄影: 张锡贤

白腰雨燕 \ 摄影: 关克

形态特征 喉白色。上体黑色，翅长。下体黑褐色，羽端白色。腰白色。尾长，尾叉深。
生态习性 栖息于有悬崖峭壁和水源的山区。高空集群绕圈飞行。
地理分布 共6个亚种，分布于东北亚、南亚、东南亚、澳大利亚。国内有2个亚种，指名亚种 *pacificus* 见于东北、华北、华东、华南、西北、西藏和台湾，上体黑褐色，各羽具白色细缘；腰上白带较宽，约达2厘米。华南亚种 *kanoi* 见于西北、西南、华南地区和台湾。上体褐黑而又闪亮，无白色羽缘；腰上白带宽1~1.5厘米。
种群状况 多型种。夏候鸟、旅鸟、冬候鸟、留鸟。常见。

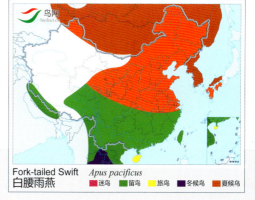
Fork-tailed Swift *Apus pacificus*
白腰雨燕

白腰雨燕
Fork-tailed Swift   *Apus pacificus*   体长: 18 cm   LC (低度关注)

小白腰雨燕 \ 摄影：关克

小白腰雨燕 \ 摄影：肖克坚

小白腰雨燕 \ 摄影：何楠

形态特征 体羽黑褐色，喉白色，腰白色；尾不分叉，平尾。
生态习性 栖息于林区、城镇等生境。集群或混群活动。在洞穴或建筑物上营巢。
地理分布 共4个亚种，分布于日本、喜马拉雅山脉及东南亚。国内有2个亚种。华南亚种 *subfurcatus* 见于华东、华南、云贵川地区。台湾亚种 *kuntzi* 见于台湾。
种群状况 多型种。留鸟，旅鸟。不常见。

小白腰雨燕
House Swift　　*Apus nipalensis*　　　　体长：15 cm　　　　LC（低度关注）

高山雨燕 \ 摄影：李维东

高山雨燕 \ 摄影：李维东

高山雨燕 \ 摄影：李维东

形态特征 喙黑色。尾略叉形。喉白色，胸前有一道深褐色的横带。胸、上腹白色。上体、下腹、尾橄榄棕色。脚黑色。
生态习性 栖息于山区。飞行能力突出，具有长时间连续飞行的现象。
地理分布 共10个亚种，分布于欧洲南部、亚洲中西部及非洲。国内有1个亚种，西藏亚种 *nubifuga* 见于西藏东南部。
种群状况 多型种。夏候鸟。罕见。

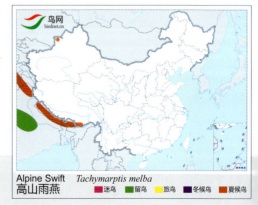

高山雨燕
Alpine Swift　　*Tachymarptis melba*　　　　体长：20~22 cm　　　　LC（低度关注）

雨燕目 APODIFORMES 雨燕科 Apodidae (Swifts)

褐背针尾雨燕 \ 摄影：Thanarot Ngoenwilai

褐背针尾雨燕 \ 摄影：Shiva Shankar

褐背针尾雨燕 \ 摄影：Supriyo Samanta

形态特征 体大而健硕。上体黑色，上背褐色。眼先具白色小斑，颏及上喉色浅。胸部黑色，胁部至尾下白，形成"V"字状。虹膜深褐色，喙黑色，脚黑色。
生态习性 见于开阔区域或林地，高至2000米，习性同其他针尾雨燕相似。
地理分布 共2个亚种，国外分布于印度、孟加拉国、斯里兰卡、安达曼岛、菲律宾、东南亚。2012年中国(香港)新纪录。
种群状况 多型种。迷鸟。罕见。

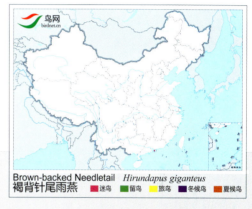

褐背针尾雨燕
Brown-backed Needletail *Hirundapus giganteus* 体长：21~24 cm LC（低度关注）

紫针尾雨燕 \ 摄影：曾建伟

紫针尾雨燕 \ 摄影：曾建伟

紫针尾雨燕 \ 摄影：曾建伟

形态特征 体大而健硕的针尾雨燕，平均体重180g，翼展可达60厘米，是我国大陆已知的最大雨燕。全身暗色，喉纯黑，眼先和尾下覆羽为醒目的白色，具明显的针尾。
生态习性 见于开阔地或林地，亦栖息于低地和丘陵，分布海拔从150米至1500米。
地理分布 国外分布于苏拉威西岛东北部和菲律宾群岛的森林和开阔地。国内仅见于台湾。
种群状况 单型种。迷鸟。罕见。
注 2014年中国鸟类新纪录。

紫针尾雨燕
Purple Needletail *Hirundapus celebensis* 体长：25 cm LC（低度关注）

凤头雨燕科
Hemiprocnidae
(Crested Treeswifts)

头顶有向上耸起的冠羽。嘴短阔,和燕子相似,眼大,翼尖长,两翅折合时超过或达到尾端。尾甚长,铗尾,最外侧尾羽纤细,尾呈深叉状。跗蹠短弱,趾细长,后趾不能反转。羽色较艳丽,两性羽色不同,胁部常有一块银色绒羽。

主要栖息于开阔的森林和林缘地区,常呈小群活动,也多在空中飞翔捕食,但在空中飞翔活动时间明显较雨燕为少。平时多栖息于树顶分枝上或电话线上,当有猎物出现时才起飞捕食。巢小,呈浅杯形,主要由树皮、羽毛和唾液胶结而成,并胶固于树枝上。每窝产卵1枚。雏鸟晚成性。

全世界共1属4种,近来也有学者合并为3种。主要分布于东南亚地区。中国有1属1种,主要分布于云南。

凤头雨燕 \ 摄影:桑新华

雨燕目 APODIFORMES　　凤头雨燕科 Hemiprocnidae (Crested Treeswifts)

凤头雨燕 \ 摄影：肖克坚

凤头雨燕 \ 摄影：桑新华

凤头雨燕 \ 摄影：杜英

凤头雨燕 \ 摄影：肖克坚

凤头雨燕 \ 摄影：桑新华

形态特征 喙黑色。具长羽冠蓝绿色，具光泽。雄鸟上体绿灰色，脸红褐色；翅黑绿色，腹白色。雌鸟脸灰黑色。尾长，逐渐变细。

生态习性 栖息于落叶林、次生林及常绿林。常成小群活动，在森林、旷野或水域上空飞翔。以蚊、蛾等昆虫为食。

地理分布 分布于南亚、中南半岛。国内见于云南西南部。

种群状况 单型种。留鸟。不常见。

凤头雨燕（凤头树燕）

Crested Treeswift　　*Hemiprocne coronata*　　体长：23~25 cm　　国家Ⅱ级重点保护野生动物　　LC（低度关注）

咬鹃目
TROGONIFORMES

- 中小型鸟类。嘴短阔而粗厚，尖端微向下钩曲，下嘴基部有发达的嘴须
- 主要栖息于森林中。喜群居，多沿树干攀行，飞行时呈波浪状
- 全世界仅1科7属39种，分布于热带和亚热带森林中
- 中国有1科1属3种，主要分布于云南、广东、广西、海南岛和福建

咬鹃科
Trogonidae
(Trogons)

本科鸟类嘴短，强而宽，上嘴尖端向下钩曲，下嘴基部有发达的嘴须，鼻孔有刚毛覆盖。脚趾中第一、二趾反转向后。尾羽宽，尖端截状，呈楔形。体羽厚而蓬松，具有金属光泽。

栖息于热带和亚热带森林中，以昆虫和果实为食。营巢于树洞中，每窝产卵2~4枚，孵卵期17~19天。雏鸟为晚成型。

全世界计有1科7属39种，中国有1科1属3种，主要分布于西南和华南地区的森林中。

红头咬鹃雌鸟 \ 摄影：沈强

咬鹃目 TROGONIFORMES　　咬鹃科 Trogonidae (Trogons)

红头咬鹃 \ 摄影：高正华

红头咬鹃 \ 摄影：沈强

红头咬鹃 \ 摄影：胡斌

红头咬鹃 \ 摄影：王进

红头咬鹃 \ 摄影：陈峰

形态特征 初级飞羽外侧白色。外侧3对尾羽端白色，中央尾羽端黑色。雄鸟头、颈、喉酒红色，下胸和腹部鲜红色，上体棕栗色，胸部有白色横带，翅覆羽具黑白色蠹状斑。雌鸟头、喉、胸棕栗色。

生态习性 栖息于常绿阔叶林和次生林。直立树枝上，波浪状飞行。

地理分布 共10个亚种，分布于喜马拉雅山、中南半岛、马来半岛。国内有5个亚种，滇西亚种 *helenae* 见于西藏东南部、云南西北部和西部，翅上覆羽的黑斑较宽，下胸无棕褐色胸带，喉部黑色范围较大，体型最大。指名亚种 *erythrocephalus* 见于云南西南部，头顶鲜红，背辉棕褐色，体型居中，头顶红色，胸部洋红，不沾紫色。滇东亚种 *intermedius* 见于云南东南部，头顶葡萄红，背橄榄棕褐色，体型居中，头顶红色，胸部洋红，不沾紫色。华南亚种 *yamakanensis* 见于四川南部、湖北、江西、福建中部和西北部、广东北部、广西北部，翅长，覆羽的黑斑较狭；下胸棕褐色，形成胸带，喉部较少黑色，体型最大。海南亚种 *hainanus* 见于海南。体型最小，头顶和前胸均紫红色。

种群状况 多型种。留鸟。稀少。

红头咬鹃

Red-headed Trogon　　*Harpactes erythrocephalus*　　体长：31~35 cm　　LC（低度关注）

橙胸咬鹃 \ 摄影：赖健豪

橙胸咬鹃 \ 摄影：陈添平

橙胸咬鹃 \ 摄影：杜英

形态特征 眼圈、喙基蓝色。头、喉、胸橄榄绿色，背栗色，翅覆羽具白色横斑。雄鸟腹部橘黄色，中央尾羽栗色端黑色，外侧3对尾羽端白色。雌鸟腹部亮黄色。

生态习性 栖息于常绿阔叶林和次生林。常单独或成对活动于树冠下层至灌木丛。食物以大型昆虫为主。

地理分布 共5个亚种，分布于东南亚。国内有1个亚种，云南亚种 *stellae* 见于云南南部、广西。

种群状况 多型种。留鸟。罕见。

Orange-breasted Trogon　*Harpactes oreskios*
橙胸咬鹃

橙胸咬鹃

Orange-breasted Trogon　　*Harpactes oreskios*　　体长：26~29 cm　　国家Ⅱ级重点保护野生动物　　LC（低度关注）

咬鹃目 TROGONIFORMES　　咬鹃科 Trogonidae (Trogons)

红腹咬鹃 ╲ 摄影：Doug Cheeseman　　　　　　　　红腹咬鹃 ╲ 摄影：Doug Cheeseman

形态特征 雄鸟喙深粉色，眼圈裸皮淡蓝色，额、头顶红色，头、胸和上体栗褐色沾酒红色；翅黑灰色，飞羽外侧白色；腹部及尾下覆羽酒红色。雌鸟喙黄色，额黄色，腹部与尾下覆羽黄色。
生态习性 栖息于常绿阔叶林。以昆虫或树上的果实、种子为食。
地理分布 分布于不丹、缅甸、印度、越南。国内见于云南高黎贡山及金屏地区以及西藏东南部。
种群状况 单型种。留鸟。罕见。

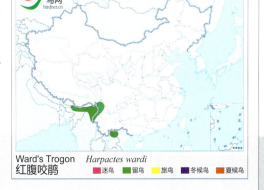

Ward's Trogon　　*Harpactes wardi*

红腹咬鹃

Ward's Trogon　　*Harpactes wardi*　　　　体长：35~38 cm　　　　NT（近危）

佛法僧目
CORACIIFORMES

▶ 中小型鸟类，嘴较长而粗壮，或较细长而弯曲
▶ 主要栖于森林、水边、旷野等不同生境中，但多为树栖
▶ 全世界计有10科44属204种，主要分布于热带和亚热带地区
▶ 中国有3科11属22种，遍及全国各地

翠鸟科
Alcedinidae
(Kingfishers)

本科鸟类体色大多艳丽。头大、颈短，嘴粗壮而长、直，先端尖。翼较短圆，初级飞羽11枚，第一枚短小。尾亦短圆，尾羽大都10枚。脚较细弱，外趾和中趾大部相并连，内趾与中趾仅基部并连。尾脂腺裸出。

多为林栖或水边活动。林栖者主要栖息于森林中，以昆虫为食，水边栖息者主要栖息于河、湖、海岸等水域岸边，多以鱼虾为食。营巢于土洞或树洞中。每窝产卵2~7枚，卵白色。雌雄两性孵卵和育雏，雏鸟晚成性。

本科全世界计有14属92种，分布于全球热带和温带地区。中国有7属11种，几遍及全国各地。

斑头大翠鸟 \ 摄影：杜雄

佛法僧目 CORACIIFORMES 翠鸟科 Alcedinidae (Kingfishers)

斑头大翠鸟 \ 摄影：杜雄

斑头大翠鸟 \ 摄影：马林

斑头大翠鸟 \ 摄影：杜雄

斑头大翠鸟 \ 摄影：蔡卫和

形态特征 头和后颈黑色，具亮蓝色横斑。眼前和眼下各有一黄斑；耳羽黑色，具蓝色纹；喙黑色。颏、喉白色。颈侧耳羽后具一白色横斑；上体亮淡蓝色，尾黑色。下体棕栗色，雌鸟下喙基部红色。

生态习性 栖息于山涧溪流、河谷、常绿森林河岸。翘抬尾部动作频率高。

地理分布 分布于喜马拉雅、中南半岛。国内见于云南南部、江西、福建、广东、广西、海南。

种群状况 单型种。留鸟。稀少。

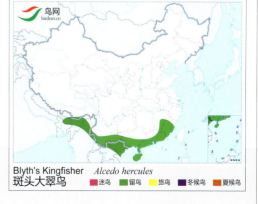

斑头大翠鸟

Blyth's Kingfisher　　*Alcedo hercules*　　　　体长：22~23 cm　　　　NT（近危）

指名亚种 *atthis* \ 摄影：许传辉

普通亚种 *bengalensis* \ 摄影：郭伟修

普通亚种 *bengalensis* \ 摄影：陈承光

形态特征 形与斑头大翠鸟相似，体型更大，耳羽为棕红色。雌鸟下喙橘黄色。

生态习性 栖息于各种淡水水域周边。单独活动。挺立于水边突出物上，俯冲入水捕鱼。有摔打猎物动作，多贴水面直线快速低飞，还可空中定点悬停。

地理分布 共7个亚种，分布于欧亚大陆、东南亚及北非。国内有2个亚种，指名亚种 *atthis* 见于新疆北部和西部，嘴峰较短；尾长；腹面棕色较淡，而沾绿色。普通亚种 *bengalensis* 见于除新疆外各地。嘴峰较长；尾稍短；腹面深棕，不沾绿色。

种群状况 多型种。夏候鸟，旅鸟，留鸟，冬候鸟。常见。

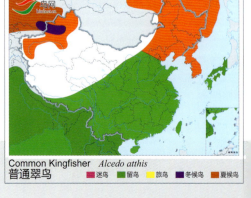

普通翠鸟

Common Kingfisher *Alcedo atthis* 体长：16~17 cm LC（低度关注）

佛法僧目 CORACIIFORMES　　翠鸟科 Alcedinidae (Kingfishers)

蓝耳翠鸟 \ 摄影：陈承光

蓝耳翠鸟 \ 摄影：宋迎涛

蓝耳翠鸟 \ 摄影：陈承光

形态特征 形似普通翠鸟，体较小。头顶与枕部有黑色和紫蓝色横斑，眼先皮黄色。耳羽蓝色，喉皮黄色，上体蓝色，背钴蓝色。下体暗棕色，上喙黑色。雄鸟下喙基部棕红色块小；雌鸟下喙红色块大。

生态习性 栖息于常绿阔叶林中河流、溪流边。常单独活动。

地理分布 共6个亚种，分布于尼泊尔、印度、中南半岛。国内有1个亚种，云南亚种 *coltarti* 见于云南西双版纳。

种群状况 多型种。留鸟。稀少。

蓝耳翠鸟

Blue-eared Kingfisher　　*Alcedo meninting*　　体长：15 cm　　国家Ⅱ级重点保护野生动物　　LC（低度关注）

三趾翠鸟 \ 摄影：马林

三趾翠鸟 \ 摄影：陈久桐

三趾翠鸟 \ 摄影：陈久桐

形态特征 喙红色，额基和眼先黑色，颏和喉白色。头、后颈、尾上覆羽橙红色，具紫色光泽。上背、翅黑褐色，具紫色光泽。颈侧具蓝色、白色斑。下体橙红色。尾羽橙黄色。

生态习性 栖息于常绿阔叶林中河流、溪流岸边。常单独活动。

地理分布 共4个亚种，分布于印度、斯里兰卡及东南亚。国内有2个亚种，指名亚种 erithaca 见于云南西部和南部、广西及海南。台湾亚种 motleyi 见于台湾。

种群状况 多型种。留鸟，迷鸟。稀少。

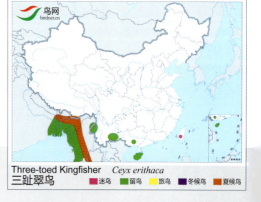

三趾翠鸟

Three-toed Kingfisher   *Ceyx erithaca*   体长：14 cm   LC（低度关注）

佛法僧目 CORACIIFORMES　　翠鸟科 Alcedinidae (Kingfishers)

鹳嘴翡翠 \ 摄影：陈燕冰

鹳嘴翡翠 \ 摄影：唐成贵

鹳嘴翡翠 \ 摄影：邱小宁

形态特征 上体黑褐色，下体色淡，腹深色。腰部色稍淡。翅长而宽。尾分叉不明显。
生态习性 生活于林区高空、河流山谷地区。集群栖居岩石洞中。主要以鱼、虾、甲壳类及水生昆虫为食。
地理分布 共3个亚种，分布于东南亚及印度。国内有1个亚种，云南亚种 burmanica 见于云南南部。
种群状况 多型种。留鸟，稀少。

Stork-billed Kingfisher *Pelargopsis capensis*
鹳嘴翡翠　　迷鸟　留鸟　旅鸟　冬候鸟　夏候鸟

鹳嘴翡翠
Stork-billed Kingfisher　　*Pelargopsis capensis*　　体长：37 cm　　国家Ⅱ级重点保护野生动物　　LC（低度关注）

东北亚种 *major* \ 摄影：范玉燕

台湾亚种 *bangsi* \ 摄影：陈承光

指名亚种 *coromanda* \ 摄影：宋迎涛

形态特征 喙红色。头棕红色，上体至尾栗红色，具紫色光泽。腰淡蓝色。下体棕红色。
生态习性 栖息于低山阔叶林、混交林中河流、溪流岸边，或海岸红树林。不时摆头摇尾，边飞边鸣，单独活动。
地理分布 共10个亚种，分布于东亚、尼泊尔及东南亚。国内有3个亚种，指名亚种 *coromanda* 见于云南南部，体型较小，翅长一般不及12厘米；下背中央和腰部蓝色，羽端紫色或绿色。东北亚种 *major* 见于东北、华北及华东地区、福建、广东、台湾，体型较大，翅长达12厘米以上；下背中央和腰部淡黄色，羽端蓝或天蓝色。*bangsi* 见于台湾。
种群状况 多型种。夏候鸟，旅鸟，留鸟。不常见。

Ruddy Kingfisher *Halcyon coromanda*
赤翡翠　　迷鸟　留鸟　旅鸟　冬候鸟　夏候鸟

赤翡翠
Ruddy Kingfisher　　*Halcyon coromanda*　　体长：25 cm　　LC（低度关注）

白胸翡翠 \ 摄影：王尧天

白胸翡翠 \ 摄影：程建军

白胸翡翠 \ 摄影：冯运光

白胸翡翠 \ 摄影：原巍

形态特征 喙红色。背、尾蓝绿色，具光泽。头、后颈和腹深栗色。翅上小覆羽蓝绿色，中覆羽黑色，大覆羽、飞羽蓝绿色。喉及胸白色。

生态习性 栖息于山地林地及平原水域岸边。单独活动。主要食物包括蟋蟀、蜘蛛、蜗牛等无脊椎动物。

地理分布 共5个亚种，分布于西亚、南亚及东南亚。国内有1个亚种，福建亚种 *fokiensis* 见于华东、华中、华南地区及云贵川。

种群状况 多型种。夏候鸟，旅鸟。不常见。

白胸翡翠

White-throated Kingfisher *Halcyon smyrnensis* 体长：27 cm LC（低度关注）

佛法僧目 CORACIIFORMES　　翠鸟科 Alcedinidae (Kingfishers)

蓝翡翠 \ 摄影：秦玉平　　　　　　　　　　　　蓝翡翠 \ 摄影：顾莹

蓝翡翠 \ 摄影：王先良

蓝翡翠 \ 摄影：关克

形态特征 喙红色。头黑色，喉部、颈部及胸部白色。上体紫蓝色；翅上飞羽具大块白斑。下体淡橙红色。尾蓝色，尾下黑色。
生态习性 栖息于山地林地及平原水域岸边。单独活动。以捕食鱼类、虾、蟹及昆虫为食。
地理分布 分布于东南亚。国内除新疆、西藏、青海外见于各地。
种群状况 多型种。夏候鸟，旅鸟，冬候鸟，留鸟。常见。

蓝翡翠

Black-capped Kingfisher　　*Halcyon pileata*　　体长：28~30 cm　　LC（低度关注）

白领翡翠 \ 摄影：陈树森

白领翡翠 \ 摄影：刘马力

白领翡翠 \ 摄影：桑新华

白领翡翠 \ 摄影：桑新华

形态特征 喙黑色。头及背翠绿色。颈部白色，在颈后具黑横带。下体白色。
生态习性 栖息于林区沼泽地、海滨及红树林。常停歇于树木或岩石上。主要食物为鱼类、蛙、蟹及水生昆虫。
地理分布 共15个亚种，分布于东南亚及澳大利亚。国内有2个亚种，华东亚种 *armstrongi* 见于江苏、福建、香港。台湾亚种 *collaris* 见于台湾。
种群状况 多型种。迷鸟。罕见。

白领翡翠

Collared Kingfisher *Todiramphus chloris* 体长：24 cm LC（低度关注）

550

佛法僧目 CORACIIFORMES　　翠鸟科 Alcedinidae (Kingfishers)

指名亚种 *lugubris* ＼摄影：肖显志

普通亚种 *guttulata* ＼摄影：王安青

普通亚种 *guttulata* ＼摄影：刘马力

形态特征 喙前端黑色，后端蓝灰色。前额羽长于头顶，具蓬起的羽毛，形成黑白色羽冠。后颈有白色领环。黑色胸带沾橙红色。上体黑色，具白色横斑及斑点。下体白色。尾黑白相间。

生态习性 栖于山地林区溪流、河川等水域。在水边高处静候，俯冲入水捕鱼。

地理分布 共4个亚种，分布于东亚、喜马拉雅山脉及中南半岛。国内2个亚种。普通亚种 *guttulata* 见于吉林以南、甘肃、云贵川及以东地区，上体灰色较深，白斑较狭；飞羽内翈白斑较少。指名亚种 *lugubris* 见于辽宁南部辽阳，上体灰色较淡，白斑较宽；飞羽内翈白斑较多。

种群状况 多型种。夏候鸟，旅鸟，留鸟。常见。

冠鱼狗

Crested Kingfisher　　*Megaceryle lugubris*　　体长：41 cm　　LC（低度关注）

云南亚种 *leucomelanura* \ 摄影：邱小平

普通亚种 *Insignis* \ 摄影：陶文祥

普通亚种 *Insignis* \ 摄影：汪光武

普通亚种 *Insignis* \ 摄影：Pasha Ho

形态特征 喙黑色。冠羽短。眉纹白色。上体黑色，具白斑。下体白色。雄鸟胸部前后具宽窄各一条黑带，雌鸟胸带较窄。尾白色，亚端斑黑色。

生态习性 栖息于山地、平原等水域。近水活动。食物以小鱼为主，也取食甲壳类及水生昆虫。

地理分布 共4个亚种，分布于非洲、南亚及东南亚。国内有2个亚种，普通亚种 *insignis* 见于华北、华东、华中及华南地区，嘴长。云南亚种 *leucomelanura* 见于云南、广西，嘴稍短。

种群状况 多型种。留鸟。常见。

斑鱼狗

Lesser Pied Kingfisher　　*Ceryle rudis*　　体长：24～27 cm　　LC（低度关注）

蜂虎科
Meropidae (Bee~eaters)

本科鸟类嘴细长而尖,微向下弯曲。嘴峰棱脊显著,嘴须甚短或无嘴须。大都有黑色贯眼纹,羽色亦都艳丽,多为绿色。翅狭而尖,初级飞羽10枚,第一枚甚短小。尾甚长,尾羽12枚,中央尾羽大都延长。胫下部裸出或稀疏被羽。尾脂腺裸出。

主要栖息于森林林缘和开阔地带。常成群活动。飞行似燕,既能快速振翅飞翔,也能滑翔。以蜜蜂和昆虫为食。成群繁殖,在岸边掘洞为巢。巢无内垫物。每窝产卵2~9枚。两性孵卵和育雏。雏鸟晚成性。

全世界计有3属24种,主要分布于非洲和欧亚大陆南部。中国有2属8种,主要分布于长江以南地区。

蓝须夜蜂虎 \ 摄影:刘马力

形态特征 额碧蓝色。颏、喉及胸为一丛带碧蓝色长羽毛。上体、尾部绿色沾蓝色;腹部棕黄色具灰绿色纵纹。尾下棕黄色。

生态习性 栖息于山地热带雨林高大乔木。于树冠层旋飞。

地理分布 共2个亚种,分布于南亚、中南半岛。国内2个亚种均有分布。指名亚种 athertoni 见于云南,尾较长。海南亚种 brevicaudata 见于海南。尾较短。

种群状况 多型种。留鸟。不常见。

蓝须夜蜂虎 \ 摄影:童光琦

Blue-bearded Bee-eater *Nyctyornis athertoni*
蓝须夜蜂虎

蓝须夜蜂虎
Blue-bearded Bee-eater *Nyctyornis athertoni* 体长:30~31 cm LC(低度关注)

绿喉蜂虎 \ 摄影：刘哲青

绿喉蜂虎 \ 摄影：田穗兴

绿喉蜂虎 \ 摄影：童光琦

形态特征 喙长而下弯。虹膜朱红色。过眼纹黑色。头顶及枕部锈红色。喉淡蓝色。胸有一条黑色横带。上体亮绿色，下体草绿色，中央尾羽长。

生态习性 栖息于林缘开阔区、竹林、果园。小群活动，空中取食，常落于电线或枯枝上。

地理分布 共4个亚种，分布于南亚及中南半岛。国内有1个亚种，云南亚种 *ferrugeiceps* 见于云南西部和南部、四川南部。

种群状况 多型种。留鸟。不常见。

绿喉蜂虎

Little Green Bee-eater *Merops orientalis* 体长：18~20 cm 国家Ⅱ级重点保护野生动物 LC（低度关注）

佛法僧目 CORACIIFORMES　　蜂虎科 Meropidae (Bee-eaters)

蓝喉蜂虎 \ 摄影：李全民

蓝喉蜂虎 \ 摄影：郝敬民

蓝喉蜂虎 \ 摄影：王军

形态特征 头、颈和上背巧克力色。喉蓝色，过眼纹黑色。腰和尾淡蓝色。下体绿色。尾下覆羽白色，中央尾羽长，针状。

生态习性 栖息于林缘、海岸、果园。小群活动。多在上空飞翔觅食，休息时常停在电线上或树上。

地理分布 共2个亚种，分布于东南亚。国内有1个亚种，指名亚种 *viridis* 见于河南、湖北、浙江以南地区。

种群状况 多型种。夏候鸟，旅鸟。不常见。

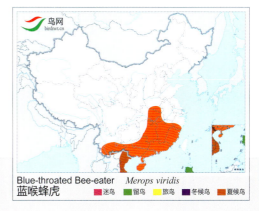

蓝喉蜂虎

Blue-throated Bee-eater　　*Merops viridis*　　体长：21~28 cm　　LC（低度关注）

栗喉蜂虎 \ 摄影：陈斌

栗喉蜂虎 \ 摄影：皇舰

栗喉蜂虎 \ 摄影：张代富

栗喉蜂虎 \ 摄影：王军（JunRen~66188）

形态特征 过眼纹黑色，上下接淡蓝色纹。颔黄色，喉栗褐色。上体绿色，腰和尾蓝色，中央尾羽尖长。翅下覆羽黄色。下体黄绿色。

生态习性 栖息于林缘、海岸、田野开阔区。集群活动。

地理分布 共4个亚种，分布于南亚及东南亚。国内有1个亚种，指名亚种 philippinus 见于云南、四川西南部、福建、广东、香港、广西、海南、台湾。

种群状况 单型种。夏候鸟，旅鸟。不常见。

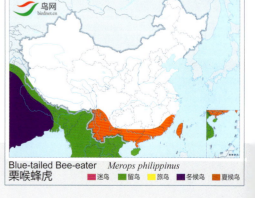

栗喉蜂虎

Blue-tailed Bee-eater   *Merops philippinus*   体长：29~30 cm   LC（低度关注）

佛法僧目 CORACIIFORMES　　蜂虎科 Meropidae (Bee-eaters)

彩虹蜂虎 \ 摄影：李军

彩虹蜂虎 \ 摄影：田穗兴

彩虹蜂虎 \ 摄影：李军

形态特征 雄鸟头及枕部栗褐色；过眼纹黑色，下有蓝线；喉黄色，背、翅绿色，腰碧蓝色；尾黑色，中央尾羽尖长。雌鸟后枕色淡，中央尾羽短。
生态习性 栖息于水域树林。喜欢停息于秃树枝上。
地理分布 繁殖于澳大利亚，越冬于新几内亚和印度尼西亚。国内见于台湾。
种群状况 单型种。迷鸟。罕见。

彩虹蜂虎

Rainbow Bee-eater　　*Merops ornatus*　　体长：21~26 cm　　LC（低度关注）

黄喉蜂虎 \ 摄影：廖玉基

黄喉蜂虎 \ 摄影：翁发祥

黄喉蜂虎 \ 摄影：顾云芳

黄喉蜂虎 \ 摄影：王尧天

形态特征 喉黄色，下有窄黑色胸带。过眼纹黑色。前额蓝白色。头、枕和背暗栗色。下体蓝绿色。翅具淡栗色斑，肩角绿色。尾蓝绿色，中央尾羽尖长。

生态习性 栖息于山下、开阔平原的有林地区。集群活动，空中捕食。以昆虫为食。在堤岸掘洞为巢。

地理分布 分布于中亚、西亚、南欧、非洲。国内有1个亚种，新疆亚种 apiaster 见于新疆。

种群状况 多型种。夏候鸟。不常见。

黄喉蜂虎

European Bee-eater　　*Merops apiaster*　　体长：28 cm　　LC（低度关注）

佛法僧目 CORACIIFORMES　　蜂虎科 Meropidae (Bee-eaters)

栗头蜂虎 \ 摄影：徐晓东

leschenaulti 亚种 \ 摄影：关克

leschenaulti 亚种 \ 摄影：张前

形态特征 过眼纹黑色。头至上背栗色。下背、翅、尾绿色。颔、喉淡黄色，下接栗色、黑色和黄色细带。腹浅绿色，腰蓝色。中央尾羽不延长。
生态习性 栖息于山缘开阔林地。常集群活动，以昆虫为食。
地理分布 共3个亚种，分布于南亚、东南亚。国内有1个亚种，指名亚种 *leschenaulti* 见于云南西部和南部。
种群状况 多型种。夏候鸟，留鸟。不常见。

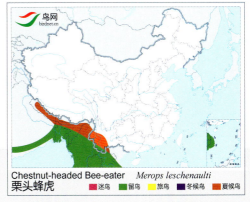
Chestnut-headed Bee-eater　*Merops leschenaulti*
栗头蜂虎

栗头蜂虎
Chestnut-headed Bee-eater　*Merops leschenaulti*　　体长：20 cm　　国家Ⅱ级重点保护野生动物　　LC（低度关注）

蓝颊蜂虎 \ 摄影：张燕伶

蓝颊蜂虎 \ 摄影：张燕伶

蓝颊蜂虎 \ 摄影：张燕伶

形态特征 过眼纹黑色，上下方眉纹蓝色。颔黄色，喉棕色。头、上体草绿色，翅、尾绿黄色。腹部蓝色。
生态习性 生活于村庄附近丘陵林地，树栖型。以空中飞虫为食，特别喜吃蜂类。在山地土壁挖隧道为巢。卵形圆，白色。
地理分布 共2个亚种，分布于中亚、西亚、非洲。国内有1个亚种，指名亚种 *persicus* 见于新疆阿尔金山。
种群状况 多型种。迷鸟。稀少。
注 2014年中国鸟类新纪录。

Blue-cheeked Bee-eater　*Merops persicus*
蓝颊蜂虎

蓝颊蜂虎
Blue-cheeked Bee-eater　*Merops persicus*　　体长：31 cm　　LC（低度关注）

佛法僧科
Coraciidae
(Rollers)

本科鸟类羽色鲜艳。嘴强，基部较宽阔，上嘴先端微钩曲，近端处微具缺刻。鼻孔位于嘴基部，翅长而阔，初级飞羽10枚，尾羽12枚，多呈平尾状。脚3趾向前，1趾朝后，外趾和中趾基部相并。

主要栖息于森林和林缘地带。树栖。常长时间站在高大树木顶端枯枝上，飞翔时或上或下，边飞边鸣，主要在飞行中捕食。食物主要为昆虫。营巢于树洞、河岸岩洞及岩石缝隙中。每窝产卵3~6枚，雌雄亲鸟孵卵和育雏。雏鸟晚成性。

全世界计有2属12种，主要分布于欧亚大陆南部、非洲和大洋洲等热带和亚热带地区。中国分布有2属3种，分布于全国各地。

蓝胸佛法僧 \ 摄影：王尧天

佛法僧目 CORACIIFORMES　　佛法僧科 Coraciidae (Rollers)

蓝胸佛法僧 \ 摄影：李金亮

蓝胸佛法僧 \ 摄影：王尧天

蓝胸佛法僧 \ 摄影：雷洪

蓝胸佛法僧 \ 摄影：雷洪

形态特征 头、颈、下体均呈天蓝色，背、肩棕红色，翅和尾具蓝色斑。外侧尾羽端黑色。飞羽黑褐色。

生态习性 栖息于低山和平原开阔区。常单独或成对活动，以甲虫、蝗虫、蟋蟀、蜘蛛等无脊椎动物为食。

地理分布 共2个亚种，于非洲越冬，在欧洲、西亚及中亚繁殖。国内有1个亚种，新疆亚种 *semenowi* 见于新疆、西藏西部。

种群状况 多型种。夏候鸟，旅鸟。稀少。

蓝胸佛法僧

European Roller　　*Coracias garrulus*　　体长：30 cm　　LC（低度关注）

棕胸佛法僧 \ 摄影：杜雄

棕胸佛法僧 \ 摄影：杜雄

棕胸佛法僧 \ 摄影：顾云芳

棕胸佛法僧 \ 摄影：邓嗣光

形态特征 喙黑色，喉淡紫色，头顶暗蓝色，背及中央尾羽暗绿色。胸葡萄色，腹及尾下覆羽淡蓝色。

生态习性 栖息于林缘、竹林、农田。单独或成对活动，具有迁徙习性。主要以昆虫等无脊椎动物为食，偶尔也吃植物种子。

地理分布 共2个亚种，分布于西亚及南亚。国内有1个亚种，西南亚种 affinis 见于云南、四川西南部、西藏南部。

种群状况 多型种。留鸟。不常见。

棕胸佛法僧

Indian Roller *Coracias benghalensis* 体长：33 cm LC（低度关注）

佛法僧目 CORACIIFORMES　　佛法僧科 Coraciidae (Rollers)

三宝鸟 \ 摄影：唐万玲

三宝鸟 \ 摄影：陈东明

三宝鸟 \ 摄影：李宗丰

形态特征 喙红色。头黑色，喉蓝色。背和翅上覆羽深绿色。飞羽深蓝色，其部具蓝色斑。尾羽深蓝色。

生态习性 栖息于开阔林地，停歇于树顶，空中兜圈或上下翻飞。多在空中捕食猎物，食物包括金龟子、蝗虫、金花虫、头虫等。

地理分布 共10个亚种，分布于东南亚及澳大利亚。国内有1个亚种，普通亚种 *calonyx* 除新疆、西藏、青海外见于各省份。

种群状况 多型种。夏候鸟，留鸟，旅鸟。常见。

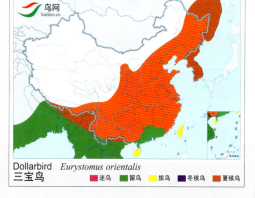

三宝鸟

Dollarbird　　*Eurystomus orientalis*　　体长：27~32 cm　　LC（低度关注）

戴胜目
UPUPIFORMES

戴胜科
Upupidae
(Hoopoes)

- ▶ 喙细长而尖，向下弯曲；头顶有扇状冠羽，体羽土棕色而有黑白斑
- ▶ 遍布欧亚大陆温热带地区、非洲和马达加斯加岛。以昆虫等为食
- ▶ 全世界有2科3属10种，主要分布于热带和亚热带海洋及岛屿
- ▶ 中国有1科1属1种，广泛分布于全国各地

本科鸟类嘴细长而向下弯曲。头顶具直立而呈扇形的冠羽。翅短圆，初级飞羽10枚，尾羽10枚，方尾，尾脂腺被羽。跗蹠短弱，前后缘均被盾状鳞，中趾和外趾基部相合。

主要栖息于开阔的农田、旷野和林缘地带，单独或成小群活动。飞翔时两翼鼓动缓慢，微成波浪式飞行。在地上觅食，主要取食昆虫和蠕虫。营巢于树洞、柴堆、墙壁洞和岩穴中。雌雄孵卵和育雏。雏鸟晚成性。

本科为单型科，仅1属1种，主要分布于非洲和欧亚大陆。中国几遍布全国各地。

戴胜 \ 摄影：李俊彦

戴胜目 UPUPIFORMES　　戴胜科 Upupidae (Hoopoes)

戴胜 \ 摄影：段文科

戴胜 \ 摄影：王平

戴胜 \ 摄影：张代富

形态特征 喙细长下弯。沙粉红色冠羽直立时为扇形，端斑黑色，次端斑白色。头、上体、肩、下体沙粉红色。翅具黑白相间带斑。腰白色。尾黑色，中间具白色横带。

生态习性 栖息于各类开阔地带，以农田为主。在地上边走边觅食，不断点头。扇翅缓慢，波浪式飞行。

地理分布 共8个亚种，分布于亚洲、非洲、欧洲。国内有2个亚种，普通亚种 saturata 见于除海南外于各省份，后冠具白色次端斑；羽色较淡，较少棕褐色；翅长。华南亚种 longirostris 见于云南、广西西南部、海南，羽色较暗，棕色；嘴长平均5.4厘米；翅稍短。

种群状况 多型种。夏候鸟，旅鸟，冬候鸟，留鸟。常见。

戴胜

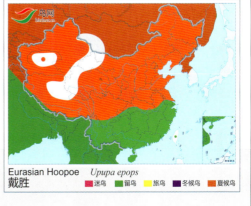

Eurasian Hoopoe　　*Upupa epops*

Eurasian Hoopoe　　*Upupa epops*　　　　体长：19~32 cm　　　　LC（低度关注）

犀鸟目
BUCEROTIFORMES

- 中到大型鸟类,长有引人注目的大嘴
- 主要取食果实
- 全世界有12属55种,主要分布于热带和亚热带森林
- 中国有4属5种,分布于云南和广西

犀鸟科
Bucerotidae (Hornbills)

本科鸟类嘴特大,长而拱曲,上嘴多具盔突,嘴边缘多具锯齿状缺刻或斑纹。眼周裸露,眼睑有发达的长形睫毛。翼宽阔,初级飞羽11枚。尾长而阔,尾羽10枚。跗蹠短而强壮,上部被羽,前缘被盾状鳞、后缘被网状鳞;外趾和中趾基部2/3相合并,内趾与中趾基节亦相并。

主要栖息于热带和亚热带森林中。成对或成家族群活动。飞行缓慢而轻。主要以果实和植物性食物为食。营巢于树洞中。雌鸟孵卵,孵卵期间将自己封闭于洞中,由雄鸟喂食。

全世界计有11属48种,分布于非洲、亚洲南部和南洋群岛等地区。中国有4属5种,分布于云南和广西及西藏。

冠斑犀鸟 \ 摄影:谢建国

犀鸟目 BUCEROTIFORMES　　犀鸟科 Bucerotidae (Hornbills)

冠斑犀鸟 \ 摄影：刘马力

冠斑犀鸟 \ 摄影：赖健豪

冠斑犀鸟 \ 摄影：丁彩霞

冠斑犀鸟 \ 摄影：桑新华

形态特征 喙上盔突淡黄色，突侧扁，向前仅一突起。下喙基部黑色。眼周及喉裸皮青蓝色。眼下有白斑。头、背、翅、胸黑色。腹部及尾下覆羽白色。外侧尾羽白色。
生态习性 栖息于热带森林。在高大乔木上成对活动。飞行缓慢，多滑翔。在树洞内营巢繁殖。
地理分布 共2个亚种，分布于喜马拉雅山脉、东南亚。国内有1个亚种，指名亚种 *albirostris* 见于云南西部和南部、广西南部。
种群状况 多型种。留鸟。罕见。

冠斑犀鸟

Oriental Pied Hornbill　　*Anthracoceros albirostris*　　体长：55~75 cm　　国家Ⅱ级重点保护野生动物　　LC（低度关注）

双角犀鸟 \ 摄影：徐晓东

双角犀鸟 \ 摄影：刘马力

双角犀鸟 \ 摄影：邓嗣光

双角犀鸟 \ 摄影：陈树森

形态特征 喙盔大，上面凹入，向前突成二角状，顶部橙红色。喙基部黑色，上喙橙红色，下喙牙白色。脸黑色。头、胸白色沾黄色。上体黑色，翅上飞羽端白色，翅上大覆羽端白色。尾白色，次端斑黑色。
生态习性 栖息于低山及平原常绿阔叶林。取食于树冠层，繁殖期单独活动。
地理分布 国外分布于喜马拉雅山脉、中南半岛及马来半岛。国内见于云南西南部。
种群状况 单型种。留鸟。罕见。

双角犀鸟

Great Hornbill *Buceros bicornis* 体长：90~125 cm 国家 II 级重点保护野生动物 NT（近危）

犀鸟目 BUCEROTIFORMES　犀鸟科 Bucerotidae (Hornbills)

白喉犀鸟 \ 摄影：文翠华

白喉犀鸟 \ 摄影：高正华

白喉犀鸟 \ 摄影：高正华

形态特征 喙盔小，突侧扁。眼周裸皮蓝色。上体黑褐色，下体红棕色。尾羽端斑白色。雄鸟喙黄色；雌鸟偏暗，喙灰褐色。

生态习性 栖息于低山及平原常绿阔叶林、竹林。集群活动。

地理分布 分布于缅甸、泰国。国内有1个亚种，云南亚种 *alesyeni* 见于云南西南部。

种群状况 单型种。留鸟。稀少。

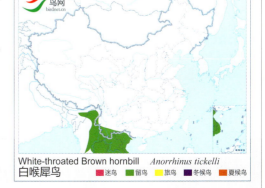

White-throated Brown hornbill　*Anorrhinus tickelli*
白喉犀鸟　■ 迷鸟　■ 留鸟　■ 旅鸟　■ 冬候鸟　■ 夏候鸟

白喉犀鸟

White-throated Brown Hornbill　*Anorrhinus tickelli*　体长：65~74 cm　国家 II 级重点保护野生动物　NT（近危）

棕颈犀鸟 \ 摄影：顾莹

棕颈犀鸟 \ 摄影：顾莹

棕颈犀鸟 \ 摄影：许德文

棕颈犀鸟 \ 摄影：宋迎涛

形态特征 喙盔极小，仅残存于上喙基部呈隆起状。喙黄色，上喙基每侧有斜向黑刻纹。眼周裸皮蓝色，喉囊红色。头、颈、胸橙红色，腹部栗红色。翅黑紫色，飞羽具白色宽端斑。尾羽黑紫色，白色端斑达尾羽一半。雌鸟羽毛黑色。

生态习性 栖息于低山常绿阔叶林。常成对或集小群活动。以榕树果等肉质野果为主食。在树洞内营巢繁殖。

地理分布 分布于不丹、印度东北、中南半岛北部。国内见于西藏东南部雅鲁藏布江谷地、云南南部。

种群状况 单型种。留鸟。稀少种。

棕颈犀鸟

Rufous-necked Hornbill *Aceros nipalensis* 体长：90~117 cm 国家Ⅱ级重点保护野生动物 VU（易危）

犀鸟目 BUCEROTIFORMES　　犀鸟科 Bucerotidae (Hornbills)

花冠皱盔犀鸟 \ 摄影：田穗兴

花冠皱盔犀鸟 \ 摄影：谢建国

花冠皱盔犀鸟 \ 摄影：杜英

形态特征 喙盔为隆起状。喙及盔牙白色。雄鸟盔突位于喙基并具褐色条纹的皱褶；背、翅和腹部黑色，具光泽；冠羽、后颈暗红棕色；头、颈、胸白色，喉囊黄色。雌鸟体羽黑色，喉囊淡蓝色。
生态习性 栖息于低山常绿阔叶林。成对或小群活动。
地理分布 分布于印度至东南亚。国内见于云南西部盈江。
种群状况 单型种。留鸟。罕见。

Wreathed Hornbill　　*Aceros undulatus*
花冠皱盔犀鸟

花冠皱盔犀鸟

Wreathed Hornbill　　*Aceros undulatus*　　体长：75~105 cm　　国家 II 级重点保护野生动物　　LC（低度关注）

鴷形目
PICIFORMES

- 中小型鸟类。嘴多长直，呈锥状，或嘴峰粗厚而稍向下弯曲，嘴基无蜡膜
- 主要栖息于森林中，善攀缘，主要以昆虫为食
- 全世界共有7科375种，除南极、北极、大洋洲、马达加斯加和部分海洋岛屿外，全球都有分布
- 中国有3科15属43种，几遍布于全国各地

拟鴷科
Capitonidae (Barbets)

本科鸟类嘴宽厚而粗壮，微向下弯曲，颊和嘴基有长而发达的嘴须。鼻孔位于嘴基部，并为羽毛所覆盖。体羽较鲜艳，大多为绿色，并有蓝、红、黄等色彩。喉和的两侧羽毛多呈交叉状，向两侧分开。翅圆，初级飞羽10枚，第一枚最短。尾为平尾或圆尾，尾羽亦为10枚。跗蹠较短，前后缘均被盾状鳞，趾为对趾型。

主要栖息于森林和灌丛地区。以果实、种子和昆虫为食。常单独活动。飞行笨拙而缓慢。营巢于树上，自己凿树洞为巢。每窝产卵2~5枚。雏鸟晚成性。

全世界共有15属81种，分布于全球热带和亚热带地区。中国有1属9种，主要分布于长江以南。

大拟啄木鸟指名亚种 *virens* \ 摄影：王进

鴷形目 PICIFORMES　　拟鴷科 Capitonidae (Barbets)

指名亚种 virens \ 摄影：朱英

指名亚种 virens \ 摄影：王进

藏南亚种 marshallorum \ 摄影：王尧天

指名亚种 virens \ 摄影：刘文华

形态特征 喙粗壮，黄色而端黑。嘴须发达。头、颈和喉暗蓝色或紫蓝色。背、上胸、肩暗褐色，下胸及腹部淡黄色，具宽绿色纵纹。尾下覆羽红色。
生态习性 栖息于中、低山常绿阔叶林。树冠层活动。
地理分布 共4个亚种，分布于喜马拉雅山脉、中南半岛。国内有2个亚种，藏南亚种 marshallorum 见于西藏南部，头顶绿蓝色，不渲染绿色光泽；羽色较为浅淡。指名亚种 virens 见于湖北、江苏以南、云贵川以东地区。头顶铜绿色。
种群状况 多型种。留鸟。稀少。

大拟啄木鸟

Great Barbet　　*Megalaima virens*　　体长：30~35 cm　　LC（低度关注）

绿拟啄木鸟 \ 摄影：黄伟

绿拟啄木鸟 \ 摄影：桑新华

绿拟啄木鸟 \ 摄影：顾云芳

绿拟啄木鸟 \ 摄影：王尧天

形态特征 喙暗黄色。眼周裸皮黄色。头、颈及下体黄褐色，具褐色纵条纹。背、翅、尾绿色。胁部及尾下覆羽绿色。

生态习性 栖息于中、低山平原林地。喜生活于相对干燥、开阔并有大树的生境。飞行缓慢笨重。

地理分布 共2个亚种，分布于喜马拉雅山脉、中南半岛及马来半岛。国内有1个亚种，云南亚种 *hodgsoni* 见于云南西部和南部。

种群状况 多型种。留鸟。稀少。

绿拟啄木鸟

Lineated Barbet *Megalaima lineate* 体长：25~30 cm LC（低度关注）

䴕形目 PICIFORMES　　拟䴕科 Capitonidae (Barbets)

黄纹拟啄木鸟 \ 摄影：桑新华

黄纹拟啄木鸟 \ 摄影：戚盛培

黄纹拟啄木鸟 \ 摄影：戚盛培

黄纹拟啄木鸟 \ 摄影：邓嗣光

形态特征 雄鸟头、颈具褐色条纹；耳羽绿色，后有一黄纹；下体淡绿色，有淡褐色条纹。雌鸟颈侧无红斑。

生态习性 栖息于中、低山及平原阔叶林。常单独活动，以树木种子为食。

地理分布 分布于泰国、越南。国内有1个亚种，广东亚种 praetermissa 见于广东东部和中部、广西西部。

种群状况 多型种。留鸟。稀少。

黄纹拟啄木鸟

Green-eared Barbet　　*Megalaima faiostricta*　　体长：27~32 cm　　LC（低度关注）

金喉拟啄木鸟 \ 摄影：田穗兴

金喉拟啄木鸟 \ 摄影：朱英

金喉拟啄木鸟 \ 摄影：王进

金喉拟啄木鸟 \ 摄影：王尧天

形态特征 额红色，头顶金黄色，枕部红色。过眼纹黑色。颏及上喉金黄色，下喉灰色。耳羽灰色。上体绿色，下体淡黄绿色。

生态习性 栖息于常绿阔叶林。多单独活动于树冠层。

地理分布 共2个亚种，分布于喜马拉雅山脉、中南半岛及马来半岛。国内有1个亚种，指名亚种 *franklinii* 见于西藏东南部、云南、广西西南部。

种群状况 多型种。留鸟。稀少。

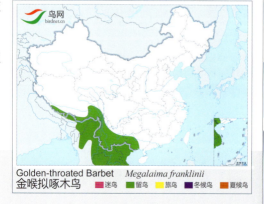

金喉拟啄木鸟

Golden-throated Barbet　　*Megalaima franklinii*　　体长：23 cm　　LC（低度关注）

鴷形目 PICIFORMES 拟䴕科 Capitonidae (Barbets)

台湾拟啄木鸟 \ 摄影：简廷谋

台湾拟啄木鸟 \ 摄影：赖健豪

台湾拟啄木鸟 \ 摄影：陈承光

台湾拟啄木鸟 \ 摄影：王安青

形态特征 喙粗，黑色。前额金黄色，眼先红色，眉纹黑色。耳羽、脸及头顶蓝色。颏和喉金黄色。颈后有红色斑块。胸有红斑。上体绿色；下体黄绿色。
生态习性 栖息于阔叶林，高至海拔1000~2000米的区域。多在树冠层活动。
地理分布 中国鸟类特有种。分布于台湾。
种群状况 单型种。留鸟。常见。

Taiwan Barbet *Megalima nuchalis*
台湾拟啄木鸟 迷鸟 留鸟 旅鸟 冬候鸟 夏候鸟

台湾拟啄木鸟

Taiwan Barbet *Megalima nuchalis* 体长：20~22 cm LC（低度关注）

海南亚种 faber \ 摄影：谢志兵

广西亚种 sini \ 摄影：桑新华

海南亚种 faber \ 摄影：王雪峰

海南亚种 faber \ 摄影：王尧天

形态特征 与台湾拟啄木鸟相似，只是头顶黑蓝色，胸部红色更大。

生态习性 栖息于海拔1000~2000米的亚热带阔叶林。以树木果实、昆虫为食。在树洞内营巢繁殖。

地理分布 共4个亚种，分布于马来半岛、苏门答腊。国内有2个亚种，广西亚种 sini 见于广西中部、广东，前额及后枕红色。海南亚种 faber 见于海南。前额及头顶黑色，枕红色，眼先有一红色小斑点。

种群状况 多型种。留鸟。常见。

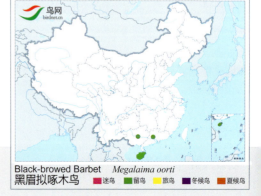

黑眉拟啄木鸟

Black-browed Barbet *Megalaima oorti* 体长：20 cm LC（低度关注）

鴷形目 PICIFORMES　　拟鴷科 Capitonidae (Barbets)

云南亚种 *davisoni* \ 摄影：朱英

指名亚种 *asiatica* \ 摄影：顾云芳

云南亚种 *davisoni* \ 摄影：魏东

形态特征 额到枕部颜色为红色、蓝色、红色横向排列。眼周、脸、喉和侧颈蓝色。胸侧有一小块红斑。体羽绿色。雌鸟胸部缺少红斑。
生态习性 栖息于常绿阔叶林。多单独、成对活动于树冠层。常单独或成对活动，以果实、种子、花等植物性食物为食，也吃少量昆虫。
地理分布 共2个亚种，分布于喜马拉雅山脉及中南半岛。国内有2个亚种，指名亚种 *asiatica* 见于云南西部、中部和南部，头顶横带较宽，呈黑色，有时沾蓝。云南亚种 *davisoni* 见于云南东部和南部。头顶横带较宽，全为蓝色。
种群状况 多型种。留鸟。常见。

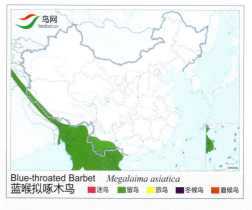
Blue-throated Barbet　*Megalaima asiatica*
蓝喉拟啄木鸟

蓝喉拟啄木鸟
Blue-throated Barbet　*Megalaima asiatica*　　体长：20 cm　　LC（低度关注）

蓝耳拟啄木鸟 \ 摄影：陈东明

蓝耳拟啄木鸟 \ 摄影：关伟纲

蓝耳拟啄木鸟 \ 摄影：关伟纲

形态特征 额到枕部颜色为黑色、蓝色横向排列。颏、喉蓝色。耳羽蓝色，上下具红斑。体羽绿色。脚对趾型，尾呈楔形。
生态习性 栖息于低山、平原高大乔木上。通常单独活动，偶尔结小群，以树木果实为食。
地理分布 共3个亚种，分布于喜马拉雅山脉及中南半岛。国内有1个亚种，云南亚种 *cyanotis* 见于云南南部。
种群状况 多型种。留鸟。不常见。

Blue-eared Barbet　*Megalaima australis*
蓝耳拟啄木鸟

蓝耳拟啄木鸟
Blue-eared Barbet　*Megalaima australis*　　体长：18 cm　　LC（低度关注）

579

赤胸拟啄木鸟 \ 摄影：沈强

赤胸拟啄木鸟 \ 摄影：王彩连

赤胸拟啄木鸟 \ 摄影：王彩连

赤胸拟啄木鸟 \ 摄影：朱英

形态特征 喙短，额和头顶红色，其后黑色。眼上下具橙黄斑。颏、喉、胸黄色，胸具一条红色横带。上体橄榄绿色。下体淡黄白色，具暗绿色纵纹。

生态习性 栖息于低山、平原阔叶林。飞行快速。以榕果、无花果、浆果为主食。在树干洞穴内筑巢。

地理分布 共9个亚种，分布于南亚及东南亚。国内有1个亚种，云南亚种 *Indica* 见于云南西部和南部。

种群状况 多型种。留鸟。不常见。

赤胸拟啄木鸟

Coopersmith Barbet *Megalaima haemacephala* 体长：17 cm LC（低度关注）

响蜜䴕科
Indicatoridae
(Honeyguides)

本科为小型鸟类。嘴短而粗钝，微向下曲，嘴形似雀。脚呈对趾型，适于攀缘，又似啄木鸟。尾羽12枚，羽干柔软。翅长而尖，初级飞羽9枚。体羽背多暗褐或橄榄色，下体较淡白。

栖息于热带森林中。善攀缘，为小型攀禽。主要以昆虫为食，尤其嗜吃蜂蜜和蜂蜡，因而常常被视为寻找蜂蜜的向导鸟，故名响蜜䴕。响蜜䴕鸟自己不营巢，属寄生性繁殖，常将卵产于其他鸟巢中代孵。

全世界计有4属17种，分布于非洲和南亚热带森林中。中国有1属1种，分布于云南、西藏。

黄腰响蜜䴕 \摄影：Srinivasa Raju

黄腰响蜜䴕 \摄影：Yeshey Dorji

形态特征 喙短粗，额、颏、喉沾金黄色。腰金黄色。体羽灰褐色。下体淡灰色。

生态习性 栖息于落叶林。取食蜂巢，也在空中捕虫。

地理分布 共2个亚种，分布于喜马拉雅山脉、缅甸。国内有1个亚种，阿萨姆亚种 *fulvus* 见于西藏南部、云南西部。

种群状况 多型种。留鸟。不常见。

黄腰响蜜䴕
Yellow-rumped Honeyguide   *Indicator xanthonotus*   体长：15 cm   NT（近危）

啄木鸟科
Picidae
(Woodpeckers)

中、小型鸟类。攀禽。嘴强直而尖,呈凿状,舌细长,能伸缩自如,舌尖角质化,有倒钩和黏液,用以钩取树干中的昆虫幼虫。尾多为楔尾,羽轴粗硬坚挺,多为12枚,少数10枚;外侧一对甚小,中央1~3对尾羽;尾羽端呈叉形,凿木时有支撑身体的作用。腿短而粗壮。跗蹠前面为盾状鳞,后面为网状鳞。趾为对趾型,前后各两趾,爪尖锐,适于攀缘。栖息于森林中,为树栖类型,善于沿树干攀缘。通常边攀缘边敲击树干,发现有虫就凿洞取食。营巢于树洞中。雏鸟晚成性。

全世界计有27属204种,分布于除南极和大洋洲外的世界各地。中国有13属33种,遍及全国各地。

蚁䴕指名亚种 *torquilla* \ 摄影:刘马力

鴷形目 PICIFORMES　啄木鸟科 Picidae (Woodpeckers)

指名亚种 *torquilla* \ 摄影：邢睿

指名亚种 *torquilla* \ 摄影：谢金平

指名亚种 *torquilla* \ 摄影：金炎平

西藏亚种 *himalayana* \ 摄影：王贵华

形态特征 喙直，短锥状。具褐色后眼纹；上体灰褐色，具褐色蠹状斑；翅与尾淡锈红色。下体皮黄色，具暗色横斑。

生态习性 栖息于低山、平原林地。多地面取食，跳跃前进，颈能大角度转动。

地理分布 共4个亚种，繁殖于欧洲、亚洲中部和北部，越冬于非洲、南亚、东南亚。国内2个亚种。指名亚种 *torquilla* 见于全国各地区，翅长；上体褐色较差；下体较淡，黑点亦较稀疏。西藏亚种 *himalayana* 见于西藏南部，翅稍短；上体褐色；下体最暗，黑点并成细横斑状。

种群状况 多型种。夏候鸟，旅鸟，冬候鸟。常见。

蚁䴕

Eurasian Wryneck　　*Jynx torquilla*　　体长：17 cm　　LC（低度关注）

华南亚种 chinensis \ 摄影：关克

指名亚种 innominatus \ 摄影：王尧天

云南亚种 malayorum \ 摄影：陈添平

形态特征 过眼纹棕色，眉纹和髭纹白色。颔、喉近白色。上体橄榄绿色，下体乳白色，杂有黑色斑点横纹。雄鸟额橙红色或橙黄色。中央尾羽白色。

生态习性 栖息于常绿阔叶林、竹林。常单独活动，多在地上或树枝上觅食，主要以蚂蚁、甲虫等为食。在树洞营巢繁殖，每窝产卵3~4枚。

地理分布 共3个亚种，分布于南亚、中南半岛及马来半岛。国内有3个亚种，指名亚种 innominatus 见于西藏东部，头顶橄榄褐，上体较为鲜亮，沾染较多橙色；下体较黄色较为深。云南亚种 malayorum 见于云南西部和南部，头顶暗橄榄褐色（雄鸟的头顶前部呈橙棕色），胸以下沾绿黄色。华南亚种 chinensis 见于河南以南、甘肃、云贵川以东地区。头顶纯淡栗色，胸以下近白色。

种群状况 多型种。留鸟。常见。

斑姬啄木鸟

Speckled Piculet *Picumnus innominatus* 体长：25~30 cm LC（低度关注）

䴕形目 PICIFORMES 啄木鸟科 Picidae (Woodpeckers)

云南亚种 *reichenowi* \ 摄影：王尧天

广西亚种 *kinneari* \ 摄影：关克

广西亚种 *kinneari* \ 摄影：赵钦

广西亚种 *kinneari* \ 摄影：桑新华

形态特征 眉纹白色。上体橄榄绿色，下体橙红色。尾短。雄鸟前额金黄色；雌鸟前额棕色。嘴黑色。

生态习性 栖息于亚热带阔叶林和次生林。树干上敲击觅食。有时也到地上觅食，食物以蚂蚁和各种昆虫为主，也吃蠕虫等其他小型动物。

地理分布 共3个亚种，分布于喜马拉雅山脉、中南半岛。国内有3个亚种，指名亚种 *ochracea* 见于西藏东南部，上体较暗，下体呈深赤褐色。云南亚种 *reichenowi* 见于云南，上体羽色较浅淡，下体为橙棕色。广西亚种 *kinneari* 见于云南东南部、贵州、广西，上下体羽色较暗。

种群状况 多型种。留鸟。稀少。

白眉棕啄木鸟

White-browed Piculet   *Sasia ochracea*   体长：19 cm   LC（低度关注）

云南亚种 obscurus \ 摄影：王尧天

台湾亚种 kaleensis \ 摄影：简廷谋

华北亚种 \ 摄影：李俊彦

东北亚种 \ 摄影：孙晓明

华南亚种 \ 摄影：舒仁庆

四川亚种 szetschuanensis \ 摄影：关克

形态特征 额、头顶灰色，白色眉纹宽阔，延伸到颈侧。上体黑色，背中部白色，无黑色横斑。翅具白色斑。下体有黑色纵纹。雄鸟枕部每侧有红色斑。

生态习性 栖息于各类林地。常单独或成对活动，多在树木中上部攀爬，以各类昆虫为主食。营巢于树洞中，每窝产卵4~5枚。

地理分布 共11个亚种，分布于东北亚、喜马拉雅山脉及东南亚。国内有8个亚种，东北亚种 doerriesi 见于东北、内蒙古，体型较大，腰与下体较少黑纹，下体沾褐赭或棕黄色，胸部纵纹较粗，宽度达0.2厘米，最内侧次级飞羽具白色块斑。华北亚种 scintilliceps 见于华北、华东、华中地区及甘肃、宁夏，体型较小，腰与下体较多黑纹。四川亚种 szetschuanensis 见于陕西南部、宁夏、甘肃南部、四川北部和中部，嘴较长，下体棕黄色较浅，外侧尾羽的黑斑较差，下体纵纹较多。西南亚种 omissus 见于云南西北部和西部、四川中部和西南部、贵州北部，嘴较短，下体棕黄色稍浓且纵纹较多外侧尾羽的黑斑较显著。华南亚种 nagamichii 见于云贵及华南地区，下体纵纹较少且呈棕黄色。台湾亚种 kaleensis 见于台湾，下体黄赭色且纵纹较少。海南亚种 swinhoei 见于海南，下体底色较淡且纵纹较少。云南亚种 obscurus 见于云南南部。最内侧次级飞羽具白色横斑。

种群状况 多型种。留鸟。常见。

星头啄木鸟

Grey-capped Woodpecker　　*Dendrocopos canicapillus*　　体长：15 cm　　LC（低度关注）

鴷形目 PICIFORMES　啄木鸟科 Picidae (Woodpeckers)

wilderi 亚种 \ 摄影：冯立国

permutatus 亚种 \ 摄影：张明

permutatus 亚种 \ 摄影：王兴娥

permutatus 亚种 \ 摄影：张明

形态特征 眉纹白色，后有红色斑。颊线白色，耳羽棕褐色，后接大块白斑。喉白色。上体黑色，背部黑白带相间排列。翅具黑白色带相间。下体灰白色，具暗纵纹。尾羽外侧白色。

生态习性 栖息于各类林地。单独或成对活动。繁殖期雌雄鸟共同凿洞筑巢。

地理分布 共11个亚种，分布于俄罗斯远东和日本、朝鲜半岛。国内有2个亚种，东北亚种 *permutatus* 见于黑龙江东部、辽宁中部和东部、内蒙古东北部及新疆。东陵亚种 *wilderi* 见于河北北部、山东北部。

种群状况 多型种。留鸟。常见。

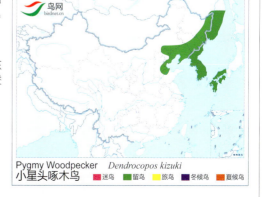

小星头啄木鸟

Pygmy Woodpecker　*Dendrocopos kizuki*　体长：14 cm　LC（低度关注）

东北亚种 amurensis \ 摄影：孙晓明

新疆亚种 kamtschatkensis \ 摄影：顾云芳

新疆亚种 kamtschatkensis \ 摄影：李全民

新疆亚种 kamtschatkensis \ 摄影：王尧天

形态特征 额和颊白色。上体黑色，具白色横斑。下体白色。雄鸟头顶红色，枕部黑色。雌鸟头顶黑色。

生态习性 栖息于低山各类林地。单独活动。在树枝和枝叶间觅食。飞翔时两翅一张一闭，成波浪状前进。

地理分布 共11亚种，分布于欧洲、亚洲北部。国内有2个亚种，新疆亚种 kamtschatkensis 见于黑龙江北部、新疆北部，下体较近褚白色，胸侧与胁的黑纹较稀或缺失。东北亚种 amurensis 见于东北、内蒙古和甘肃，下体较多灰色，胸侧与胁的黑纹较显著。

种群状况 多型种。留鸟。常见。

小斑啄木鸟

Lesser Spotted Woodpecker　　*Dendrocopos minor*　　体长：15 cm　　LC（低度关注）

鴷形目 PICIFORMES　啄木鸟科 Picidae (Woodpeckers)

纹腹啄木鸟 \ 摄影：姜效敏

纹腹啄木鸟 \ 摄影：高宏颖

纹腹啄木鸟 \ 摄影：顾云芳

纹腹啄木鸟 \ 摄影：康小兵

形态特征 脸侧白色，颊纹接领环黑色。上体黑色，具黑白色相间条纹。下体白色。尾下覆羽红色。雄鸟头顶红色；雌鸟头顶黑色。
生态习性 栖息于低山及开阔林地、村镇。营巢于树洞之中。以各种昆虫为食。
地理分布 共2个亚种，分布于喜马拉雅山脉、缅甸。国内有1个亚种，西藏亚种 *macei* 见于西藏东南部。
种群状况 多型种。留鸟。罕见。

纹腹啄木鸟（茶胸斑啄木鸟）

Fulvous-breasted Woodpecker　　*Dendrocopos macei*　　体长：18 cm　　LC（低度关注）

云南亚种 *atratus* \ 摄影：杜雄

云南亚种 *atratus* \ 摄影：王进

云南亚种 *atratus* \ 摄影：王尧天

云南亚种 *atratus* \ 摄影：王尧天

形态特征 额白色，上体黑色具成排点横斑，颊纹黑色，脸、颈侧、喉白色，喉具黑斑。下体灰白色，具黑色条纹。尾下覆羽红色。雄鸟头顶红色。雌鸟头顶黑色。
生态习性 栖息于低山及平原常绿或落叶林。常单独或成对活动，以昆虫为食。
地理分布 分布于不丹、印度、孟加拉国、中南半岛北部。国内有1个亚种，云南亚种 *atratus* 见于云南。
种群状况 单型种。留鸟。稀少。

纹胸啄木鸟

Stripe-breasted Woodpecker　　*Dendrocopos atratus*　　体长：18~22 cm　　LC（低度关注）

鴷形目 PICIFORMES 啄木鸟科 Picidae (Woodpeckers)

普通亚种 subrufinus \ 摄影：雷大勇

西藏亚种 marshalli \ 摄影：桑新华

普通亚种 subrufinus \ 摄影：谷国强

指名亚种 hyperythrus \ 摄影：张永

形态特征 喙灰色，下喙基黄色。雄鸟头顶至后颈、侧颈、尾下覆羽红色，背、翅、肩和腰黑色，具白色横斑；下体棕色。雌鸟头顶黑色，具白色点。

生态习性 栖息于山地针叶林和混交林。单独活动。善于在树木上攀爬，啄破树皮，用细长而带钩的舌头捕食昆虫。

地理分布 共4个亚种，分布于喜马拉雅山脉、中南半岛。国内有3个亚种，西藏亚种 marshalli 见于西藏西南部，体型居中，翅较长，下体红棕色，雄鸟头上赤红部较 hyperythrus 更扩大，伸至颈侧。指名亚种 hyperythrus 见于西藏南部和东部、云南、四川。体型最小，翅最短，下体栗棕；雄鸟头上赤红部较小，不伸至颈侧。普通亚种 subrufinus 见于东北、华北及云贵川以东地区。体型最大，翅最长，下体暗栗棕色。

种群状况 多型种。夏候鸟，旅鸟，冬候鸟，留鸟。稀少。

棕腹啄木鸟

Rufous-bellied Woodpecker   *Dendrocopos hyperythrus*   体长：20~25 cm   LC（低度关注）

黄颈啄木鸟 \ 摄影：李全民

黄颈啄木鸟 \ 摄影：陈云江

黄颈啄木鸟 \ 摄影：李全民

黄颈啄木鸟 \ 摄影：陈孝齐

形态特征 前额污白色带与脸连接。脸污白色，颈侧黄色。颊纹黑色。上体黑色，下体皮黄色，具粗黑色纵纹。尾下覆羽橙红色。雄鸟枕部红色；雌鸟枕部黑色。

生态习性 栖息于山地针叶林和混交林。单独树木下层活动。以各类昆虫为食。

地理分布 分布于尼泊尔、印度、缅甸、越南。国内见于西藏东部和南部、云南、四川。

种群状况 单型种。留鸟。稀少。

黄颈啄木鸟

Darjelling Woodpecker *Dendrocopos darjellensis* 体长：25 cm LC（低度关注）

鴷形目 PICIFORMES　啄木鸟科 Picidae (Woodpeckers)

云南亚种 *tenebrosus* \ 摄影：关伟纲

湖北亚种 *innixus* \ 摄影：关克

云南亚种 *tenebrosus* \ 摄影：邓嗣光

指名亚种 *cathpharius* \ 摄影：邢睿

云南亚种 *tenebrosus* \ 摄影：关伟纲

形态特征 额、脸、喉、颈侧污白色。颊纹黑色延伸到胸侧黑斑。上体黑色，具大块白色翅斑。胸具红色斑块。下体皮黄色，具黑色纵纹。尾下覆羽红色；雄鸟头顶至枕部红色；雌鸟头顶至枕部黑色。

生态习性 栖息于山地常绿阔叶林和混交林。单独在树木中层活动，食花蜜和昆虫。

地理分布 共6个亚种，分布于喜马拉雅山脉、缅甸。国内有5个亚种，指名亚种 *cathpharius* 见于西藏南部和东南部，胸部红色块斑不明显，尾下覆羽暗黄，端部具黑色羽干纹，边缘缀以红色。西藏亚种 *ludlowi* 见于西藏东南部、云南西北部和西部，耳羽具宽阔红色后缘，尤其是雄鸟，胸部红斑较小，尾下覆羽沾红较差，下体较黄，胸侧黑纹较少，胸部的中央黑色块斑较小或缺。云南亚种 *tenebrosus* 见于云南西部和中部，耳后缘无红色（♀），或仅少数稍沾红色（♂），胸部红斑较大，尾上覆羽沾红较浓，下体较黄，胸侧黑纹较少，胸部的中央黑色块斑较小或缺。湖北亚种 *innixus* 见于陕西南部、四川东北部、重庆、湖北西部，胸斑从下胸伸至喉部两侧，形甚粗著，最外侧尾羽常只有一条完整的粗斑，另一条仅限于外翈，下体较灰白，胸侧黑纹较多，胸部的中央黑色块斑发达。西南亚种 *pernyii* 见于甘肃南部、云南、四川。胸斑不显著，尤其是侧部，最外侧尾羽有两道完整的宽阔黑斑，下体较灰白，胸侧黑纹较多，胸部的中央黑色块斑发达。

种群状况 多型种。留鸟。稀少。

赤胸啄木鸟

Crimson-breasted Woodpecker　　*Dendrocopos cathpharius*　　体长：17~19 cm　　LC（低度关注）

白背啄木鸟 \ 摄影：赵振杰

白背啄木鸟 \ 摄影：王尧天

白背啄木鸟 \ 摄影：孙晓明

白背啄木鸟 \ 摄影：张岩

形态特征 额、脸、喉、颈侧白色。颊纹黑色，延伸到胸侧黑斑。上体黑色，下背具大块白色斑。翅黑色，有白色带相间。下体白色，具黑色纵纹。尾下覆羽红色。雄鸟头顶至枕部红色，雌鸟头顶至枕部黑色。

生态习性 栖息于山地针叶林、阔叶林和混交林。单独或成对活动，常沿树干从下往上攀缘觅食，多光顾朽木。

地理分布 共11个亚种，分布于欧洲经俄罗斯中部到东亚。国内有4个亚种，指名亚种 *leucotos* 见于东北、华北地区、新疆，翅上白斑较大，外侧尾羽大都白色，而具黑斑，下体黑纹较少且较疏。四川亚种 *tangi* 见于陕西南部、四川、重庆，嘴较长，胸棕黄，下体黑纹稍少，不伸至下腹，翅上白斑较小，外侧尾羽大都黑色，具白斑，下体黑纹较多。福建亚种 *fohkiensis* 见于江西东北部、福建西北部，嘴较短，胸棕白色，下体黑纹甚多而细，并伸至下腹，翅上白斑较小，外侧尾羽大都黑色，具白斑，下体黑纹较多。台湾亚种 *insularis* 见于台湾，胸呈褐白色，黑纹较四川亚种为少，但较指名亚种为多。

种群状况 多型种。留鸟。常见。

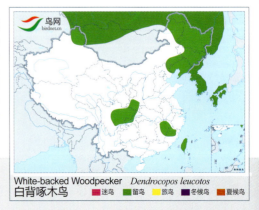

白背啄木鸟

White-backed Woodpecker *Dendrocopos leucotos* 体长：23~28 cm LC（低度关注）

鴷形目 PICIFORMES　啄木鸟科 Picidae (Woodpeckers)

北方亚种 brevirostris \摄影：海伦

西南亚种 stresemanni \摄影：李剑云

新疆亚种 tianshanicus \摄影：陈天祺

东北亚种 japonicus \摄影：段文科

华北亚种 cabanisi \摄影：孙华金

东南亚种 mandarinus \摄影：朱英

西北亚种 beicki \摄影：关克

形态特征 上体黑色，下体白色。颈侧具黑色纹。肩和翅具白斑。尾下覆羽红色。雄鸟头顶红色；雌鸟头顶、枕至后颈黑色，耳羽白色，其余似雄鸟。

生态习性 栖息于山地和平原各类林中。也见于城市和乡村。

地理分布 共14个亚种，分布于欧亚大陆。国内9个亚种。新疆亚种 tianshanicus 见于新疆北部，翅斑较北方亚种为白，嘴较纤细而弱。北方亚种 brevirostris 见于黑龙江、内蒙古，肩羽纯白色，下体最淡。东北亚种 japonicus 见于东北地区，下体淡皮黄至淡赭色，翅上白斑较大，肩羽非白色。华北亚种 cabanisi 见于辽宁至江苏、上海，下体较东北亚种为暗，翅上白斑较小，尾上黄横斑较狭，肩羽非白色。乌拉山亚种 wulashanicus 见于内蒙古西部，下体呈灰褐色，肩羽非白色。西北亚种 beicki 见于宁夏、甘肃、青海东部，肩上与翼上白斑较大。西南亚种 stresemanni 见于西南，下体最暗，近朱古力褐色，翅上白斑最小，尾上黑斑亦最宽阔，肩羽非白色。东南亚种 mandarinus 见于云南、贵州、湖北、安徽、江西、浙江，肩上与翼上白斑均较西北亚种为小。海南亚种 hainanus 见于海南，羽色与东南亚种同。

种群状况 多型种。留鸟。常见。

大斑啄木鸟

Great Spotted Woodpecker　*Dendrocopos major*　体长：20~24 cm　LC（低度关注）

白翅啄木鸟 ╲ 摄影：王尧天

白翅啄木鸟 ╲ 摄影：王尧天

白翅啄木鸟 ╲ 摄影：李全民

白翅啄木鸟 ╲ 摄影：张岩

形态特征 上体黑色，下体白色。颈侧具黑色纹。肩和翅具白斑。背黑色，尾下覆羽红色。雄鸟枕部红色；雌鸟黑色。

生态习性 栖息于山地和平原各类林中。以昆虫为主食，也吃蜘蛛、蠕虫等无脊椎动物。秋冬季节还吃一些植物果实和种子。

地理分布 分布于中亚。国内见于新疆。

种群状况 单型种。留鸟。稀少。

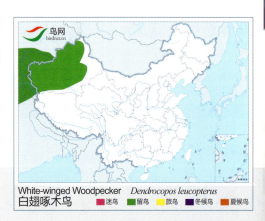

白翅啄木鸟

White-winged Woodpecker *Dendrocopos leucopterus* 体长：23 cm LC（低度关注）

鴷形目 PICIFORMES　啄木鸟科 Picidae (Woodpeckers)

天山亚种 tianschanicus ＼摄影：邢睿

天山亚种 tianschanicus ＼摄影：王尧天

指名亚种 tridactylus ＼摄影：黄国珍

指名亚种 tridactylus ＼摄影：凤鸣康平

西南亚种 funebris ＼摄影：李全民

形态特征 颊纹白色，眼后具白色纹延伸带背部。颚纹黑色。上体黑色，中央白色。下体白色。雄鸟头顶金黄色；雌鸟，黑色，具白斑。

生态习性 栖息于山地和平原针叶林和混交林。单独活动。喜在高大乔木上攀爬，以鞘翅目、鳞翅目的昆虫为食。

地理分布 共7个亚种，分布于欧亚大陆北部及北美。国内有3个亚种，指名亚种 tridactylus 见于黑龙江西北部、吉林、内蒙古东北部、新疆北部，下体白色，杂以黑色斑纹下且黑色斑纹较少，上体色较淡，白斑较多。西南亚种 funebris 见于甘肃、西藏东部、青海东部和南部、云南西北部、四川西部，下体几乎纯黑色，微具白点。天山亚种 tianschanicus 见于新疆西部和北部，下体白色，杂以较多黑色斑纹，上体较暗，白斑较少。

种群状况 多型种。留鸟。常见。

三趾啄木鸟

Three-toed Woodpecker　*Picoides tridactylus*　体长：20~24 cm　LC（低度关注）

云南亚种 *phaioceps* ＼摄影：顾云芳

海南亚种 *holroydi* ＼摄影：关克

福建亚种 *fokiensis* ＼摄影：徐晓东

形态特征 体羽栗色，具栗褐色横斑。头顶沾褐色。雄鸟眼下具红斑。

生态习性 栖息于开阔林地、次生树及人工林。善在树干上攀爬觅食。边飞边鸣。

地理分布 共10个亚种，分布于南亚、东南亚。国内3个亚种。云南亚种 *phaioceps* 见于西藏东部、云南，上体栗棕色，头上微有褐纹，背面杂以黑褐色狭斑；翅长于12厘米。福建亚种 *fokiensis* 见于云贵川以东地区，头顶浅棕色，背面黑褐色，杂以栗棕色横斑，翅长于12厘米。海南亚种 *holroydi* 见于海南，翅短于11.5厘米。

种群状况 多型种。留鸟。不常见。

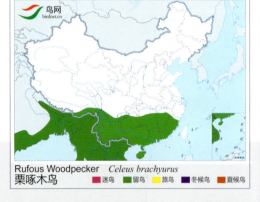
Rufous Woodpecker *Celeus brachyurus*
栗啄木鸟

栗啄木鸟

Rufous Woodpecker　　*Celeus brachyurus*　　体长：21~25 cm　　LC（低度关注）

白腹黑啄木鸟 ＼摄影：康小兵

白腹黑啄木鸟 ＼摄影：陈学敏

白腹黑啄木鸟 ＼摄影：杜英

形态特征 喙黑色。体羽黑色。腹部和腰白色。雄鸟额至头顶冠羽和颊斑红色；雌鸟头顶冠羽红色，无红色颊斑。

生态习性 栖息于低地山林。在高大乔木上活动。常用喙敲击树木。以各类昆虫为食。

地理分布 共15个亚种，分布于印度、东南亚。国内有1个亚种，西南亚种 *forresti* 见于云南西北部和南部、四川西南部。

种群状况 多型种。留鸟。稀少。稀有。

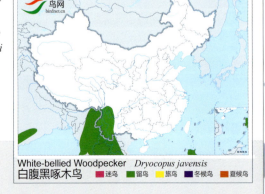
White-bellied Woodpecker *Dryocopus javensis*
白腹黑啄木鸟

白腹黑啄木鸟

White-bellied Woodpecker　　*Dryocopus javensis*　　体长：40~48 cm　　国家Ⅱ级重点保护野生动物　　LC（低度关注）

鴷形目 PICIFORMES　　啄木鸟科 Picidae (Woodpeckers)

西南亚种 khamensis \ 摄影：王军

指名亚种 martius \ 摄影：孙晓明

指名亚种 martius \ 摄影：王尧天

指名亚种 martius \ 摄影：李全民

形态特征 体羽黑色。喙为白色。雄鸟羽冠红色；雌鸟枕部红色。
生态习性 栖息于原始针叶林和混交林。单独活动。主要以蚂蚁、甲虫等为食。
地理分布 共2个亚种，分布从欧洲经俄罗斯中部到东亚。国内有2个亚种，指名亚种 martius 见于东北、华北地区和新疆，背部黑色，翅较短；嘴较长。西南亚种 khamensis 见于甘肃西部和南部、西藏东部、青海东部和南部、云南西部、四川北部，背部黑色较浓而闪亮，翅较长。
种群状况 多型种。留鸟。不常见。

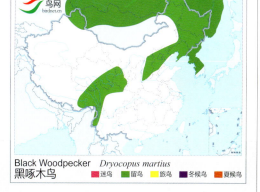

Black Woodpecker　Dryocopus martius
黑啄木鸟

黑啄木鸟

Black Woodpecker　*Dryocopus martius*　　　　　体长：45~55 cm　　　　　LC（低度关注）

西南亚种 chlorolophus \ 摄影：岗岗的

西南亚种 chlorolophus \ 摄影：王尧天

黄冠啄木鸟 \ 摄影：顾云芳

黄冠啄木鸟 \ 摄影：李书

形态特征 颏暗绿色，颊纹白色，枕部具亮黄色羽冠。喉橄榄绿色。上体橄榄绿色，下体褐色与白色纹相间，腹部具横斑。雄鸟眉纹红色，纹下具红色带，冠羽两侧红色。雌鸟仅冠羽两侧红色。

生态习性 栖息于常绿阔叶林和混交林、竹林。常单独或成对活动，主要以昆虫为食，兼食植物果实和种子。

地理分布 共9个亚种，分布于南亚、中南半岛及马来半岛。国内有3个亚种，西南亚种 chlorolophus 见于云南西部和南部，颈冠金黄色；背橄榄绿色；胸呈暗橄榄绿色；翅长在14.2厘米以下。福建亚种 citrinocristatus 见于江西、福建中部、广西，翅长在14.2厘米以上；颈冠柠檬黄色。海南亚种 longipennis 见于海南，颈冠绿黄色，背橄榄绿色，胸及上腹均纯暗橄榄绿色；翅长在14.2厘米以下。

种群状况 多型种。留鸟。稀少。

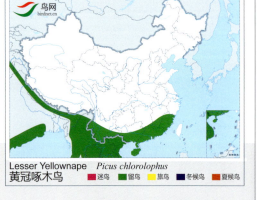

Lesser Yellownape *Picus chlorolophus*
黄冠啄木鸟

黄冠啄木鸟

Lesser Yellownape   *Picus chlorolophus*   体长：25~28 cm   LC（低度关注）

鴷形目 PICIFORMES　啄木鸟科 Picidae (Woodpeckers)

大黄冠啄木鸟 \摄影：龚本亮

大黄冠啄木鸟 \摄影：杜英

大黄冠啄木鸟 \摄影：高宏颖

大黄冠啄木鸟 \摄影：高宏颖

形态特征 与黄冠啄木鸟相似，腹部暗灰色，无横斑。雄鸟喉黄色；雌鸟喉棕色。

生态习性 栖息于常绿阔叶林。沿树干攀缘和觅食，有时也到地面活动。食物以昆虫为主，有时也吃植物浆果和种子。

地理分布 共8个亚种，分布于南亚、中南半岛及马来半岛。国内有3个亚种，指名亚种 *flavinucha* 见于西藏南部、云南西部和南部，头顶橄榄绿而缀以棕褐色，雄鸟颔和喉均鲜黄色，翅长，背部较多黄色，下体较灰色。海南亚种 *styani* 见于广西南部、海南，翅稍短，头顶暗栗褐，雄鸟颔和喉棕褐色，杂以黑纹。华南亚种 *ricketti* 见于四川、江西东北部、福建中部，头顶棕褐，翅长居中。

种群状况 多型种。留鸟。稀少。

大黄冠啄木鸟

Greater Yellownape　*Picus flavinucha*　　体长：34 cm　　LC（低度关注）

左雌右雄 \ 摄影：陈东明

花腹绿啄木鸟 \ 摄影：李明本

花腹绿啄木鸟（雌）\ 摄影：高宏颖

花腹绿啄木鸟 \ 摄影：陈东明

形态特征 体羽绿色。脸灰色。髭纹黑色。喉、颈、胸黄绿色。腹部具灰白色鳞状斑。尾黑色。雄鸟额、头顶红色，下有黑色细线。雌鸟额、头顶黑色。

生态习性 栖息于落叶林、常绿阔叶林、次生林、竹林。常单独在树干上活动，有时也到地面活动。食物以蚂蚁和蚁卵为主。

地理分布 分布于中南半岛及马来西亚。国内见于云南南部。

种群状况 单型种。留鸟。不常见。

花腹绿啄木鸟

Laced Woodpecker *Picus vittatus* 体长：30~33 cm LC（低度关注）

鴷形目 PICIFORMES　啄木鸟科 Picidae (Woodpeckers)

鳞喉绿啄木鸟 \ 摄影：张岩

鳞喉绿啄木鸟 \ 摄影：vasanthan.p.j

鳞喉绿啄木鸟 \ 摄影：姜效敏

形态特征 体羽绿色。脸灰色。眉纹和颊纹白色。髭纹黑色，具白点。颏、喉白色，有纵纹。胸淡绿色。下体绿色具鳞状斑，腰亮黄色，尾黑色。雄鸟额、头顶红色。雌鸟额、头顶黑色。
生态习性 栖息于低山开阔森林。单独或成对活动，以昆虫等动物性食物为主要食物。
地理分布 分布于喜马拉雅山脉、印度及中南半岛。国内见于云南西部。
种群状况 单型种。留鸟。罕见。

鳞喉绿啄木鸟

Streak-throated Woodpecker　*Picus xanthopygaeus*　体长：29~37 cm　LC（低度关注）

鳞腹绿啄木鸟 \ 摄影：陈久桐

鳞腹绿啄木鸟 \ 摄影：方剑雄

鳞腹绿啄木鸟 \ 摄影：顾莹

形态特征 形与鳞喉绿啄木鸟相似。过眼线黑色，胸部无鳞纹。腹部黑色鳞纹明显。
生态习性 栖息于低山和平原的阔叶林、竹林、次生林。在树上或地面活动和觅食。
地理分布 共2个亚种，分布于中亚及尼泊尔。国内有1个亚种，指名亚种 *squamatus* 见于西藏吉隆。
种群状况 多型种。留鸟。罕见。

鳞腹绿啄木鸟

Scaly-bellied Woodpecker　*Picus squamatus*　体长：35 cm　LC（低度关注）

红颈绿啄木鸟 \摄影：John Wright

红颈绿啄木鸟 \摄影：Thomas Calame

形态特征 体羽绿色，尾黑色。雄鸟头顶、上颈、颈侧连成猩红色环。雌鸟头顶暗绿色。

生态习性 栖息于开阔林地、竹林。常单独活动，多在树上和地上觅食。食物主要以天牛、叩头虫、蚂蚁、吉丁虫等昆虫为主，也吃蜘蛛、蠕虫及植物果实和种子。

地理分布 分布于越南、老挝、柬埔寨。国内见于云南东南部。

种群状况 单型种。留鸟。稀少。

红颈绿啄木鸟

Red-collared Woodpecker　　*Picus rabieri*　　体长：28 cm　　NT（近危）

形态特征 体羽绿色。枕部黑色，眼先和颊纹黑色，头灰色。飞羽黑色，具白色横斑。下体灰色。雄鸟头顶红色；雌鸟头顶灰色或黑色。

生态习性 栖息于低山阔叶林和混交林，也常见于人工林及城镇行道树上，在树木上攀缘觅食。食物以各种昆虫为主。

地理分布 共11个亚种，分布于从欧洲经俄罗斯中部到东亚。国内有10个亚种，指名亚种 *canus* 羽色似 *jessoensis*，但绿色较浓，少灰色，颈部无黑色斑块，见于新疆北部。东北亚种 *jessoensis* 见于东北、河北、内蒙古东北部、宁夏，上下体均淡灰绿，枕部黑纹较稀，颈部无黑色块斑，翅长大都在14～15厘米间，羽色较暗，上体灰绿较淡。河北亚种 *zimmermanni* 见于华北、河南，羽色似 *jessoensis*，但头部较纯灰色，颈部具有不明显黑色块斑，翅长大都在14～15厘米间，羽色较暗，上体灰绿较差。青海亚种 *kogo* 见于甘肃、西藏西南部、青海东部和南部、四川西北部，翅长在15厘米以上，羽色较淡，上体较灰绿。西南亚种 *sordidior* 见于西藏东部、云南西北部和西部、四川西北部，项上黑色块斑较小，下体较淡，较绿灰，外侧尾羽黑斑较淡，翅长14.3～15.3厘米，背部绿色具较少金褐色泽。滇南亚种 *hessei* 见于云南南部，项上黑色块斑最大，下体橄榄黄色，外侧尾羽几无黑色横斑，背部绿色较小金褐色泽。台湾亚种 *tancolo* 见于台湾，翅长13.5～14厘米，嘴长3.7～4.1厘米；体型最小，翅长13～140厘米，下体较华南亚种为暗绿。海南亚种 *hainanus* 见于海南，翅长13～13.5厘米，嘴长3.6～3.8厘米，翅长13～14厘米，下体较华南亚种为暗绿。华东亚种 *guerini* 见于甘肃、山西、陕西、湖北、安徽、江西、江苏、上海、浙江，背部较浓绿色，下体较暗绿，枕部黑纹较稀，颈部黑块明显，翅长大都在14～15厘米间，羽色较暗，上体灰绿较差。华南亚种 *sobrinus* 见于华中、华南地区、云南。下体较暗绿，枕部黑纹较密，颈部黑块甚显著，背部绿色较多金褐色泽，翅长13.5～14.5厘米。

种群状况 多型种。留鸟。分布广，数量多，常见。

滇南亚种 *hessei* \摄影：桑新华

灰头绿啄木鸟

Grey-headed Woodpecker　　*Picus canus*　　体长：26～33 cm　　LC（低度关注）

鴷形目 PICIFORMES　啄木鸟科 Picidae (Woodpeckers)

灰头绿啄木鸟华东亚种 *guerini* \ 摄影：关克

灰头绿啄木鸟东北亚种 *jessoensis* \ 摄影：段文科

灰头绿啄木鸟河北亚种 *zimmermanni* \ 摄影：李全民

西南亚种 *sordidior* \ 摄影：蔡永和

华南亚种 *sobrinus* \ 摄影：王常松

灰头绿啄木鸟青海亚种 *kogo* \ 摄影：陈孝齐

指名亚种 *canus* \ 摄影：王尧天

台湾亚种 *tancolo* \ 摄影：简廷谋

喜山金背啄木鸟 \ 摄影：杜英

喜山金背啄木鸟 \ 摄影：顾云芳

喜山金背啄木鸟 \ 摄影：田穗兴

喜山金背啄木鸟 \ 摄影：田穗兴

形态特征 头顶、颈冠猩红色，脸、喉白色，过眼纹延到后颈。颊纹黑色，喉中线黑色，颈环黑色。上背金黄色，沾红色，下背及腰红色。翅覆羽金色，飞羽黑色。下体白色，具黑色鳞斑。尾羽黑色。雌鸟头顶黑色具白斑；雄鸟下髭纹黄色。

生态习性 栖息于低山常绿阔叶林和混交林。常与其他鸟类混群觅食。食物以各类昆虫为主。

地理分布 共2个亚种，分布于喜马拉雅山脉、缅甸。国内有1个亚种，西藏亚种 *anguste* 见于西藏东南部。

种群状况 多型种。留鸟。稀少。

喜山金背啄木鸟

Himalayan Flameback *Dinopium shorii* 体长：30 cm LC（低度关注）

鴷形目 PICIFORMES　啄木鸟科 Picidae (Woodpeckers)

金背啄木鸟 \ 摄影：宋迎涛

金背啄木鸟 \ 摄影：徐勇（驼峰）

金背啄木鸟 \ 摄影：陈添平

金背啄木鸟 \ 摄影：陈添平

形态特征 形似喜山金背啄木鸟。雄鸟下髭纹无黄色。
生态习性 栖息于低山常绿阔叶林和混交林。善攀缘觅食。食物以昆虫为主。
地理分布 共6个亚种，分布于东南亚、印度。国内有1个亚种，西藏亚种 *intermedium* 见于云南南部、西藏东南部。
种群状况 多型种。留鸟。稀少。

金背啄木鸟

Common Flameback　　*Dinopium javanense*　　体长：28 cm　　LC（低度关注）

小金背啄木鸟 ／摄影：唐承贵

小金背啄木鸟 ／摄影：李慰曾

小金背啄木鸟 ／摄影：杜英

小金背啄木鸟 ／摄影：刘马力

形态特征 形似金背啄木鸟，但腰为黑色。
生态习性 栖息于低山常绿阔叶林、落叶林。在树木上取食各种昆虫。
地理分布 共5个亚种，分布于南亚。国内有1个亚种，指名亚种 *benghalense* 见于西藏东南部。
种群状况 多型种。留鸟。稀少。

小金背啄木鸟

Lesser Golden-backed Flameback　　*Dinopium benghalense*　　体长：26 cm　　LC（低度关注）

鴷形目 PICIFORMES　啄木鸟科 Picidae (Woodpeckers)

大金背啄木鸟 \ 摄影：陈东明

大金背啄木鸟 \ 摄影：杜英

大金背啄木鸟 \ 摄影：陈东明

大金背啄木鸟 \ 摄影：田穗兴

形态特征 形似金背啄木鸟。两条颊纹线在颈侧相连。颈环在背处有白色斑点。
生态习性 栖息于常绿阔叶林。善于攀缘，以各种昆虫为食。
地理分布 共5个亚种，分布于南亚、中南半岛及马来半岛。国内有1个亚种，云南亚种 *guttacristatus* 见于云南西南部和南部、西藏东南部。
种群状况 多型种。留鸟。稀少。

大金背啄木鸟

Greater Flameback　　*Chrysocolaptes lucidus*　　体长：31 cm　　LC（低度关注）

东南亚种 viridanus \ 摄影：陈新

指名亚种 grantia \ 摄影：王尧天

东南亚种 viridanus \ 摄影：胡伟宁

形态特征 喙蓝白色。体羽栗色，头顶红色，头橄榄黄色，上体栗红色，下体橄榄褐色。雌鸟头顶黄绿色。

生态习性 栖息于低山竹林和混交林。性胆怯。喜栖于老朽树木，以昆虫为主食，并取食浆果。

地理分布 共3个亚种，分布于尼泊尔、缅甸、泰国、老挝、越南。国内有3个亚种，指名亚种 grantia 见于云南西部，背深栗红色；嘴玉白色；下体橄榄褐，沾绿色较少。云南亚种 indochinensis 见于云南西部和南部，背深栗色，嘴象牙黄色，下体橄榄褐，沾绿色较多。东南亚种 viridanus 见于湖北西部、江西、福建中部和西北部、广东北部，背橄榄褐色。

种群状况 多型种。留鸟。稀少。

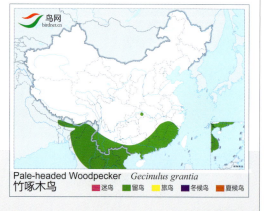
Pale-headed Woodpecker *Gecinulus grantia*
竹啄木鸟

竹啄木鸟
Pale-headed Woodpecker   *Gecinulus grantia*   体长：25 cm   LC（低度关注）

东南亚种 sinensis \ 摄影：蔡卫和

东南亚种 sinensis \ 摄影：李全民

指名亚种 pyrrhotis \ 摄影：关克

形态特征 喙黄色。体赤褐色。雄鸟颈侧枕部有红色斑。上体黑色横斑。下体咖啡色。

生态习性 栖息于海拔500~2200米的常绿阔叶林，冬季也到林缘和平原地带活动。常单独或成对活动，以昆虫为主食。

地理分布 共5个亚种，分布于尼泊尔、中南半岛。国内3个亚种。指名亚种 pyrrhotis 见于西藏东南部、云南，头顶黑褐色，具棕色羽干纹，背面黑褐色，杂以红棕色横斑。东南亚种 sinensis 见于四川、贵州西部、湖南、江西、浙江、福建、广东、香港、广西，下背和腰等处似上背，均杂以黄棕色横斑，但较细而密，雄鸟后颈两侧各具一赤红色点斑。海南亚种 hainanus 见于海南，下背和腰乌褐色，羽端微棕色，不呈横斑状，雄鸟后颈两侧的赤红色斑点向中央扩展但仍不相连。

种群状况 多型种。留鸟。不常见。

黄嘴栗啄木鸟
Bay Woodpecker   *Blythipicus pyrrhotis*   体长：30 cm   LC（低度关注）

鴷形目 PICIFORMES　　啄木鸟科 Picidae (Woodpeckers)

大灰啄木鸟 \ 摄影：魏东

大灰啄木鸟 \ 摄影：杜英

形态特征 体型硕大而颀长，体羽灰色啄木鸟。通体灰色，喉皮黄色。雄鸟具红色颊斑，喉及颈略染红色。雌鸟无红色。

生态习性 喜半开阔的栖息环境。经常以家族为群一道喧哗。多取食于孤树，有时錾木声甚响。

地理分布 共2个亚种，分布于印度北部至中南半岛，马来半岛及大巽他群岛。国内亚种云南亚种 harterti 见于云南南部（西双版纳）及西藏东南部，海拔1000米的低山森林中。

种群状况 留鸟。稀少。罕见。

大灰啄木鸟
Great Slaty Woodpecker　　*Mulleripicus pulverulentus*　　体长：50 cm　　VU（易危）

褐额啄木鸟 \ 摄影：桑新华

形态特征 额褐色，具短白眉纹。头顶红色。枕部黑色。上体黑色，具白色点斑。腹部白色，具纵纹，尾下覆羽红色。

生态习性 栖息于高海拔针叶林。常与山椒鸟、山雀等鸟类混群活动。以各种昆虫为主要食物。

地理分布 分布于阿富汗、巴基斯坦、尼泊尔、印度。国内分布于西藏珠穆朗玛峰地区的吉隆沟。2012年我国分布新记录。

种群状况 单型种。留鸟。罕见。

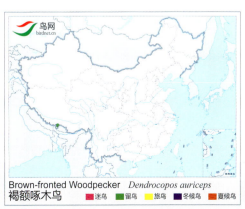

褐额啄木鸟
Brown-fronted Woodpecker　　*Dendrocopos auriceps*　　体长：19~20 cm　　LC（低度关注）

非雀形目英文名索引

A

Aleutian Tern	424
Alexandrine Parakeet	466
Alpine Swift	534
Altai Snowcock	242
American Golden Plover	345
American Wigeon	141
Amur Falcon	223
Ancient Murrelet	432
Ashy Wood Pigeon	444
Asian Barred Owlet	512
Asian Dowitcher	361
Asian Drongo Cuckoo	485
Asian Emerald Cuckoo	484
Asian Open-bill Stork	107
Asian Palm Swift	531

B

Baer's Pochard	154
Baikal Teal	144
Baillon's Crake	309
Band-bellied Crake	310
Banded Bay Cuckoo	483
Bar-headed Goose	132
Bar-tailed Godwit	364
Barbary Falcon	228
Barn Owl	491
Barnacle Goose	135
Barred Buttonquail	290
Barred Cuckoo Dove	451
Bay Owl	493
Bay Woodpecker	610
Bean Goose	128
Bearded Vulture	181
Besra	198
Black Baza	171
Black Bittern	102
Black Eagle	207
Black Grouse	233
Black Kite	174
Black Scoter	160
Black Stork	108
Black Tern	428
Black Woodpecker	599
Black-bellied Sandgrouse	437
Black-bellied Tern	424
Black-billed Capercaillie	235
Black-browed Barbet	578
Black-capped Kingfisher	549
Black-chinned Fruit Dove	461
Black-crowned Night Heron	94
Black-faced Spoonbill	119
Black-footed Albatross	58
Black-headed Gull	406
Black-headed Ibis	114
Black-legged Kittiwake	412
Black-naped Tern	421
Black-necked Crane	300
Black-necked Grebe	56
Black-nest Swiftlet	530
Black-tailed Crake	312
Black-tailed Godwit	363
Black-tailed Gull	399
Black-throated Loon	49
Black-winged Kite	173
Black-winged Pratincole	337
Black-winged Stilt	331
Blakiston's Fish Owl	503
Blood Pheasant	262
Blossom-headed Parakeet	469
Blue Eared Pheasant	278
Blue-bearded Bee-eater	553
Blue-breasted Quail	252
Blue-cheeked Bee-eater	559
Blue-eared Barbet	579
Blue-eared Kingfisher	545
Blue-rumped Parrot	466
Blue-tailed Bee-eater	556
Blue-throated Barbet	579
Blue-throated Bee-eater	555
Blyth's Kingfisher	543
Blyth's Tragopan	264
Bonelli's Eagle	212
Bonin Petrel	60
Booted Eagle	213
Boreal Owl	515
Brahminy Kite	175
Brent Goose	134
Bridled Tern	425
Broad-billed Sandpiper	389
Bronze-winged Jacana	324
Brown Booby	75
Brown Crake	306
Brown Cuckoo Dove	451
Brown Eared Pheasant	279
Brown Fish Owl	503
Brown Hawk Owl	516
Brown Noddy	429
Brown Wood Owl	505
Brown-backed Needletail	535
Brown-breasted Partridge	258
Brown-fronted Woodpecker	611
Brown-headed Gull	405
Buff-breasted Sandpiper	390
Buff-throated Partridge	240
Bulwer's Petrel	61

C

Cabot's Tragopan	267
Canada Goose	133
Canvasback	152
Caspian Plover	351
Caspian Tern	416
Cattle Egret	91
Changeable Hawk Eagle	216
Chestnut-breasted Partridge	254
Chestnut-headed Bee-eater	559
Chestnut-throated Partridge	239
Chestnut-winged Cuckoo	474
Chinese Bamboo Partridge	261
Chinese Crested Tern	418
Chinese Egret	89
Chinese Francolin	246
Chinese Grouse	237
Chinese Monal	271
Chinese Pond Heron	92
Chinese Sparrowhawk	196
Christmas Island Frigatebrid	80
Chukar Partridge	245
Cinereous Vulture	185
Cinnamon Bittern	101
Collared Falconet	218
Collared Kingfisher	550
Collared Owlet	511
Collared Pratincole	335
Collared Scops Owl	496
Comb Duck	138
Common Buzzard	203
Common Coot	317
Common Crane	298
Common Cuckoo	478
Common Flameback	607
Common Goldeneye	162
Common Greenshank	372
Common Hawk-cuckoo	476
Common Hill Partridge	253
Common Kestrel	221
Common Kingfisher	544
Common Koel	486
Common Merganser	165
Common Moorhen	316
Common Murre	431
Common Pochard	153
Common Quail	251
Common Redshank	370
Common Ringed Plover	346
Common Sandpiper	375
Common Shelduck	137
Common Snipe	360
Common Swift	532
Common Tern	422
Common Wood Pigeon	443
Coopersmith Barbet	580
Corn Crake	306
Cotton Pygmy Goose	139
Crested Goshawk	194
Crested Ibis	116
Crested Kingfisher	551
Crested Serpent Eagle	187
Crested Treeswift	537
Crimson-breasted Woodpecker	593
Curlew Sandpiper	386

D

Dalmatian Pelican	73
Darjelling Woodpecker	592
Dark-rumped Swift	533

Daurian Partridge	248
Demoiselle Crane	293
Derbyan Parakeet	469
Dollarbird	563
Dunlin	387

E

Eastern Grass Owl	492
Eastern Marsh Harrier	189
Edible-nest Swiftlet	528
Egyptian Nightjar	525
Egyptian Vulture	181
Elegant Scops Owl	499
Elliot's Pheasant	280
Emerald Dove	453
Eurasian Collared Dove	447
Eurasian Bittern	103
Eurasian Curlew	367
Eurasian Dotterel	353
Eurasian Eagle-owl	500
Eurasian Golden Plover	345
Eurasian Griffon	184
Eurasian Hobby	225
Eurasian Hoopoe	565
Eurasian Oystercatcher	327
Eurasian Pygmy Owl	511
Eurasian Scops Owl	497
Eurasian Sparrowhawk	199
Eurasian Stone Curlew	333
Eurasian Wigeon	141
Eurasian Woodcock	355
Eurasian Wryneck	583
European Bee-eater	558
European Honey-buzzard	172
European Nightjar	524
European Roller	561
European Turtle Dove	445

F

Falcated Duck	142
Far Eastern Curlew	368
Ferruginous Duck	155
Flesh-footed Shearwater	63
Fork-tailed Swift	533
Franklin's Gull	413
Fulvous-breasted Woodpecker	589

G

Gadwall	143
Garganey	149
Glaucous Gull	401
Glaucous-winged Gull	400
Glossy Ibis	117
Golden Eagle	211
Golden Pheasant	286
Golden-throated Barbet	576
Graylag Goose	129
Great Barbet	573
Great Black-headed Gull	404
Great Bustard	319
Great Cormorant	76
Great Crested Grebe	54
Great Eared Nightjar	522
Great Egret	85
Great Frigatebird	81
Great Grey Owl	508
Great Hornbill	568
Great Knot	378
Great Slaty Woodpecker	611
Great Spotted Woodpecker	595
Great Thick Knee	334
Great White Pelican	71
Greater Coucal	488
Greater Crested Tern	419
Greater Flameback	609
Greater Flamingo	121
Greater Painted Snipe	325
Greater Sand Plover	351
Greater Scaup	157
Greater Spotted Eagle	208
Greater Yellownape	601
Green Imperial Pigeon	462
Green Peafowl	289
Green Sandpiper	374
Green-billed Malkoha	487
Green-eared Barbet	575
Green-winged Teal	145
Grey Heron	83
Grey Partridge	247
Grey Peacock Pheasant	288
Grey Plover	346
Grey-capped Woodpecker	586
Grey-faced Buzzard	202
Grey-headed Lapwing	341
Grey-headed Parakeet	468
Grey-headed Woodpecker	604
Grey-tailed Tattler	376
Gull-billed Tern	415
Gyrfalcon	227

H

Hainan Partridge	256
Hainan Peacock Pheasant	288
Harlequin Duck	158
Hawk Owl	510
Hazel Grouse	236
Hen Harrier	190
Herring Gull	401
Heuglin's Gull	403
Hill Pigeon	440
Himalayan Cuckoo	480
Himalayan Flameback	606
Himalayan Griffon	183
Himalayan Monal	269
Himalayan Snowcock	243
Himalayan Swiftlet	529
Hodgson's Frogmouth	521
Hodgson's Hawk-cuckoo	477
Hooded Crane	299
Horned Grebe	55
House Swift	534
Hume's Pheasant	281

I

Ibisbill	329
Imperial Eagle	210
Indian Cuckoo	478
Indian Jungle Nightjar	523
Indian Pond Heron	105
Indian Roller	562
Indian Skimmer	430
Intermediate Egret	87

J

Jack Snipe	356
Japanese Cormorant	77
Japanese Murrelet	433
Japanese Night Heron	96
Japanese Quail	250
Japanese Sparrowhawk	197
Japanese Wood Pigeon	445
Javan Pond Heron	104
Jerdon's Baza	170

K

Kalij Pheasant	273
Kentish Plover	349
Koklass Pheasant	268

L

Laced Woodpecker	602
Lady Amherst's Pheasant	287
Large Hawk-cuckoo	475
Large-tailed Nightjar	526
Latham's Snipe	357
Laughing Dove	450
Laughing Gull	413
Laysan Albatross	57
Leach's Storm Petrel	65
Lesser Adjutant Stork	111
Lesser Black-backed Gull	402
Lesser Coucal	489
Lesser Crested Tern	417
Lesser Cuckoo	482
Lesser Fish Eagle	180
Lesser Frigatebird	81
Lesser Golden-backed Flameback	608
Lesser Kestrel	220
Lesser Pied Kingfisher	552
Lesser Sand Plover	350
Lesser Spotted Woodpecker	588
Lesser Sulphur-crested Cockatoo	465
Lesser Whistling Duck	123
Lesser White-fronted Goose	131
Lesser Yellowlegs	373
Lesser Yellownape	600
Lineated Barbet	574
Little Bittern	98
Little Bustard	321
Little Cormorant	78
Little Crake	308
Little Cuckoo Dove	452
Little Curlew	365
Little Egret	88
Little Grebe	52
Little Green Bee-eater	554
Little Gull	410
Little Owl	513
Little Ringed Plover	348
Little Stint	382
Little Tern	423
Long-billed Dowitcher	362
Long-billed Plover	347
Long-billed Vulture	182
Long-eared Owl	518
Long-legged Buzzard	204
Long-tailed Duck	159
Long-tailed Jaeger	396
Long-tailed Parakeet	471
Long-toed Stint	384

M

Macqueen's Bustard	320
Malayan Night Heron	97
Mallard	146
Mandarin Duck	140
Marbled Murrelet	432
Marbled Teal	150
Marsh Sandpiper	371
Masked Booby	74
Matsudaira's Storm Petrel	67
Merlin	224
Mew Gull	400
Mikado Pheasant	282
Montagu's Harrier	193
Mountain Bamboo Partridge	260
Mountain Hawk-eagle	214
Mountain Imperial Pigeon	463
Mountain Scops Owl	495
Mute Swan	126

N

Nordmann's Greenshank	373
Northern Boobook	517
Northern Fulmar	59
Northern Goshawk	200
Northern Hawk-cuckoo	477
Northern Lapwing	339
Northern Pintail	148
Northern Shoveler	150

O

Orange-breasted Green Pigeon	454
Orange-breasted Trogon	540
Oriental Cuckoo	481
Oriental Darter	79
Oriental Hobby	227
Oriental Honey-buzzard	172
Oriental Pied Hornbill	567
Oriental Plover	352
Oriental Pratincole	336
Oriental Scops Owl	498
Oriental Turtle Dove	446
Oriental White Stork	109
Osprey	169

P

Pacific Golden Plover	344
Pacific Loon	50
Pacific Reef Heron	90
Painted Stork	106
Pale-backed Pigeon	442
Pale-capped Pigeon	444
Pale-headed Woodpecker	610
Pallas's Fish Eagle	177
Pallas's Sandgrouse	436
Pallid Harrier	191
Pallid Scops Owl	497
Parasitic Jaeger	397
Pectoral Sandpiper	385
Pelagic Cormorant	77
Peregrine Falcon	229
Pheasant-tailed Jacana	323
Philippine Cuckoo Dove	452
Philippine Duck	148
Pied Avocet	332
Pied Cuckoo	473
Pied Falconet	219
Pied Harrier	192
Pied Heron	86
Pin-tailed Green Pigeon	458
Pintail Snipe	358
Plaintive Cuckoo	483
Pomarine Skua	396
Pompadour Green Pigeon	455
Purple Heron	84
Purple Needletail	535
Purple Swamphen	315
Pygmy Woodpecker	587

R

Rainbow Bee-eater	557
Red Junglefowl	272
Red Knot	379
Red Phalarope	393
Red Turtle Dove	448
Red-billed Tropicbird	68
Red-breasted Goose	135
Red-breasted Merganser	164
Red-breasted Parakeet	470
Red-collared Woodpecker	604
Red-crested Pochard	151
Red-crowned Crane	301
Red-faced Cormorant	78
Red-footed Booby	75
Red-footed Falcon	222
Red-headed Trogon	539
Red-headed Vulture	186
Red-legged Crake	303
Red-necked Grebe	53
Red-necked Phalarope	392
Red-necked Stint	381
Red-tailed Tropicbird	69
Red-throated Loon	48
Red-wattled Lapwing	342
Reeves's Pheasant	283
Relict Gull	409
Rhinoceros Auklet	433
Ring-necked Pheasant	284
River Lapwing	340
River Tern	420
Rock Dove	439
Rock Ptarmigan	232
Rock Sandpiper	387
Rose-ringed Parakeet	467
Roseate Tern	421
Ross's Gull	411
Rough-legged Buzzard	206
Ruddy Kingfisher	547
Ruddy Shelduck	136
Ruddy Turnstone	377
Ruddy-breasted Crake	311
Ruff	391
Rufous Night Heron	95
Rufous Woodpecker	598
Rufous-bellied Hawk-Eagle	214
Rufous-bellied Woodpecker	591
Rufous-necked Hornbill	570
Rufous-throated Partridge	255
Rufous-winged Buzzard	201
Rusty-necklaced Partridge	244

S

Sabine's Gull	411
Sacred Ibis	113
Saker Falcon	226
Sanderling	380
Sandhill Crane	295
Sandwich Tern	417
Sarus Crane	296
Satyr Tragopan	265
Saunders's Gull	408
Savanna Nightjar	527
Scaly-bellied Woodpecker	603
Scaly-breasted Partridge	259
Scaly-sided Merganser	166
Schrenck's Bittern	100
Sclater's Monal	270
Sharp-tailed Sandpiper	385
Shikra	195
Short-eared Owl	519
Short-tailed Albatross	58
Short-tailed Shearwater	64
Short-toed Snake Eagle	186
Siberian Crane	294
Siberian Grouse	230
Siberian Gull	402
Sichuan Partridge	253
Sichuan Wood Owl	508
Silver Gull	407
Silver Pheasant	274
Silver-backed Needletail	531
Slaty-backed Gull	412
Slaty-breasted Rail	304
Slaty-headed Parakeet	471
Slaty-legged Crake	303
Slender-billed Gull	407
Small Buttonquail	291
Small Pratincole	337
Smew	163
Snow Pigeon	441
Snow Goose	133
Snow Partridge	238
Snowy Owl	502
Sociable Plover	343
Solitary Snipe	356
Sooty Shearwater	64
Sooty Tern	425
South-polar Skua	395
Speckled Piculet	584
Speckled Wood Pigeon	443
Spoon-billed Sandpiper	388
Spot-bellied Eagle Owl	501
Spot-billed Duck	147
Spot-billed Pelican	72
Spotted Dove	449
Spotted Crake	310
Spotted Owlet	514
Spotted Redshank	369
Steller's Eider	158
Steller's Sea Eagle	179
Steppe Eagle	209
Stilt Sandpiper	390
Stock Dove	442
Stork-billed Kingfisher	547
Streak-throated Woodpecker	603
Streaked Shearwater	62
Striated Heron	93
Stripe-breasted Woodpecker	590
Swan Goose	127
Swinhoe's Storm Petrel	66
Swinhoe's Pheasant	275
Swinhoe's Rail	302
Swinhoe's Snipe	359

T

Tahiti Petrel	60
Taiwan Barbet	577
Taiwan Partridge	257
Tawny Fish Owl	504
Tawny Owl	506
Temminck's Stint	383
Temminck's Tragopan	266
Terek Sandpiper	375
Thick-billed Green Pigeon	456
Three-toed Kingfisher	546
Three-toed Woodpecker	597
Tibetan Eared Pheasant	277
Tibetan Partridge	249
Tibetan Sandgrouse	435
Tibetan Snowcock	241
Tristram's Storm Petrel	67
Tufted Duck	156
Tundra Swan	125

U

Upland Buzzard	205
Ural Owl	507

V

Velvet Scoter	161
Vernal Hanging Parrot	465
Violet Cuckoo	485

W

Wandering Tattler	376
Ward's Trogon	541
Water Rail	305
Watercock	314
Wedge-tailed Green Pigeon	459
Wedge-tailed Shearwater	63
Western Capercaillie	234
Western Marsh Harrier	188
Western Sandpiper	381
Western Tragopan	264
Whimbrel	366
Whiskered Tern	426
Whistling Green Pigeon	461
White Eared Pheasant	276
White Spoonbill	118
White Stork	110
White Tern	429
White-backed Woodpecker	594
White-bellied Green Pigeon	460
White-bellied Heron	83
White-bellied Sea Eagle	176
White-bellied Woodpecker	598
White-breasted Waterhen	307
White-browed Crake	313
White-browed Piculet	585
White-cheeked Partridge	256
White-eared Night Heron	95
White-eyed Buzzard	201
White-faced Egret	86
White-fronted Goose	130
White-headed Duck	167
White-naped Crane	297
White-necklaced Partridge	254
White-rumped Vulture	182
White-shouldered Ibis	115
White-tailed Lapwing	343
White-tailed Sea Eagle	178
White-tailed Tropicbird	69
White-throated Brown Hornbill	569
White-throated Kingfisher	548
White-throated Needletail	530
White-winged Tern	427
White-winged Woodpecker	596
Whooper Swan	124
Willow Ptarmigan	231
Wood Sandpiper	374
Wood Snipe	357
Woolly-necked Stork	112
Wreathed Hornbill	571

Y

Yellow Bittern	99
Yellow-billed Loon	50
Yellow-footed Green Pigeon	457
Yellow-legged Buttonquail	291
Yellow-legged Gull	403
Yellow-rumped Honeyguide	581

非雀形目拉丁名索引

A

Accipiter badius	195
Accipiter gentilis	200
Accipiter gularis	197
Accipiter nisus	199
Accipiter soloensis	196
Accipiter trivirgatus	194
Accipiter virgatus	198
Aceros nipalensis	570
Aceros undulatus	571
Actitis hypoleucos	375
Aegolius funereus	515
Aegypius monachus	185
Aerodramus brevirostris	529
Aerodramus fuciphagus	528
Aerodramus maximus	530
Aix galericulata	140
Alcedo atthis	544
Alcedo hercules	543
Alcedo meninting	545
Alectoris chukar	245
Alectoris magna	244
Amaurornis akool	306
Amaurornis phoenicurus	307
Anas acuta	148
Anas americana	141
Anas clypeata	150
Anas crecca	145
Anas falcata	142
Anas formosa	144
Anas luzonica	148
Anas penelope	141
Anas platyrhynchos	146
Anas poecilorhyncha	147
Anas querquedula	149
Anas strepera	143
Anastomus oscitans	107
Anhinga melanogaster	79
Anorrhinus tickelli	569
Anous stolidus	429
Anser albifrons	130
Anser anser	129
Anser caerulescens	133
Anser cygnoides	127
Anser erythropus	131
Anser fabalis	128
Anser indicus	132
Anthracoceros albirostris	567
Anthropoides virgo	293
Apus acuticauda	533
Apus apus	532
Apus nipalensis	534
Apus pacificus	533
Aquila chrysaetos	211
Aquila clanga	208
Aquila heliaca	210
Aquila nipalensis	209
Arborophila ardens	256
Arborophila atrogularis	256
Arborophila brunneopectus	258
Arborophila crudigularis	257
Arborophila gingica	254
Arborophila mandellii	254
Arborophila rufipectus	253
Arborophila rufogularis	255
Arborophila torqueola	253
Ardea alba	85
Ardea cinerea	83
Ardea insignis	83
Ardea purpurea	84
Ardeola bacchus	92
Ardeola grayii	105
Ardeola speciosa	104
Arenaria interpres	377
Asio flammeus	519
Asio otus	518
Athene brama	514
Athene noctua	513
Aviceda jerdoni	170
Aviceda leuphotes	171
Aythya baeri	154
Aythya ferina	153
Aythya fuligula	156
Aythya marila	157
Aythya nyroca	155
Aythya valisineria	152

B

Bambusicola fytchii	260
Bambusicola thoracicus	261
Batrachostomus hodgsoni	521
Blythipicus pyrrhotis	610
Bonasa bonasia	236
Bonasa sewerzowi	237
Botaurus stellaris	103
Brachyramphus marmoratus	432
Branta bernicla	134
Branta canadensis	133
Branta leucopsis	135
Branta ruficollis	135
Bubo bubo	500
Bubo nipalensis	501
Bubo scandiacus	502
Bubulcus ibis	91
Bucephala clangula	162
Buceros bicornis	568
Bulweria bulwerii	61
Burhinus oedicnemus	333
Butastur indicus	202
Butastur liventer	201
Butastur teesa	201
Buteo buteo	203
Buteo hemilasius	205
Buteo lagopus	206
Buteo rufinus	204
Butorides striata	93

C

Cacatua sulphurea	465
Cacomantis merulinus	483
Cacomantis sonneratii	483
Calidris acuminata	385
Calidris alba	380
Calidris alpina	387
Calidris canutus	379
Calidris ferruginea	386
Calidris mauri	381
Calidris melanotos	385
Calidris minuta	382
Calidris ptilocnemis	387
Calidris ruficollis	381
Calidris subminuta	384
Calidris temminckii	383
Calidris tenuirostris	378
Calonectris leucomelas	62
Caprimulgus aegyptius	525
Caprimulgus affinis	527
Caprimulgus europaeus	524
Caprimulgus indicus	523
Caprimulgus macrurus	526
Catharacta maccormicki	395
Celeus brachyurus	598
Centropus bengalensis	489
Centropus sinensis	488
Cerorhinca monocerata	433
Ceryle rudis	552
Ceyx erithaca	546
Chalcophaps indica	453
Charadrius alexandrinus	349
Charadrius asiaticus	351
Charadrius dubius	348
Charadrius hiaticula	346
Charadrius leschenaultii	351
Charadrius mongolus	350
Charadrius morinellus	353
Charadrius placidus	347
Charadrius veredus	352
Chlamydotis macqueenii	320
Chlidonias hybrida	426
Chlidonias leucopterus	427
Chlidonias niger	428
Chroicocephalus novaehollandiae	407
Chrysococcyx maculatus	484
Chrysococcyx xanthorhynchus	485
Chrysocolaptes lucidus	609
Chrysolophus amherstiae	287
Chrysolophus pictus	286

Ciconia boyciana	109
Ciconia ciconia	110
Ciconia episcopus	112
Ciconia nigra	108
Circaetus gallicus	186
Circus aeruginosus	188
Circus cyaneus	190
Circus macrourus	191
Circus melanoleucos	192
Circus pygargus	193
Circus spilonotus	189
Clamator coromandus	474
Clamator jacobinus	473
Clangula hyemalis	159
Columba rupestris	440
Columba eversmanni	442
Columba hodgsonii	443
Columba janthina	445
Columba leuconota	441
Columba livia	439
Columba oenas	442
Columba palumbus	443
Columba pulchricollis	444
Columba punicea	444
Coracias benghalensis	562
Coracias garrulus	561
Coturnicops exquisitus	302
Coturnix chinensis	252
Coturnix coturnix	251
Coturnix japonica	250
Crex Crex	306
Crossoptilon auritum	278
Crossoptilon crossoptilon	276
Crossoptilon harmani	277
Crossoptilon mantchuricum	279
Cuculus canorus	478
Cuculus hyperythrus	477
Cuculus micropterus	478
Cuculus nisicolor	477
Cuculus optatus	481
Cuculus poliocephalus	482
Cuculus saturatus	480
Cuculus sparverioides	475
Cuculus varius	476
Cygnus columbianus	125
Cygnus cygnus	124
Cygnus olor	126
Cypsiurus balasiensis	531

D

Dendragapus falcipennis	230
Dendrocopos atratus	590
Dendrocopos auriceps	611
Dendrocopos canicapillus	586
Dendrocopos cathpharius	593
Dendrocopos darjellensis	592
Dendrocopos hyperythrus	591
Dendrocopos kizuki	587
Dendrocopos leucopterus	596
Dendrocopos leucotos	594
Dendrocopos macei	589
Dendrocopos major	595
Dendrocopos minor	588
Dendrocygna javanica	123
Dinopium benghalense	608
Dinopium javanense	607
Dinopium shorii	606
Diomedea albatrus	58
Diomedea nigripes	58
Dryocopus javensis	598
Dryocopus martius	599
Ducula aenea	462
Ducula badia	463

Dupetor flavicollis	102

E

Egretta eulophotes	89
Egretta garzetta	88
Egretta intermedia	87
Egretta novaehollandiae	86
Egretta picata	86
Egretta sacra	90
Elanus caeruleus	173
Esacus recurvirostris	334
Eudynamys scolopacea	486
Eurostopodus macrotis	522
Eurynorhynchus pygmeus	388
Eurystomus orientalis	563

F

Falco amurensis	223
Falco cherrug	226
Falco columbarius	224
Falco naumanni	220
Falco pelegrinoides	228
Falco peregrinus	229
Falco rusticolus	227
Falco severus	227
Falco subbuteo	225
Falco tinnunculus	221
Falco vespertinus	222
Francolinus pintadeanus	246
Fregata andrewsi	80
Fregata ariel	81
Fregata minor	81
Fulica atra	317
Fulmarus glacialis	59

G

Gallicrex cinerea	314
Gallinago gallinago	360
Gallinago hardwickii	357
Gallinago megala	359
Gallinago nemoricola	357
Gallinago solitaria	356
Gallinago stenura	358
Gallinula chloropus	316
Gallirallus striatus	304
Gallus gallus	272
Gavia adamsii	50
Gavia arctica	49
Gavia pacifica	50
Gavia stellata	48
Gecinulus grantia	610
Gelochelidon nilotica	415
Glareola lactea	337
Glareola maldivarum	336
Glareola nordmanni	337
Glareola pratincola	335
Glaucidium brodiei	511
Glaucidium cuculoides	512
Glaucidium passerinum	511
Gorsachius goisagi	96
Gorsachius magnificus	95
Gorsachius melanolophus	97
Grus antigone	296
Grus canadensis	295
Grus grus	298
Grus japonensis	301

Grus leucogeranus	294
Grus monacha	299
Grus nigricollis	300
Grus vipio	297
Gygis alba	429
Gypaetus barbatus	181
Gyps bengalensis	182
Gyps fulvus	184
Gyps himalayensis	183
Gyps indicus	182

H

Haematopus ostralegus	327
Halcyon coromanda	547
Halcyon pileata	549
Halcyon smyrnensis	548
Haliaeetus albicilla	178
Haliaeetus leucogaster	176
Haliaeetus leucoryphus	177
Haliaeetus pelagicus	179
Haliastur indus	175
Harpactes erythrocephalus	539
Harpactes oreskios	540
Harpactes wardi	541
Hemiprocne coronata	537
Heteroscelus brevipes	376
Heteroscelus incanus	376
Hieraaetus fasciata	212
Hieraaetus kienerii	214
Hieraaetus pennatus	213
Himantopus himantopus	331
Hirundapus caudacutus	530
Hirundapus celebensis	535
Hirundapus cochinchinensis	531
Hirundapus giganteus	535
Histrionicus histrionicus	158
Hydrophasianus chirurgus	323
Hydroprogne caspia	416

I

Ibidorhyncha struthersii	329
Ichthyophaga humilis	180
Ictinaetus malayensis	207
Indicator xanthonotus	581
Ithaginis cruentus	262
Ixobrychus cinnamomeus	101
Ixobrychus eurhythmus	100
Ixobrychus minutus	98
Ixobrychus sinensis	99

J

Jynx torquilla	583

K

Ketupa blakistoni	503
Ketupa flavipes	504
Ketupa zeylonensis	503

L

Lagopus lagopus	231
Lagopus muta	232
Larus argentatus	401
Larus brunnicephalus	405
Larus cachinnans	403
Larus canus	400
Larus crassirostris	399
Larus fuscus	402
Larus genei	407
Larus glaucescens	400
Larus heuglini	403
Larus hyperboreus	401
Larus ichthyaetus	404
Larus minutus	410
Larus relictus	409
Larus ridibundus	406
Larus saundersi	408
Larus schistisagus	412
Larus vegae	402
Leptoptilos javanicus	111
Lerwa lerwa	238
Leucophaeus atricilla	413
Leucophaeus pipixcan	413
Limicola falcinellus	389
Limnodromus scolopaceus	362
Limnodromus semipalmatus	361
Limosa lapponica	364
Limosa limosa	363
Lophophorus impejanus	269
Lophophorus lhuysii	271
Lophophorus sclateri	270
Lophura leucomelanos	273
Lophura nycthemera	274
Lophura swinhoii	275
Loriculus vernalis	465
Lymnocryptes minimus	356
Lyrurus tetrix	233

M

Macropygia amboinensis	451
Macropygia ruficeps	452
Macropygia tenuirostris	452
Macropygia unchall	451
Marmaronetta angustirostris	150
Megaceryle lugubris	551
Megalaima asiatica	579
Megalaima australis	579
Megalaima faiostricta	575
Megalaima franklinii	576
Megalaima haemacephala	580
Megalaima lineate	574
Megalaima oorti	578
Megalaima virens	573
Megalima nuchalis	577
Melanitta fusca	161
Melanitta nigra	160
Mergellus albellus	163
Mergus merganser	165
Mergus serrator	164
Mergus squamatus	166
Merops apiaster	558
Merops leschenaulti	559
Merops orientalis	554
Merops ornatus	557
Merops persicus	559
Merops philippinus	556
Merops viridis	555
Metopidius indicus	324
Microhierax caerulescens	218
Microhierax melanoleucus	219
Micropalama himantopus	390
Milvus migrans	174
Mulleripicus pulverulentus	611
Mycteria leucocephala	106

N

Neophron percnopterus	181
Netta rufina	151
Nettapus coromandelianus	139
Ninox japonica	517
Ninox scutulata	516
Nipponia nippon	116
Numenius phaeopus	366
Numenius arquata	367
Numenius madagascariensis	368
Numenius minutus	365
Nycticorax caledonicus	95
Nycticorax nycticorax	94
Nyctyornis athertoni	553

O

Oceanodroma leucorhoa	65
Oceanodroma matsudairae	67
Oceanodroma monorhis	66
Oceanodroma tristrami	67
Otis tarda	319
Otus brucei	497
Otus elegans	499
Otus lettia	496
Otus scops	497
Otus spilocephalus	495
Otus sunia	498
Oxyura leucocephala	167

P

Pandion haliaetus	169
Pavo muticus	289
Pelargopsis capensis	547
Pelecanus crispus	73
Pelecanus onocrotalus	71
Pelecanus philippensis	72
Perdix daaurica	248
Perdix hodgsoniae	249
Perdix perdix	247
Pernis apivorus	172
Pernis ptilorhyncus	172
Phaenicophaeus tristis	487
Phaethon aethereus	68
Phaethon lepturus	69
Phaethon rubricauda	69
Phalacrocorax capillatus	77
Phalacrocorax carbo	76
Phalacrocorax niger	78
Phalacrocorax pelagicus	77
Phalacrocorax urile	78
Phalaropus fulicarius	393
Phalaropus lobatus	392
Phasianus colchicus	284
Philomachus pugnax	391
Phodilus badius	493
Phoebastria immutabilis	57
Phoenicopterus ruber	121
Picoides tridactylus	597
Picumnus innominatus	584
Picus canus	604
Picus chlorolophus	600
Picus flavinucha	601
Picus rabieri	604
Picus squamatus	603
Picus vittatus	602
Picus xanthopygaeus	603
Platalea leucorodia	118
Platalea minor	119
Plegadis falcinellus	117
Pluvialis apricaria	345
Pluvialis dominica	345
Pluvialis fulva	344
Pluvialis squatarola	346
Podiceps auritus	55
Podiceps cristatus	54
Podiceps grisegena	53
Podiceps nigricollis	56
Polyplectron bicalcaratum	288
Polyplectron katsumatae	288
Polysticta stelleri	158
Porphyrio porphyrio	315
Porzana bicolor	312
Porzana cinerea	313
Porzana fusca	311
Porzana parva	308
Porzana paykullii	310
Porzana porzana	310
Porzana pusilla	309
Pseudibis davisoni	115
Psittacula alexandri	470
Psittacula derbiana	469
Psittacula eupatria	466
Psittacula finschii	468
Psittacula himalayana	471
Psittacula krameri	467
Psittacula longicauda	471
Psittacula roseata	469
Psittinus cyanurus	466
Pterocles orientalis	437
Pterodroma hypoleuca	60
Pterodroma rostrata	60
Ptilinopus leclancheri	461
Pucrasia macrolopha	268
Puffinus carneipes	63
Puffinus griseus	64
Puffinus pacificus	63
Puffinus tenuirostris	64

R

Rallina eurizonoides	303
Rallina fasciata	303
Rallus aquaticus	305
Recurvirostra avosetta	332
Rhodostethia rosea	411
Rissa tridactyla	412
Rostratula benghalensis	325
Rynchops albicollis	430

S

Sarcogyps calvus	186
Sarkidiornis melanotos	138
Sasia ochracea	585
Scolopax rusticola	355
Spilornis cheela	187
Spizaetus cirrhatus	216
Spizaetus nipalensis	214
Stercorarius longicaudus	396
Stercorarius parasiticus	397
Stercorarius pomarinus	396

Sterna acuticauda	424
Sterna albifrons	423
Sterna aleutica	424
Sterna anaethetus	425
Sterna aurantia	420
Sterna dougallii	421
Sterna fuscata	425
Sterna hirundo	422
Sterna sumatrana	421
Streptopelia decaocto	447
Streptopelia chinensis	449
Streptopelia orientalis	446
Streptopelia senegalensis	450
Streptopelia tranquebarica	448
Streptopelia turtur	445
Strix aluco	506
Strix davidi	508
Strix leptogrammica	505
Strix nebulosa	508
Strix uralensis	507
Sula dactylatra	74
Sula leucogaster	75
Sula sula	75
Surnia ulula	510
Surniculus dicruroides	485
Synthliboramphus antiquus	432
Synthliboramphus wumizusume	433
Syrmaticus ellioti	280
Syrmaticus humiae	281
Syrmaticus mikado	282
Syrmaticus reevesii	283
Syrrhaptes paradoxus	436
Syrrhaptes tibetanus	435

T

Tachybaptus ruficollis	52
Tachymarptis melba	534
Tadorna ferruginea	136
Tadorna tadorna	137
Tetrao parvirostris	235
Tetrao urogallus	234
Tetraogallus altaicus	242
Tetraogallus himalayensis	243
Tetraogallus tibetanus	241
Tetraophasis obscurus	239
Tetraophasis szechenyii	240
Tetrax tetrax	321
Thalasseus bengalensis	417
Thalasseus bergii	419
Thalasseus bernsteini	418
Thalasseus sandvicensis	417
Threskiornis aethiopicus	113
Threskiornis melanocephalus	114
Todiramphus chloris	550
Tragopan blythii	264
Tragopan caboti	267
Tragopan melanocephalus	264
Tragopan satyra	265
Tragopan temminckii	266
Treron apicauda	458
Treron bicinctus	454
Treron curvirostra	456
Treron formosae	461
Treron phoenicopterus	457
Treron pompadora	455
Treron sieboldii	460
Treron sphenurus	459
Tringa erythropus	369
Tringa flavipes	373
Tringa glareola	374
Tringa guttifer	373
Tringa nebularia	372
Tringa ochropus	374
Tringa stagnatilis	371
Tringa totanus	370
Tropicoperdix chloropus	259
Tryngites subruficollis	390
Turnix suscitator	290
Turnix sylvaticus	291
Turnix tanki	291
Tyto alba	491
Tyto longimembris	492

U

Upupa epops	565
Uria aalge	431

V

Vanellus cinereus	341
Vanellus duvaucelii	340
Vanellus gregarius	343
Vanellus indicus	342
Vanellus leucurus	343
Vanellus vanellus	339

X

Xema sabini	411
Xenus cinereus	375